高职高专校企合作系列教材编委会

高职高专"十二五"规划教材

药物合成技术

张达志　张桂森　主编

李　云　主审

化学工业出版社

·北京·

本教材第 1 章介绍了药物合成技术通用研究方法；第 2～8 章介绍了常见药物合成所涉及的卤化、烷基化、酰化、缩合、氧化、还原、重排等基本反应，以有机官能团的演变为主线，从反应物的结构特点出发，了解药物合成过程中常用的有机合成反应。每个单元反应都以案例引入、案例分析、知识储备的方式进行编写，同时在每个单元里安排了相关的技能训练。章后有"本章小结"，系统梳理该单元反应的知识点，方便学生复习。第 9 章为现代药物合成新方法，主要介绍一些新技术、新方法及新工艺在药物合成中的应用，使学生了解生产的最新前沿技术，拓展学生视野。第 10 章主要从原理、设备及操作等方面对合成产物常用的分离纯化和鉴定方法进行了介绍。

本书可作为高职高专制药技术类专业的教材，也可供相关专业成人教育、职业培训及从事药物生产、精细化学品生产的技术和管理人员参考。

图书在版编目（CIP）数据

药物合成技术/张达志，张桂森主编. —北京：化学
工业出版社，2013.7（2019.8 重印）
高职高专"十二五"规划教材
ISBN 978-7-122-17692-9

Ⅰ.①药⋯　Ⅱ.①张⋯②张⋯　Ⅲ.①药物化学-有机
合成-高等职业教育-教材　Ⅳ.①TQ460.31

中国版本图书馆 CIP 数据核字（2013）第 137918 号

责任编辑：陈有华　窦　臻　　　　　　　　文字编辑：焦欣渝
责任校对：蒋　宇　　　　　　　　　　　　装帧设计：刘丽华

出版发行：化学工业出版社（北京市东城区青年湖南街 13 号　邮政编码 100011）
印　　装：北京虎彩文化传播有限公司
787mm×1092mm　1/16　印张 16½　字数 400 千字　2019 年 8 月北京第 1 版第 4 次印刷

购书咨询：010-64518888　　售后服务：010-64518899
网　　址：http://www.cip.com.cn
凡购买本书，如有缺损质量问题，本社销售中心负责调换。

定　价：38.00 元　　　　　　　　　　　　　　　　版权所有　违者必究

为了贯彻教育部教职成［2011］12号文件《教育部关于推进高等职业教育改革创新引领职业教育科学发展的若干意见》的精神，在《教育部关于"十二五"职业教育教材建设的若干意见》指导下，遵循技能型人才成长规律，按照建立职业教育人才成长"立交桥"的要求，我们联合江苏先声药业有限公司、江苏恩华药业股份有限公司、江苏万邦生化医药股份有限公司等企业的工程技术与管理人员共同制定课程标准，更新教材内容和结构，坚持行业指导、企业参与、校企合作的教材开发机制，注重教材内容的有机衔接和贯通。

本书是为高职高专制药技术类专业学生学习原料药合成的基本原理、基本手段和基本方法而编写的。与其他同类教材相比，本教材是在以工作过程系统化为导向的人才培养模式理念之下，采用了案例引入、案例分析及技能训练的形式，同时注重吸收行业发展的新知识、新技术、新工艺、新方法与职业标准和岗位要求对接，使学生能将原料药合成知识和能力的学习与实际工作过程紧密结合，增强了学习的目的性、针对性和趣味性。

全书共分10章，第1章为药物合成技术通用研究方法，在对原料药生产过程全面分析的基础上，从文献调研、合成路线设计与选择、反应影响因素分析、反应终点控制等几个方面进行了介绍。

第2～8章介绍了常见药物合成所涉及的卤化、烷基化、酰化、缩合、氧化、还原、重排等基本反应。根据高职学生的特点，每个单元反应都以案例引入、案例分析、知识储备的方式进行编写，同时安排了相关的技能训练。在章后有"本章小结"，系统梳理各个单元反应的知识点，方便学生复习。

第9章为现代药物合成新方法，主要介绍一些新技术、新方法及新工艺在药物合成中的应用，使学生了解到生产的最新前沿技术，拓展学生视野。

第10章主要从原理、设备及操作等方面对合成产物常用的分离纯化和鉴定方法进行了介绍。

建议教师在教学时，在每个单元反应中安排一个典型项目，学生通过自主查找资料、设计选择合成路线、选用合成装置、实施合成过程、检测合成结果等几个环节，让学生对实际过程有一个感性认识，然后从分子结构出发，采用逆向合成分析法，引导学生对产品合成原理进行分析归纳总结，再结合实际生产案例强化对理论知识的学习。

本教材的编写分工如下：第1章、第10章和附录由徐州工业职业技术学院李培培编写；第2章由江苏恩华药业有限公司张桂森博士和徐州工业职业技术学院张雪梅共同编写；第3～5章由江苏先声药业股份有限公司何勤飞工程师和徐州工业职业技术学院孙婷婷、刘焕共同编写；第6～8章由诺华（中国）生物医药研究所李云博士和徐州工业职业技术学院刘郁、张达志共同编写，其中6.2节由江苏万邦生化医药股份有限公司陆海波高级工程师编写。第9章由李云博士编写。

全书由张达志负责统稿。

本书由诺华（中国）生物医药研究所（Novartis Institutes for Biomedical Research，NIBR）李云博士主审，提出了许多宝贵的修改意见，在此表示衷心的感谢。

本教材在编写过程中借鉴了当前职业教育课程改革的新理念，是校企合作编写校本教材的一次尝试，在编写过程中借鉴和参考了朱淬砺主编的《药物合成反应》和李丽娟主编的《药物合成技术》等教材，同时得到了编者所在院校的大力支持，在此一并表示感谢。

鉴于当今科学技术的飞速发展，药物合成技术的新试剂、新方法、新技术不断更新，而编者水平有限，时间仓促，书中难免存在不足之处，敬请广大读者批评指正，以便今后进一步修改和完善。

编者

2013 年 5 月

目 录 ‹‹‹‹‹‹‹‹

7 氧化反应技术

8 重排反应技术

9　现代药物合成新方法

10　合成产物分离纯化与鉴定

附录

参考文献

1

药物合成反应通用研究方法

药物合成技术是制药技术专业的一门必修的主干专业课，是药物化学、化学制药工艺学等专业课程的先修课程。同时，学习本课程要求学生必须具备扎实的基础化学知识、文献检索能力以及分析测试技术基础。

本课程主要以有机合成药物作为研究对象，研究药物合成中常用的有机合成反应及所采取的技术和方法。由于药物本身结构的复杂性和多样性，使其合成过程与一般的化学品的制备有较大区别。药物合成的本质主要体现在有机官能团的转化、目标分子骨架建立以及选择性控制方法上。

本课程的主要研究内容包括单元反应的机理、反应底物和试剂的选择、反应的主要影响因素、试剂的特点和应用范围以及在药物合成中的应用等，是完成药物化学中合成理论和技能训练的主要课程。

通过本课程的学习，使学生能系统地掌握药物制备中重要的有机药物合成单元反应和合成设计原理，使学生掌握药物合成的本质和一般规律以及现代药物合成领域中的新理论、新试剂和新方法，培养学生对典型药物合成过程中各种变化因素的分析能力及选择合理的工艺条件和控制方法的能力，同时提高学生的综合素质，利于药物化学、制药工艺学等后续课程的学习，也为将来从事药物合成生产操作、实施常规生产与管理、参与新药开发奠定基础。

药物的合成必须经过一个或一系列化学反应来实现。药物合成涉及的反应很多，按照反应内部固有的特性来区分，通常有如图1-1所示三种分类方法。

(1) 按新键形成分类　药物合成反应可以归结为新键形成和旧键断裂的过程。利用形成相同新键的特点来分类，药物合成反应可分为碳碳键形成反应、碳氢键形成反应、碳卤键形成反应、碳氧键形成反应、碳氮键形成反应等类型。

(2) 按官能团演变规律分类　经过化学反应，在有机化合物分子中引入某些原子或基团。根据引入的原子或基团的不同，药物合成反应可分为卤化反应、烃化反应、酰化反应、氧化反应、还原反应、缩合反应、重排反应等。这种分类方法体现了物质之间官能团转化的规律，条理性强，便于学生学习和掌握其中的规律，本教材即采用了这种分类方法安排章节。

（3）按反应机理分类　根据反应机理的不同，药物合成反应可分为亲电取代反应、亲电加成反应、亲核取代反应、亲核加成反应、游离基型反应等。

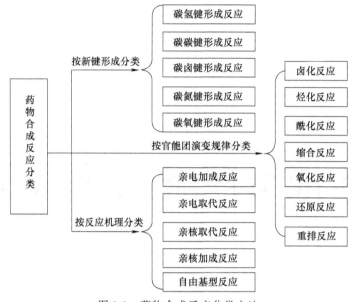

图 1-1　药物合成反应分类方法

1.1　文献调研

药物在合成时经常应用到各种各样的有机化学反应，如何设计合理的反应路线是我们必须面对的重要课题。有机化学特别是有机合成化学属于实验性学科，很多实验细节可能决定反应的成败。合成路线设计得即使再巧妙，如果不能应用翔实、可靠的实验来证实，就永远是空中楼阁。如果我们在实验中闭门造车，自己从头试验各种反应条件（例如反应温度、反应时间和原料比例等），那么效率和结果都将非常不理想；反之如果能借鉴前人在该化合物或该类型反应的经验，我们将很容易确定实验的具体条件，从而有效利用时间，不断将课题向前推进。据美国科学基金会统计，一个科研人员花费在查找和理解科技资料方面的时间需占全部科研时间的51%，计划思考占8%，实验研究占32%，书面总结占9%。由上述统计数字可以看出，科研人员花费在课题调研、资料整理分析和思考的时间为全部科研时间的60%以上。因此"磨刀不误砍柴工"，认真做好文献信息的调研将会使我们的工作事半功倍。那么如何进行文献信息的调研呢？

一般而言，文献信息按内容可划分为一次文献信息、二次文献信息和三次文献信息。一次文献信息指报道新发明创造或新知识与新技术的原始信息，例如期刊、杂志、学位论文和专利等的科研论文；二次文献信息指一次文献信息经过加工整理后的检索工具，例如书目、题录、文摘等，这一类信息中最常用的是美国化学文摘及其相关索引；三次文献信息指将大量分散在原始论文中的知识、数据、图表等归纳整理形成的综合资料，例如综述、图书、词典、百科全书、手册等，这一类信息以工具书居多。我们在文献调研的过程中，对于一些新的理论知识和某些数据型信息，常需要通过三次信息资源进行查阅。对于系统调研某一方面的研究进展，需要利用二次信息资源对涉及该项研究的背景和进展进行深入学习总结。

1.1.1　常用的化学类三次文献信息资源

（1）词典类　《英汉/汉英化学化工大词典》是查阅化学名词，进行中英文互译时常用的工具书。特别是当我们阅读英文化学书籍或期刊论文时，有些英文单词在一般英文字典查不到，需要用英汉化学词典。

（2）安全手册　学生进入实验室应会查阅所用化学品的一些安全数据，以便清楚实验所涉及的化学品的性质及其危险指标。常用的安全手册有：

①《常用化学危险物品安全手册》（中国医药科技出版社）；

②《化学危险品最新实用手册》（中国物资出版社）。

（3）常用手册和工具书

① "The Merck Index"（默克索引）。该书是 Merck 公司出版的非商业性的化学药品手册，其自称是"化学品，药品，生物试剂百科全书"，报道 1 万种常用化学和生物试剂的资料。每个条目简要介绍该化合物（一般是药物）的物理常数（熔点、沸点、闪点、密度、折射率、分子式、相对分子质量、比旋光度、溶解度）、别名、结构式、用途、毒性、制备方法以及参考文献。作为有机化合物的经典手册，其他化学类参考工具书或手册如 CRC、Aldrich 等都引用化合物在默克索引中的编号。该书编排按照英文字母排序，书末有分子式及名称索引。

② "Dictionary of Organic Compounds"（有机化合物字典），简称 DOC。该书 1934 年首版，每几年有修订版，是有机化学、生物化学、药物化学重要的参考书。内容和排版与默克索引类似，报道十几万种化合物的资料，其中有很多属于天然产物。按照英文字母排序，有许多分册，刊载化合物的分子式、相对分子质量、别名、理化常数（熔点、沸点、密度等）、危险指标、用途、参考文献。因为数目庞大，另外出版有索引分册，包括分子式索引。

③ "Handbook of Chemistry and Physics"（CRC 化学物理手册），简称 CRC。该书是美国化学橡胶公司（Chemical Rubber Company）出版的理化手册。1913 年首版，目前报道包括基本常数单位（section 1）、符号和命名（section 2）、有机（section 3）、无机（section 4）、热力学动力学（section 5）、流体（section 6）、生化（section 7）、分析（section 8）等。其中第 3 部的有机化学报道占 740 页，用表格简略介绍 12000 种化合物的理化资料（例如相对分子质量、熔点、沸点、密度、折射率、溶解度）及别名、默克索引编号、CAS 登记号、Beilstein 的参考书目（Beil. Ref）等。CRC 是个多用途的手册，还收录有关命名规则、数学公式，并有许多表格刊载，例如蒸气压、游离能、键角、键长等有价值的资料。

④ "Lange's Handbook of Chemistry"（兰氏化学手册）：内容与 CRC 类似，共 11 章，分别报道有机、无机、分析、电化学、热力学等理化资料。其中第七章报道有机化学，刊载 7600 种有机化合物的名称、分子式、相对分子质量、熔点、沸点、闪点、密度、折射率、溶解度，在 Beilstein 的参考书目等。其他章节报道有介电常数、偶极矩、核磁氢谱碳谱化学位移、共沸物的沸点和组成等有价值的数据。本手册有中文翻译本出版。

⑤ "Comprehensive Organic Synthesis：Selectivity, Strategy & Efficiency in Modern Organic Chemistry"（有机合成大全）。该书集中反映了有机合成近十几年来的研究成果。全书共分 9 卷，由来自 15 个国家的 250 多位专家撰稿，共收集文章 253 篇，提供参考文献多达 39121 篇。1 卷为内容卷，卷首附该卷文章目录（包括作者姓名及所在机构），同时列出了全书的目录。第 9 卷是全书的索引，有累积著者索引（含 3 万多名著者）和累积主题索

引（含主题条 1 万余条）。另外，1～8 卷卷后均有该卷的著者索引和主题索引。

⑥ "Sadtler Standard Sperctrum Collection"（萨德勒标准光谱图集）。这是由美国费城萨德勒研究室（Sadtler Research Laboratories）收集、整理并编辑的，连续出版的活页光谱图集。该图集收集的光谱图数量庞大，品种繁多，是当今世界上相当完备的光谱文献。萨德勒标准光谱按类型分集出版，主要有标准红外棱镜光谱、标准红外光栅光谱、标准紫外光谱、标准核磁共振波谱、标准碳 13 核磁共振波谱、标准荧光光谱、标准拉曼光谱、红外高分辨定量光谱等。另外，还出版了若干篇幅较小的专业性光谱，细分为 30 类，供工业和实验室使用。

⑦ "商用试剂目录"。一般是免费索取，每年更新，可用来查阅化合物的基本数据（相对分子质量、结构式、沸点、熔点、命名等），有的目录还提供参考文献、光谱来源、毒性介绍等。这些商用试剂目录从某种程度上说也可作为化学字典或数据手册使用。同时试剂目录中化合物的价格是我们实验设计和计算实验成本的重要参考依据。目前著名的商用试剂目录有下列几种：

a. "Aldrich"，全名为 Aldrich Catalog Handbook of Fine Chemicals，美国 Aldrich 公司出版。本目录报道 37000 种化学品的理化常数和价格，编排简洁。除了化学试剂，也刊载和出售各种实验设备，例如玻璃仪器、化学书籍、仪表等；有详细附图和功能说明，是本很好的购物指南，可以借由图文介绍了解化学仪器的用途或其英文名称。

b. "Sigma"，全名为 Sigma Biochemical and Organic Compounds for Research and Diagnostic Clinical Reagents，主要提供生化试剂产品。总部在美国，目前已和 Aldrich 合并，但试剂手册一般还是分开的。

c. "Acros"，欧洲出版的试剂目录，目前在国内流行。因供货期短（2～4 周），订购化合物方便，可供应给实验室一些国内买不到的试剂。但试剂手册所提供化合物的理化信息不如 Aldrich 全面。

d. "Fulka"，总部在瑞典，Fluka 化学公司，其有些产品是在 Aldrich 中找不到的。

⑧ 有机化学实验参考书

a. "Organic Synthesis"（有机合成）。本书是一套详细介绍有机合成反应操作步骤的丛书，内容可信度极高，每个反应都经过至少两个实验室重复通过。对实验操作最有用的是每个实验后面的注释（Notes），它详细说明操作的注意事项并解释有关原理，以及不当操作可能导致的副产物等。

b. "Vogel's textbook of Practical Organic Chemistry" 简称 Vogel，1948 年首版，是一本十分实用的反应参考书。国外每个研究组都有一本置于书架，可以参考归纳书中介绍的许多类似反应来设计未知的反应条件。内容主要按照官能团刊载反应，如同本科生的实验教材。本书对于反应条件和操作程序描述清楚，并配有多个反应实例和参考文献。该书前面几章介绍实验操作技术，附录有各种官能团的光谱介绍，例如红外吸收位置、核磁氢谱和碳谱的化学位移等。

c. "Purification of Laboratory Chemicals"（实验室化合物的纯化）。Perrin 等主编，是实验室中经常使用到的参考书籍。该书内容报道各种化合物的纯化方法，例如重结晶的溶剂选择、常压和减压蒸馏的沸点以及纯化以前的处理手续等，并附参考文献。前几章介绍提纯相关技术（重结晶、干燥、色谱、蒸馏、萃取等），还有许多实用的表格，介绍诸如干燥剂的性质和使用范围、不同温度的浴槽的制备、常用溶剂的沸点及互溶性等资料。

d. "Chemical Reviews"（化学综述）。美国化学会主办，1924 年创刊，一年出版 8 期，为特邀稿，影响力比一般期刊高近十倍。所刊载的综述文献从各个角度对专题内容进行详细报道，后面附有大量的参考文献，有利于原始资料的查阅。

e. "Reagents for Organic Synthesis"（有机合成试剂），Fieser 主编，1967 年出版的系列丛书，每 1～2 年出版一期。其前身是 Experiments in Organic Chemistry（有机化学实验），每期介绍这 1～2 年期间一些较特殊的化学试剂所涉及的化学反应，每个反应都有详细的参考书目。

1.1.2 美国化学文摘

美国化学文摘是目前应用最多的化学化工类检索工具。在世界范围内曾独立发行的化学文摘还有德国、英国和前苏联等国的化学文摘。德国、美国和前苏联三国的化学文摘曾被誉为世界三大化学文摘。德国化学文摘创刊于 1830 年，是世界上发行最早的化学文摘，质量较好，但 1969 年停刊。前苏联化学文摘质量不如德国化学文摘和美国化学文摘，影响力较小。英国化学文摘创刊于 1847 年，于 1953 年停刊。虽然德国化学文摘和英国化学文摘已经停刊，但由于其历史比美国化学文摘悠久，在查阅早年的化学资料方面更为有用。我们平时提到的"化学文摘"一般指的都是"美国化学文摘"。

（1）简介　美国化学文摘（Chemical Abstracts，CA）作为世界上最著名的检索刊物之一，创刊于 1907 年，由美国化学会化学文摘服务处（Chemical Abstracts Service of American Chemical Society，CAS）编辑出版。化学文摘服务处本部设在美国的俄亥俄州哥伦布市，有 1200 多人。本部拥有 600 多名博士从事文献编辑工作。1907 年美国化学文摘创刊时，为半月刊，一年一卷；1961 年改为双周刊，一年一卷，每卷 26 期；1962 年仍为双周刊，但改为一年两卷，每卷 13 期；1967 年改为周刊，延续至今，一年两卷。CA 收录的文献以化学化工为主，是化学化工及相关领域最常用的检索工具。其报道的内容涵盖化学、药学、医学和生命科学等领域（但不涉及上述领域与经济、市场方面内容），来源包括期刊论文、技术报告、会议录、专题论文、学位论文、评论、图书和专利说明等。现在除了传统的纸质版外，还有光盘版和网络版。由于传统的纸质版和光盘版的查阅方法有很多类似之处，我们将先简要介绍手工检索在化合物查询方面的注意事项。有关 CA 详细介绍、著录格式和使用方法，可参考本章所列的书目。

（2）索引　CA 索引体系完善，追溯性强。经过近百年的不断发展，已由最初的作者索引和主题索引发展成为十余种索引检索系统，从而帮助我们利用化合物的结构特征，从多个角度进行查阅。CA 的索引可分为期索引和卷索引。在卷索引的基础上，每 10 卷还将出版一次累积索引。在没有计算机检索的时代，追溯检索应当首先查阅累积索引，累积索引未涵盖的年份查卷索引，还未出现卷索引的就必须查阅期索引。

① 期索引。CA 每周出一期文摘周刊，周刊的前面部分是文摘内容，后面部分是期索引。期索引包括：关键词索引（keyword index，KWI），著者索引（author index，AI），专利索引（patent index，PI）。期索引的主要作用是查新，一旦卷索引出版后就失去使用意义。关键词索引使用时应当注意的几点原则是：a. 关键词属于非规范的自然语言，它来自于篇名、文摘和原文，不同的作者可能采用不同的术语的同义词作为关键词，因此，如果用关键词作为检索入口时应当把各种同义词均作为检索词，以避免漏检；b. 在关键词索引中，化学名称复杂的化学物质一般采用商品名或俗名，分子式也不能作为关键词使用。著者索引

是以作者姓名为标识检索的索引，自创刊以来一直连续出版。作者包括个人著者、团体著者、专利发明者、专利权人，按字顺混合编排。个人著者以姓前名后（姓以全称排在前，名以缩写排在后）的方式书写。对非拉丁语系国家的著者一律用音译法将其译成拉丁字母。专利索引有两个作用：一是查阅已知专利号的专利文摘；二是查阅同族专利的其他专利，这可以调节语种和馆藏，扩大专利说明书的索取范围和选择面。同族专利，一般是指同一发明思想，用不同文种向多国多次申请、公开或批准，内容相同或有所修改的一族专利，其中最先得到批准的专利称为基本专利（basic patent），也称原始专利。和基本专利内容基本相同，在不同国家或地区内提出申请而得到批准的专利称为等同专利（equivalent patent）。相关专利为与基本专利内容不完全相同，但有关联的专利，在专利种类代码之后用 Related 表示。

② 卷索引与累积索引。目前 CA 每半年一卷，共 26 期。全卷各期文摘本出完后开始出卷索引。卷索引包括：普通主题索引（general subject index，GS）、化学物质索引（chemical substance index，CS）、分子式索引（formula index，FI）、著者索引（author index，AI）和专利索引（patent index，PI）。

a. 化学物质索引（chemical substance index，CS）。以化学物质名称作为索引标，这些化学物质必须具备三个条件：已知组成，原子价键清楚，立体化学结构明确。简言之，化学物质索引只涉及在索引指南（IG）中带有 CAS 登记号的化学物质，即包括经 IUPAC（国际纯化学和应用化学联合会）命名的所有化学物质。从医药方面讲，主要有各种特指的药物名称、化合物名称、生化物质名称等。使用化学物质索引时，首先按字顺寻找相同母体，母体一致时，再逐个核对取代基，每一步按先字顺后位置的顺序进行，最后核对登记号，以确证无误。其检索步骤为：先查阅索引指南，获取正确的化学物质名称；然后应用化学物质索引找母体，之后核对取代基，找到该化学物质条目并核对登记号，根据其下的副标题与说明语，选出符合检索需求的文摘号-文摘-出处-原文。

b. 普通主题索引（general subject index，GS）。该索引自 1972 年从主题索引中分出。收载的内容主要是不涉及具体化学物质的主题部分，例如：化学物质大类，如酚类（phenols）、抗生素（antibiotics）等，生化物质大类，如脂类（lipids）、蛋白质（proteins）、氨基酸（amino acids）、酶类（enzymes）等；概念性主题，如基因疗法（gene therapy）、色谱法（chromatography）、教育（education）等；化学反应名称及化工过程设备，如取代反应（substitution reaction）、反应釜（reactors）、精制（purity）等。普通主题索引和化学物质索引既有区别又有联系，在检索文献时，应把二者结合使用。往往一个课题既可从物质的角度查化学物质索引，也可用概念性的主题词查普通主题索引。

c. 分子式索引（formula index，FI）。分子式索引自 1920 年起随卷出版，该索引按分子式符号的英文字顺排列，相同分子式下又按化学物质名称的字顺编排，其后列出 CAS 登记号及文摘号，对一些常见的化学物质，分子式索引用"see"参见到化学物质索引。在卷索引的基础上，CA 每 10 卷出一次累积索引，追溯查阅比查卷索引方便得多。现已出至第 14 次累积索引（14th collective index）。除有和卷索引一致的累积索引外，CAS 还按年出版一些作为工具使用的辅助性索引，这些索引有：CA 资料来源索引（CAS source index，CASSI）、索引指南（index guide，IG）和登记号索引（registry number index，RNI）。CA 各索引间的关系见图 1-2。

（3）SciFinder Scholar 的使用 SciFinder Scholar 是美国化学文摘服务社的新型联机检索系统，相比于 CA 光盘检索而言，具有以下优点：图形界面好，易于为初学者使用；搜索

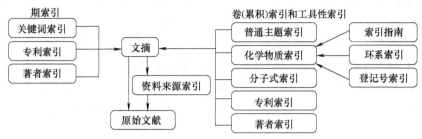

图 1-2 CA 各索引间的关系

年代可上推至 1907 年，更新快，而 CA 光盘需要检索不同年代的光盘，使用不便；更重要的是，SciFinder Scholar 所包含的数据库比 CA 光盘更多，使用更为便捷。它包括了化学反应系统（CASREACT）、化学物质数据库（Registry）、商业来源数据库（CHEMCATS）、管制数据库（CHEMLIST）、Medline 医学数据库。上述数据库基本涵盖了化学、化工和生物医学领域的大部分信息资源，也是当代国际化学、药学领域信息检索的有利工具。

1.1.3　贝尔斯坦有机化学大全

贝尔斯坦有机化学大全（Beilstein Handbuch der Organischen Chemie），简称 Beilstein，1882 年首版，德国化学会编辑，Springer-Verlag 出版。该书最初以德文编写，是世界上收集有机化学资料最完备、最权威的一套参考工具书。内容包括化合物的结构、理化性质、衍生物的性质、鉴定分析方法、提取纯化或制备方法、原始参考文献。Beilstein 所报道化合物的制备信息简明扼要，内容准确，引文全面，信息容量大，是有机化学及相关专业人员查找有机化合物性质、结构、制备等信息的权威性工具书。

Beilstein 原由 Freiderich Konrad Beilstein 于 1862 年编写，至 1906 年共出版了 3 版。1918 年以后，由德国化学会组织编写第 4 版，即目前通用版本，共包括 1 个正编和 5 个补编，约 460 个单卷（册）。

Beilstein 共收录了上百多万个有机化合物，这些化合物根据结构占据固定的卷号，在各编中卷号不变。如 1～4 卷为无环系（acyklische reihe）；5～16 卷为碳环系（isocyklische reihe）；17～27 卷为杂环系（heterocyklische reihe）；30～31 卷为天然产物（正编后归入相应各卷）。

除印刷版的 Beilstein 外，我们还可以通过联机检索、光盘检索和网络进行查询。特别是网络版查询支持图形结构搜索，非常方便。

1.2　药物合成路线的设计策略

1.2.1　类型反应法

类型反应法是利用典型有机化学反应与合成方法进行药物合成设计和思考的方法。该方法适用于有明显结构类型特点的化合物，或某些特征官能团的形成、转化和保护。例如，我们需要合成的药物含有酯基，根据有机化学原理，工业方法常应用羧酸与醇的酯化反应，有机羧酸的酰氯与醇的酰化反应，以及有机羧酸盐和卤代烷的取代反应等方法制得。

一般而言，每一类结构的有机化合物都有专门的通用方法供我们参照。但是药物分子中常含有多个官能团，某些通用合成方法的反应条件可能导致目标结构上的某些基团发生变化，因此应用类型反应法时应多考虑一下底物结构特征。

例如，邻氯苯基二苯基氯甲烷是合成抗真菌药物克霉唑（Clotrimazole）的关键中间体，在设计它的合成路线时，其中的一个方法就是参考四氯化碳与苯通过 Friedel-Crafts 反应可生成三苯基氯甲烷的类型反应，设计了以邻氯苯基三氯甲烷为关键中间体的合成路线。此法合成路线较短，原辅材料来源方便，收率也较高，曾为工业生产采用，但这条工艺路线也有一些缺点：主要是由邻氯甲苯经氯化反应制备邻氯苯基三氯甲烷的过程中，一步反应要引入三个氯原子，反应温度较高，且反应时间长，有大量的氯化氢气体和未反应的氯气排出，不易吸收，造成环境污染和设备腐蚀。

$$CCl_4 + 3C_6H_6 \xrightarrow{\text{Friedel-Crafts反应}} (C_6H_5)_3CCl + 3HCl$$

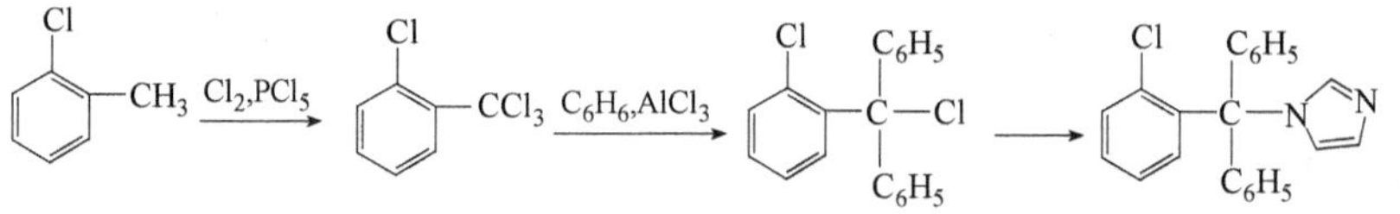

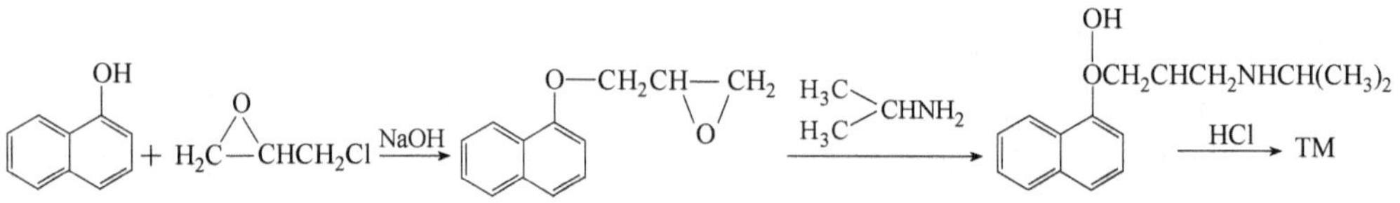

再如 20 世纪 60 年代中期开发出的第一个 β-受体阻滞剂盐酸普萘洛尔（Propranolol），化学名为 1-异丙氨基-3-(1-萘氧基)-2-丙醇盐酸盐，化学结构属于芳氧丙醇胺类，其合成方法是用 α-萘酚与环氧氯丙烷反应得 1,2-环氧-3-(α-萘氧)丙烷，再与异丙胺缩合得 1-异丙氨基-3-(1-萘氧基)-2-丙醇，最后与盐酸成盐。自从普萘洛尔问世以来，先后发明了数以千计的类似物，上市产品也有几十种，大部分都属于芳氧丙醇胺类衍生物。这类化合物的合成都可以参照普萘洛尔的合成方法。

应用类型反应法进行药物或者中间体的合成路线设计时，若官能团的形成与转化等单元反应的排列方式可能出现两种或两种以上不同方式时，不仅要从合成理论上考虑排列顺序的合理性，而且更要从实际情况出发，着眼于原辅材料、设备条件等因素，在实验的基础上反复比较来选定。化学反应类型相同，但进行顺序不同，意味着原辅材料不同；原辅材料不同，即反应物料的化学组成与理化性质不同，将导致反应的难易程度和反应条件等亦随之不同，往往带来不同的反应结果，即药物质量、收率、"三废"治理、反应设备和生产周期等方面都会有较大差异。这些问题是在运用类型反应法进行工艺路线设计时需要予以考虑的。

1.2.2 模拟文献法

所谓模拟文献方法是指我们所要合成的目标化合物或中间体已有文献报道，或者其类似结构已能查到确切的合成方法，那么我们借鉴文献方法进行合成可以减少实验步骤。在新药创制过程中，目标化合物一般以新结构为主，而多数中间体都是已知化合物。对这些已知的中间体如果再花费大量精力进行合成路线研究，将浪费宝贵时间，得不偿失。最好的办法是尽量购买关键中间体，如果价格太高或难以购置，就利用文献路线快速合成。因为在新药创制过程中，时间最重要，如果将时间过多地放在中间体合成上，将直接影响目标化合物的合成进度。

如果化合物的合成已有报道，一定要查到文献方法的具体细节，再进行合成或工艺改进。这是因为有机化学反应复杂多变，有些看似简单的反应在实际操作过程中可能有很多意想不到的困难。这些实际困难可能与底物的性质、反应试剂、反应条件和后处理等环节密切相关，不可能简单地依靠逆合成分析或者某些合成通法得以解决。如果我们对前人发现的困难和经验不理不睬，仅参照通用方法进行实验，很可能造成实验的失败。既然前人经历失败后已找到了解决问题的办法，我们就不该闭门造车，而是应当主动调研文献，吸取前人的经验教训，更好地提高实验效率。有关调研有机合成文献的方法已在第一节详细阐述。

总而言之，在教学和科研工作中，对于化合物合成路线的设计应当多从逆合成分析理论入手，综合各种结构信息推导可能的合成路线。在具体合成的过程中，应尽量依托类型反应法和模拟文献法，使我们在科研上少走弯路，提高工作效率。

1.2.3 逆合成分析法

从药物分子的最终化学结构出发，将其化学合成过程一步一步逆向推导进行寻源的思考方法称为追溯求源法，又称倒推法或逆合成分析（retrosynthesis analysis）法。研究药物分子的化学结构，寻找其最后一个结合点，考虑它的前体可能是什么和经过什么反应构建这个连接键，逆向切断、连接、消除、重排和官能团形成与转换等，如此反复追溯求源，直到最简单的化合物即起始反应原料为止。起始反应原料应该是方便易得、价格合理的化工原料或天然化合物。最后进行各步反应的合理排列与完整合成路线的确立。

"逆合成分析"原理由美国著名有机化学家、诺贝尔奖获得者 E. J. Corey 于 1967 年提出。逆合成原理就是以"合成子"概念和切断法为基础，从目标化合物出发，通过官能团转换或键的"切断"，去寻找一个又一个前体分子"合成子"，直至前体分子为最易得的原料为止。"切断"的基本要点：①一般在目标分子中有官能团的地方进行切断；②在有支链的地方进行切断；③切断后得到的"合成子"应该是合理的（包括电荷合理）；④一个好的切断同时也要满足其他条件（有合适的反应机理，最大可能的简化，能给出认可的原料）。其过程大致如下：

（1）识别目标分子　确定目标分子的类型，是烷烃还是烯烃，是单官能团化合物还是多官能团化合物等。

（2）对目标分子进行逆向剖析　根据目标分子的结构特点，对其进行官能团转换或碳架改造，以找到目标分子的前体。处理的依据是各类化合物的制备反应。例如目标化合物是醇，如果依据还原法来制备，就需要通过官能团的转换寻找一个羰基化合物为前体；如果依据 Grignard 试剂法制备，就应在连有羟基的碳旁边切断获得两个前体。制备反应多种多样，要尽量选择可靠、易操作、产率高的反应为依据。切断的位置有多种选择时，要尽量利用分子的对称性，力求简化。对称分子在中央切断，有支链的或有并合环的分子在支化点旁切断，单官能团化合物在官能团旁或附近切断，双官能团或多官能团化合物之间切断，或与官能团相距一定距离的某个位置切断，都是较好的选择。逆向剖析从目标分子出发，要反复进行，直至得到的前体为指定或为易得原料为止。

（3）制定合成路线　将剖析的途径逆转，加入合适的试剂和反应条件，这时合成路线仅仅是初步形成。要审查它的合理性，若在某一步反应中分子其他官能团对反应有干扰，就要对该官能团予以保护，而且保护基在所选反应完成后必须能顺利除去。所选反应有区域性选择时，要保证区域性与反应进程方向一致。如有立体化学的要求，在选择反应类别和试剂时要作出正确的判断。有时为了激活分子的某一部位，还要添加一些基团，对确定的合成分子进行修饰。

由于"逆合成分析"的思维方式和正向反应的方式相反，在合成路线设计时，将目标分子作为出发点，向"中间体"、"原料"方向进行逆向思索，这和实际合成方向正好相反。为了将二者加以区别，一般将有机合成反应过程用 ⟶ 表示，而将"逆合成分析"中相反方向上的结构变化称为"变换"（transform），用 ⟹ 来表示，必要时可以在 ⟹ 上注明正向反应的主要条件，并用符号 ┊ 表示键的切断。

如何选择较适宜的切断部位，取决于对有机合成化学反应的熟悉程度。对有机合成化学反应越熟悉，可以切断的部位就越多。特别是近些年有机合成方法发展很快，新的反应不断出现，因而可以提供切断的方法和部位也越来越多。

一般而言，对于设计药物分子的合成路线时，药物分子结构中的 C—N、C—O、C—S 等碳杂原子键的部位，通常是该分子的易拆键部位，也即是分子的键合连接部位，因此可以首先从碳杂原子键入手。

1.2.3.1 逆合成分析的有关概念

（1）靶分子（target molecule）　简称 TM，即我们需要合成的目标化合物。

（2）切断（disconnection）　也译为分拆。切断是基于化学反应原理，将目标分子的某个（或某些）化学键以假想的方式断裂，以得到可能的原料。它与真实合成反应正好相反。

（3）合成元（synthon）　作为逆合成分析的基本概念之一，指的是切断有机化合物时得到的碎片。Corey 给出的定义为："凡是能用已知的或合理的操作连接成分子的结构单元均称为合成元。"合成元可以是真实的反应中间体，也可以不是。起合成元作用的真实分子叫试剂。下面的两个例子中，有的合成元是实际存在的物质，有的则需要找到其等价物。下面以苯乙酸（2-1）的逆合成分析为例，看一下合成元及其等价试剂的概念。

在逆合成分析法中，我们常将目标化合物用 TM 表示，用符号 ⟹ 表示逆合成分析，以区别于表示反应的单线箭头。在本例中苯乙酸切断后得到两个合成元：一个带正电荷的苄基片段（2-2）及一个含羧基的负电荷片段（2-3）。它们本质上都是不存在的，需要通过合成元的等价试剂来实现。此例中氰负离子是负电荷片段（2-3）的合成元等价试剂，而溴化苄（2-4）则是苄基阳离子合成元（2-2）的等价试剂。

（4）转化（transformation）　从靶分子开始经过多种方式得到合成靶分子的前一个分子的过程叫转化。转化是逆合成分析的核心。转化有两大类型：第一类是碳碳键的转化；第二类属于官能团的转化。

① 碳碳键转化。这一类转化都涉及分子的整体骨架，一般可分为切断（disconnection）、连接（connection）和重排（rearrangement）三种类型。切断作为转化方式的一种，一般我们经切断得到两个合成元，分别为正离子和负离子的形式。这种最常见的方式称为异裂方式。另外还有均裂方式切断和电环化切断等形式。均裂方式切断属于自由基反应类型，它与电环化反应一样在类药化合物的合成应用不是太多。因此我们最常用的切断方式主要以化学键异裂形式居多。

连接就是将目标分子中两个适当的碳原子连接起来，形成新的化学键，以便于下一步切断。通常在双线箭头上加注"conc"来表示，例如：

连接　$\overset{CHO}{\underset{CHO}{\bigcirc}}$　$\xrightarrow{\text{conc}}$　$\bigcirc$

　　　　2-5　　　　　　2-6

重排是按照重排反应的反方向将目标分子切断或重新组装，以此简化操作。由于重排反应涉及内容复杂，种类很多，本章不多做介绍。通常这种转化在双线箭头上加注"rearr"或"重排"来表示，例如：

$\overset{O}{\underset{2-7}{\diagup\kern-0.3em\diagdown}}$　$\xrightarrow{\text{rearr}}$　$\underset{2-8}{\overset{OH}{\underset{OH}{+}}}$

② 官能团转化。如果一个逆合成分析仅仅涉及官能团的变化而没有碳骨架的改变，称该转化为官能团转化（functional group interconversion，FGI）。官能团增加（functional group addition，FGA）表示在转化过程中添加一个官能团；官能团消除（functional group removal，FGR）指转化过程中除去某个官能团。

在逆合成分析过程中，官能团转化贯穿整个过程。一般来说，我们用到最多的是官能团保护。药物分子结构中一般都具有多个官能团，进行化学反应过程中为使反应只发生在指定的基团而避免其他基团受到影响，反应前需要引入保护基，反应结束后再脱除保护基。例如，酰基可作为羟基与氨基的保护基，酯基可作为羧基的保护基，缩醛可作为醛基的保护基。保护基需在所进行的反应过程中保持稳定，引入和除去都较为简便。特别对复杂类药化合物的合成，掌握使用各种保护基非常必要。

（5）合成树　根据逆合成分析法，每一个靶分子可以逆向导出若干个中间体。这些中间体虽然只需一步反应即可制得靶分子，但每一个中间体还可以成为新的靶分子，从而又推导出新的中间体。依此类推，直到起始原料，就构成所谓的"合成树"。实际进行合成路线设计时，由于所选择的反应类型、反应试剂和某些反应的顺序不同，同一个目标分子可以有多条合成路线。需要强调的是，一个合理的切断，必须有相应的合成反应支持，不合理的切断不能成立，因此尽量掌握基本的有机反应机制，熟悉尽可能多的合成反应，在有机合成的学习中至关重要。

1.2.3.2　逆合成分析法实例分析

抗真菌药益康唑（Econazole）分子中有 C—O 和 C—N 两个易拆键部位，则可以从 a、b 两处追溯其合成的前体物质。

从虚线 a 处考虑切断，C—O 键可以通过羟基的烷基化反应形成，即利用氯甲基和仲羟基的反应。这样益康唑的前体化合物就是对氯氯苄和 α-(2,4-二氯苯基)-β-(1-咪唑基)-乙醇

（2-9）。而 **2-9** 分子结构中有易拆键部位为 C—N 键，即从虚线 b 处切断，可以考虑通过氮原子的烷基化反应形成，于是 **2-9** 的前体物质为 α-(2,4-二氯苯基)-β-氯代乙醇和咪唑。

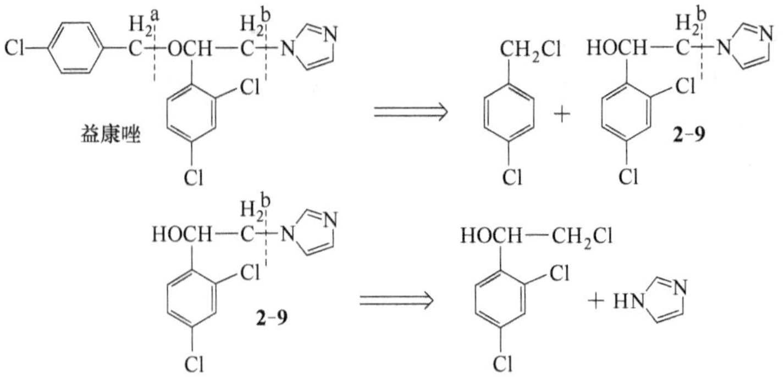

若先考虑从虚线 b 处切断，C—N 键也可以通过氮原子的烷基化反应完成，则前体物质为 α-对氯苄氧基-β-2,4-二氯苯乙烷（**2-10**）和咪唑。而（**2-10**）分子中有 C—O 键，即从虚线 a 处切断，则 **2-10** 的前体化合物分别为对氯氯苄和 α-(2,4-二氯苯基)-β-氯代乙醇。

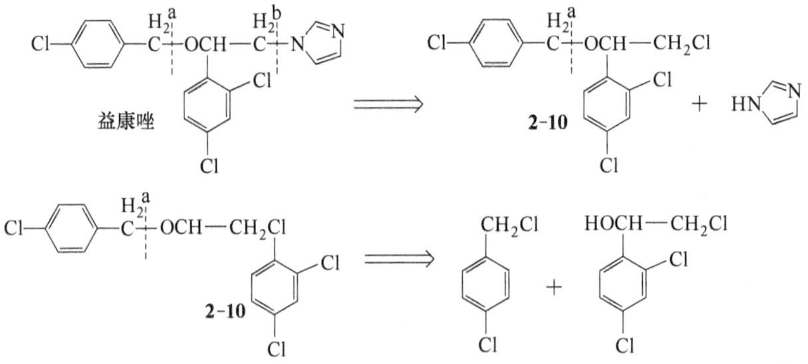

从上面的分析结果可以看出，益康唑及其中间体分子的装配有 a、b 两条虚线可以考虑，即存在 a、b 两种连接方法，但是 C—O 键和 C—N 键形成的先后次序不同，对合成会有较大影响。若先采用上述 b 处拆键，对氯氯苄与 α-(2,4-二氯苯基)-β-氯代乙醇在碱性试剂存在下反应制备中间体 **2-10** 时，不可避免地将发生 **2-10** 自身分子间的烷基化反应，从而使反应复杂化，降低 **2-10** 的收率。因此，采用先形成 C—N 键，然后再形成 C—O 键的 a 处连接装配更为有利。也就是说，应用"追溯求源法"设计药物合成路线时，若出现两个或两个以上可切断的连接部位，即各种连接的单元反应顺序可以不同安排时，不仅要从理论上合理安排，而且必要时还须通过实验研究加以比较选定。

从上述例子看出，所谓合成路线，实际上是各种单元反应的合理应用，因此一个结构复杂的药物分子，通过分析它的化学结构，因切断部位的不同，就有不同的合成路线。只要掌握结构的特点，应用相应的单元反应，就能设计不同的合成路线。

1.2.3.3　逆合成分析方法的局限性

逆合成分析法属于"理性"合成分析方法，但在实际工作中由于拆解步骤过长使得路线设计的产率和效率降低。另外，许多化学反应比较复杂，特别是客观存在许多难以预料的副反应和重排反应，因此按逆合成分析法得到路线可能未必是最佳的合成路线，某些未应用逆合成分析方法的合成路线可能也会成功。因此复杂药物分子的合成路线设计常需要和其他方法联合使用。

20世纪末组合化学异军兴起，如何提供适应药物多样性结构的合成方法，已成为有机化学合成方法学面临的新挑战。2000年，Schreiber提出多样性导向合成（diversity-oriented synthesis，DOS）。其合成策略遵循"纵向合成分析法"（forward-synthetic analysis），在合成过程中尽量引入多样化的官能团，构建不同的分子骨架，并希望最终建立的小分子化合物库涵盖尽可能多的化学多样性（包括密集的手性官能团、丰富的立体化学和三维结构以及多样性的化合物骨架）。"纵向合成分析法"的提出，有效地补充了"逆合成分析法"的不足，也为组合化学的发展提供了新的动力。

1.3　合成路线选择与评价原则

通过路线设计和文献查阅，目标化合物的合成常常有几条不同的技术路线。这些路线原料不同、实验方法各有特点，因此我们需要全面分析，依据具体情况决定取舍。从药物合成角度而言，选择最佳合成路线的基本原则是：实验条件无特殊要求，安全隐患小；原料和所用试剂购买方便，价廉易得，合成路线简捷，各步收率相对较高。简而言之，药物及中间体的合成路线应当经济合理、现实安全。我们将从下面几个角度进行讨论：

1.3.1　原料和试剂的来源

药物化学研究工作者应当时常关注原料和试剂的存储，做到心中有数。如果发现某种试剂或原料所剩不多时，应及早定购，以免异地购置试剂而延误工作进度。

常用的有机溶剂或一般性的化工原料，可以考虑就近购置。某些起始原料用量大且本地不生产，从价格因素角度考虑我们应当直接联系合成这些原料的厂家。一些用量小且在合成步骤中非常关键的试剂（如金属催化剂），可以考虑从国外试剂公司（如Aldrich或Acros）定购。但缺点是价格昂贵且到货时间慢。另一方面，国外公司虽然试剂品种多，但有时可能也会缺货，因此定购试剂时间将进一步延长。

在选择合成路线时，要将原材料是否易得作为一个考虑因素，应当对各条路线中所涉及的原料和试剂来源进行认真调研。如果国外公司的试剂目录也没有某种试剂或原料时，就要考虑该路线的原料或中间体需要自己合成，从而使合成路线进一步延长。当前中国国内的化学原料和化工中间体行业发展很快，但良莠不齐。国内的一些试剂公司如上海国药、阿拉丁等国内公司，正在树立自己的品牌，价格相对国外公司低廉，质量也有保证。同时许多国外试剂公司也通过国内代理公司，拓宽服务范围，方便基层科研单位定购。但总体而言，北京、上海的试剂定购相对国内其他地区要方便得多。国内其他地区的科研单位在课题进行时最好提前规划，项目启动前就要抓紧定购试剂和原料，以免影响工作进度。

1.3.2　合成步骤、操作与收率

通常我们都希望化合物的合成能够步骤短、操作简便，而且各步收率高，尽量采用汇聚式合成路线。总收率是各步收率的连乘积，假如各步收率都一样，反应步骤越多，总收率就越低。

有的合成路线属于直线式合成路线，如下例路线一，以A为起始原料，经过七步反应制得产物P；有的路线属于汇聚式合成路线，如下例中的路线二，分别从原料A和原料H

出发，各经三步反应得到中间体 D 和 K，然后再相互反应得到产物 P。假设这两条路线的各步收率都一样（均为 80%），则以起始原料 A 计，总收率分别为 21.0% 和 40.9%。因此，选择汇聚式合成路线有利于我们总收率的提高。

路线一：

$$A \longrightarrow B \longrightarrow C \longrightarrow D \longrightarrow E \longrightarrow F \longrightarrow G \longrightarrow P$$

$$总收率 = (0.8)^7 \times 100\% = 21.0\%$$

路线二：

$$\left.\begin{array}{l} A \longrightarrow B \longrightarrow C \longrightarrow D \\ H \longrightarrow I \longrightarrow J \longrightarrow K \end{array}\right\} \longrightarrow P$$

$$总收率 = (0.8)^4 \times 100\% = 40.9\%$$

1.3.3 单元反应的次序安排

同一条合成路线中，某些单元反应的先后次序可以调整，而最后所得的产物相同，这时就需要研究单元反应次序如何安排更为合理。一般而言，单元反应次序不同，所得的中间体不同，反应条件和要求也各不相同。

通常收率低、反应条件激烈（如高温、高压、强酸或强碱溶液等）的单元反应放在前面，将收率高、反应条件温和的反应放在后面。因为从收率角度而言，起始原料易得，虽然前期的反应收率低，但容易保证中间体的积累；而反应步骤越多，中间体的成本越高，积累也越困难，一旦后续的某步反应失败，将前功尽弃。

另一方面，从分子结构的稳定性方面看，起始原料一般基团较少，即使遇到高温、高压和强酸、强碱等条件，对起始原料的分子结构可能影响不是太大；但随着各种官能团的引入，整个分子结构稳压定性差，有可能因为反应条件激烈而导致分子某些基团发生变化，因此，应当在后续反应中尽量使用反应条件温和的反应。

1.3.4 技术条件与实验安全

药物合成过程中经常会遇到一些高温、高压或低温、高真空等实验操作。一般而言，氢化催化、加压反应、臭氧化反应等均需要特殊实验装置。如果实验条件达不到的话，轻者引起反应失败，后果严重的将导致爆炸事故发生。因此，如果路线设计过程中发现文献报道的单元反应需要高温、高压操作时，一定要提早核实所在单位能否解决这些条件。如果在调研过程中发现所在单位不具备开展上述特种实验的条件，就应当另辟蹊径，考虑改用其他条件温和的反应。

在实验室从事教学和科研工作，最重要的问题就是实验室安全。如果某条路线所用的试剂毒性非常大，或者极易爆炸，或者刺激性极强，或者气味极其难闻，那么这些试剂或原料将成为我们实验室潜在的"定时炸弹"，应当重新考虑。

1.4 影响药物合成反应的常见因素

不管是验证性的教学实验还是科研实验，在药物合成实验中都应当认真、翔实记录实验现象，然后对实验数据进行科学的分析，找到解决问题的办法。从化学反应本质而言，药物合成反应出现的问题主要来自于反应物质自身性质以及外部反应条件。因此，分析药物合成反应的问题也应当从两方面着手：一方面要从化学反应本质来考虑问题，例如，反应的基本原理、底物结构性质、反应动力学等；另一方面要从反应的外部条件（即反应条件）考虑。只有综合考虑这两方面因素，才能解决反应过程的深层次问题，找到最佳的实验方案。

在实际工作中，化学反应的反应物和试剂常常已经确定，因此我们研究的内容主要以优化反应条件为主。这方面的内容常包括反应物的浓度与配料比、原料的纯度、反应时间、反应温度和压力、加料次序、溶剂、催化剂、pH、反应终点控制、产物分离与精制、产物质量监控等。

1.4.1 反应物料的配比与浓度

根据化学反应动力学原理可知，化学反应的速率与反应物的浓度存在直接关系（零级反应除外），提高反应物浓度有利于加快反应速率。在药物合成反应过程中，溶剂一定的条件下，我们一般最关注的是反应原料的用量和配比。

1.4.1.1 反应原料配比一般原则

由于有机化学反应多数属于可逆反应，很难按理论值定量完成反应，而且一般也很难按理论配料比进行反应。根据可逆反应原理，如果适当增加反应物中某一成分的用量，可使平衡向产物方向移动，从而达到提高收率的目标。但同时我们也应当看到，有机化学反应常伴随一些平行发生的副反应，可能导致部分原料的损失，因此某些反应原料应适当增加用量以弥补损失。考虑到经济性因素，我们通常增加价格较低或供应便利的某些原料用量，一般较理论值增加 5%～20%，有时甚至可能多达几倍。

例如，甾体化学中常用的 Oppenauer 氧化反应，可将甾体 3-羟基氧化为酮基。该反应的氧化剂为环己酮，一般均过量 2～3 倍，以推动反应平衡向产物方向移动。过量环己酮可以在反应结束后蒸除。

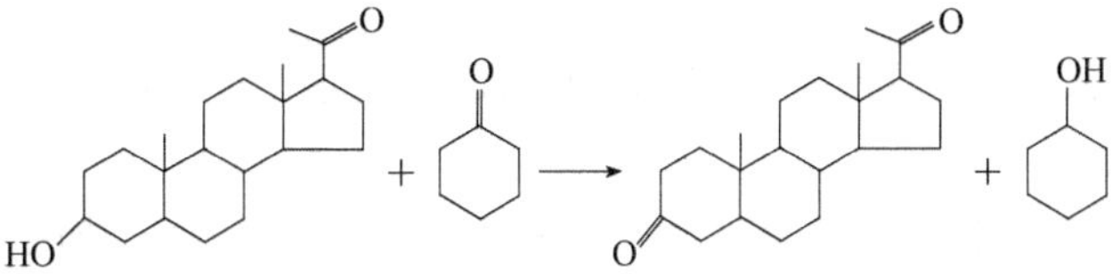

有时我们研究某些反应时，其反应原料之一可以兼作溶剂，此时就需要更多的量。例如，制备酰氯时，可以用氯化亚砜既作反应试剂又作溶剂。此时投入过量的原料将增加后处理过程，如蒸除溶剂、洗涤、过滤和回收等。

1.4.1.2 通过反应机制考察物料配比

① 重视反应物的特性和反应机制与配比的关系。例如，傅-克（F-C）酰化反应，先形成碳正离子，然后生成锌盐，再水解生成相应的产物。

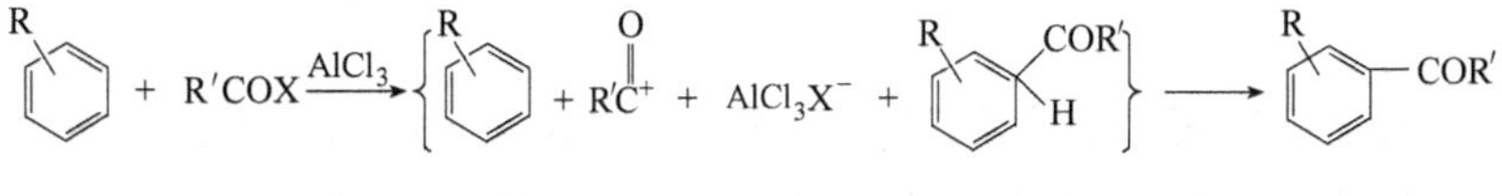

这里无水 $AlCl_3$ 的用量要大于 1:1（物质的量之比），有时甚至用 1:2。

② 配料比与副反应，从反应机制考虑，如果某种反应物质的量的增加有可能导致过量的反应物是否可能与产物进一步发生反应，从而导致副产物增加。例如应用酯缩合反应制备

乙酰丙酮酸乙酯过程中，所用原料为草酸二乙酯与丙酮。从反应式看，草酸二乙酯与丙酮的物质的量之比为 1∶1，如果增大丙酮或草酸二乙酯的用量会发生什么情况呢？

如果草酸二乙酯大大过量，一分子的丙酮可以与两分子的草酸二乙酯发生两次酯缩合反应而得到三酮基化合物。

如果丙酮大大过量，一分子的草酸二乙酯可以与两分子的丙酮发生两次酯缩合反应而得到四羰基化合物。

因此，该反应中原料的比例要十分注意，丙酮适量过量 10％即可。

当参与主、副反应的反应物不尽相同时，应利用这一差异，增加某一反应的用量，以增加主反应的竞争能力。如氟哌啶醇的中间体制备：

合成过程中同时还存在一个副反应，反应如下：

由于副反应是正反应的平行反应，为抑制副反应发生，可增加氯化铵的用量。

1.4.1.3 浓度

根据质量作用定律，当温度不变时，反应速率与该瞬间反应物浓度的积成正比。因此增加反应物浓度有利于反应速率的加快。然而我们也应当看到，反应浓度如果无限制加大，将同时引发副反应速率加快，所以选择适宜的浓度也是我们研究合成工艺的重要内容。

在磺胺噻唑生产中的氨解反应中，产物 AST 溶于氨水，而 ASN 析出。

从理论角度看，提高氨水浓度有利于反应速率的加快。但当氨水浓度过高时，ASN 在氨水中的溶解度也相应增加，使产品 AST 带有 ASN 的杂质。当氨水浓度过稀，不仅反应速率慢而且 AST 溶解度也减小，使部分 AST 同时析出，增加了 ASN 精制的困难。

一般常用的增加反应物浓度的方法有：①采用过量反应物，即增加反应物的配料比；②增加溶液浓度；③采用提纯或浓缩方法；④设法降低某一生成物的浓度，使反应平衡向产物方向移动。

有时减小某一反应物的浓度，可能会增加反应的收率。减小反应物浓度的方法包括分批加料或增加另一反应物投料量，并增加溶剂用量。

1.4.2 温度

(1) 温度变化与反应动力学　温度对反应速率影响很大。根据 Arhenius 反应速率公式：反应速率常数与反应温度有关，温度升高，一般都可以使反应速率加快。Van't Hoff 规则指出，反应温度每升高 10℃，反应速率大约增加 1～2 倍。因此我们在实验中升高反应温度，是提高反应进程的有效手段。

(2) 反应温度的选择　常用类推法选择反应温度，即根据经验或相关文献初步确定反应温度，然后根据要进行化学反应的底物的性质作适当的改变。

如果是新反应，可以从室温开始，用薄层色谱或气相色谱、高效液相色谱等方法追踪反应的变化，若无反应发生或反应很慢，便逐步升温或延长时间，直到找到最适反应温度；若反应过快或激烈，可以降温或控温使之缓和进行。

例如，对二氯苯硝化反应选择的最佳温度为 60～70℃。该反应以浓硫酸为溶剂，当温度低于 60℃时，原料对二氯苯难以在浓硫酸中溶解，但温度高于 70℃将有二硝化产物生成。

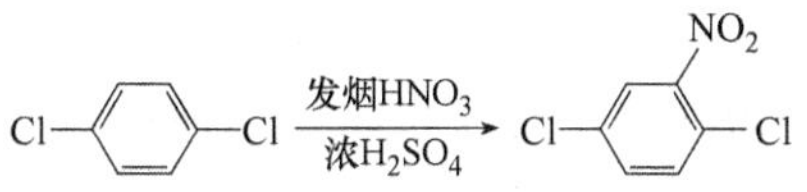

(3) 反应温度的控制　实验室进行的化学反应一般在 0～150℃之间进行。如要反应要求低温，就需要配备相应的冷浴，常用的有冰盐浴、干冰/丙酮、液氮等。具体的加热和冷却装置见相关基础实验教材。

目前常用的加压反应其实质也是在压力升高的条件下使溶剂沸点升高，也是从另一个角度增加反应温度。例如磺胺甲氧嗪的制备中，中间体磺胺甲氧嗪钠是 3-磺胺-6-氯哒嗪经过甲氧基化反应得到的。

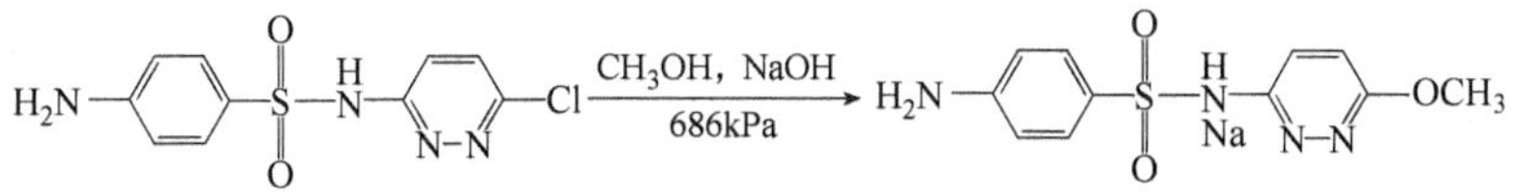

提高温度可以加快该步反应的速率，缩短反应时间。但是由于溶剂沸点较低，常压下无法达到较高的温度，因此可以通过加压实现。

1.4.3 压力

大多数药物合成反应是在常压下进行的。从实验室角度看，常压反应也比较安全。但下面几种情况下，加压可提高反应转化率和收率：

① 反应物均为气体，反应过程中加压可减少反应体积，有利于反应完成。例如，甲醇的合成、合成氨的合成都是在高压下完成的。

② 反应物之一为气体，该气体在反应时必须溶于溶剂内或吸附于催化剂上。加压可增加气体在溶液或催化剂表面上的浓度而促进反应进行。最常见的是加压催化氢化反应。

③ 反应在液相中进行，加压后提高反应温度，缩短反应时间。

1.4.4　加料方式与加料顺序

在实验室进行化学反应时，如果原料为固体粉末，可以先称好加入反应瓶，最后加入溶剂。在医药工业生产上，加料最方便的是液体，可以通过管道和计量装置，一般也是先固体后液体。

对于不同的化学反应来说，某些化学反应要求物料的加入按一定的先后顺序，否则会增加副反应，使收率降低。有些原料可以一次性加入，但有些时候需要分批加入。

例如，在氯霉素中间体对硝基-α-乙酰氨基苯乙酮的生产中，采用乙酸钠和强乙酰化剂——乙酸酐在低温下进行。首先把水、乙酸酐与氨基物盐酸盐混悬，逐渐加入乙酸钠。当对硝基-α-氨基苯乙酮游离出来，在它还未来得及发生双分子缩合反应之前，就立即被乙酸酐所乙酰化，生成对硝基-α-乙酰氨基苯乙酮（简称乙酰化物）。因此，本反应必须严格遵守先加乙酸酐后加乙酸钠的顺序，绝对不能颠倒。

$$O_2N-\text{C}_6\text{H}_4-\overset{O}{\overset{\|}{C}}CH_2NH_2 + HCl + CH_3COONa + (CH_3CO)_2O \longrightarrow$$

$$O_2N-\text{C}_6\text{H}_4-\overset{O}{\overset{\|}{C}}CH_2NHCOCH_3 + 2CH_3COOH + NaCl$$

对一些热效应较小，且无特殊副反应的情况，加料次序对收率影响不大。例如 Fisher 酯化反应，从热效应和副反应角度看，对加料次序无特殊要求。在工业生产中，考虑到设备腐蚀和搅拌要求，应依据不同的情况选择合适的加料方式。如果酸的腐蚀性强，应先加醇再加酸；如果酸的腐蚀性较弱，醇在常温是固体，可以考虑先加酸再加醇，更为方便。

对一些热效应较大，同时可能发生副反应的情况，加料次序可能成为一个不可忽视的问题，且直接影响收率的高低。热效应和副反应的发生常常是相连的，一般由于反应放热较多而提高反应温度，但同时可能存在的副反应也加快反应速率。最经常发生的例子是我们在中和反应液中过量的酸和碱时，由于加入中和剂（碱或酸）过快且没有很好的冷却和搅拌措施，导致反应混合物放热。如果产物是有机胺类化合物，在中和时因体系过热很容易氧化变色。因此，我们在中和时应注意需有冷却措施，同时加入中和剂的速率不要太快。

当然副反应的发生与其他因素也有很大关系，如反应物浓度和反应温度等。如果我们在加料过程中，根据反应机制考虑副反应可能发生的情况，就可以利用加料次序等操作方面的手法来避免或减少副反应的发生。

例如，在异烟肼的生产中，应用高锰酸钾法氧化 4-甲基吡啶得到异烟酸。

$$N\text{-}CH_3 \xrightarrow[H_2O]{KMnO_4} N\text{-}COOK + KOH + MnO_2 \xrightarrow{H^+} N\text{-}COOH$$

实验中加料顺序有"顺式"和"反式"两种方法。顺式加料是先加 4-甲基吡啶和水，然后分批加入高锰酸钾。反式加料的顺序是先将高锰酸钾溶于水，然后加入 4-甲基吡啶。反式加料的缺点是氧化剂浓度很高，加入 4-甲基吡啶后反应猛烈，反应温度和反应进程不易控制，如果 4-甲基吡啶加入过快易导致冲料；其次，由于氧化进程过快，生成的异烟酸可能会进一步氧化生成草酸钾，导致收率降低。另外，高锰酸钾在水中溶解度不大，需要加大量水溶解，从而增加反应的困难。而顺式加料法则可以避免上述缺点，而且收率较高。

1.4.5　溶剂

药物合成的反应多数是在溶剂中进行的。溶剂可帮助反应散热或传热，并使反应以均相进行。同时溶剂也可直接影响反应的速率、方向、反应进程和产物构型等。

1.4.5.1　溶剂分类

（1）质子性溶剂　含易被取代的氢原子如水、酸、醇等化合物，可与含阴离子的反应物发生氢键缔合，发生溶剂化作用；或与中性分子的氧原子或氮原子形成氢键，或由于偶极矩的相互作用而产生溶剂化作用。一般质子性溶剂的介电常数大于15。

（2）非质子性溶剂　非质子性溶剂不含易被取代的氢原子，主要靠偶极矩或范德华力的相互作用而产生溶剂化作用。偶极矩和介电常数小的溶剂，其溶剂化作用也很小。

一般将介电常数大于15的溶剂称为极性溶剂；介电常数小于15的溶剂称为非极性溶剂。

常见的非质子性极性溶剂有：醚类、卤代烃类、酮类、酰胺类等。

常见的非质子性非极性溶剂有：芳烃类和脂肪烃类，此类溶剂又称为惰性溶剂。

1.4.5.2　溶剂对反应速率的影响

溶液中的反应，一般可分为离子型反应和游离基反应。一般溶剂对游离基反应的速率没有显著影响，而溶剂对离子型反应有较大影响。一般而言，溶剂极性越大，对于产生离子的反应越有利，反应速率也越快。

1.4.5.3　溶剂的选择

溶剂对于反应速率的影响较大且机制复杂。一般选择溶剂均需要做多次对比实验才能确定最佳溶剂。除了考虑溶剂的极性以外，许多其他的理化常数也应当予以重视。如溶剂的沸点，我们在实验中经常通过溶剂的沸点来调节和控制反应温度。在沸点较高的溶剂中进行反应，反应温度可以适当提高而缩短反应时间。但同时我们也应看到，高沸点溶剂不易挥发，需加热减压回收。

1.4.6　pH

反应介质的pH对许多反应具有很大的影响，有时不仅决定着反应速率，而且对产物质量和收率也有很大作用。特别是诸如水解、酯化反应均应用酸碱作催化剂，这些反应的速率与pH有很大关系。

羰基化合物与亲核试剂的加成反应受pH影响很大，而且往往还存在一个最适pH。例如，丙酮与羟胺的加成反应，经过研究发现，在pH＝5时加成反应速率最佳。这是因为酸对这个反应的影响表现在两个完全不同的方面。一方面，质子与羰基氧原子结合，增加羰基碳原子的正电性，更有利于亲核试剂的进攻，从而加速反应速率；另一方面质子又同与亲核试剂羟胺结合，形成铵离子，从而降低了羟胺的亲核反应能力，导致反应速率降低。所以丙酮与羟胺的亲核加成反应会存在一个最适pH。

$$\diagup\!\!\!\diagdown\!\!=\!O \xrightleftharpoons{H^{\oplus}} \diagup\!\!\!\diagdown\!\!=\!\overset{\oplus}{O}H \longleftrightarrow \diagup\!\!\!\diagdown\!\!\overset{\oplus}{{}}\!-OH$$

$$H_2N-Z \xrightleftharpoons{H^{\oplus}} H_3\overset{\oplus}{N}-Z$$

1.4.7　搅拌

搅拌使两个或两个以上的反应物获得充分接触的机会，从而增加反应物之间的分子碰撞机会，以利于提高合成反应的转化率。在一定程度上，搅拌还起到传热和传质作用。这样不仅可以达到加快反应速率和缩短反应时间的目的；同时还可以避免或减少局部温度过高而引起的副反应。

搅拌对于互不混合的液相-液相反应、液相-固相反应和固相-固相反应非常重要。例如芳香化合物的硝化反应是两相反应，混酸加入芳基化合物时常常不相溶。这时搅拌效果的好坏直接影响反应进程。只有充分、强力搅拌才能增加两相接触面积，加速反应进行。又如在催化氢化反应中，催化剂 Raney Ni 因为较重，一般沉在反应釜底部。如果搅拌效果不好，催化剂无法与反应物充分良好接触，会导致反应失败。

1.4.8　杂质与原料的纯度

反应原料或中间体引入杂质，常常导致反应失败或收率大幅降低。常见的情况有：

（1）有效成分降低　由于原料本身性质不稳定，长期放置可能导致部分原料氧化变质。杂质的存在使原料含量降低，如果仍按原来的配比投料反应，则导致原料实际投入量不足，直接影响到中间体或产品的质量或收率。

（2）水分　由于原辅材料或中间体所含杂质或水分超过限量，致使反应异常或影响收率。特别是格氏试剂、有机锂试剂、有机锡试剂和一些金属催化剂等，对水分的要求非常严格。所用溶剂必须经过严格的无水处理，否则将因为水分含量过高造成反应试剂（如金属有机试剂）失效，导致反应失败。

如果反应体系中的试剂有甲醇钠或乙醇钠时，也要尽量注意反应试剂的无水处理。因为残留的水分不仅使醇钠水解为氢氧化钠，更重要的是生成的氢氧化钠可能降解原料或产物（如 Claisen 酯缩合反应中，原料和产物均为酯类），导致副产物增加。

（3）副反应　许多药物合成反应往往有两个或两个以上的反应同时进行，生成的副产物混杂在主产物中。如果未精制即投入下步反应，则可能导致后续反应的收率降低或引起更多的副反应。

1.5　药物合成路线探索的一般步骤

1.5.1　研究单元反应

在设置反应之前必须了解反应的相关信息，熟读相关文献，包括详细的实验步骤以及文献正文中与该反应相关的内容。

（1）了解所需使用的化学试剂和溶剂的特性、使用要求。

（2）如果有与文献完全相同的操作步骤，则首先严格按照文献的方法投料。

（3）反应的设置

① 确定投料规模。

② 确定反应底物的投料比。

③ 一般反应的底物浓度严格控制在 $0.1\sim1.0\,mol/L$。

④ 选择合适的反应瓶：均相反应，液面不超过容器的2/3；非均相、回流或气体产生的反应，液面不超过1/2。

⑤ 选择合适的搅拌装置。

机械搅拌：2L 以上固液反应；5L 以上所有反应及有固体或黏稠物出现的反应。

强力搅拌：3L 以下均相反应；2L 以下 250mL 以上所有反应。

磁力搅拌：25～250mL 的反应。

⑥ 有气体产生或需通入气体的装置反应体系要有导气出口设在装置的最高点处。

⑦ 加料次序：大量物质的加入，尤其加料放热、放气时，应采用分批加料或滴加的方式。

⑧ 低温、加热和需控温的反应，应用多口瓶，内、外均装配温度计。

⑨ 热浴的选择：具体见附录三。

⑩ 封管反应：反应温度超出溶剂沸点时可考虑封管反应和加压反应。

1.5.2 药物合成路线探索实例

美西律是经典的抗心律失常药物。国外最初的合成方法是应用 2,6-二甲基酚与氯丙酮或溴丙酮发生 Williams 成醚反应，制得中间体 1-(2,6-二甲基苯氧)-2-丙酮，然后与羟胺成肟，经氢化还原制得美西律。国内最初进行该条路线的探索时，也按照国外专利进行尝试，但是第一步收率不高，且溴丙酮和氯丙酮具有强烈的催泪作用，不利于操作。

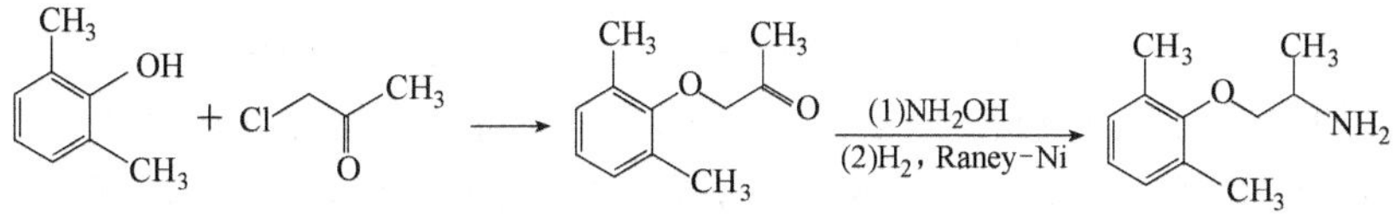

应用倒推法分析中间体 1-(2,6-二甲基苯氧)-2-丙酮，其分子结构中含有一个醚键和一个酮基。如果按照前面讲过的原则，碳杂键进行切断（a），可得到 2,6-二甲基酚和含有 α-羰基正离子合成元。后者的等价试剂即羰基 α-碳卤代物，也就是氯丙酮或溴丙酮（该法可简称氯丙酮法）。按 a 方式切断，得到的就是国外传统合成方法路线。

如果我们先进行官能团转化，将酮基转化为羟基，逆合成分析结果按 b 方式切断后得到酚和含正碳离子的异丙醇合成元片段。后者的等价试剂是环氧乙烷的结构。也就是说，我们可以将 2,6-二甲基酚与 1,2-环氧丙烷先发生羟丙基化反应，再将仲醇氧化为酮基，从而制得该中间体。该法简称环氧丙烷法。

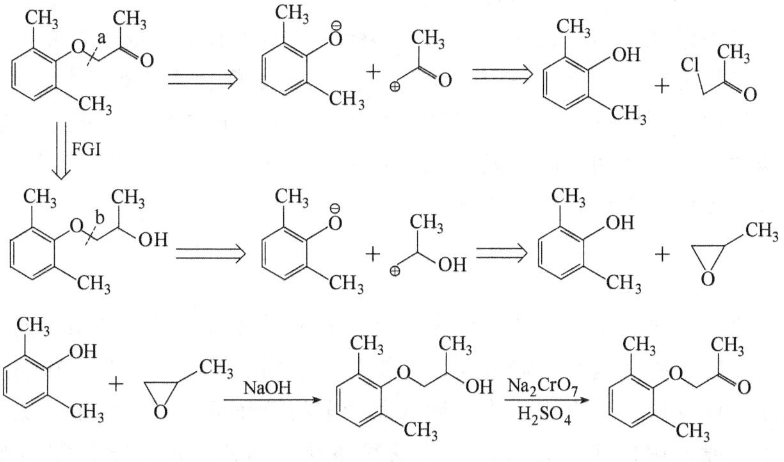

从反应路线看，环氧丙烷法路线比氯丙酮法多了一步，似乎更麻烦了。但是在实际反应

时环氧丙烷活性高，该步可达到定量收率，省去了后处理过程，因而可直接进行下步氧化反应。因此，羟丙基化与氧化反应两步收率可达到80％。我国的科研工作者正是应用第二条路线顺利解决了氯丙酮法污染大、收率不高的问题，从而攻克了美西律生产工艺的问题。

1.6 药物合成工艺研究常用方法

1.6.1 应用新试剂或新反应

药物合成反应种类繁多，其历史也与有机合成化学一样悠久。过去我们在医药工业的发展中主要关注收率和成本，对合成过程所排放的"三废"关注较少。随着医药工业的发展，药物合成过程给环境带来的污染也愈加严重。特别是跨入21世纪以来，人民群众对健康和周围的环境日益关注，社会的可持续发展已成为公众关注的焦点，医药工业在发展中所承受环境保护的压力也越来越大。因此研究工作也应当与时俱进，注重清洁的合成工艺，以绿色化学的理念进行药物的化学合成。

绿色化学是新兴的化学分支，以"原子经济性"为原则，研究如何在合成目标化合物的过程中充分利用原料，减少有害物质的释放。其目的是希望从物质产生的源头控制废物的产生，减少对环境的污染。有关绿色化学的研究内容很多，有兴趣的读者可参考相关书籍。下面仅就如何应用新试剂和新反应进行药物合成的工艺改进和研究作简要介绍。

(1) 自由基引发剂的应用 在药物合成反应中经常涉及自由基反应，例如，芳环苄位引入卤原子。过去一般利用紫外灯光照引发自由基。由于紫外灯对视力伤害大，因此人们开发了一系列自由基引发剂。这类化合物易受热分解成自由基，其键断裂能介于104.5～167.2kJ/mol之间，加热温度为50～150℃。常用的自由基引发剂有：

① 有机过氧化物，如过氧化环己酮、过氧化二苯甲酰、叔丁基过氧化氢等。

② 偶氮类引发剂，如偶氮二异丁腈（AIBN）、偶氮二异庚腈等。

(2) 光气的替代物——三光气 光气是一种重要的化工原料，在农药、医药、高分子材料的研究和生产中应用广泛。虽然它反应活性高，但人体吸入光气会造成肺水肿，因此该试剂在使用、运输和贮存过程中都有极大的危险性，导致其应用受到很大限制。

三光气（BTC），即双(三氯甲基)碳酸酯，俗称固体光气。它是一种无色晶体，有类似光气的气味，主要用作光气的替代品，应用于医药、农药和有机合成等领域中，效果优于液态的双光气。三光气可以安全定量地产生光气，从而解决了光气在反应中无法定量的问题。因此，三光气在使用上可以进行原来光气参与的所有反应，可作为氯甲酰化、氯化、羰基化和某些聚合反应的试剂。例如，降糖药格列美脲关键中间体β-苯乙基异氰酸酯就是通过用三光气替代光气，才大大简化合成过程的。

(3) 催化氢化——清洁生产工艺的代表 过去较多的还原反应需要用化学还原剂进行，例如，药物合成反应常将硝基和亚硝基还原为氨基，所用的方法一般为铁粉还原。但铁粉还原后生成四氧化三铁废渣，难以进一步处理从而严重污染环境。现在为了避免环境污染，实现清洁化生产，一般选用催化氢化反应替代铁粉还原。例如，抗心律失常药普鲁卡因胺的制备：

催化氢化反应收率高，操作简便，后处理只需要过滤，将滤液中溶剂减压蒸除即可得到产品，特别适合实验室与工业生产。但应用催化氢化反应必须重视实验安全，一般要求应用专门的氢化实验装置，尤其注意防爆。

（4）不对称合成　人们用的多数药物都含有手性中心，某个药物中不同的对映异构体生物活性（如药效、毒性）可能相差很大。当前新药审批的要求愈加严格，特别是美国 FDA 于 1992 年规定：含有立体异构体的药物尽管可以被批准以外消旋药物的形式销售，但其对映异构体必须经过药理学和毒理学鉴定。因此发展单一对映异构体的手性药物是未来研发创新药物的发展趋势。2006 年，FDA 批准的小分子药物中有 80% 是手性结构，其中 75% 是单一的光学异构体。

过去手性药物主要以拆分的方式获得。但从绿色化学角度看，拆分方法的原子经济性差，另一半旋光异构体难以有效利用。因此，不对称合成已成为当前有机化学的研究热点领域。

1.6.2　后处理方法的改进

做过有机化学反应的人都有一个感受，就是"反应容易，处理烦"。尤其是对初学者而言，当投料后开始反应，然而反应结束后如何分离纯化得到产物就有点摸不着头脑。有关药物分离纯化的问题第 10 章中有详细介绍，初学者如果能够熟练掌握蒸馏、重结晶和柱色谱等技术，就比较容易在反应结束后分离得到目标化合物。

（1）文献后处理方法的改进　有时文献报道的反应步骤和后处理方法可能很麻烦，我们是否能稍加改进以求简化呢？这要具体问题具体分析。一方面我们应当吸取前人的经验教训，认真阅读原始文献中关于实验后处理的细节，分析每一个后处理操作的意义；但另一方面也应根据文献报道的反应具体情况，考虑是否有不足之处或者不适合自己在实验中处理的情况。例如，如果原始文献投料量很大，处理时可能选用分步结晶。而我们在进行实验时可能只是半微量操作，一次重结晶或柱色谱即可解决问题。

同时我们还应注意原始文献中作者所处的时代。假如作者当时所处的年代较早，色谱手段还没有出现，因此无法借助薄层或高效液相色谱法帮助其鉴定分析。我们现在进行实验时应充分利用现代色谱手段，分析目标化合物与杂质在后处理过程中的变化，以便根据实际情况简化后处理。例如，早期文献一般应用重结晶的方法进行目标化合物纯化，但是由于当时没有色谱条件，每次重结晶得到样品质量的好坏只能以熔点和元素分析结果进行判断，有时需要多次重结晶才能得到纯度高的目标化合物。而现在可以用柱色谱手段快速分离得到目标化合物，选择重结晶溶剂时还可以应用薄层色谱等手段帮助我们判别所得样品是否含有杂质。因此，在药物合成反应过程中，实验规模不同，实验目的不同，进行后处理的操作方法也有很大差异。

（2）一锅合成　如果反应路线较长，有时可以将某一步或某几步反应所得到的中间体不经过系统的分离纯化，直接进行下步反应，工业上称为"一锅合成"。该方法可以简化操作，避免单元反应结束后分离纯化过程带来的产品损失。

"一锅合成"的前提是上步反应所用的溶剂或生成的副产物对下步反应没有干扰，否则将增加下一步反应的分离纯化难度。因此我们应当分析合成路线的具体情况，不能盲目照搬套用一锅合成。如果没有认真摸清各步反应过程的第一手资料，简单地认为"一锅合成"就是连续几步反应的中间体不需分离纯化，将直接导致目标化合物所含杂质过多，增加最后分离纯化的难度。这样的做法忽视了中间体应有的分离纯化步骤，得不偿失。

1.6.3 正交设计

（1）正交设计原理简介　影响药物合成反应的因素很多，如温度、压力、浓度与配料比、溶剂等。如果在一个实验中，有多个因素需要考虑，而我们又难以分清主次。如何通过合理的设计，以最少的实验次数、最少的人力、物力在最短的时间内找到最佳的反应条件呢？

这个问题属于统计试验设计研究的范畴，迄今该领域的研究有 80 多年的历史，已发展出多种数学方法，如单因素法、双因素法、拉丁方试验、正交设计、均匀设计等。每种方法均有其特定的统计模型，我们目前最常用的仍是正交设计法。正交设计法是建立在方差分析模型基础之上，所涉及的每个因素的水平不是很多，试验范围不大时非常有效。通常我们在研究药物合成工艺条件时，可以根据反应原理和具体反应要求确定影响反应的几个重要因素，研究具体某个因素时也只是挑选代表性的几个水平进行试验，因此所涉及的情况非常符合正交设计的统计模型。正交设计现在已是药物合成反应优化工艺的重要方法，该方法可从全面试验中挑选部分具有代表性的点进行试验，所选择的点具有"均匀"、"整齐"的特点，以便经过有限次数的试验，就能找到最佳的实验条件。

下面介绍一下正交设计常用的有关术语：

① 指标：一般指反应的收率、产量或纯度等可以量化的特征。

② 因素：某试验中需要考察的变量，如温度、压力、时间等，一般用大写英文字母 A、B、C、D 表示。

③ 水平：在试验范围内，因素被考察的值称为水平，通常用阿拉伯数字 1、2、3 表示。例如，反应温度是因素 A，其试验范围是 60～120℃。若选择 60℃、80℃、100℃处进行试验，则这些温度称为 A 的水平，记为 A_1（60℃）、A_2（80℃）、A_3（100℃）。因此，不同的因素与某个因素不同水平组成某个具体试验条件可以为：$A_3B_1C_2$。另外，在实际应用中，水平既可以是具体的数值，也可以是高、低这种相对值，还可以是某些不同的操作方式。

（2）正交表的使用　正交表是用于安排多因素试验的一类表格，每个正交表都有一个代号 $L_n(q^m)$，其中 L 表示正交表；n 表示试验总次数；q 表示因素的水平数；m 为表的列数，表示最多能容纳因素个数。

下面以最常用的 $L_9(3^4)$ 正交表（表 1-1）进行说明。$L_9(3^4)$ 表示该正交表可安排最多 4 个因素（如 A、B、C、D），每个因素均为 3 水平，总共要做 9 次试验。

（3）使用步骤　以正交表 $L_9(3^4)$ 为例，简要介绍如何应用正交表进行工艺条件优化。

① 将 A、B、C 三个因素放在 $L_9(3^4)$ 表四列的任选三列，如 A 因素放在第一列，B 因素放在第二列，C 因素放在第三列。

② 进行 9 次实验方案分别列入表中，例如，第一号试验（$A_1B_1C_1$）的条件是：反应温度 80℃（A_1），反应时间 90min（B_1），某试剂用量 5%（C_1）等。

③ 试验结果与分析

a. 结果统计。将各次试验所得结果（例如收率以 Y 表示）填入表中，并计算某个水平试验结果的平均值（K）和极差（R）。

例如，正交表 $L_9(3^4)$ 中，反应温度（A 因素）为 80℃时（水平 1），共做 3 次试验，$K_1=(Y_1+Y_2+Y_3)/3$。同法计算其他温度的 K_2，K_3。

有关反应温度因素的极差 $R=\max\{K_1+K_2+K_3\}-\min\{K_1+K_2+K_3\}$

表 1-1 正交表 $L_9(3^4)$

编号 水平	因素 A	B	C	D
1	1	1	1	1
2	1	2	2	2
3	1	3	3	3
4	2	1	2	2
5	2	2	3	1
6	2	3	1	2
7	3	1	3	2
8	3	2	1	1
9	3	3	2	3

b. 确定各因素对实验结果的影响及最佳条件。将某因素的各水平（如 A_1、A_2、A_3）与其对应的 K 值（K_1、K_2、K_3）作图，再结合极差（R），判断对于某个因素而言，具体哪个水平最好。

④ 追加试验。根据极差分析得到最佳条件的组合未出现在正交设计表中，因此并没有真正进行试验。需要将该组合多做几次试验，看其平均结果是否高于正交设计已经做的 9 次试验，以此验证正交设计所得到的结论是否正确。

（4）应用举例 氟康唑为第一代三唑类抗真菌药物，由于其具有广谱、高效、低毒等优点，已成为临床上抗深部真菌的首选药物。但原反应路线的第 3 步环氧化反应收率很低，以中间体 3 计收率仅为 21%。为提高中间体 4 收率，盛春泉等应用正交设计法对第三步环氧化反应进行了工艺优化。

① 确定考察因素。根据文献条件设立四个考察因素，即反应温度（A）、反应中氢氧化钠与原料的投料比（B）、反应时间（C）及溶剂（D），每个因素各取三个水平，见表 1-2。

表 1-2 环氧化反应的考察因素及水平

水 平	因 素			
	A(温度/℃)	B(物质的量之比)	C(反应时间/h)	D(溶剂)
1	40	3:1	1	甲苯
2	60	6:1	3	环己烷
3	80	9:1	5	苯

(1)　(2)　(3)　(4)

将表按 $L_9(3^4)$ 正交表所列条件重复进行 3 次平行实验，收率取平均值。极差分析数据和计算结果见表 1-3。

表 1-3　环氧化反应正交设计的试验结果

编号＼因素／水平	A	B	C	D	收率/%
1	1	1	1	1	26.4
2	1	2	2	2	18.7
3	1	3	3	3	33.0
4	2	1	2	3	63.3
5	2	2	3	1	43.8
6	2	3	1	2	11.0
7	3	1	3	2	23.2
8	3	2	1	3	36.3
9	3	3	2	1	38.5
K_1	26.0	37.6	24.6	36.2	
K_2	39.4	32.9	40.2	17.6	
K_3	32.7	27.5	33.3	44.2	
R	13.3	10.1	15.6	26.6	

② 各因素对实验结果的影响。各因素（温度、反应时间、溶剂）对实验结果的影响如下：

温度（A） 极差（R）结果显示温度对收率的影响居中。随着温度的升高，收率先升后降，A_2 收率最高。

氢氧化钠与原料投料比（B） 该因素的影响相对较小，但氢氧化钠用量的增加将导致收率逐渐降低。

反应时间（C） 该因素对收率的影响较大，随着反应时间的延长，收率有先升后降。实验中发现时间延长导致反应液颜色加深，杂质增加，因此反应时间以 3h 为宜。

溶剂（D） 极差（R）结果显示溶剂对收率的影响十分显著。其中环己烷作为溶剂时收率最低。苯作溶剂的收率优于甲苯，但综合考虑环境污染等因素，仍然以甲苯作溶剂。

③ 最佳反应条件的确定及追加实验。正交实验分析结果表明，各因素对环氧化物的收率的影响按 D＞C＞A＞B 顺序递减，制备环氧化物的理想条件为 $D_3C_2A_2B_1$。但从环境保护角度考虑，实际选择条件 $D_2C_2A_2B_1$ 为最优反应条件。

追加实验以 29.8g（0.115mol）为起始原料，按 $D_2C_2A_2B_1$ 反应条件重复实验 3 次，平均收率为 62.3%，仅比理想工艺条件 $D_3C_2A_2B_1$ 低 0.9%。由此验证，$D_2C_2A_2B_1$ 可作为环氧化反应的最佳条件。

1.7　反应终点的控制

在药物合成中，最常见到的是有机合成反应。有机合成反应终点监控是有机化学实验中的一项基本实验技能。由于它不是一种独立的实验技能，往往被忽视。很多同学在有机化学实验中没有进行系统的反应终点监控的实验技能训练，因此在后续课程中会出现以下问题：

在实验过程中，有的同学只记住有机反应慢，往往认为反应时间长一点总比短一些好，忽视反应终点的监控，常常合成反应终点已过，副反应大量发生，结果产物少，或实验失败；有的同学选用终点监控方法不当，虽然其他实验操作做得很仔细，仍然得到少量的产物，同时杂质很多。因此，进行反应终点监控技能的训练，不仅有利于学生学习并掌握合成反应的实验能力，而且有利于培养学生探索新知识的创新精神。

有机合成反应终点监控方法较多，只有认真分析反应物和产物的性质、反应历程等，才可能找到恰当有效的方法。有机合成终点监控方法适当，不仅有利于制得产物，而且产率较高，分离提纯也容易。有的反应还可利用反应监测结果，分析推测反应历程。如在合成2,6-二咪唑甲基对氯苯酚的实验中，薄层色谱中除反应物的显色点和产物显色点外，还有中间产物的显色点在反应后逐渐出现，随反应的不断进行又渐渐变淡。当反应完成时，中间产物的显色点基本消失，这为研究反应历程提供了有价值的信息。

反应终点的监控，即某一原料发生反应完成或残留量达到一定限度时，立即停止反应，尽快地使反应生成物从反应系统中分离出来。这一实验操作称为反应过程监测和终点监控，简称终点监控。一个有机反应能否进行，反应进行的程度如何，何时反应完全，是进行有机实验时必须考虑的基本问题。解决这些问题的途径之一是监控反应的进程。因此，监控反应是有机化学实验的必要环节，也是有机化学实验教学的重要方面。监控反应进程可以弄清楚在反应条件下反应进行的程度：有多少原料参与了反应？生成了哪些物质？目标化合物的含量是否达到要求？反应还需要多长时间？……其基本的手段是检测反应体系中相关物质的浓度，进而作出物质浓度随时间的变化曲线，并以此作为监控反应的依据。通常有以下几种监控反应终点的方法：

1.7.1 以反应物或生成物的物理性质判断反应终点

根据反应现象，若反应物或产物的物理性质发生明显变化，可以此作为反应终点监控的依据，判断反应终点。常见的有根据颜色变化、产物的溶解度、反应体系体积变化、固-液相转变、晶型转化、气体变化、pH变化等进行判断。如在酯化反应中，由于反应中生成的水能够带出体系，故从分出的水的量即可判断酯化反应进行的程度。一般而言，当带出水量接近理论水量时，酯化反应即到达终点。

1.7.2 色谱法或光谱法判断反应终点

当反应系统中反应物或反应产物的物理性质改变，无明显的宏观变化，或者难以用简单的方法检测，一般采用简易快速的化学或物理方法，如色谱法、光谱法等测定反应系统中是否尚有未反应的原料或其残留量，来监控反应终点。

色谱法常用的有气相色谱法、液相色谱法、柱色谱、薄层色谱法、纸色谱等，都能够快速分离分析微量气体、液体、固体，但它们各有各的应用范围。

各种结构的物质都具有自己的特征光谱，光谱分析法就是利用特征光谱研究物质结构或测定化学成分的方法。光谱分析法主要有原子发射光谱法、原子吸收光谱法、紫外-可见吸收光谱法、红外光谱法等。只需利用已知谱图，即可进行光谱定性分析，这是光谱分析一个十分突出的优点。光谱定量分析建立在相对比较的基础上，必须有一套标准样品作为基准，而且要求标准样品的组成和结构状态应与被分析的样品基本一致，这常常比较困难。光谱法中常用的有以下几种：紫外-可见分光光度法、荧光分析法、红外分光光度法、原子吸收分光光度法、核磁共振波谱法、质谱法等。

现在通常用薄层色谱法（TLC）来跟踪反应、监控反应终点。其实验需要的设备简单，操作方便且快速。薄层色谱法监测有机反应终点的具体做法如下：

在反应跟踪前，首先要确定原料各组分的 R_f 值。反应时首先在板上点下反应时间为零时的样品点，再点上反应时间为 t 时的样品点；在展开槽内用溶剂展开后，在紫外灯下观察点的相对位置，即 R_f 值；直到新的斑点出现，并不再发生变化（此时应该至少有一种原料点消失），即可认为反应已达终点。这样操作可以帮助判断反应进行的情况，以及何时终止反应（见图 1-3）。

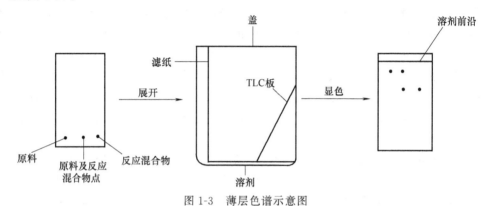

图 1-3　薄层色谱示意图

在进行反应跟踪时应注意下面几个问题：

① 考虑到不少化合物是无色的，所以建议使用可在紫外灯下显色并带有无机荧光粉的 TLC 板，在紫外灯下观察。也可将 TLC 板置于碘缸中用碘蒸气熏蒸显色观察。

② 大多数无机酸、金属盐催化剂展开后，只在原点不动。大多数沸点在 150℃ 以下的溶剂中展开后不给出荧光斑点。

③ TLC 板有两种：一种是硅胶板；另一种是氧化铝板。前者偏酸性，较常用；后者偏碱性，适用于在硅胶板上分离不佳的碱性化合物。

④ 对于分析而言，$R_f \approx 0.4$ 的斑点，解析效果较好，所以选择展开剂时，尽可能照顾到这点。

在选用展开剂时，人们常用非极性的石油醚（40～60℃）或己烷为标准，通过添加适量的极性溶剂就可以给出合适的具有一定极性的展开列。常用的"万能"展开剂是"石油醚/乙酸乙酯"体系，其极性是很容易通过两者的比例调整的。如展开得太快太远，则可选用极性更低的石油醚等。有关展开剂系统的详细情况可以查阅一些专业的参考资料。

⑤ 在有些特殊场合下也可以采用多次展开的方法而达到最佳效果。操作时，先像平时一样展开板，烘干后，再沿另外一个方向展开。如此进行多次，则可达到最佳分离效果。展开一个板几次，等于展开一个原长度几倍的 TLC 板。

1.7.3　化学定量分析法

化学定量分析法主要通过化学仪器测定样品中某物质含量是否达到一定要求，而确定反应终点。这种方法在工业生产中常常采用。一般工业生产情况下，采用仪器直接显示的物理量与反应中某物质的含量制成一种对应表，或者仪器分析与电脑结合运用，可快速方便地得到监测结果，指导生产，控制反应终点。

1.7.4　反应时间法

考察时间因素对产率的影响，寻找较合适的反应时间，这是优化反应条件中一项重要的工作。在有机化学实验教科书中许多合成实验都是采用时间控制法，如肉桂酸的制备、溴乙烷的制备等。值得注意的是，反应时间法是通过利用其他方法监控反应终点实验数据，分析推断而得到近似结论，它与上述方法有密切的联系。

1.8　合成药物的发展趋势

1.8.1　合成药物的发展

人们对化学药物的研究最初是从植物开始的。19世纪初，人们从植物中分离出了一些有效成分，如从鸦片中分离出了吗啡，从金鸡纳树皮中分离得到了奎宁，从颠茄中分离出了阿托品，从茶叶中分离得到了咖啡因等。在20世纪初，由于植物化学和有机合成化学的发展，根据植物有效成分的结构以及构效关系合成了许多化学药物，促进了药物合成的发展。例如，根据柳树叶中的水杨苷和某些植物的挥发油中的水杨酸甲酯合成了阿司匹林（乙酰水杨酸）和水杨酸苯酯；根据毒扁豆碱合成了新斯的明；根据吗啡合成了哌替啶和美沙酮。在这种情况之下，许多草药的有效成分成了合成化学药物的模型（先导化合物，lead compound），根据天然化合物的构效关系，简化结构，合成了大量自然界中不存在的人工合成药物。这些合成药物成了近代药物的重要来源之一。另外，由于19世纪末染料化学工业的发展和化学治疗学说的创立，药物合成突破了仿制和改造天然药物的范围，转向了合成与天然产物完全无关的人工合成药物，如扑热息痛（对乙酰氨基酚）、磺胺类药物等。这类合成药物的发展在20世纪以来特别快，在临床上已占有很大比重。1940年青霉素的疗效得到肯定，β-内酰胺类抗生素得到飞速发展。各种类型的抗生素不断涌现，化学治疗的范围日益扩大，已不限于细菌感染所致的疾病。1940年Woods和Fildes抗代谢学说的建立，不仅阐明了抗菌药物的作用机制，也为寻找新药开拓了新的途径。例如根据抗代谢学说发现了抗肿瘤药、利尿药和抗疟药等。进入20世纪50年代后，发现了氯丙嗪，使得精神-神经疾病的治疗取得突破性进展；甾体类药物、维生素类药物实现工业化生产。20世纪60年代新型半合成抗生素工业崛起。20世纪70年代，钙拮抗剂、血管紧张素转化酶（ACE）抑制剂和羟甲戊二酰辅酶A（HMG-CoA）还原酶抑制剂的出现，为临床治疗心血管疾病提供了许多有效药物。20世纪80年代初，诺氟沙星用于临床后，迅速掀起喹诺酮类抗菌药的研究热潮，相继合成了一系列抗菌药物，这类抗菌药物的问世，被认为是合成抗菌药物发展史上的重要里程碑。20世纪70~90年代，新试剂、新技术、新理论的应用，特别是生物技术的应用，使创新药物向疗效高、毒副作用小、剂量少的方向发展，对化学制药工业发展有着深远的影响。

药物合成的发展离不开化学基础理论、合成新技术和新方法的进步。20世纪20年代，美国的Richard和Loomis首先研究发现超声波可以加速化学反应。50年代以后，超声波在有机合成中的应用得到了各国化学家的高度重视，并形成了一个专门的学科——超声波化学，又称声化学。20世纪60年代，N. H. Williams报道了微波可加速某些化学反应，1986年微波催化技术在有机合成中得到广泛应用。20世纪60年代提出了相转移催化技术，由于相转移催化剂具有使非均相反应在温和条件下进行、反应速率加快、产率明显提高的特点，因此在药物合成反应中得到了应用。之后，还发现实现手性合成的重要手段——生物催化剂。离子液体、超临界流体、分子筛、离子交换树脂等催化方法也应运而生。

1.8.2　21世纪化学合成药物发展趋势

从20世纪初至80年代，是化学药物飞速发展的年代，在此期间，发现及发明了现在所使用的一些最重要的药物。从合成药物发展的历史及现今科学技术的进步，展望21世纪合成药物发展的趋势，可以从下列几个方面加以评述：

第一，从药用植物中发现新的先导化合物并进行结构修饰、发明新药仍是21世纪合成新药研究的重要任务。尤其是由于细胞及分子水平的活性筛选方法的常规化和分离技术的精巧化，有可能从植物中发现极微量的新的化学结构类型。同时，通过现代的筛选模型重新发现以往已筛选过的植物化学成分的新用途，也为合成新药研究提供了更多的成功机会。

第二，从天然来源发现新结构类型抗生素已很困难，微生物对抗生素的耐药性的增加、不合理地使用抗生素，使得一种抗生素的使用寿命愈来愈短。这种情况促使半合成及全合成抗生素在21世纪得到特别发展。

第三，组合化学技术应用到获得新化合物分子上，是仿生学的一种发展。它将一些基本小分子装配成不同的组合，从而建立起具有大量化合物的化学分子库，再结合高通量筛选来寻找具有活性的先导化合物。

第四，有机化合物仍然是21世纪合成药物最重要的来源。

第五，20世纪六七十年代，仪器分析（光谱、色谱）学科的逐渐形成，加快了化学合成药物开发的速度，使化学药物质量可控性达到相当完美的程度。进入21世纪，一批带有高级计算机仪器的发明，分离和分析手段的不断提高，特别是分析方法进一步的微量化等，将使化学合成药物的质量更好，开发速度也会进一步加快。

第六，药理学进一步分化为分子药理学、生化药理学、免疫药理学、受体药理学等，使化学合成药物的有效药理表现更加具有特异性。21世纪，化学合成药物会紧密地推动药理学科的发展，药理学的进展又会促进化学合成药物向更加具有专一性的方向发展，使其不但具有更好的药效，毒副作用也会更加减少。

第七，经过半个世纪的积累，通过利用计算机进行合理药物设计的新药研究和开发，展现出良好的发展前景。近些年，酶、受体、蛋白质的三维空间结构一个一个地被阐明，这为利用已阐明的这些"生物靶点"进行合理药物设计，从而开发出新的化学合成药物奠定了坚实的基础。

第八，防治心脑血管疾病、癌症、病毒及艾滋病、老年性疾病、免疫及遗传性等重要疾病的合成药物，是21世纪重点开发的新药。

第九，分子生物学技术的突飞猛进、人类基因组学的研究成就，将对临床用药产生重大影响，不但有助于发现一类新型微量内源性物质，如活性蛋白、细胞因子等药物，也为化学合成药物研究，特别是提供新的作用靶点奠定了重要的基础。

第十，当今世界大制药公司新药研究的主题仍是化学合成药物，而利用人类基因组学及中药现代化的成就开发出可以临床使用的药物占有重要地位，但这也是一件十分困难的事业，需要长时间的积累。

1.8.3 加速我国创制新药研究的建议

从 21 世纪化学合成药物发展趋势看，药物品种不断更新，作用机制新、疗效高、毒副作用低的产品替代疗效低、副作用大的产品已成为药物研究开发的必然趋势，在此过程中，药物创新是关键。创新药物的前期基础性研究涉及一系列重大科学前沿问题，如药物作用的新机制，新靶点；药物-受体相互作用，生物活性分子的构效关系，分子设计；以及相关的重要化学问题。创制新药的首要任务是寻找先导物并进行结构修饰和优化，为后续的研究和开发提供物质基础。现就我国合成药物的创新与基础研究有关问题进行分析并提出相关建议。

(1) 重视先导物的发现　发现先导化合物有多种途径，包括寻找天然有效成分，改进现有药物，随机筛选和偶然发现，运用组合化学及计算机辅助设计产生先导物等。其中从天然资源寻找先导化合物近年来有加速的趋势，许多天然产物具有新颖的化学结构和独特的生物活性，为新药发现提供了广阔前景。据统计，目前治疗用药一半是来自天然产物或经天然产物改造而得。中草药是我国宝贵的医药遗产，具有悠久的历史和临床应用经验，但多年来我们并未很好利用这一丰富的先导物资源，问题主要在于：①重视结构研究，而对活性研究重视不够；②简单地认为有活性的化合物就能发展成为新药，没有充分认识到结构优化在创制新药中的重要性；③筛选手段落后，对分离量很小的天然物无法进行微量、自动化筛选；④结构活性的研究不注意知识产权保护，资源丢失现象严重，这一情况不仅仅局限于天然物，也同时存在于化学合成物。因此在先导物发现上，一方面要提倡多种途径进行先导物的发现，其中应特别重视从天然物中发现新药的途径，除注重天然物结构鉴定、活性测试外，更需加强构效关系研究和分子设计及其后的结构优化，充分利用结构和活性信息。另一方面应加强资源管理，重视专利申请，做好化合物库的建立。化合物库作为筛选资源以及信息资源在未来药物研究开发中将发挥越来越重要的作用。

(2) 引进和建立新的筛选系统进行多指标筛选　近年来随着分子生物学、细胞生物学、免疫学、遗传学、酶学和生物化学等学科的进展，药物筛选靶物质有神经递质、激素、细胞因子、生长因子的受体以及 G 蛋白受体、细胞表面黏附分子（糖蛋白）、免疫蛋白；细胞内信号转导蛋白及第二信使，环核苷酸 cAMP 和 cGMP；各类酶；离子通道；泵及转录因子等。据统计，目前发现作为治疗药物靶点总数已超过 400 个，建议建立分子水平的药物筛选模型。以受体结合、酶反应等技术进行筛选，具有特异性强、灵敏度高、微量快速的优点。采用基因工程技术构建与疾病密切相关的酶和受体作为筛选模型，应用基因重组技术表达人体蛋白作为筛选靶点，以提高筛选的可靠性。

(3) 药物作用新靶点的寻找　对已发现的新药国际上通常实行四级分类：A 级为具有新化学结构，治疗上有所突破；B 级为已知化学结构，治疗上有所突破；C 级为新化学结构，治疗未有突破；D 级为已知化学结构，治疗未有突破。毫无疑问 A 类和 B 类药物最具创新性，治疗上有所突破比具有新化学结构更为重要，治疗上有所突破往往与发现药物作用新靶点密切相关。因此药物作用新靶点的寻找，已成为当今创新药物研究激烈竞争的焦点，新的作用靶点一旦被发现，往往成为一系列新药发现的突破口，如质子泵抑制剂（拉唑类）、AⅡ受体拮抗剂（沙坦类）、喹诺酮抗菌药（沙星类）等。新靶点的发现已成为发现创新药物的基础，就此提出以下建议：

① 新功能蛋白激酶的寻找。蛋白激酶可调节体内多种生理功能并参与信号转导，这类

蛋白约占人体中蛋白总数的 5%，它们与多种疾病如癌症、炎症、糖尿病有关，因此阐明发病过程中蛋白激酶参与调控的机制有可能发现药物作用的新靶点。

② 作用于蛋白因子调控基因转录。在信号传递途径中许多蛋白因子起着转录因子的作用，它们的底物有神经肽、白介素、激素等。例如激素受体（核蛋白受体）就是一种蛋白因子，它有一个配体结合部位（LBD）及一个 DNA 结合部位（DBD）。当特定配体结合于 LBD，此底物蛋白受体复合物结合于顺式 DNA 位点，调控一系列基因转录。这个调控机制可成为药物干预的靶点，用于发现新的治疗退行性慢性疾病（如老年性疾病）和增生性慢性病（类风湿性关节炎）的药物。

（4）建立新的动物筛选模型　在药物筛选领域有两种倾向。一是建立各种快速筛选系统。随着分子生物学、药理学和自动化技术的飞速发展，现在建立的高通量（high through-put）筛选系统可对微量物质在每一种所感兴趣的药物靶上进行生物活性的筛选，提供了短时间内筛选上万个化合物的能力。但体外筛选得到的仅是生物活性，而不是药效，要评价一个化合物能否作为先导物或是否具有进一步开发的价值，还应在适合的动物模型上进行初步药效评价。另一倾向是长期以来，药物筛选所采用的动物模型都是通过外部致病因素，如化学毒物等造成的动物损伤性疾病模型，这类动物模型只是外观和症状上与人类某些疾病相似，而在本质上却与疾病的发病机制不甚相同或完全不一样，因此在药物筛选的过程中往往导致筛选的结果不可靠或与临床结果大相径庭，造成极大浪费。鉴于此，人们在不断地探索新方法、新技术，以期建立能反映疾病本质的理想的动物模型。

近年来，随着研究的深入，人们逐渐认识到许多疾病产生的本质是基因的改变，一些基因所表达的活性蛋白也与疾病有关，可作为药物作用的靶部位，如受体、离子通道、酶、调控因子等。由此，可以利用转基因技术（knock out 和 knock in 技术）使动物染色体基因组发生改变，获得转基因动物。与传统的动物疾病模型相比，转基因动物模型更具优越性。最为突出的优点就在于其转入的基因为疾病相关基因，从本质上讲，其发病机制与人类疾病虽不能说完全相同，但却更具相似性，因而作为药物筛选的动物模型将十分理想。通过转基因动物模型筛选得到的活性化合物成药的可能性将大为提高，可望成为药物"可靠筛选"的一种重要手段，一旦建立，将使我国新药筛选跨入世界先进行列。

（5）药物合成方法的研究　化学合成技术在药物发现过程中发挥着十分重要的作用。从先导物的发现，无论是传统的随机筛选还是通过组合化学途径，都需使用有效的合成手段。其后的研究开发的每一个环节，如先导物的结构修饰和优化、工艺路线确定、临床用药质量控制直至最终的生产上市，都与化学合成有关。而药物合成与有机化学制备关系尤为密切，近年来由于有机化学学科的新理论、新反应、新试剂及新技术不断出现，使得合成反应具有化学选择性、区域和立体选择性。反应收率高，产品纯，合成步骤渐趋简单化，分离操作也大大得到简化，促进了药物合成技术的飞速发展。在此领域中越来越受到重视的是药物手性合成技术。手性是自然界的本质属性之一，在生物体手性环境中，分子之间手性匹配是分子识别的基础，受体与配体的专一作用，酶与底物高度、区域、位点和立体催化专一性，抗原与抗体的免疫识别，无不与手性有关。药物的生物应答常受到手性的影响，包括药物体内吸收转运、分配、与活性位点的作用、代谢和消除。目前已上市的药物中手性药物约占 40%，纯手性药物发展很快，预计近期市场的销售份额将增至 34%。因此，研究开发新的手性药物和现有外消旋药物的手性化已成为药物研究的重要方向。

本 章 小 结

本章介绍了药物合成反应的分类，从三个方面进行划分，分别是按新键形成划分、按官能团演变规律划分和按反应机理划分；介绍了常用的化学类三次文献信息资源，其中重点介绍了美国化学文摘。以案例的形式分别介绍了类型反应法、模拟文献法和逆合成分析法等药物合成路线的设计策略。

1. 几个基本概念

（1）靶分子（target molecule） 简称 TM，即我们需要合成的目标化合物。

（2）切断（disconnection） 也译为分拆。切断是基于化学反应原理，将目标分子的某个（或某些）化学键以假想的方式断裂，以得到可能的原料。它与真实合成反应正好相反。

（3）合成元（synthon） 切断有机化合物时得到的碎片。

（4）转化（transformation） 从靶分子开始，经过多种方式得到合成靶分子的前一个分子的过程叫转化。

（5）合成树 根据逆合成分析法，每一个靶分子可以逆向导出若干个中间体。这些中间体虽然只需一步反应即可制得靶分子，但每一个中间体还可以成为新的靶分子，从而又推导出新的中间体。依此类推，直到起始原料，就构成所谓的"合成树"。

2. 溶剂的分类

（1）质子性溶剂 含易被取代的氢原子的化合物如水、酸、醇等，可与含阴离子的反应物发生氢键缔合，发生溶剂化作用；或与中性分子的氧原子或氮原子形成氢键，或由于偶极矩的相互作用而产生溶剂化作用。一般质子性溶剂的介电常数＞15。

（2）非质子性溶剂 非质子性溶剂不含易被取代的氢原子，主要靠偶极矩或范德华力的相互作用而产生溶剂化作用。偶极矩和介电常数小的溶剂，其溶剂化作用也很小。

常见的非质子性极性溶剂有：醚类、卤代烃类、酮类、酰胺类等。

常见的非质子性非极性溶剂（又称为惰性溶剂）有：芳烃类和脂肪烃类。

3. 正交设计有关术语

（1）指标 一般指反应的收率、产量或纯度等可以量化的特征。

（2）因素 某试验中需要考察的变量，如温度、压力、时间等。一般用大写英文字母 A、B、C、D 表示。

（3）水平 在试验范围内，因素被考察的值称为水平，通常用阿拉伯数字 1、2、3 表示。

思考与练习

通过本单元的学习，检索抗菌药物左氧氟沙星的理化性质及合成方法；尝试采用逆合成分析法拆分左氧氟沙星的分子结构，从而找出最初始原料，并与文献上的合成方法进行比较；检索左氧氟沙星的工艺改进方法，分析每步反应的影响因素及反应终点控制的方法。

【阅读材料】 正向合成分析与动态组合化学

1. 正向合成分析策略

在天然产物全合成的实践中，哈佛大学的 Corey 教授于 20 世纪 60 年代提出了"逆合成分析"（retro-synthetic analysis）的合成设计策略，将有机合成和药物合成设计提到了逻辑推理的高度，使合成设计趋向于规律化和合理化，并因此荣获 1990 年诺贝尔化学奖。1996年，加州大学伯克利分校的 Spaller 等首先提出了在合成中采用正向分析（forward analysis）策略的思想，其后，哈佛大学的 Berke 等又正式提出了"正向合成分析"（forward-synthetic analysis）的概念，完善了有机合成和药物合成规律，丰富了药物合成的策略，进一步促进了天然产物和药物合成的发展。天然产物全合成和药物合成因此成为一门将科学和艺术融于一体的技术。

在高通量筛选技术发展的基础上，为了对天然的或设计的药物先导化合物进行充分的衍生化，更高效率地合成大量目标分子以供活性筛选，组合化学（combinatorial chemistry）概念于 20 世纪 90 年代末应运而生，即通过一批合成砌块（building block）进行尽可能的组合，合成出目标分子库。这种针对一种先导化合物，以组合化学的方法进行结构多样性合成、构建系列目标分子库的手段被称之为"目标分子导向合成"（target-oriented synthesis, TOS）。由此而构建的组合库被称之为聚焦库（focused library）或靶标库（targeted library）或定向库（directed library），用以发现可调控某一生物学过程的候选药物。这类库中分子的合成设计可采用 Corey 教授的"逆向合成分析"策略，其建立过程属于常见的先导化合物的结构修饰（me too）和优化（me better）理念。

在近 10 年药物研发过程中，基于上述策略与观点开展的研究与探索已取得了成功，但由于都是针对某一个先导化合物，因此仅能得到一种结构类型分子对生命过程影响的信息，显然效率不高，合成所用起始原料的利用率也不高。因此，Schreiber 等提出了"多样性导向合成"（diversity-oriented synthesis, DOS）的概念。这一理念是从起始原料出发，通过选择合适的反应来扩展合成小分子结构的多样性和提高小分子的复杂性。由 DOS 形成的分子库被称为预期库（prospecting library）或随机库（random library）。预期库补充了聚焦库的不足，建库目的是"发现"各种新的潜在先导化合物。由此可见，在 DOS 中，由于没有锁定目标分子结构，无法采用逆向合成分析来指导合成路线设计。于是 Schreiber 等又提出用"正向合成分析"策略指导合成设计。该策略要求：①用最少的反应来构建复杂分子，即在短的合成步骤（3～5 步）内用成环、产生手性中心、形成 C—C 键等手段来实现分子复杂性；②用附件多样性（即在骨架上引入不同基团或小分子片段）、立体化学多样性和骨架多样性等方法增加产物多样性。同时，他们以大量的实验研究印证了这些构思和策略的可行性与价值。

2. 动态组合化学策略

组合化学为寻找有价值的药物提供了途径。近年来，组合化学在内容、原理和方法等方面均得到了较快的发展，除前文提及的用于指导和建立生物活性筛选的组合分子库（聚焦库和预期库）的两种策略外，还有一种通过可逆平衡或自组装来产生组合库的方法——动态组合化学（dynamic combinatorial chemistry, DCC）。动态组合化学思想的雏形是由 Brady 等最早提出的，但当时其尚未采用"动态组合化学"一词。DCC 的基本原理是选择合适的合成砌块，这些砌块之间能发生可逆的相互作用，而产物分子则处于一种动态的平衡状态，化合物之间可以通过平衡相互转化。当向这个被称为动态组合库（dynamic combinatorial library, DCL）的体系中加入靶标时，库中某个或某些分子就会与靶标结合，而使原来的平衡状态被打破，平衡向生成这一种或这一些分子的方向移动。这一思想诞生以后，引起了很多从事药物合成的有机化学家的兴趣，他们选择将受体或酶作为靶标，当动态组合库中的活性分子与相关的受体或酶结合后，平衡便向生成该活性分子的方向移动，筛选信号得以放大，从而筛选出生物活性分子。

动态组合化学具有强大的识别、检测、筛选和信号放大功能，使药物分子设计与药物活性筛选能有机、有效地结合，密切了两者的关系。另外，充分地利用生物大分子来识别和纯化药物分子，大大减少了合成的后处理步骤。但是，目前动态组合化学的发展也存在着一些问题，如可供利用的可逆过程有限，在一定程度上导致了动态组合库类型的单一性。这就需要药物合成工作者了解和开发更多的可逆过程，使动态组合库的类型多样化。

2 ≪≪≪

卤化反应技术

▶ 学习目的

　　通过对卤化反应的基本原理、反应类型等知识的学习，在了解常用卤化试剂、反应条件和影响因素的基础上，会选择不同类型的卤化反应运用到药物合成中，并为今后的生产实践打下基础，初步具备分析和解决实际问题的能力。

▶ 知识要求

　　理解卤素、次卤酸（酯）、N-卤代酰胺、卤化氢卤化剂对烯烃加成的机理、反应规律及产物特点；了解该类反应的操作技术与方法。

　　理解芳烃侧链 α 位、烯丙位卤取代反应的条件及影响因素；理解羰基 α 位卤取代的机理、反应条件、影响因素及其在药物合成中的应用；掌握芳环卤取代反应的规律、反应条件及实现选择性卤取代所采取的方法。

　　掌握醇羟基、羧羟基的卤置换方法；理解醚类、卤代烃以及芳香重氮化合物的卤置换方法；了解酚类的卤置换方法。

▶ 能力要求

　　通过分析和综合，能熟练应用卤化反应的基本知识对一些简单的有机化合物进行选择性的卤化；学会实验室制备氯代环己烷、氟乙酸乙酯或邻氯甲苯的方法。

　　卤化反应是指向有机化合物分子中引入卤素原子的反应。根据引入卤素原子的不同，卤化反应可分为氟化、氯化、溴化和碘化反应。由于不同种类的卤化剂的活性不同，因此，氟化、氯化、溴化和碘化反应各有不同的特点。其中，氯化和溴化较为常用，氟化和碘化由于技术和经济方面的原因，应用范围受到一定的限制。近年来，随着愈来愈多的具有特殊生理活性的含氟药物的发现，含氟有机物的制备也逐渐得到了重视，氟化反应技术得到了较大的发展。

　　在有机物分子中引入卤原子后可使其物理化学性质和生理活性发生较大的改变，同时，卤化物中的卤素原子也容易转化成其他官能团，或者被还原除去，因此，卤化反应在药物合成中应用十分广泛，通过卤化反应，可达到以下目的：

① 制备具有不同生理活性的含卤素药物，如抗生素氯霉素（Chloramphenicol）和抗癌药氟尿嘧啶（Fluorouracil）

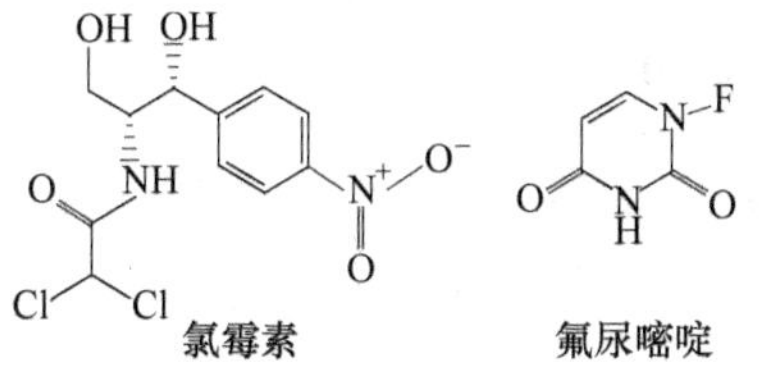

氯霉素　　　　　氟尿嘧啶

② 增加有机物分子极性，提高有机物的反应活性，在官能团转化中，氯化物和溴化物常作为重要的中间体使用。碘化物活性最高，但制备难度大，成本高。氟化物由于 C—F 键稳定，不宜作为中间体使用。

③ 为了提高反应的选择性，卤原子可作为阻断基、保护基等。

阻断基的引入可以使反应物分子中某一可能优先反应的活性部位被封闭，目的是让分子中其他活性低的部位发生反应并能顺利引入所需基团，达到目的后再除去阻断基。

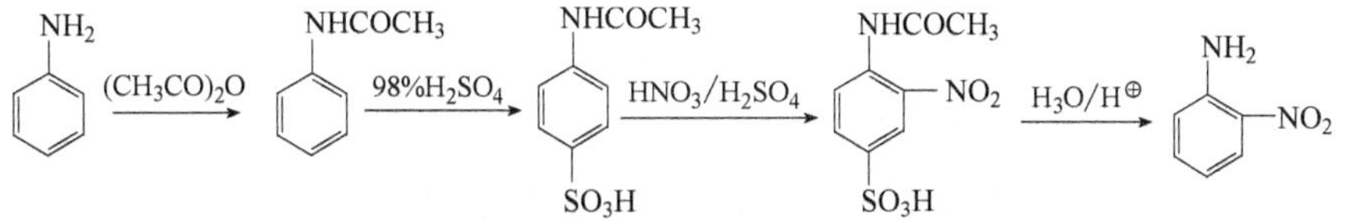

2.1　案例引入：氯代环己烷的合成

2.1.1　案例分析

氯代环己烷是一种有机合成的基本原料，也是合成医药和农药等的重要中间体，主要用于橡胶防焦剂 CTP、医药盐酸苯海索、农药三环锡、三唑锡和双灭锡等的生产，也用于聚氨酯发泡催化剂 N,N-二甲基环己胺、防锈剂等的合成，另外在香料制造以及有机合成方面也有一定的应用，也可用作有机溶剂。

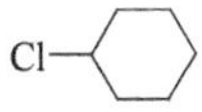

氯代环己烷

一种化合物的制备路线可能有多种，但并非所有的路线都能适用于实验室合成或工业化生产，选择正确的制备路线是极为重要的。比较理想的制备路线应具备下列条件：

① 原料资源丰富，价廉易得，生产成本低；

② 副反应少，产物容易分离、提纯，总收率高；

③ 反应步骤少，时间短，能耗低，条件温和，设备简单，操作安全方便；

④ 产生的"三废"少，"三废"可有效控制，不污染环境；

⑤ 副产品可综合利用。

物质的制备过程中还经常用到一些酸、碱及各种溶剂作为反应的介质或精制的辅助材料，如能减少这些材料的用量或用后能够回收，便可节省费用，降低成本，避免对环境的污染。另一方面，制备中如能采取必要措施避免或减少副反应的发生及产品分离、提纯过程中的物料损失，就可有效地提高产品的收率。

因此，要选择一条合理的产品制备路线，根据不同的原料有不同的方法，需综合考虑各方面的因素，才能确定一条技术可行、经济效益较好、符合国家环保标准的制备路线。

目前文献资料中关于氯代环己烷的制备方法有：环己烯氯化氢加成法；环己烷氯化法；环己醇氯化氢取代法；苯部分加氢法等。

2.1.2 不饱和烃的卤加成反应

环己烯、氯化氢加成法反应式如下：

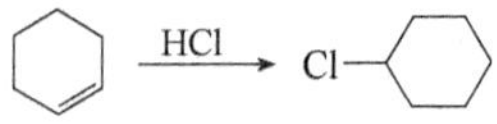

卤化氢或氢卤酸是常用的卤化试剂，它可与烯烃、炔烃发生加成反应，制备相应的卤化物。氢卤酸的刺激性与腐蚀性都比较强，使用时需加强劳动防护。

2.1.2.1 卤化氢对烯烃的亲电加成

反应过程分两步进行：首先是质子对双键进行亲电进攻，形成一个较为稳定的碳正离子中间体，然后卤负离子进攻碳正离子，生成稳定的反式加成产物。

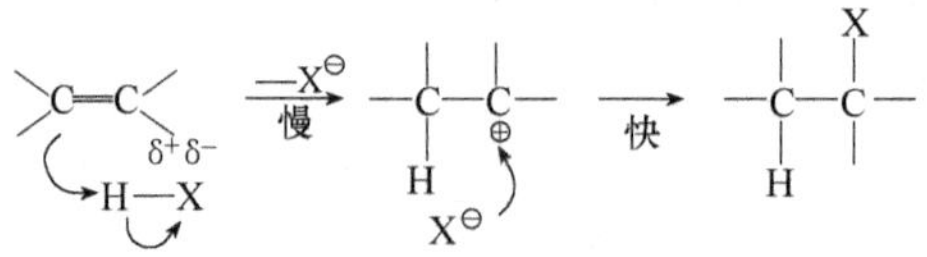

这类反应需要强亲电试剂进攻 π 键电子，产生速率控制步骤中的碳正离子，烯烃加成反应大多属于亲电加成这一大类反应。卤素原子的定位符合马氏规则：质子酸和烯烃的双键加成生成的产物是酸的质子与拥有氢原子数最多的碳原子相连。

加成反应的速率，主要取决于烯烃的结构和卤化氢的活性，其影响因素如下：

(1) 烯烃的结构 当烯烃双键碳原子上连有给电子基，有利于反应；当烯烃双键碳原子上连有吸电子基，如—CF_3、—COOH、—CN、—NO_2 等，双键上电子云密度降低，亲电加成反应速率降低，同时在很多情况下，得到反马氏加成的产物。

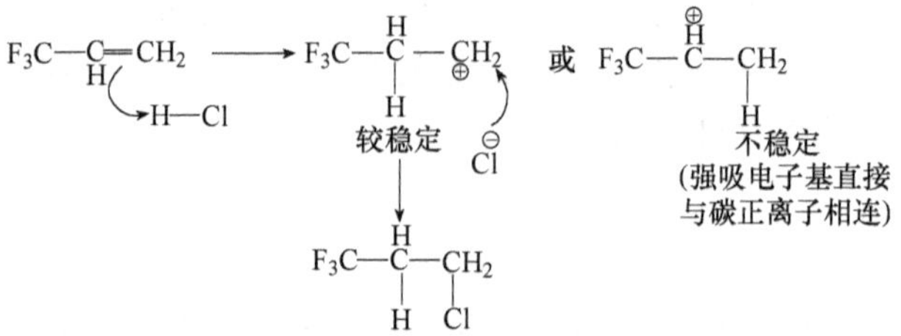

(2) 卤化氢的活性 卤化氢或氢卤酸的活性因其键能增大而减小，活性次序依次为：HI＞HBr＞HCl＞HF。HF 由于其键能大、活性低而不常使用，其他的卤化氢反应时，可采用卤化氢气体或其饱和的有机溶剂，或用浓的卤化氢水溶液。若反应困难，可加 Lewis 酸催化，或采用封管加热，促使反应顺利进行。

2.1.2.2 卤化氢对烯烃的自由基加成

溴化氢在光照或过氧化物作用下，与不对称的烯烃进行加成反应，得到反马氏规则的产物，这种过氧化物存在下的取向逆转叫做过氧化效应。其原因是该条件下的反应是自由基历程。在光照或其他自由基引发剂作用下，产生溴自由基，溴自由基（缺电子，亲电试剂）加到双键上取代较少的一端。

实际上马氏取向反应也发生了，但是过氧化物催化反应比没有催化的离子反应要快得多，所以只观察到反马氏加成的产物。

过氧化效应只存在于 HBr 与不对称烯烃的加成反应中。HCl 和 HI 都不能进行上述自由基加成。氢氯键键能比氢溴键键能强得多，需要较高的活化能才能使氯化氢均裂成自由基，这就阻碍了链反应，因此氯化氢不能进行自由基加成反应。碘化氢均裂的离解能不大，但碘原子与双键加成要求提供较高的活化能，而碘原子较易自身结合成碘，所以也不能进行加成反应。

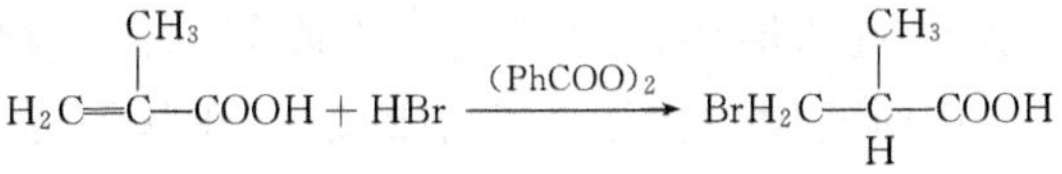

$$H_2C=\overset{\overset{\displaystyle CH_3}{|}}{C}-COOH + HBr \xrightarrow{(PhCOO)_2} BrH_2C-\overset{\overset{\displaystyle CH_3}{|}}{\underset{\underset{\displaystyle H}{|}}{C}}-COOH$$

2.1.2.3 烯烃与卤素加成

氟为最活泼的卤素，与烯烃反应非常激烈。氟加成的同时，易发生取代、聚合等副反应，难以得到单纯的氟加成物，且由于 C—F 键比 C—H 键还稳定，有机氟化物不宜作为中间体使用。但是，近年来，具有特殊生理活性的含氟药物发展很快，含氟有机物的制备也逐渐得到了重视，而其引入氟原子的方法主要是应用卤代烃的卤素置换反应。

碘和烯烃加成大多属于光引发下的自由基反应，由于生成的 C—I 键不稳定，碘加成反应是一个可逆反应，很难得到产物。

氯或溴素对烯烃加成的活性高，反应容易进行，且有机氯或溴化物也是常用的有机合成中间体，所以这类反应是合成上最重要的卤加成反应。

（1）反应机理 此类反应属于亲电加成机理，即被极化的卤素作为亲电试剂向烯烃的双键进行加成。其生成的过渡态有两种可能形式：①桥卤型正离子；②开放的碳正离子和卤素负离子的离子对形式。若①为主要形式，卤负离子从环的背面向缺电子的碳做亲核进攻得到对向加成物③；若②为主要形式，由于 C—C 键的自由旋转，经卤素离子的亲核进攻，常常同时生成相当量的同向加成物④。

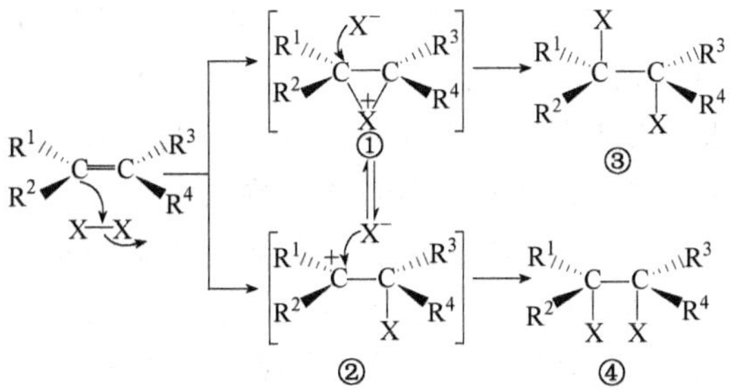

（2）产物构型 由以上过程可以看出，氯和溴与烯烃的加成以对向加成为主，产物主要是对向加成物。但随着作用物的结构、试剂和反应条件的不同，同向加成物的比例有所变化。如当双键上有苯基取代时，因开放式碳正离子得到了苯环的共轭而稳定，于是增加了同向加成的机会；若苯环上具有给电子基，则同向加成物的比例随之增加。

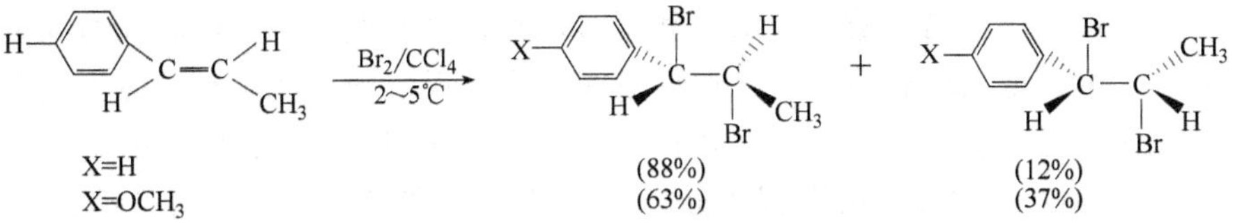

X=H （88%）（12%）
X=OCH₃ （63%）（37%）

在氯加成反应中，因氯的原子半径比溴小，形成桥氯正离子的机会减少，所以，同向加成的倾向更为明显，得到同向产物的比例增多。

（3）主要影响因素

① 烯烃。烯烃的反应能力主要取决于中间体碳正离子的稳定性。当双键碳原子上含有给电子基时，能增加中间体碳正离子的稳定性，反应容易进行；反之，当双键碳原子上含有

吸电子基时，由于削弱了中间体碳正离子的稳定性，使得反应不易进行。其活性次序如下：

$$R—CH=CH_2 > CH_2=CH_2 > CH_2=CHCl$$

R代表给电子基。

② 溶剂。本反应常用四氯化碳、氯仿、二氯化碳、二硫化碳等惰性溶剂，由于在这些溶剂中溴素或氯气可以与无位阻的烯烃迅速反应，生成邻二卤化物。当在亲核性溶剂（如 H_2O、RCO_2H、ROH 等）中进行时，由于溶剂中的亲核性基团可以进攻中间体碳正离子，这样，将得到1,2-二卤化物和其他加成物（如卤醇或其醚、酯）的混合物。若在反应中添加无机卤化物，以增加卤负离子浓度，则可提高1,2-二卤化物的比例。

③ 催化剂。当双键碳原子上连有吸电子基时，由于双键电子云密度降低，卤素加成的活性下降，这种情况下，可加入少量Lewis酸或叔胺等进行催化，提高卤素的活性，促使反应顺利进行。

④ 温度。卤素加成反应的温度不宜太高，常控制在较低的温度下进行。其原因有二：一是为了防止卤素取代副反应的发生；二是为了防止生成的邻二卤化物脱去卤化氢的副反应。

2.1.2.4 案例分析：2-氯乙醇的生产

氯乙醇，又称β-氯乙醇。氯乙醇是重要的有机溶剂和有机合成原料。除了用于生产环氧乙烷外，还是合成聚硫橡胶的重要原料，并广泛用作医药、染料、农药的中间体，以及用作水处理剂和有机溶剂。工业上制备的氯乙醇主要有两种规格，即高纯氯乙醇（含量90%以上）和氯乙醇（含量为32%）。

高纯氯乙醇在医药工业上主要用来制备磷酸哌嗪、二乙基乙醇胺和三羟基丙腈等医药中间体。二乙基乙醇胺可用于生产普鲁卡因盐酸盐、咳必清（喷托维林）、咳美芬（卡拉美芬）、胃复康（贝那替秦）和延通心（卡波罗孟）等药品，还可制取脂肪酸衍生物、PU泡沫塑料的硫化催化剂，以及乳化剂等。三羟基丙腈用于药物环磷酰胺、心得安（普萘洛尔）的合成。也可用作纤维素酯类和许多无机盐的溶剂。在农药生产中，高纯氯乙醇用于生产农药内吸磷和甲基内吸磷的原料——羟基乙硫醚。高纯氯乙醇可合成生产聚硫弹性体的原料——二氯乙基缩甲醛，以及生产聚丙烯酸弹性体的原料——氯乙基乙烯基醚。

含量为32%的氯乙醇可以用作制革，制药，合成表面活性剂、破乳剂、乳化剂，以及作为阻燃剂的原料等。

（1）生产方法 工业上生产方法是将乙烯和氯气同时通入水中，氯与水反应生成次氯酸，次氯酸与乙烯加成即得氯乙醇。

（2）流程图 其流程见图2-1。

（3）工艺过程 将乙烯、液氯和水三种原料，经计量调整一定比例后，通入有部分填料的塔式反应器1中，水从塔底引入，氯在近塔底处进入反应器，使与水反应生成次氯酸；乙烯在较高处送入，与次氯酸反应生成氯乙醇，塔顶温度利用反应热维持在65～75℃，生成的合成液含氯乙醇6%～7%，由塔顶侧面溢流口流入中和槽2中和，再入精馏塔3经连续蒸馏，利用氯乙醇与水的共沸（氯乙醇43.2%，沸点97.8C）脱去部分水分后，得32%以上的氯乙醇产品。

为了生产90%以上的氯乙醇，在共沸蒸馏塔4用苯共沸蒸馏，进一步除去水分。经减压蒸馏除去共沸蒸馏时残留的苯及高沸点物（如二氯二乙醚），得90%～95%氯乙醇。过量的乙烯气、副产物二氯乙烷气体以及原料中的惰性气体由塔顶逸出，进入水洗塔，用水喷淋

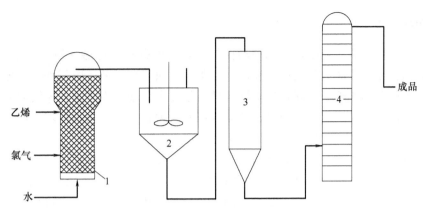

图 2-1 氯乙醇生产流程

1—反应器；2—中和槽；3—精馏塔；4—共沸蒸馏塔

回收二氯乙烷后，其余尾气排空。

(4) 烯烃的加成

① 次卤酸及其酯为卤化剂。烯烃与次卤酸（HOX）加成，生成 β-卤醇，其反应机理与卤素的加成反应相同。首先是卤素正离子对烯烃的双键做亲电进攻，生成桥卤三元环过渡态，然后，水分子或 OH^- 对其亲核进攻，得到 β-卤醇。定位规律符合马氏规则，卤素加在含取代基较少的双键碳上。

次卤酸本身为氧化剂，很不稳定，一般难以保存，需新鲜制备后立即使用。次氯酸和次溴酸常用氯气或溴素与中性或含汞盐的碱性水溶液反应而生成。在实验室则可直接采用次氯酸盐在中性或弱酸性条件下反应。

如 β-氯乙醇可由乙烯、氯气分别通入水中而制得。但在反应中每生成 1mol 氯乙醇就生成 1mol 氯化氢。随着反应进行，氯离子的浓度增高，因而与水的竞争机会增多，生成的副产物二氯乙烷亦增加。因此，在生产中，为了减少副反应，一般采用连续化操作以控制乙烯和水的流速，使反应中氯乙醇含量控制在一定水平，方可得到较好的收率。

$$H_2C=CH_2 \xrightarrow[60℃]{Cl_2/H_2O} ClCH_2CH_2OH + Cl^{\ominus} + H^{\oplus}$$

② N-卤代酰胺为卤化剂。由烯烃制备 β-卤醇及其衍生物的许多方法中，N-卤代酰胺，如 N-溴（氯）代乙酰胺（NBA、NCA）、N-溴（氯）代丁二酰亚胺（NBS、NCS）为普遍使用的卤化剂。

N-卤代酰胺和烯烃在酸催化下于不同亲核性溶剂中反应，生成 β-卤醇或其衍生物，其卤素和羟基的定位也遵循马氏规则。烯烃与 N-卤代酰胺的加成反应，相似于卤素加成反应，其中卤正离子由质子化的 N-卤代酰胺提供，羟基、烷氧基等负离子来自反应溶剂。

$$>C=C< + R-\overset{\overset{\displaystyle O}{\|}}{C}-NHBr \xrightarrow{H_2O} \overset{\overset{\displaystyle Br}{|}}{>C}-\overset{\overset{\displaystyle }{|}}{C}<$$
$$\qquad\qquad\qquad\qquad\qquad\qquad OH$$

$$Ph-\overset{\overset{\displaystyle H}{|}}{C}=CH_2 \xrightarrow[25℃]{NBS/H_2O} Ph-\overset{\overset{\displaystyle H}{|}}{\underset{\underset{\displaystyle OH}{|}}{C}}-CH_2Br$$

对于水溶性差的烯烃（如甾体化合物）可在有机溶剂中与 N-卤代酰胺成为均相，制得 β-卤醇。

2.1.3 卤取代反应

环己烷是饱和烃类化合物，氢原子活性较小，需用卤素在高温气相条件下，或光照和/或在过氧化物存在下才能进行卤取代反应。这类反应属于自由基反应历程，参加反应的卤素活性越大，反应选择性越差。就烷烃氢原子的活性而言，如果不考虑立体因素的影响，则随所生成的碳自由基的稳定性不同而异，即叔自由基＞仲自由基＞伯自由基。此反应主要用于C—H活性较大的饱和烃的直接卤代，生成相应的卤代烃。

一般的有机物分子中的 C—H 键能比较大，H 原子难以被取代，但在几个特殊位置，如芳烃侧链 α 位（苄位）、烯丙位，由于受到芳环、双键等的影响，使碳原子上 H 的活性增大，在较高温度或光照或存在自由基引发剂（如过氧化物、偶氮二异丁腈等）的条件下，可用卤素、N-卤代酰胺、次卤酸酯、硫酰卤、卤化铜等卤化试剂于非极性惰性溶剂中进行卤取代反应，生成的产物大都有较高的反应活性，是药物合成中常用的中间体。

烯丙位和苄位碳原子上的卤取代反应大多属于自由基反应历程，卤素或其他卤化试剂（如 NBS）首先在自由基引发条件下均裂成卤素或琥珀酰亚胺的自由基。该自由基夺取烯丙位或苄位上的氢原子，生成相应的碳自由基，该自由基再和卤素或 NBS 反应，生成烯丙位或苄位卤取代产物。在上述反应历程中，碳自由基的稳定性决定了取代反应的难易程度和区域选择性。

2.1.3.1 案例分析：对硝基苄基溴的生产（苄位卤取代）

对硝基苄基溴又称 4-硝基溴化苄，用作医药、农药中间体，也用于合成染料。医药工业上用于生产甲酰溶肉瘤素、头孢洛宁和治风湿药阿克他利等。

（1）反应原理　以对硝基甲苯与溴在 145～150℃下发生高温引发的自由基取代反应，得到对硝基苄基溴。

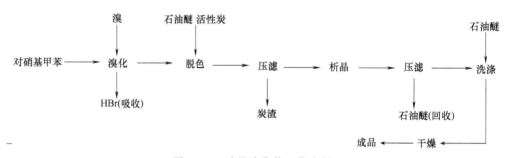

（2）生产流程　其流程见图 2-2。

图 2-2　4-硝基溴化苄工艺流程

（3）生产工艺

① 在电加热搪玻璃釜内，加入对硝基甲苯，开启搅拌和电加热系统及尾气溴化氢吸收制氢溴酸系统，升温到 145℃，开始滴加溴，加溴时间控制在 2～3h。加完溴后，继续搅拌 30min，稍冷却（但不得析出结晶），再慢慢以细流状放到预先加入石油醚（沸程 90～120℃）的脱色釜中，回流 10min 后，稍冷却，加入活性炭，继续回流 10min，压滤。将滤

液冷却析出结晶，然后压滤，洗涤，压干，真空干燥，得对硝基苄基溴精晶。收率≥60%。

说明：

a. 反应生成的副产物用水吸收，通过串联吸收以制备氢溴酸。

b. 铁可以催化溴与苯环上的氢发生取代反应，反应釜、冷凝管及管件必须保证不含铁。

c. 产品为强催泪剂，设备应密闭，车间必须保持良好的通风状态。

② 加四氯化碳、对硝基甲苯及偶氮二异丁腈水溶液于反应釜中，搅拌加热，回流，滴入溴的四氯化碳溶液，加完后，再回流5~6h，冷却到室温，用氨水中和到pH为7~8，加水，搅拌，静置分层，分取四氯化碳层，用水洗涤一次，分去水层，蒸出四氯化碳，静置析出结晶，过滤即得对硝基苄基溴。

2.1.3.2　芳烃侧链 α 位、烯丙位的卤取代

芳烃侧链 α 位、烯丙位的卤取代反应为自由基历程，其原因是在自由基引发剂的作用下，产生的中间体自由基得到芳环及双键的共轭作用而稳定。影响因素与反应条件如下：

(1) 引发条件　该类反应需在较高温度、光照或自由基引发剂存在下进行，反应的快慢取决于引发条件。

光照引发以紫外光照射最有利，因为紫外光的能量较高，有利于引发自由基。生产中，常采用日光灯光源来照射。

如果是高温引发，具体的反应温度根据反应活性而定，提高温度有利于卤化试剂均裂成自由基。以氯化为例，氯分子的热离解能是238.6kJ/mol，只有在100℃以上，氯分子的热离解才具有可以观察到的速率。这说明热引发的自由基型氯化反应的温度必须在100℃以上。一般液相氯化反应温度在100~150℃之间，气相氯化反应多在250℃以上。提高反应温度有利于提高取代反应速率，减少加成副反应。其他卤素的热离解能要低一些，反应温度可以相应降低。

常用的自由基引发剂有两大类：一类是过氧化物，如过氧化二苯甲酰、二叔丁基过氧化物等；另一类是对称的偶氮化合物，如偶氮二异丁腈（AIBN）等，引发剂用量一般为5%~10%。

在具体的反应过程中，三种引发条件并不是独立使用的，常常同时使用，得到最佳反应条件。

(2) 催化剂及杂质　因为许多催化剂（如金属卤化物）对烯烃的加成卤化或芳环上的亲电卤化有利，所以金属卤化物存在对自由基反应不利。因此，该类反应不能用普通钢设备，需要用衬玻璃、搪瓷或石墨反应器，而且，原料中也不能含杂质铁。其他杂质，如氧气、水分等也不利于自由基反应，所以，反应要用干燥的、不含氧的卤化试剂，并在有机溶剂中进行。

(3) 卤化试剂与溶剂　该类反应常用的卤化试剂有卤素、N-卤代酰胺（NBS、NCS）、次卤酸酯、硫酰氯、卤化铜等。其中，N-卤代酰胺和次卤酸酯效果较好，尤其前者，反应条件温和，操作方便，反应选择性高，无芳核和羰基 α 位取代副反应，是广泛使用的卤化试剂，特别适用于苄位和烯丙位的卤取代。

反应多采用四氯化碳、氯仿、苯、石油醚等非极性惰性溶剂，以免自由基反应终止。其中最常用的是四氯化碳，因NBS、NCS可溶于四氯化碳，而生成的丁二酰亚胺却不溶于四

氯化碳，反应容易进行，而副产物经过滤取即可回收。对于某些不溶于或难溶于四氯化碳的烯烃，改用氯仿也可获得较好的效果，其他可选用的溶剂有苯、石油醚等。若反应物为液体，则可不用溶剂。

（4）作用物结构　该反应为自由基历程，中间自由基的稳定程度影响了取代反应的难易与区域选择性。

若苄位或烯丙位上有卤素等吸电子取代基，则降低自由基的稳定性，使卤取代反应不易发生，需提高卤化剂浓度、反应温度或选用活性更大的卤化试剂才能进行。

若苄位、烯丙位上有给电子基，则可增加自由基的稳定性，使卤取代反应容易进行。对于开链烯烃，烯丙位亚甲基一般比甲基容易卤代。有时在反应中因倾向于形成更稳定的中间体自由基，如苯基和双键同时存在的化合物的卤取代反应，可发生双键移位或重排反应。

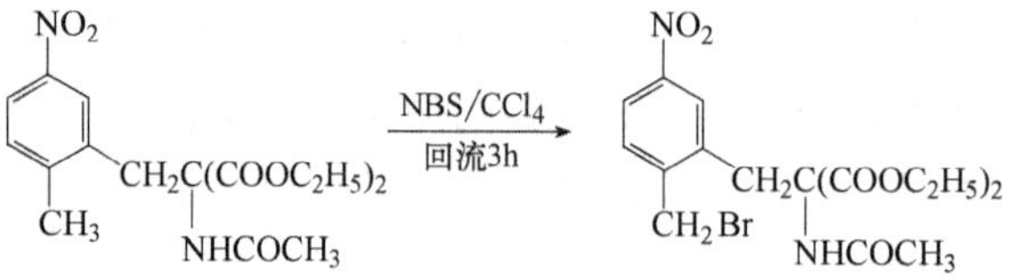

2.1.4　卤置换反应

环己醇氯化氢取代法反应式如下：

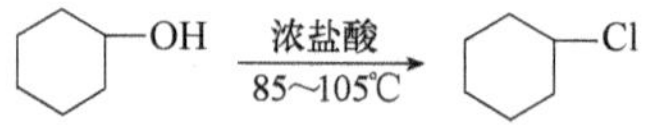

制备卤代烃通常用结构上相对应的醇为原料，通过卤置换反应得到。常用的卤化剂有卤化氢、含磷卤化物和含硫卤化物，可以把它们看做是提供卤素负离子的试剂，然后对醇羟基进行亲核取代。

2.1.4.1　醇和卤化氢或氢卤酸反应

醇和卤化氢或氢卤酸反应得到卤代烃和水，反应通式如下：

$$R—OH+HX \rightleftharpoons R—X+H_2O$$

此反应是可逆的平衡反应，从反应机理上说，大多数为醇羟基被卤素负离子亲核取代。其反应难易程度取决于醇和 HX 的活性及平衡点的移动方向。

常采用增加反应物醇或 HX 的浓度，并不断移走产物或生成的水的方法，以加速反应和提高收率。移走水的方法常采用共沸带水或加入脱水剂，常用的共沸溶剂有苯、甲苯、环己烷、氯仿等，常用的脱水剂有浓硫酸、磷酸、无水氯化锌、氯化钙等。

醇的活性不同，反应机理不同。活性较大的苄醇、烯丙醇、叔醇倾向于 S_N1 机理，其他的醇，大多以 S_N2 机理为主。醇羟基的活性顺序为叔羟基＞仲羟基＞伯羟基。卤化氢或氢卤酸的活性，按卤负离子亲核能力的大小，其顺序为 HI＞HBr＞HCl＞HF。

① 碘置换。醇的碘置换反应速率很快，但是生成的碘代烃易被碘化氢还原，因此在反应中需及时将碘代烃蒸馏移出反应体系，同时也不宜直接采用氢碘酸为碘化剂，而是采用碘化钾＋95％磷酸或多聚磷酸（PPA）。

$$HO(CH_2)_6OH \xrightarrow[100\sim120℃]{KI,PPA} I(CH_2)_6I$$

② 溴置换。采用氢溴酸进行溴置换反应时，为了保持反应中足够的溴化氢浓度，可在反应中及时分馏除去水分；为了加速反应和提高收率，可加入浓硫酸作催化剂，在实际操作中，可将 SO_2 通入溴水中制成氢溴酸的硫酸溶液，再与醇反应；也可将浓硫酸慢慢滴入溴

化钠和醇的水溶液中进行反应；若加入添加剂 LiBr，则效果更好。

③ 氯置换。在醇的氯置换反应中，活性较大的叔醇、苄醇等可直接用浓盐酸或氯化氢气体，而伯醇则常用卢卡斯（Lucas）试剂（浓盐酸-氯化锌）进行氯置换反应，效果较好。

需要指出的是，某些仲醇、叔醇和 β 位具有叔碳取代基的伯醇的反应，若反应温度过高，由于碳正离子稳定性等的驱动，会发生重排、异构化和脱卤等副反应。采用更高活性的卤化试剂可避免副反应的发生，如氯化亚砜、三氯化磷等。

2.1.4.2 醇和卤化亚砜反应

其反应如下：

$$R{-}OH + SOX_2 \longrightarrow R{-}X + SO_2 + HX$$
$$X=Cl,Br$$

醇和卤化亚砜反应得到卤代烃、卤化氢和二氧化硫。氯化亚砜，又称亚硫酰氯、二氯亚砜，是一种良好的氯化试剂，反应中生成的氯化氢和二氧化硫均为气体，易挥发除去，反应液经过直接蒸馏可得较纯的氯代烃。氯化亚砜易水解，需在无水条件下进行反应；选用不同的反应溶剂，可得到指定构型的产物。溴化亚砜与醇反应，类似于氯化亚砜。溴化亚砜可由氯化亚砜和溴化氢气体在 0℃ 反应制得。

在氯化亚砜的反应中，若加入有机碱如吡啶等作为催化剂，或者醇分子内存在氨基等碱性基团时，能与反应中生成的氯化氢结合，有利于提高反应速率。如镇痛药盐酸哌替啶中间体的合成：

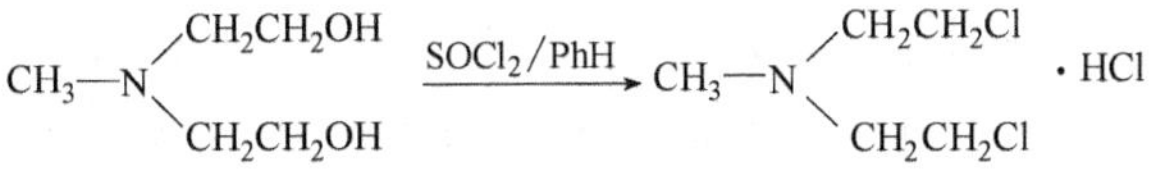

同时，该方法也适用于一些对酸敏感的醇类的卤置换反应，如 2-羟甲基四氢呋喃用氯化亚砜和吡啶在室温下反应，可得预期的 2-氯甲基四氢呋喃，而不影响环醚结构。

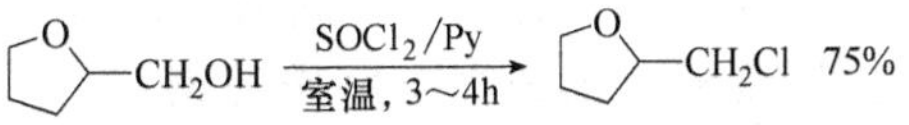

在氯化亚砜和 N,N-二甲基甲酰胺（DMF）或六甲基磷酰三胺（HMPA）（催化剂兼溶剂）合用时，具有反应活性大、反应迅速、选择性好、能有效结合反应中生成的 HCl 等优点，故特别适宜于某些有特殊要求的醇羟基氯置换反应，也可作为良好的羧羟基氯置换试剂。

2.1.4.3 醇和含磷卤化物的反应

① 醇和无机磷卤化物的反应：

$$ROH+PX_3 \longrightarrow RX+P(OH)_3$$
$$ROH+PCl_5 \longrightarrow RCl+POCl_3+HCl$$

在三卤化磷、五卤化磷中，PBr_3 和 PCl_3 应用最多，前者效果较好，也可由 Br_2 和磷进行反应而直接生成，使用方便。三卤化磷、五卤化磷对醇羟基的卤置换反应属于亲核取代反应机理，大多属 S_N2 机理。

三卤化磷或五卤化磷与醇羟基的反应也是经典的卤置换反应，该类卤化试剂活性比卤化氢大，与卤化氢相比，重排副反应也较少，且活性 $PX_5 > PX_3$。三氯氧磷也具有较大的活性，常用来与醇反应制备相应的卤代烃。

② 醇和有机磷卤化物的反应：

$$R{-}OH \xrightarrow[\text{或}(PhO)_3PX_2[\text{或}(PhO)_3P^+RX^-]]{Ph_3PX_2(\text{或 }Ph_3^+PCX_3X^-)} R{-}X$$

三苯膦卤化物如 Ph_3PX_2、$Ph_3P^+CX_3X^-$ 以及亚磷酸三苯酯卤化物如（PhO）$_3PX_2$、（PhO）$_3P^+RX^-$，在和醇进行卤置换反应时，具有活性大、反应条件温和等特点，这两类试剂均可由三苯膦或亚磷酸三苯酯和卤素或卤代烃直接制得，不经分离纯化即可与醇进行反应。

有机膦卤化物的应用很广泛，常以 DMF 或 HMPA 为溶剂，可在较温和的条件下将具有光学活性的仲醇转化成构型翻转的卤代烃，或对某些在酸性条件下不稳定的化合物进行卤化。

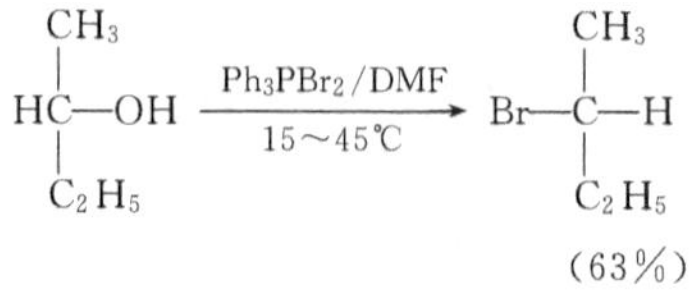

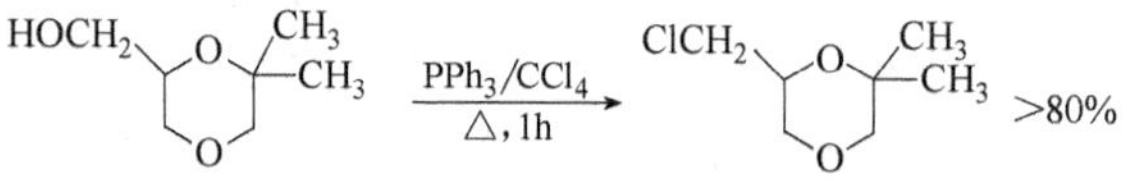

$$（63\%）$$

此外，三苯膦和六氯代丙酮（HCA）复合物和 PPh_3/CCl_4 相似，也能将具有光学活性的烯丙醇在温和条件下转化成构型翻转的烯丙氯化物，且不发生异构、重排等副反应。该试剂比 PPh_3/CCl_4 更温和，反应迅速，特别适宜于用其他方法易引起重排的烯丙醇。

2.1.4.4　案例分析：对硝基苯甲酰氯的生产（羧羟基的卤置换）

对硝基苯甲酰氯是一种用途广泛的医药、染料、农药及有机合成的中间体。在医药工业中它用于合成巴柳氮（Balsalazide）、头孢唑啉（Cephazolin）、抗心律失常药盐酸普鲁卡因、抗贫血药叶酸等，其中巴柳氮化学名为水杨酸偶氮苯甲酰-β-丙氨酸，是一种新型"非特异性"抗炎药物，用于治疗溃疡性结肠炎、直肠炎及克罗恩病，是目前较为理想的抗结肠炎药物。在染料工业中，对硝基苯甲酰氯用于合成一种新型活性偶氮染料，是合成乙烯砜型活性染料的重要原料。乙烯砜型活性染料对棉纤维有特殊的亲和力，因此，非常适合于在羊毛、棉纺织品上染色。此外，对硝基苯甲酰氯还可用作彩色显影剂的中间体，且用于生产对硝基苯乙酮等。

（1）反应原理

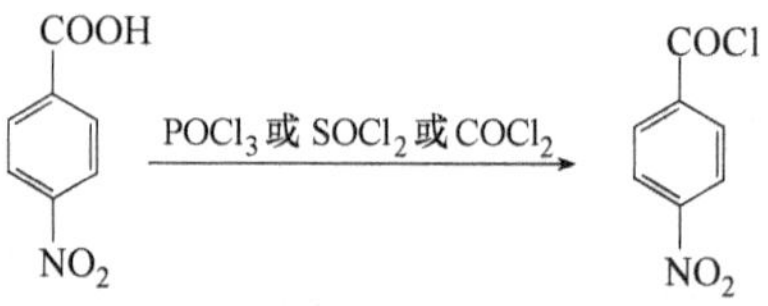

（2）操作过程　投料比（质量）：对硝基苯甲酸∶氯化亚砜＝1∶（1.2～1.3）。

在搪玻璃反应釜中加入对硝基苯甲酸（无水）、氯化亚砜和少量吡啶，搅拌升温至回流（约 90℃），且保持温和回流 30h 以上。反应结束后，在氮气保护下冷却至室温，并把析出的结晶压滤，滤液套用，滤饼则在真空下干燥。干燥产品的熔点约 73℃。收率 90% 以上。

（3）流程图　见图 2-3。

（4）注意事项

① 反应时间达 30h 后，每小时需取一个样进行薄层色谱，直到反应达终点（对硝基苯甲酸几乎消失）。

② 冷却时，为防止湿空气进入釜内，最好用氮气保护，也可在回流冷凝器放空前，加上空气干燥装置。

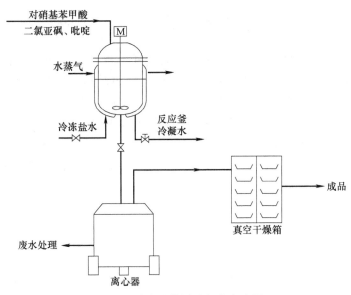

图 2-3 对硝基苯甲酰氯生产流程

③ 如果氯化亚砜用量偏多，为使结晶充分析出，可先减压蒸馏出一部分氯化亚砜。

④ 为了得到较高纯度的对硝基苯甲酰氯，可先用常压蒸馏出过量的氯化亚砜，然后改为减压蒸馏（需用氮气保护），接收 152～156℃（1.6kPa）的馏分或用气相色谱跟踪分析。

⑤ 为缩短反应时间，可用三氯氧化磷代替氯化亚砜，一般反应时间可缩短 6～10h；如用五氯化磷代替氯化亚砜，反应时间还可大大缩短，通常可根据取样分析来判断反应终点。

⑥ 如果用光气、氯甲酸三氯甲酯或三光气作为氯化剂，则反应温度可大大降低，并大大缩短反应时间。但使用时应注意装置密封，以免光气外泄造成环境污染，甚至中毒事故。

⑦ 也可先用苯作为反应溶剂。

2.1.4.5 羧羟基的卤置换

酰卤（主要是酰氯）作为重要的酰化试剂在药物合成中应用十分广泛，而酰卤都是由相应的羧酸经羟基的卤置换而得。进行羧羟基卤置换常用的试剂有：五氯化磷、氧氯化磷、三氯化磷和氯化亚砜等。

其活性次序为：五氯化磷＞三氯（溴）化磷＞氧氯化磷。氯化亚砜是由羧酸制备相应酰氯的最常用而有效的试剂，可广泛用于各种羧酸的酰氯的制备。

$$\underset{\substack{\| \\ \text{R—C—OH}}}{\overset{\text{O}}{}} \xrightarrow{\text{PX}_3(\text{或 PX}_5,\text{POX}_3,\text{SOX}_2)} \underset{\substack{\| \\ \text{R—C—X}}}{\overset{\text{O}}{}}$$

不同结构羧酸的卤置换活性不同，一般规律是：脂肪酸＞芳酸；芳环上含给电子基的芳酸＞无取代的芳酸＞芳环上含吸电子取代基的芳酸。

（1）五氯化磷为卤化试剂　五氯化磷为白色或淡黄色晶体，易吸水分解成磷酸和氯化氢。实际操作中，将五氯化磷溶于三氯化磷或三氯氧磷中使用，效果更好。

五氯化磷的活性最大，能置换醇、酚、各种羧酸中的羟基，以及缺 π 电子芳杂环上的羟基和烯醇中的羟基，但选择性差，容易影响分子中的官能团。它与羧酸的卤置换反应比较激烈，主要用于活性小的羧酸转化成相应的酰氯，如芳环上含吸电子取代基的芳酸、芳香多元羧酸等。

$$O_2N\text{—}\underset{}{\boxed{}}\text{—COOH} \xrightarrow[\triangle,\ 0.5h]{PCl_5}{(-POCl_3)} O_2N\text{—}\underset{(96\%)}{\boxed{}}\text{—COCl}$$

使用五氯化磷需要注意两点：一是要求生成酰氯的沸点应与 $POCl_3$ 的沸点有较大差距，以便将反应生成的 $POCl_3$ 蒸馏除去，利于得到纯度高的产品；二是羧酸分子中不应含有羟基、醛基、酮基或烷氧基等敏感官能团，以免发生氯置换反应。

（2）三氯氧磷为卤化剂　三氯氧磷又称磷酰氯或氧氯化磷，为无色澄明液体。露置于潮湿空气中迅速分解为磷酸和氯化氢，产生白烟。它与羧酸作用活性较弱，但容易与羧酸盐类反应得到相应的酰氯。由于反应中不产生卤化氢，特别适用于制备不饱和脂肪酰氯以及含有对酸敏感的官能团的药物。

$$H_3C\text{—CH}=\text{CH—COONa} \xrightarrow[\text{室温}]{POCl_3/CCl_4} H_3C\text{—CH}=\text{CH—COCl} \quad (64\%)$$

（3）三氯（溴）化磷为卤化剂　三氯（溴）化磷的活性比三氯氧磷小，一般适用于脂肪羧酸的卤置换反应。在实际使用时，常使 PX_3 稍过量，并与羧酸一起加热，制成的酰卤如果沸点低，可直接蒸馏出来；如果沸点高，则用适当溶剂溶解后再与亚磷酸分离。

$$\underset{}{\text{Ph}}\text{—}\underset{}{\boxed{}}\text{—COOH} \xrightarrow[\text{回流}3h]{PCl_3/PhH} \underset{(93.5\%)}{\text{Ph}}\text{—}\underset{}{\boxed{}}\text{—COCl}$$

（4）氯化亚砜为卤化试剂　氯化亚砜是由羧酸制备相应酰氯的最常用而有效的试剂。它适用于各种羧酸（芳环上含有强吸电子取代基的芳酸除外）的酰氯的制备，也可与酸酐反应得到酰氯。

$$RCOOH + SOCl_2 \longrightarrow RCOCl + SO_2 + HCl$$
$$(RCO)_2O + SOCl_2 \longrightarrow 2RCOCl + SO_2$$

氯化亚砜制备酰氯具有以下优点：

① 产物纯。由于 $SOCl_2$ 的沸点低，易蒸馏回收，反应中生成的 SO_2 和 HCl 气体易逸出，故反应后无残留副产物，使得产品容易纯化、质量好、收率高。

② 对其他官能团影响小。除分子中含有醇羟基需要保护外，对分子中的其他官能团如双键、羰基、烷氧基、酯基等影响较小。

③ 操作简单。反应中只需将羧酸和 $SOCl_2$ 一起加热至不再有 SO_2 和 HCl 气体逸出为止，然后，蒸去溶剂后进行蒸馏或重结晶。可用过量的 $SOCl_2$ 兼作溶剂，为了节省用量，还可用苯、石油醚、二硫化碳作溶剂。

④ 反应速率快。在反应中可加入少量的吡啶、DMF、$ZnCl_2$ 等催化剂，可提高反应速率。由于使用氯化亚砜有诸多优点，所以它广泛用于各种酰氯的制备中。

$$\underset{}{\boxed{}}\overset{OCOCH_3}{\underset{COOH}{}} \xrightarrow[\text{回流}]{SOCl_2/Py} \underset{(97\%)}{\boxed{}}\overset{OCOCH_3}{\underset{COCl}{}}$$

◀ 2.2　案例引入：对硝基-α-溴代苯乙酮的合成

2.2.1　案例分析

对硝基-α-溴代苯乙酮用作有机合成原料和医药中间体，用于氯霉素及合霉素的合成。

（1）反应原理　溴化反应属于离子型反应，溴化的位置发生在羰基的 α-碳原子上。对硝基苯乙酮的结构能发生烯醇式与酮式的互变异构。烯醇式异构体与溴进行加成反应,然后消除1分子的溴化氢而生成所需的溴化物。这里溴化的速率取决于烯醇化速率。溴化产生的溴化氢是烯醇化的催化剂,但由于开始时其量尚少,只有经过一段时间产生足够的溴化氢后,反应才能以稳定的速率进行,这就是本反应有一段诱导期的原因。

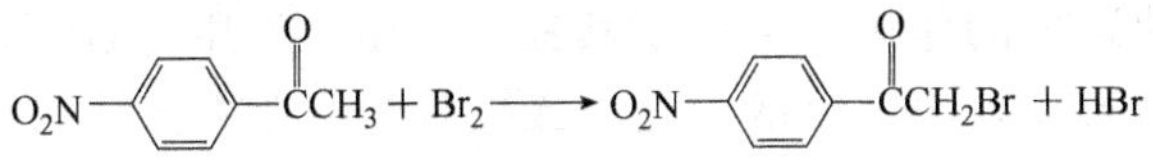

$$O_2N-\langle\rangle-CCH_3 + Br_2 \longrightarrow O_2N-\langle\rangle-CCH_2Br + HBr$$

(2)工艺过程 将对硝基苯乙酮及氯苯(含水量低于0.2%,可反复套用)加入到搪玻璃的溴代罐中,在搅拌下先加入少量的溴(约占全量的2%~3%)。当有大量溴化氢产生且红棕色的溴素消失时,表示反应开始。保持温度在(27±1)℃,逐渐将其余的溴加入,溴的用量稍超过理论量。反应产生的溴化氢用真空抽出,用水吸收,制成氢溴酸回收。真空度不宜过大,只要使溴化氢不逸出便可。加溴完毕后,继续反应1h。然后升温至35~37℃,通压缩空气以尽量排走反应液中的溴化氢,否则将影响下一步成盐反应。静置0.5h后,将澄清的反应液送至下一步进行成盐反应。

(3)反应条件及影响因素

① 水分的影响。对硝基苯乙酮溴代反应时,水分的存在对反应大为不利(诱导期延长甚至不起反应),因此必须严格控制溶剂的水分。

② 金属的影响。本反应应避免与金属接触,因为金属离子的存在能引起芳香环上的溴代反应。

③ 对硝基苯乙酮质量的影响。对硝基苯乙酮质量的好坏对溴化反应的影响也较大。若使用不合格的对硝基苯乙酮进行溴化,会造成溴化物残渣过多、收率低,甚至影响下步的成盐反应,使成盐物质量下降、料黏。对硝基苯乙酮质量应控制熔点、水分、含酸量、外观等几项指标,质量达不到标准的不能用。

2.2.2 羰基 α-卤取代反应

受羰基吸电子取代基的影响,羰基 α-H 比较活泼,在酸(包括 Lewis 酸)或碱(无机或有机碱)催化下,可被卤原子取代生 α-卤代羰基化合物。大多数情况下,羰基 α-H 原子被卤素取代的反应属于卤素亲电取代历程。对于醛的 α 位卤化,最经典的方法是将醛转化为烯醇乙酸酯,然后再与卤素反应。

(1)基本原理 该取代反应可以用酸或碱催化,条件不同反应历程不同,得到的产物也不完全相同。其历程如下:

酸催化反应:

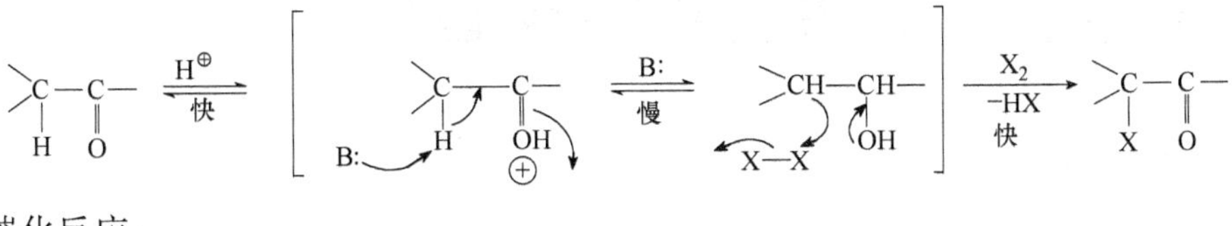

碱催化反应:

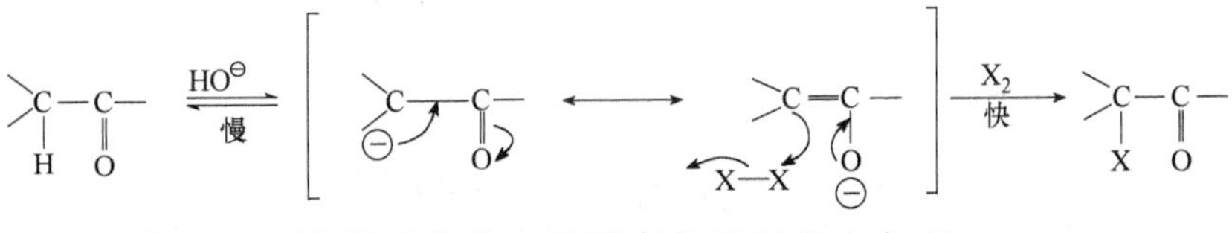

(2)影响因素 影响该类反应的主要因素有以下几个方面:

① 催化剂。酸催化常用的催化剂是质子酸或 Lewis 酸，卤化反应的速率取决于烯醇化速率。酸催化初期，因催化剂量很少，烯醇化速率较慢，只有经过一段时间产生足够的 HX 后，反应才能以稳定的速率进行，这一阶段常称为"诱导期"。为了缩短诱导期，常在反应开始时加入少量的卤化氢。可是，在用溴或碘进行的羰基 α-卤代反应中，生成的溴化氢或碘化氢虽具有加快烯醇化速率的作用，但由于其也具有还原作用，且还可能引起异构化及缩合等副反应，因此，要尽可能除去多余的溴化氢或碘化氢。常在反应液中添加适量的乙酸钠或吡啶、氧化钙、氢氧化钠等碱性物质，或加入适量的氧化剂。

碱催化常用 NaOH、Ca(OH)$_2$ 等无机碱，也可用有机碱，前者使用较多。

② α-碳上取代基。在酸催化下，不对称酮的 α-卤代主要发生在与给电子基相连的 α-碳原子上，因为给电子基有利于酸催化下烯醇化及烯醇的稳定。羰基 α-碳原子上连有卤素等吸电子取代基时，反应受阻，所以，在同一个碳原子上引入第二个卤原子相对较困难。利用此性质，可以制备同一碳原子的单卤代产物。

$$O_2N-\!\!\!\bigcirc\!\!\!-COCH_3 \xrightarrow[26\sim28℃]{Br_2/PhCl} O_2N-\!\!\!\bigcirc\!\!\!-COCH_2Br$$
$$(90\%)$$

碱催化则相反，α-卤代易发生在与吸电子取代基相连的 α-碳原子上，因为吸电子取代基有利于碱催化下 α-碳负离子的形成。当羰基 α-碳原子上连有卤素等吸电子取代基时，反应变得容易，所以，在碱催化时，若在过量卤素存在下，反应不停留在 α-单卤代阶段，易在同一个 α-碳原子上继续进行反应，直至所有的 α-H 原子都被取代为止，从而得到同一碳原子的多卤代产物。

同碳原子的多卤代物在碱性水溶液中不稳定，易分解成羧酸盐和卤仿，即发生卤仿反应。根据此性质，常常利用甲基酮在氢氧化钠水溶液中溴化，制备少一个碳原子的、结构特殊的羧酸。

$$(CH_3)_3CCOCH_3 \xrightarrow[②H^+]{①Br_2/NaOH/H_2O} [(CH_3)_3CCOCBr_3] \longrightarrow (CH_3)_3CCO_2H + HCBr_3$$

$$\underset{}{\overset{COCH_3}{\bigcirc\!\!\bigcirc}} \xrightarrow[②H^+/\triangle]{①Br_2,NaOH/H_2O} \underset{}{\overset{COOH}{\bigcirc\!\!\bigcirc}} + CHBr_3$$

③ 卤化试剂与溶剂。常用的卤化试剂有卤素、硫酰卤化物、N-卤代酰胺、次卤酸酯等，常用的溶剂有四氯化碳、氯仿、乙醚、乙酸等。

2.3 案例引入：氟乙酸乙酯的合成

2.3.1 案例分析

氟乙酸乙酯为有机合成中间体，用于治疗恶性肿瘤的药物 5-氟尿嘧啶、5-氟嘧啶醇等的合成。

（1）反应原理 反应式如下：

$$ClCH_2CO_2C_2H_5 \xrightarrow[CH_3CONH_2]{KF} FCH_2CO_2C_2H_5$$

（2）生产流程 见图 2-4。

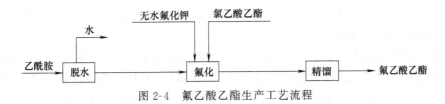

图 2-4 氟乙酸乙酯生产工艺流程

（3）工艺过程 配料比：氯乙酸乙酯：氟化钾：乙酰胺＝1：0.625：0.375。

将乙酰胺投入干燥的不锈钢反应锅中，在搅拌下加热脱水 1h。然后在 120℃下加入氯乙酸乙酯，冷却后再加入无水氟化钾。缓慢升温至 110℃ 搅拌 1h，再升温至 130～190℃ 蒸出氟乙酸乙酯粗品。将粗品精馏，收集 115～120℃ 的馏分，即得产品。

（4）注意事项

① 本反应要求无水操作。投料时，先将乙酰胺投入反应器，加热脱水 2h（130～135℃），再加入 KF 和氯乙酸乙酯，以保证体系无水。所用的设备和用具均应干燥无水，原料应严格控制水分，如果反应体系中有水，将会造成反应失败或受影响。

② KF 和氟乙酸乙酯均系有毒品，操作时应注意防护，避免吸入中毒。

③ 搅拌效果与反应效率直接相关，应选用最佳搅拌器，并提高搅拌转速。

2.3.2 卤代烃的卤置换反应

卤代烃分子中的氯或溴原子，与无机卤化物中的碘或氟原子进行交换，这是合成用一般方法难以得到的碘代烃或氟代烃的重要方法。

$$RX + X'^- \longrightarrow RX' + X^-$$
$$(X=Cl,Br; X'=I,F)$$

反应大多属 S_N2 机理，无机卤化物中的卤负离子作为亲核试剂，被置换的卤原子作为离去基团。因此，卤负离子的亲核能力愈大，其交换反应愈容易。卤代烃的反应活性顺序为：伯卤烷＞仲卤烷＞叔卤烷。Lewis 酸因可增强卤代烃的亲电性，故可用作催化剂。

卤负离子的亲核性与溶剂有关。在质子溶剂中，I^- 的亲核性最大，F^- 最小；在非质子溶剂中，F^- 的亲核性最强。在选择溶剂时，还需考虑尽可能使无机卤化物试剂在其中有较大的溶解度，而反应生成的无机卤化物在其中不溶或溶解度很小，以促使卤交换反应完全，反应产物也易分离。常用的溶剂有丙酮、四氯化碳、二硫化碳、DMF 等非质子极性溶剂。

（1）碘化物与氯（溴）代烃的交换反应 碘代烃的活性较大，常用作药物合成的中间体，某些碘化物本身就是药物，但碘代烃往往难以通过加成、取代等反应获得，所以，卤素交换反应是制备碘代烃类化合物的重要途径。常用的无机碘化物主要有碘化钠、碘化钾，还可加入 Lewis 酸及某些金属来催化。

通过卤素交换反应制备碘代烷时，选择性好，分子中的双键、羟基等不受影响，操作简单，收率高。

（2）氟化物与氯（溴）代烃的交换反应 氟化物一般不作为药物合成的中间体，但是一些氟化物具有特殊的生理活性,特别是近年来含氟药物发展很快,通过卤素交换反应进行制备是生产有机氟化物的重要方法。

常用的氟化剂有氟化钾、三氟化锑、五氟化锑、氟化银等。其中氟化钾和氟化锑的应用最广。三氟化锑、五氟化锑均能选择性地作用于同一碳原子上的多卤原子,而不与单卤原子发生交换。利用这一性质,常可将脂肪链或芳环上的三卤甲基有效地转化成三氟甲基,可制备含三氟甲基的药物。

$$Br_3C-\!\!\!\bigcirc\!\!\!-NO_2 \xrightarrow[55℃溶化]{SbF_3} F_3C-\!\!\!\bigcirc\!\!\!-NO_2$$
$$(90\%)$$

在氟交换反应中还常加入相转移催化剂,如季铵盐、冠醚等,它们可增加碱金属卤化物在非极性溶剂中的溶解度,增大 F^- 的亲核性,从而促进反应的进行。

需要注意的是,制取氟代烃必须选用耐腐蚀材料制作的反应器,操作中要注意环境的通风,并加强防毒、防腐等措施。

(3)磺酸酯的卤置换反应 磺酸酯(如对甲基苯磺酸酯、甲磺酸酯等)与亲核性卤化试剂反应,磺酸酯基是很好的离去基团,可生成相应的卤代烃。常用的卤化试剂有卤化钠、卤化钾、卤化锂等。反应溶剂为丙酮、醇、DMF 等极性溶剂。

$$R-O-\!\!\overset{\overset{\textstyle O}{\|}}{\underset{\underset{\textstyle O}{\|}}{S}}\!\!-R' + X^{\ominus} \longrightarrow R-X + R'SO_3^{\ominus}$$

为避免醇羟基在直接卤置换反应中可能发生的副反应,可先将醇用磺酰氯转化成相应的磺酸酯,再与亲核性卤化剂反应,生成所需的卤代烃。由于磺酰氯及其酯的活性较大,磺酰化和卤置换反应均在较温和的条件下进行,且常比卤素交换反应更有效。

$$HC\!\!\equiv\!\!C-\!\!\overset{\overset{\textstyle H}{|}}{C}\!\!-\!\!\overset{\overset{\textstyle H_2}{|}}{C}\!\!-C\!\!\equiv\!\!CH \xrightarrow[\text{②}NaI/Me_2CO,\ 45℃,\ 30h]{\text{①}TsCl/Py,\ 0℃,\ 14h} HC\!\!\equiv\!\!C-\!\!\overset{\overset{\textstyle H}{|}}{C}\!\!-\!\!\overset{\overset{\textstyle H_2}{|}}{C}\!\!-C\!\!\equiv\!\!CH$$
$$\overset{|}{CH_2CH_2OH} \qquad\qquad\qquad \overset{|}{CH_2CH_2I}$$

▌ 2.4 案例引入:邻氯甲苯的合成

2.4.1 案例分析

邻氯甲苯可作为溶剂、染料和医药中间体,也用于其他有机合成。

(1)反应原理 反应式如下:

$$\overset{CH_3}{\underset{}{\bigcirc}}\!\!\!-NH_2 \xrightarrow[HCl]{NaNO_2} \overset{CH_3}{\underset{}{\bigcirc}}\!\!\!-N_2Cl \xrightarrow[HCl]{Cu_2Cl_2} \overset{CH_3}{\underset{}{\bigcirc}}\!\!\!-Cl$$

(2)生产流程 见图 2-5。

(3)工艺过程 将邻甲苯胺、盐酸、水加入反应锅,搅拌加热至 50℃。保温 30min 后,冷却至 0~5℃,滴加亚硝酸钠溶液,直至碘化钾淀粉试纸变蓝,得重氮盐溶液。在另一个容器中,将水、硫酸铜、氯化钠搅拌均匀,加热至 80℃溶解完毕。然后,冷却至 40℃,滴加亚硫酸钠溶液,搅拌 30min,冷却、静置、移去上层废水,用盐酸溶解沉淀的氯化亚铜。将制得的上述重氮盐溶液慢慢加入,温度不超过 25℃。搅拌 30min 后静置分层,弃去水层,得到的粗制邻氯甲苯用酸洗涤，常压蒸馏，收集 157～160℃ 的馏分，即得产品。

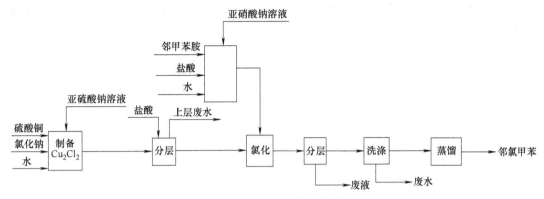

图 2-5　邻氯甲苯生产工艺流程

2.4.2　芳香重氮盐化合物卤置换反应

以芳胺为原料，经过重氮化，然后进行卤置换反应，可将卤原子引入到直接用卤代反应难以引入的芳烃位置上。这个反应是制备卤代芳烃的重要补充，特别是在氟代芳烃、碘代芳烃的制备上。

芳香重氮盐化合物的卤置换反应为自由基历程。

亚硝酸钠和无机酸是制备芳香重氮盐最常用的廉价试剂，许多有机亚硝酸酯试剂也可使用，如亚硝酸异戊酯、亚硝酸叔丁酯、硫代亚硝酸酯等，所用的卤化剂包括金属卤化物、卤素、卤化氢等。

芳香重氮盐在氯化亚铜或溴化亚铜催化下，重氮基被置换成氯和溴的转化反应称为Sandmeyer 反应。将重氮盐溶液加到卤化亚铜的相应的卤化氢溶液中，经分解释放出氮气生成卤代芳烃。若改用铜粉和氢卤酸，则成为 Gattermann 反应。

亚铜盐的卤离子必须与卤化氢的卤离子一致才可以得到单一的卤化物。但碘化亚铜不溶于氢碘酸中，反应无法进行；而氟化亚铜性质很不稳定，在室温下即分解。因此，上述方法不适用于氟化物和碘化物的制备。

（1）制备氯代与溴代芳烃　工业上，可以利用 Sandmeyer 反应可以制备间氯甲苯、间二氯苯以及抗疟药阿的平的中间体 2,4-二氯甲苯。

重氮化和转化在同一反应器中完成。先把 2,4-二氨基甲苯溶解，加盐酸和氯化亚铜，再均匀加入亚硝酸钠溶液，维持 60℃，反应完毕分层分离，粗品再进行水蒸气蒸馏。

除用亚铜盐作催化剂外，还可将铜粉加入重氮盐的氢卤酸溶液中反应，在亚铜盐较难得到时，本方法有特殊意义。

（2）制备碘代与氟代芳烃　制备碘代芳烃不需加铜盐，直接用重氮盐溶液与碘化钾或碘加热即可。

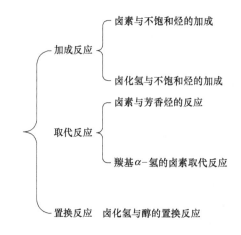

用于转化为碘化物重氮盐的制备，最好在硫酸介质中进行，若用盐酸则有氯化物杂质。

用重氮盐转化为氟代芳烃的反应是在重氮盐溶液中，加入氟硼酸或其盐类，生成不溶于水的重氮氟硼酸盐；或芳胺在氟硼酸存在下重氮化，生成重氮氟硼酸盐。后者经加热分解，可制得收率较高的氟代芳烃，这是在芳环上引入氟原子的有效方法。需要指出，重氮氟硼酸盐分解必须在无水条件下，否则分解成酚类和树脂状物。

本 章 小 结

1. 重要的卤化反应

加成反应 ┬ 卤素与不饱和烃的加成
　　　　 └ 卤化氢与不饱和烃的加成

取代反应 ┬ 卤素与芳香烃的反应
　　　　 └ 羰基α-氢的卤素取代反应

置换反应　卤化氢与醇的置换反应

2. 常用卤化试剂

类别	名称	特点	应用范围
常见卤化试剂	氯气 溴	活性高,易反应,但需注意反应的特殊条件	(1)与不饱和键加成；(2)在芳环上、芳环侧链上和羰基α位上取代
	氯化氢 溴化氢	价廉易得,应用广泛,反应条件要控制	(1)与不饱和键、环醚加成；(2)与醇羟基发生置换
	次氯酸 次溴酸	不稳定,需新制,条件温和,但有副产物	(1)与不饱和双键加成；(2)芳环上取代卤化

类别	名称	特点	应用范围
含硫卤化试剂	氯化亚砜	活性较高,选择性高,无残留物,副反应少	醇羟基、羧羟基的氯置换反应
含磷卤化试剂	五氯化磷	活性高,副反应少,收率高	醇羟基、酚羟基、羧羟基的置换
	三氯化磷	活性高,副反应少,收率高	醇羟基、羧羟基的置换
	三氯氧磷	活性高,副反应少,收率高	制备不饱和酸的酰氯衍生物
	三苯膦卤化物 三苯酯卤化物	活性高,反应条件温和,收率和产物纯度高	醇羟基的置换反应
含氮卤化试剂	N-卤代酰胺 N-卤代丁二酰胺	反应条件温和,易操作,选择性高	脂肪烃、芳环和芳烃侧链 α 位的取代

思考与练习

一、完成反应

1. $Ph_2CHCH_2CH_2OH \xrightarrow{PBr_3}$

2. 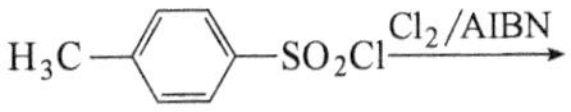 $H_3C-\!\!\!\left\langle\right\rangle\!\!\!-SO_2Cl \xrightarrow{Cl_2/AIBN}$

3. $(CH_3)_2NHCH_2CH_2OH \xrightarrow{SOCl_2}$

4. 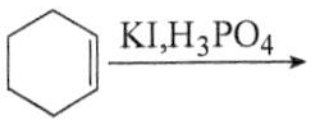 $\xrightarrow{KI,H_3PO_4}$

5. 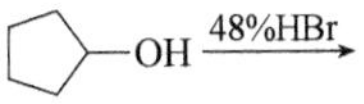 $-OH \xrightarrow{48\%HBr}$

6. $\underset{H}{\overset{H_3C}{\big\rangle}}C\!\!=\!\!CH\overset{CH_3}{\underset{}{}} \xrightarrow[CH_3OH,0\sim25℃]{NBA,H_2SO_4}$

7. 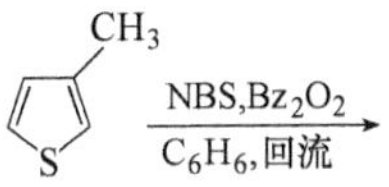 $\xrightarrow[C_6H_6,回流]{NBS,Bz_2O_2}$

8. 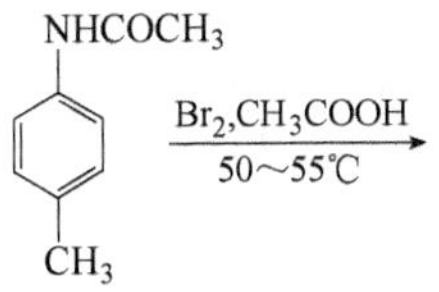 $\xrightarrow[50\sim55℃]{Br_2,CH_3COOH}$

9. 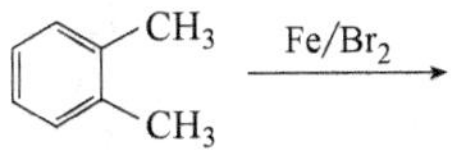 $\xrightarrow{Fe/Br_2}$

10. $\underset{CH_3}{\overset{CH_3}{\big\rangle}}C\!\!=\!\!CHCH_3 \xrightarrow{Ca(ClO)_2/AcOH/H_2O}$

二、为下列反应选择合适的试剂和条件

1. $(CH_3)_2C\!\!=\!\!CHCH_3 \longrightarrow (CH_3)_2C\!\!=\!\!CHCH_2Br$

2. $HOCH_2(CH_2)_4CH_2OH \longrightarrow ICH_2(CH_2)_4CH_2I$

3.

$$\underset{\text{OCH}_3}{\text{C}_6\text{H}_4\text{-CH}_2\text{OH}} \longrightarrow \underset{\text{OCH}_3}{\text{C}_6\text{H}_4\text{-CH}_2\text{Cl}}$$

4. $CH_2=CH(CH_2)_8COOH \longrightarrow$

$$CH_3CH(CH_2)_8COOH$$
$$\qquad | \qquad$$
$$Br$$

$$BrCH_2(CH_2)_9COOH$$

5.

$$\underset{\text{NH}_2}{\overset{\text{Br}}{\bigcirc}} \longrightarrow \underset{\text{F}}{\overset{\text{Br}}{\bigcirc}}$$

6.

$$\bigcirc\text{-CH}_2\text{CH}_2\text{CH}_2\text{Br} \longrightarrow \bigcirc\text{-CHBrCH}_2\text{CH}_2\text{Br}$$

三、在乙胺嘧啶中间体对氯氯苄的制备中，有如下两条路线，各有何特点？

1. $\bigcirc\text{-CH}_3 \longrightarrow Cl\text{-}\bigcirc\text{-CH}_3 \longrightarrow Cl\text{-}\bigcirc\text{-CH}_2Cl$

2. $H_2N\text{-}\bigcirc\text{-CH}_3 \longrightarrow CH_3\text{-}\bigcirc\text{-}\overset{\oplus}{N_2}\overset{\ominus}{Cl} \longrightarrow CH_3\text{-}\bigcirc\text{-}Cl \longrightarrow Cl\text{-}\bigcirc\text{-CH}_2Cl$

【阅读材料】 氯代环己烷的工业生产过程

一、反应原理

$$\overset{\bigcirc}{\text{-OH}} \xrightarrow[\text{回流12h}]{30\%\text{HCl}} \overset{\bigcirc}{\text{-Cl}}$$

环己醇   氯代环己烷

二、流程图

氯代环己烷生产工艺流程见图 2-6。

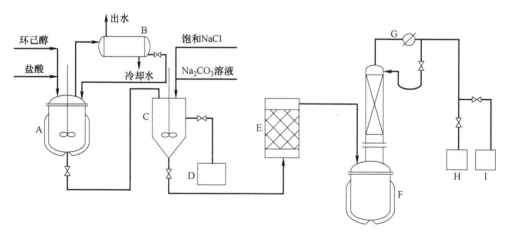

图 2-6　氯代环己烷生产工艺流程

A—反应釜；B—回流冷凝器；C—油水分离器；D—废液池；E—干燥塔；

F—蒸馏釜；G—冷凝器；H—前馏分槽；I—成品槽

三、工艺过程

配料比：环己醇：工业盐酸＝1：3.18

环己醇与盐酸混合搅拌，升温回流12h，内温逐渐上升至98～103℃，回流完毕，冷至20℃，静置分层，放去酸水，以饱和氯化钠和碳酸钠溶液分别洗一次，以无水氯化钙干燥，蒸馏，收集140～146℃馏分，得氯代环己烷，含量应≥95%。收率为83.4%。

［技能训练 2-1］　氯代环己烷的制备

一、实训目的与要求

1. 熟悉卤代烃制备方法，了解通过卤素置换烃基制备卤代烃的反应机理。
2. 掌握搅拌、萃取、分馏等基本操作。
3. 熟悉反应过程中产生有害气体的吸收装置。

二、实训原理

卤代烃是一类重要的有机合成中间体。通过卤代烃的取代反应，能制得多种有用的化合物，如胺、醚等。在无水乙醚中，卤代烃和镁作用生成 Grignard 试剂，它与羰基化合物醛、酮及二氧化碳等作用，可制备各种醇和羧酸。

氯代环己烷（chlorocyclohexane）是治疗震颤麻痹药物盐酸苯海索的中间体。制备卤代烃通常以结构上相对应的醇为原料，通过卤置换反应而得。制备溴代烷可由醇和氢溴酸（47%）作用，使醇中的烃基被溴原子所取代。

为了加速反应和提高收率，操作时常常加入浓硫酸作催化剂，或采用浓硫酸和溴化钠（溴化钾）作溴化剂。氯代烃可由醇与氯代亚砜或浓盐酸在氯化锌存在下制得。碘化烃可通过醇和三碘化磷，或在红磷存在下和碘作用而制得。

三、实训主要试剂

名　称	规　格	用　量
环己醇	化学纯	30g（32.5mL，0.3mol）
浓盐酸	化学纯	85.3mL（1mol）
饱和食盐水	自制	20mL
饱和碳酸氢钠溶液	自制	20mL

四、实训步骤及方法

在250mL三口烧瓶上分别装球形冷凝器、温度计。将称量好的环己醇和浓盐酸放置于三烧瓶中混匀。油浴加热，保持反应液平稳地回流3～4h。反应后，放置冷却，将反应液倒入分液漏斗中，分取上层油层，依次用饱和食盐水10mL、饱和碳酸氢钠水溶液10mL洗涤。经无水氯化钙干燥后进行分馏，收集138℃以上的馏分。纯氯代环己烷的沸点142℃。

五、注意事项

1. 反应中有氯化氢气体逸出，需在球形冷凝器顶端连接气体吸收装置。
2. 为加速反应，也可以加入无水氯化锌或无水氯化钙。
3. 回流不能太剧烈，以防止氯化氢逸出太多。开始回流温度在85℃左右为宜，最后温度不超过108℃。
4. 洗涤时不要剧烈振荡，以防止乳化，用饱和碳酸氢钠洗涤至 pH 为7～8。

六、思考题

1. 为什么回流温度开始要控制在微沸状态？如回流剧烈对反应有何影响？

2. 讨论：本反应收率如何？若想进一步提高收率，应采取哪些方法？

［技能训练 2-2］ 氟乙酸乙酯的制备

一、实训目的与要求

1. 了解通过卤素交换反应制备氟化物的反应机理。

2. 掌握搅拌、蒸馏、分馏等基本操作。

二、实训原理

虽然氟化物一般不作为药物合成的中间体，但是一些氟化物具有特殊的生理活性，近年来含氟药物发展很快，通过卤素交换反应进行制备是生产有机氟化物的重要途径。

氟乙酸乙酯为无色透明液体，是 5-氟尿嘧啶、5-氟嘧啶醇等的中间体，其制备方法如下：

$$ClCH_2COOC_2H_5 + KF \xrightarrow{CH_3CONH_2} FCH_2COOC_2H_5$$

三、实训主要试剂

名　　称	规　　格	用　　量
乙酰胺	分析纯	50g
氯乙酸乙酯	分析纯	122.5g
氟化钾	分析纯	75g

四、实训步骤及方法

于装有搅拌器、温度计、分馏柱的反应瓶中加入乙酰胺 50g，搅拌下加热至 140～160℃（浴温）脱水 1h（所用仪器与药器需干燥）。冷至 120℃，加入氯乙酸乙酯 122.5g，干燥、粉碎的氟化钾 75g。于 110℃反应 2h，慢慢升至内温 130℃左右，收集馏出物，最后内温升至 190℃，直至无馏出物，再减压蒸至无馏出物为止。将馏出物精馏，收集 114～118℃的馏分，得氟乙酸乙酯 68g，收率 64.2%。

五、思考题

1. 请指出提高反应收率的关键是什么？

2. 如果延长反应时间会得到什么样的结果？

［技能训练 2-3］ 邻氯甲苯（对氯甲苯）的制备

一、实训目的

了解应用 Sandmeyer 反应制备邻氯甲苯（对氯甲苯）的方法和原理；进一步熟练掌握水蒸气蒸馏装置的安装和操作。

二、背景知识

邻氯甲苯和对氯甲苯均是重要的有机中间体，目前国内外在工业上均以 Lewis 酸（如 $FeCl_3$）为催化剂，由甲苯氯化制得，产物中邻位与对位产物之比约为 1：1。近年来，邻氯甲苯的应用日益广泛，提高产物中邻氯甲苯的比例有两条途径：一是改变催化剂（包括助催化剂），例如以 $TiCl_4$ 为催化剂时，氯化产物中邻氯甲苯质量分数达 75%；二是选择合适的溶剂，在非催化条件下进行苯环的氯代，例如选择以乙酸、三氟乙酸和 5mol/L 硫酸为溶剂，邻氯甲苯质量分数分别达到 60%、67%、90%。

三、实训原理

芳香族伯胺和亚硝酸钠在冷的无机酸水溶液中反应生成重氮盐的反应称作重氮化反应：

最常用的无机酸是盐酸和硫酸，一般制备重氮盐的方法是：将芳香族伯胺溶于 1∶1 的盐酸水溶液中，制成胺的盐酸盐水溶液。然后冷却至 1～5℃，在此温度下慢慢滴加稍过量的亚硝酸钠水溶液进行反应，即得到重氮盐的水溶液。大多数重氮盐很不稳定，在室温下就会分解，不宜长期存放，因此，一般重氮盐制成后不需分离，直接进行下一步反应。

在氯化亚铜、溴化亚铜或氰化亚铜存下，重氮基可以被氯原子、溴原子和氰基取代，生成芳香族氯化物、溴化物和芳腈。该反应为自由基反应，亚铜盐的作用是传递电子。

实验中，重氮盐与氯化亚铜以等物质的量混合。由于氯化亚铜在空气中易被氧取化，须在使用时制备。在操作上是将冷的重氮盐溶液慢慢加入较低温度的氯化亚铜溶液中。制备氯化亚铜的反应式如下：

$$2CuSO_4 + 2NaCl + NaHSO_3 + 2NaOH \longrightarrow Cu_2Cl_2\downarrow + 2Na_2SO_4 + NaHSO_4 + H_2O$$

四、仪器与试剂

三口烧瓶；烧杯；水蒸气蒸馏装置。

邻甲苯胺 5.4g；亚硝酸钠 3.65g；五水硫酸铜 15g；精制盐 4.5g；亚硫酸氢钠 3.5g；氢氧化钠 2.3g；浓盐酸；淀粉-碘化钾试纸；浓硫酸；无水氯化钙。

五、实训步骤

1. 重氮盐溶液的制备

将 15mL 水、15mL 浓盐酸（或 1∶1 盐酸水溶液 30mL）和 5.4g 邻甲苯胺加入烧杯中，加热使邻甲苯胺溶解。冷却后置于冰盐浴中，搅拌成糊状。待溶液温度降为 0℃后，在搅拌下，用滴管滴加 3.65g 亚硝酸钠和 10mL 水配成的溶液，控制温度始终不应超过 5℃。当 85%～90% 的亚硝酸钠溶液加入后，用淀粉-碘化钾试纸检验[1]，若试纸立即变为深蓝色，表示亚硝酸钠已适量，再搅拌片刻，于 0～5℃ 保存待用。

2. 氯化亚铜的制备

将 15g 五水硫酸铜（$CuSO_4 \cdot 5H_2O$）、4.5g 精制盐和 50mL 水加到 250mL 三口烧瓶中，加热使固体溶解。控制温度在 60～70℃[2]，边摇边加入由 3.5g 亚硫酸氢钠、2.3g 氢氧化钠与 25mL 水配成的溶液[3]。此时，溶液由蓝色变为浅绿色，底部有白色粉末状固体析出。用冷水冷却静置至室温，倾出上层液体（尽量将上层液体倒干净），固体用水洗涤 2 次[4]，得到白色粉末状氯化亚铜。加入 25mL 冷的浓盐酸使沉淀溶解，得到褐色溶液，塞好瓶盖置于冰水浴中冷却备用。

3. 邻氯甲苯的制备

2min 内，将邻甲苯胺重氮盐溶液慢慢加到冷却至 0℃ 的氯化亚铜盐酸溶液中[5]，同时不断振摇，保持反应液温度不超过 15℃[6]，很快有橙红色的重氮盐-氯化亚铜复合物析出。在室温下放置 15～30min 后，用 50～60℃ 的水浴加热分解复合物，直至无氮气逸出。产物进行水蒸气蒸馏，蒸出邻氯甲苯，分出有机层，水层分别用 15mL 环己烷萃取两次。合并有机相，并依次用 10% 氢氧化钠、水、浓 H_2SO_4、水洗涤，无水氯化钙干燥，过滤。常压下蒸出溶剂，再收集 154～159℃ 左右的馏分，产物为无色透明的液体。

邻氯甲苯的沸点 159.15℃，折射率 n_D^{20} 1.5150。

六、思考题

1. 重氮化反应在有机合成中有哪些应用？

2. 为什么重氮化反应必须在低温进行？温度过高或溶液酸度不够会发生什么副反应？

3. 为什么不宜直接将甲苯氯化，而用 Sandmeyer 反应来制备邻氯甲苯或对氯甲苯？

4. 氯化亚铜在盐酸存在下，被亚硝酸氧化，会观察到红棕色的气体放出，试解释此现象。

5. 写出由邻甲苯胺制备下列化合物的反应式，并注明反应试剂和条件：

①邻甲基苯甲酸；②邻氟苯甲酸；③邻碘甲苯；④邻甲基苯肼

注释

[1] 用淀粉-碘化钾试纸检验时，多余的亚硝酸将碘负离子氧化成为单质碘，析出的碘遇淀粉显蓝色。

$$2HNO_2 + 2KI + 2HCl \longrightarrow I_2 + 2NO + 2H_2O + 2KCl$$

试纸显蓝色表明亚硝酸过量，这时可加入少量尿素除去过多的亚硝酸，以免这些亚硝酸在后续反应中起氧化或亚硝化作用，干扰正常反应。

$$CO(NH_2)_2 + 2HNO_2 \longrightarrow CO_2\uparrow + 2N_2\uparrow + 3H_2O$$

[2] 在 60～70℃下制得的氯化亚铜质量好，颗粒较粗，易于漂洗。

[3] 实验中如发现溶液仍呈蓝绿色，则表明还原不完全，应酌情多加亚硫酸氢钠溶液；若发现沉淀呈黄褐色，应立即加入几滴盐酸并稍加振荡，使氢氧化亚铜转化成氯化亚铜，但是应控制好所加酸的量，因为氯化亚铜溶解于酸中。

[4] 用水洗涤氯化亚铜时，要轻轻晃动，否则难以沉淀。

[5] 在制备邻氯甲苯时，倒入重氮盐的速度不宜太快，否则会出现较多的副产物偶氮苯。

[6] 重氮盐-氯化亚铜复合物不稳定，在 15℃时可释放出氮气，因此温度应控制在 15℃以下。

3 ◂◂◂

烃化反应技术

▶ 学习目的

　　烃化反应在药物合成中主要用于合成药物的中间体和进行药物结构修饰，使有机化合物分子中的羟基、氨基、烃基等基团经烃化反应后形成醚类、胺类、烃类化合物，作为药物的前体药物，提高药物的药效和化学稳定性。

▶ 知识要求

　　理解通过 O-烃化反应制备混合醚的各种方法；掌握卤代烃为烃化剂制备混合醚时原料与试剂的选择、反应条件的确定等方法，以及环氧乙烷类烃化剂在烃化反应中的应用。

　　理解伯、仲、叔胺的制备方法；掌握 Gabriel 反应、Délépine 反应的原理、过程、特点及适用范围；了解选择性烃化的思路与基本方法。

　　掌握 F—C 烃化反应的反应规律及影响因素，活性亚甲基化合物 C-烃化的反应条件、影响因素及在药物合成中的应用；理解芳烃氯甲基化、炔烃烃化的原理、方法及应用。

　　理解相转移催化反应的原理；了解常用的相转移催化剂及其特点，采用相转移催化技术的优点以及相转移催化技术在科研与生产中的应用与发展。

▶ 能力要求

　　熟练应用烃化反应理论解释常见烃化反应的机制、反应条件的控制及副产物产生的原因；学会实验室制备 3-噻吩甲基丙二酸二乙酯、苯甲醚、N,N-二乙基乙醇胺的方法。

　　用烃基取代有机分子中的氢原子，包括在某些官能团（如羟基、氨基、巯基等）或碳架上的氢原子，均称为烃化反应。引入的烃基包括饱和的、不饱和的、脂肪族的、芳香族的，以及许多具有各种取代基的烃基。

　　发生烃化反应被引入烃基的化合物称为被烃化物，另一反应物被称为烃化剂。常用的被烃化物有：

　　醇（ROH）、酚（ArOH）类，烃化反应发生在羟基氧上；

　　氨及胺（RNH_2、R_2NH）类，在氨基氮上引入烃基；

活性亚甲基化合物、芳烃（ArH）等，在碳原子上引入烃基。

烃化剂的种类很多，最常用的烃化剂为卤代烃及硫酸酯类。此外，芳磺酸酯、环氧烷类、醇类、醚类、烯烃类以及甲醛、甲酸、重氮甲烷等都有应用。

烃基的引入方式主要是通过取代反应，也可以通过双键加成实现烃化。烃化反应的机理多属于单分子或双分子亲核取代反应，即带有负电荷或未共用电子对的氧、氮、碳原子向烃化剂中带正电荷的碳原子作亲核进攻；另外还有在催化剂存在下，芳环上引入烃基的亲电取代反应机理及芳环被芳基自由基进攻的取代反应等机理。

烃化反应发生的难易不仅决定于被烃化物的结构，也决定于烃化剂的结构及其离去基团的性质，甚至溶剂、催化剂的影响。一般在药物及其中间体的合成中，选用烃化剂时，除了根据反应的难易、制取的繁简、成本的高低、毒性的大小以及产生副反应的多少等情况综合考虑外，还要同时考虑选用适宜的催化剂及溶剂。

◢ 3.1　案例引入：N, N-二乙基乙醇胺的合成

3.1.1　案例分析

N,N-二乙基乙醇胺是合成盐酸普鲁卡因的原料，也是一种用途广泛的有机中间体。医药工业用于制备普鲁卡因、咳必清、咳美芬、胃复康、延心通以及氯酚胺枸橼酸盐等；有机合成工业用于制造防锈剂、抗静电剂、染色剂、黏合剂、软化剂和乳化剂；也可用作溶剂，脱除天然气中的酸性气体，如硫化氢及二氧化碳；此外，其还广泛用作聚氨酯泡沫塑料生产中的硫化催化剂等。

$$HO\diagdown\diagup\underset{N}{\diagdown}\diagup$$

N,N - 二乙基乙醇胺

目前大部分生产厂家都采用由环氧乙烷（EO）和二乙胺（DEA）在乙醇溶液中反应制得 N,N-二乙基乙醇胺的方法。反应式如下：

$$\triangle\kern-0.8em O \quad + \quad HN\diagup\diagdown\begin{matrix}C_2H_5\\C_2H_5\end{matrix} \longrightarrow HOCH_2CH_2N\begin{matrix}C_2H_5\\C_2H_5\end{matrix}$$

3.1.2　氮原子上的烃化反应

3.1.2.1　环氧乙烷与醇（酚）的反应

环氧乙烷属小环化合物，其三元环的张力很大，容易开环，在酸或碱的作用下，能和分子中含有活泼氢的化合物（如醇、酚、胺、活性亚甲基、芳环等）反应得到烃化产物。由于环氧乙烷为烃化剂时，在被烃化的原子上引入羟乙基，所以这类反应又称为羟乙基化反应。

由于环氧乙烷及其衍生物的烃化活性强，又易于制备，且在被烃化的原子上引入羟乙基后，羟基还可以进行其他的转换，如与卤原子置换得卤代烃，被氧化得醛或酸，被烃化得醚等，所以，通过该类反应可以制备一系列非常重要的化合物。在药物合成中，环氧乙烷为常用的羟乙基化试剂，广泛用于氧、氮、碳原子上的烃化。

环氧乙烷及其衍生物，通常以相应的烯烃为原料，通过氯醇法或氧化法制备。尤其是氧

化法，在烯烃中通入空气，用少量的 Ag_2O 催化即可，工艺简便，无副产物，成本低，是工业上制备环氧乙烷的常用方法。

（1）反应条件　环氧乙烷为烃化剂的反应一般用酸或碱催化，但酚羟基的羟乙基化只能采用碱催化，反应条件温和，速率快，所以尽管环氧乙烷的沸点较低（10.73℃），但反应压力也不高，可在常压或不太高的压力下进行。

需要指出的是：环氧乙烷的沸点很低，它在空气中的可燃极限为3%～98%（体积分数），爆炸极限为3%～80%（体积分数）。在工业生产中，为防止爆炸，在向反应器通入环氧乙烷之前，必须用氮气将反应器中的空气置换掉；反应完毕，要用氮气将反应器中残余的环氧乙烷吹出。

① 酸催化。环氧乙烷的酸催化开环过程较为复杂，首先环上氧原子的质子化使 C—O 键减弱，从而有利于被弱亲核试剂进攻开环。由于质子化的环氧化合物的氧活性较高，离去能力较好，而亲核试剂又相对较弱，所以反应是从 C—O 键断裂开始的。在键断裂过程中，亲核试剂逐渐与中心环碳原子接近。因为键的断裂优先于键的形成，所以中心环碳原子显示部分正电荷，反应带有一定程度的 S_N1 性质。开环方向主要取决于电子因素，而与空间因素关系不大。因此，C—O 键将优先从比较能容纳正电荷的那个环碳原子一边断裂，所呈现的正电荷主要集中在这个碳原子上，即亲核试剂优先接近该碳原子（也就是取代较多的环碳原子）。

环氧丙烷的酸性醇解反应如下：

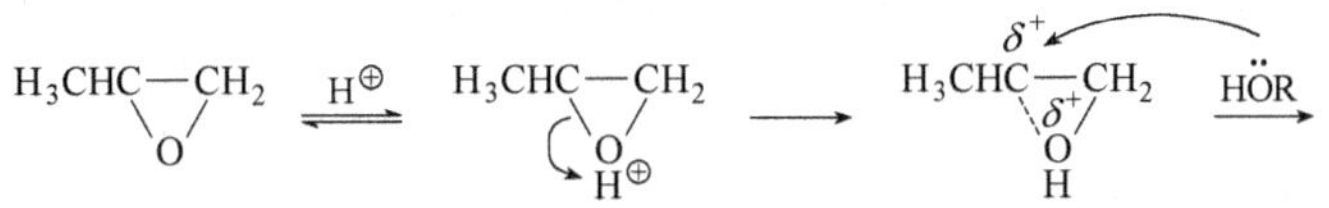

C—O键先从取代较多　　　亲核试剂优先与取代
的碳原子一边部分断裂　　　较多的环碳原子结合

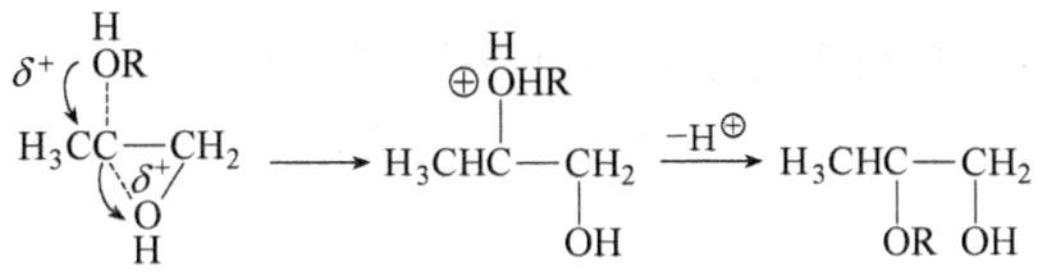

在过渡态,键的断裂优先于键的形成,
环碳原子上带部分正电荷

也就是说，如果环氧乙烷分子中有取代基团，在酸性催化条件下，环氧乙烷首先形成质子化产物，然后进行开环，方式有如下两种：

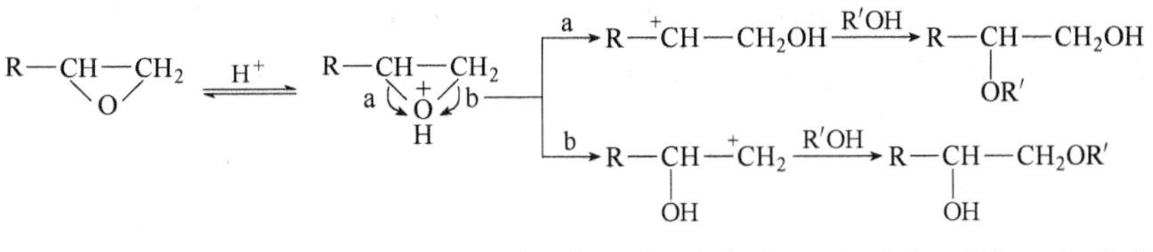

若 R 为给电子基，以 a 方式断裂形成的碳正离子稳定，这时主要按 a 方式断裂生成伯醇类产物；若 R 为吸电子基，以 b 方式断裂形成的碳正离子稳定，这时主要按 b 方式断裂生成仲醇类产物。大多数情况下，R 为给电子基，所以主要按 a 方式断裂生成伯醇类产物。

② 碱催化。环氧乙烷衍生物在碱催化下进行的是双分子亲核取代反应。由于位阻原因，$R'O^{\ominus}$ 通常进攻环氧环取代较少的碳原子，而生成仲醇类产物。

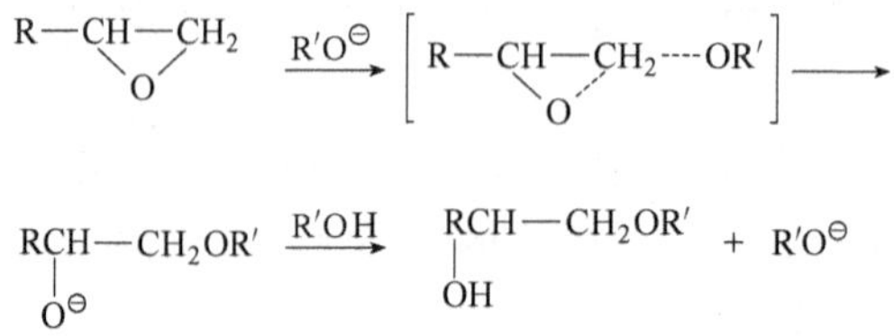

（2）应用特点　例如，将间甲基苯酚和环氧氯丙烷在催化量哌啶盐酸盐存在下反应，用盐酸处理，即得到抗高血压药物盐酸贝凡洛尔中间体。

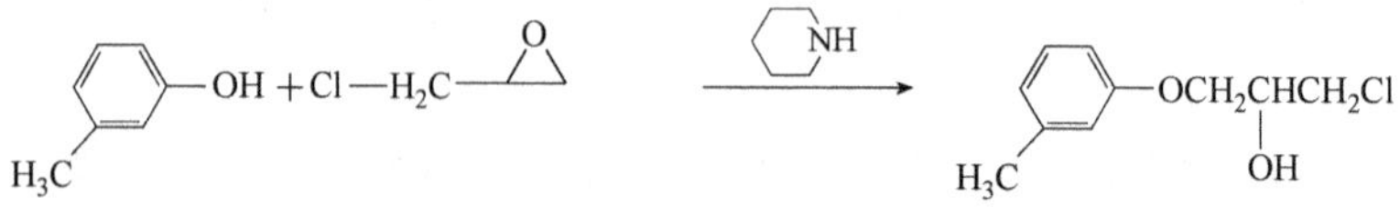

（3）副反应及其利用　用环氧乙烷进行氧原子上的羟乙基化反应时，由于生成的产物仍含有羟基，如果环氧乙烷过量，则可形成聚醚。避免这种聚合副反应发生的办法，是在反应中使用大大过量的醇。

有时也可利用此性质，使用过量的环氧乙烷，制备相应的聚醚类产物。如药用辅料吐温80即是以去水山梨醇油酸酯在碱催化下与过量环氧乙烷（物质的量之比1∶20）反应得到的。

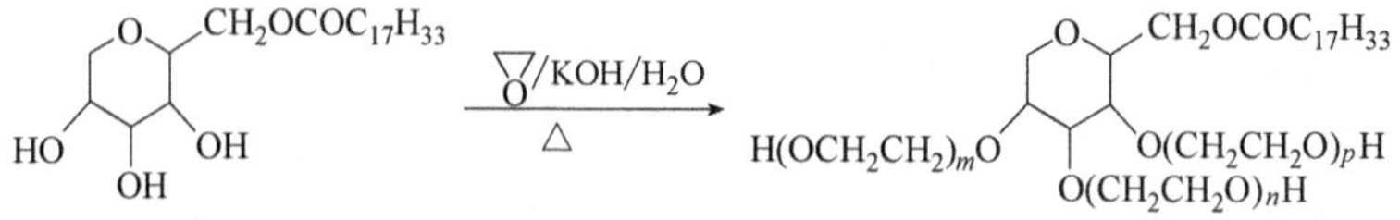

（m,n,p均约为20）

3.1.2.2　环氧乙烷与氨（胺）的反应

环氧乙烷及其衍生物与胺类的反应属于 S_N2 历程。反应的难易程度取决于氮原子的碱性强弱，碱性越强，其亲核能力越大，反应越容易进行。

利用环氧乙烷及其衍生物对胺类进行羟乙基化需注意两个问题：一是对于含取代基的环氧乙烷，其开环规律同碱性条件下对醇的氧烃化；二是应用此反应注意控制配料比，以免发生多聚副反应。

氮原子的羟乙基化反应，原料价廉易得，操作简便，条件温和，收率高，应用十分广泛。如镇痛药美沙酮中间体的制备：

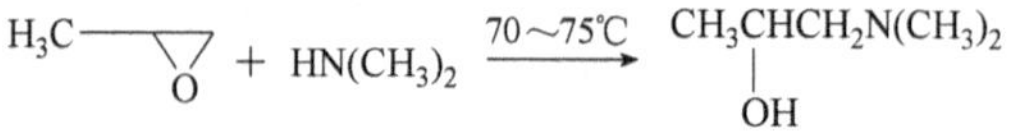

伯胺与环氧乙烷反应是制备烷基双-(β-羟乙基)胺的主要方法。常用来合成氮芥类抗肿瘤药物及镇痛药等。如盐酸哌替啶中间体的合成：

3.1.2.3　N,N-二乙基乙醇胺的生产

（1）反应原理　反应式如下：

64

（2）工艺流程　见图3-1。

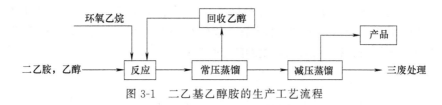

图3-1　二乙基乙醇胺的生产工艺流程

（3）操作过程　投料比（质量）：二乙胺∶环氧乙烷∶乙醇＝1∶（0.7～0.8）∶2。

先将原料二乙胺、溶剂乙醇加到反应釜中，开启搅拌及加热系统。当料液温度升至40℃时，再打开环氧乙烷系统，通环氧乙烷，温度控制在（60±15）℃。通环氧乙烷的速度为先快后慢，接近反应终点时，每隔半小时取样点样（薄层），以判断反应终点。反应结束后，先常压下蒸馏回收溶剂，蒸完乙醇后，改为减压蒸馏，接收80～84℃/8kPa馏分。

3.1.2.4　氨及脂肪胺的 N-烃化

在氨、伯胺、仲胺的氮原子上引入烃基可分别得到伯、仲、叔胺，是制备胺类化合物的主要方法。此类反应也属于亲核取代反应，就亲核性而言，由于氨及胺都具有碱性，亲核能力较强，它们比羟基更容易进行烃化。但由于氨及胺分子中具有多个活泼氢，可以发生多取代，甚至形成铵盐，所以，此类烃化比羟基的烃化情况复杂。

（1）卤代烃为烃化剂　卤代烃与氨（胺）的烃化反应又称氨基化反应，但由于氨（胺）分子中含有多个活泼氢，易得混合物。但通过长期实践，根据卤代烃结构的差异，不同的烃化剂、原料配比、反应溶剂、添加剂等对反应的影响，找到了分别制备伯、仲、叔胺的方法。

① 伯胺的制备——NH_3 与卤代烃反应。由于 NH_3 的 3 个氢原子都可以被烃基所取代，生成伯、仲、叔胺及季铵盐的混合物，所以采用大大过量的 NH_3 与卤代烃反应，可抑制氮原子上的进一步烃化，从而主要得伯胺。如果在烃化反应中加入氯化铵、硝酸铵或乙酸铵等盐类，因增加了铵离子，使氨的浓度增高，有利于反应的进行。例如：

$$O_2N-\overset{\displaystyle}{\underset{NO_2}{C_6H_3}}-Cl \xrightarrow[170℃,6h]{NH_3/CH_3COONH_4} O_2N-\overset{\displaystyle}{\underset{NO_2}{C_6H_3}}-NH_2 \qquad (70\%)$$

此方法虽然原料价廉易得，但存在原料利用率低、产品难分离、纯度差等缺点，已不常用。在药物合成中，为了制备收率较好、纯度较高的伯胺，常采用下述的其他方法。

② 伯胺的制备——Gabriel 反应。将氨先制成邻苯二甲酰亚胺，再进行 N-烃化。这时，氨中两个氢原子已被酰基取代，只能进行单烃化反应。在操作时，利用氮原子上氢的酸性，先与氢氧化钾生成钾盐，然后再与卤代烃作用，得 N-烃基邻苯二甲酰亚胺，肼解或酸水解即可得纯伯胺。此反应称为 Gabriel 合成，其过程如下：

酸性水解一般需要剧烈条件，例如与盐酸在封管中加热至 180℃，现多用肼解法。Gabriel 合成有以下特点：a. 使用的卤代烃范围广，除活性较差的芳卤烃外，其他的卤代烃均可反应，因此应用范围很广；b. 如果所用卤代烃中有两个活性官能团，则可进一步反应，得到结构较为复杂的伯胺衍生物。例如抗疟药伯胺喹的合成。

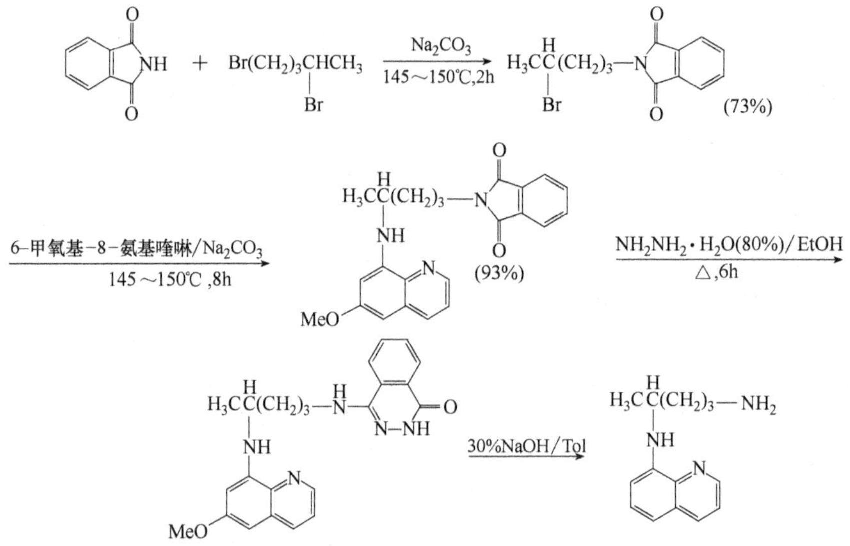

③ 伯胺的制备——Délépine 反应。用环六亚甲基四胺〔$(CH_2)_6N_4$，即抗菌药乌洛托品，Methenamine〕与卤代烃反应得季铵盐，然后在醇中用酸水解可得伯胺，此反应称为 Délépine 反应。环六亚甲基四胺是氨与甲醛反应所得的产物，氮上没有氢，不能发生多取代反应。

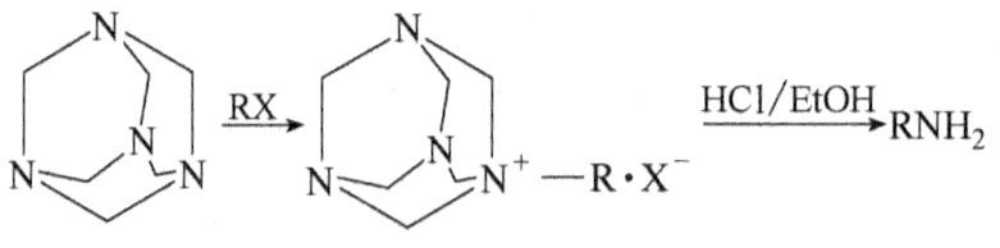

反应通常分两步进行：第一步，将卤代烃加到环六亚甲基四胺的氯仿、氯苯或四氯化碳溶液中，即很快生成不溶的季铵盐，产物是定量的，过滤分离；第二步，将所得的季铵盐溶于乙醇中，在室温下用盐酸分解，除去溶剂和生成的甲醛缩乙二醇后即得伯胺盐酸盐。

如抗菌药氯霉素（Chloramphenicol）中间体的合成便采用了此反应：

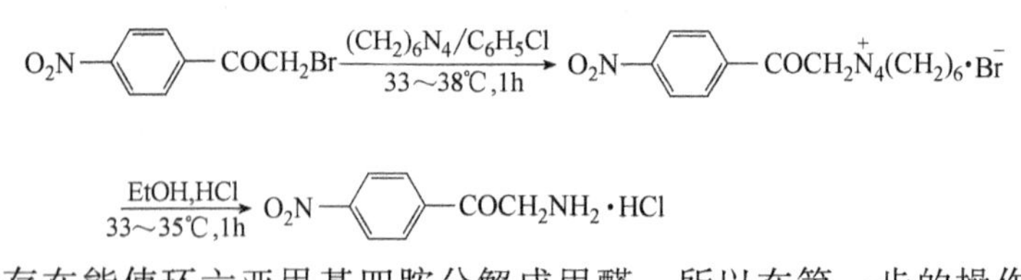

由于水和酸存在能使环六亚甲基四胺分解成甲醛，所以在第一步的操作中应严格控制体系的水分和 pH，所用氯苯必须除水，对硝基溴代苯乙酮必须除净残留的 HBr。

若第一步反应采用乙醇为溶剂，则生成季铵盐溶于乙醇，可不经分离直接进行酸水解，得伯胺盐酸盐。

Délépine 反应的优点是操作简便，原料价廉易得。缺点是应用范围不如 Gabriel 合成法广泛。本法要求使用的卤代烃有较高的活性。因此，在 RX 中，R 一般为 Ar—CH_2—、R′COCH₂—、CH₂＝CH—CH₂— 等。

④ 伯胺的制备——三氟甲磺酰胺法。利用三氟甲磺酸酐酰化苄胺得 N-苄基三氟甲磺酰

胺，这时 N 上只有一个氢，在三氟甲磺酰基吸电子效应的影响下，具有一定的酸性，很容易在碱性条件下与卤代烃反应，然后用氢化钠催化消除，水解得伯胺。

$$(CF_3SO_2)_2O + PhCH_2NH_2 \xrightarrow[-78℃]{Et_3N/CH_2Cl_2} PhCH_2NHSO_2CF_3 + CF_3SO_3H \cdot NEt_3$$

$$PhCH_2NHSO_2CF_3 \xrightarrow{n\text{-}C_7H_{15}Br/NaOH} PhCH_2\overset{\overset{\displaystyle C_7H_{15}-n}{|}}{N}SO_2CF_3 \xrightarrow[100℃,3h]{NaH/DMF}$$

$$\left[\begin{array}{c} PhCH=N \\ | \\ C_7H_{15}-n \end{array}\right] \xrightarrow[\triangle,3h]{10\%HCl/THF} n\text{-}C_7H_{15}NH_2 \atop (80\%)$$

也可以用两个苯硫基封锁 NH_3 中的氮，然后与丁基锂反应得锂盐，再与卤代烃反应，经水解得伯胺。

$$(PhS)_2NH \xrightarrow[-20℃]{BuLi/THF} (PhS)_2NLi \xrightarrow{RX} (PhS)_2NR \xrightarrow{HCl} RNH_2$$

⑤ 仲胺的制备。仲胺可由伯胺与卤代烃反应而得，但由于仲胺（R^1R^2NH）仍含有活泼氢，还会继续烃化生成叔胺，使产物复杂，所以，通常需要考虑反应物的活性、立体位阻、溶剂以及保护 H 原子等情况。其方法归纳为下列几种：

a. 用仲卤代烷与氨或伯胺反应，由于立体位阻，主要得仲胺及少量叔胺。

$$\underset{H_3C}{\overset{H_3C}{>}}CHI \xrightarrow{NH_3(1.5mol)/EtOH} \underset{H_3C}{\overset{H_3C}{>}}CH-NH-CH\underset{CH_3}{\overset{CH_3}{<}}$$

$$\underset{H_3C}{\overset{H_3C}{>}}CHBr \xrightarrow[110℃,18h]{MeNH_2/EtOH} \underset{H_3C}{\overset{H_3C}{>}}CHNHMe + \underset{H_3C}{\overset{H_3C}{>}}CH-\overset{\overset{\displaystyle ~}{|}}{\underset{\underset{\displaystyle Me}{|}}{N}}-CH\underset{CH_3}{\overset{CH_3}{<}}$$
$$\qquad\qquad\qquad\qquad\qquad\qquad\qquad (78\%) \qquad\qquad (少量)$$

杂环卤代烃与胺类发生烃化反应，用苯酚、苄醇或乙二醇作溶剂，可使反应速率加快，收率及产品质量均好。如抗疟药阿的平（Mepacrine）的合成，杂环卤代烃有立体位阻时，不易得叔胺。

b. 用三氟甲磺酸酐酰化伯胺，然后烃化、还原，可得仲胺。

$$RNH_2 \xrightarrow{(CF_3SO_2)_2O} RNHSO_2CF_3 \xrightarrow{R'X/NaOH} \overset{\overset{\displaystyle R'}{|}}{RNSO_2CF_3} \xrightarrow{LiAlH_4} RR'NH$$

c. 用亚磷酸二酯与伯胺反应，对氮封锁，令其只剩一个活泼氢，然后烃化、水解，也可得仲胺。

$$RNH_2 \xrightarrow{(EtO)_2POH/CCl_4} RNHPO(OEt)_2 \xrightarrow{R'X/OH} \overset{\overset{\displaystyle R'}{|}}{RNPO(OEt)_2} \xrightarrow{HCl} RR'NH$$

d. Hinsberg 反应，也可用于制备仲胺。

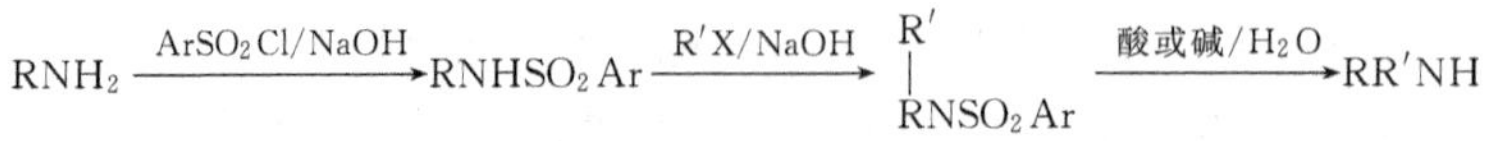

$$RNH_2 \xrightarrow{ArSO_2Cl/NaOH} RNHSO_2Ar \xrightarrow{R'X/NaOH} \begin{array}{c} R' \\ | \\ RNSO_2Ar \end{array} \xrightarrow{酸或碱/H_2O} RR'NH$$

e. 由醇制备的鏻鎓盐可与伯胺反应得仲胺。

$$RNH_2 + R'OP^{\oplus}Ph_3 \xrightarrow{DMF 或苯} RR'NH + Ph_3P{=\!\!=}O$$

⑥ 叔胺的制备。由于叔胺分子中不含活泼氢，所以叔胺的制备较伯、仲胺简单，由卤代烃与仲胺反应即可得叔胺。这也是制备叔胺常用的方法。如降压药优降宁（Pargyline）中间体的合成：

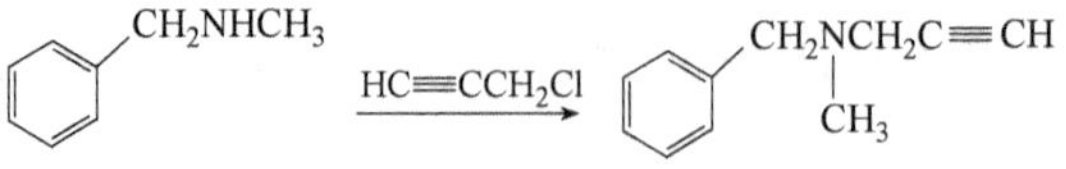

也可将仲胺转变为锂盐，烃化即得叔胺。

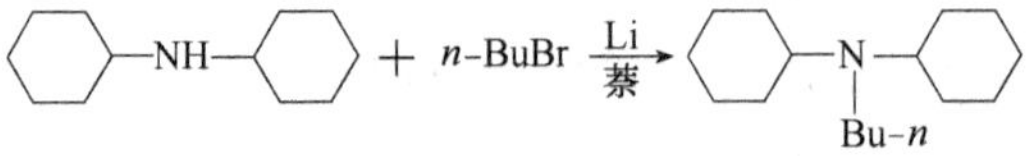

鏻鎓盐与仲胺作用，可以得到较纯的叔胺。

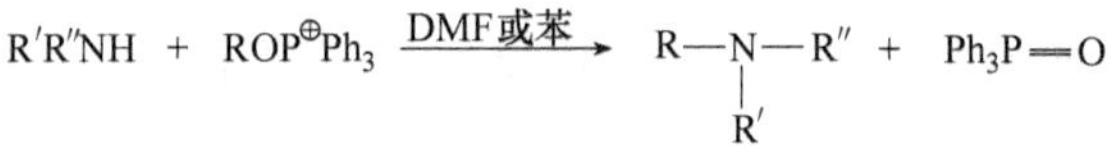

$$R'R''NH + ROP^{\oplus}Ph_3 \xrightarrow{DMF或苯} \begin{array}{c} R{-\!\!\!-}N{-\!\!\!-}R'' \\ | \\ R' \end{array} + Ph_3P{=\!\!=}O$$

（2）酯类为烃化剂

① 硫酸酯为烃化剂。氨基上 N 原子的亲核性较大，而硫酸二酯的烃化活性也较高，所以反应也较容易。如对甲苯胺与硫酸二甲酯于 $50 \sim 66 ℃$ 时，在碳酸钠、硫酸钠和少量水存在下，发生甲基化反应生成 N,N-二甲苯胺，收率可达 95%。在药物合成中，应用的例子很多，例如，局麻药甲哌卡因（Mepivacaine）等就是用硫酸二甲酯进行 N-烃化而制得。

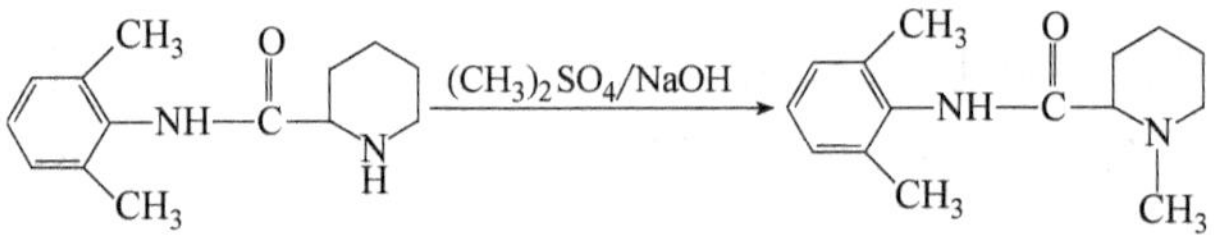

当分子中含有多个 N 原子时，通常可根据 N 原子的碱性不同进行选择性烃化。例如，在黄嘌呤分子内有三个可被烃化的 N 原子，其中 N-7 和 N-3 的碱性强，在近中性条件下可被烃化；N-1 上的氢有一定的酸性，中性条件下不易被烃化，只能在碱性条件下反应。因此，控制反应溶液的 pH 可以进行选择性烃化，分别得到咖啡因和可可碱。

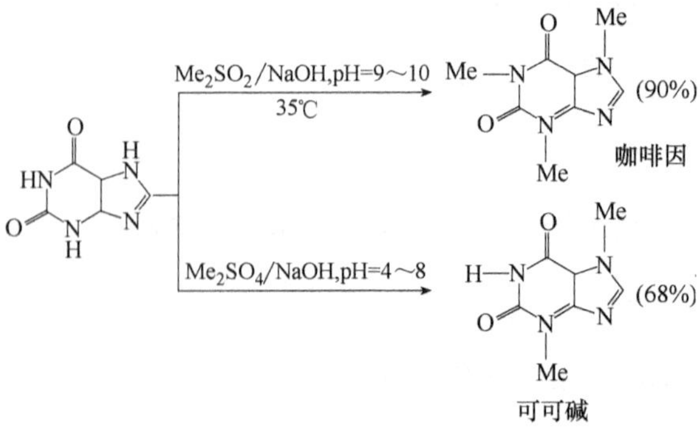

② 芳磺酸酯及其他酯类烃化剂。芳磺酸酯对 N 的烃化容易，常用于引入大的烃基，或较难反应的情况。多聚磷酸酯（可由 P_2O_5 和相应的醇直接制得）与胺类在 $120 \sim 160 ℃$ 共热，在氨基上引入烃基。特别对某些可以进行脱水环合的胺类，既能脱水又能兼作烃化剂。

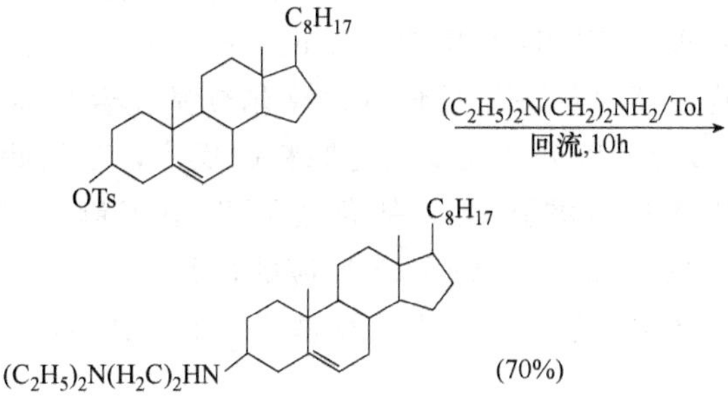

$$\xrightarrow[\text{回流,10h}]{(C_2H_5)_2N(CH_2)_2NH_2/Tol}$$

（3）醛、酮为烃化剂

① 催化氢化法。还可以用还原烃化方法制备胺。醛或酮在还原剂存在下，与氨（胺）反应，在氮原子上引入烃基的反应称为还原烃化反应。采用还原烃化反应制备胺不会像用卤代烃对胺烃化那样，易发生多烃化副反应和生成季铵盐副产物。同时，此法又是羰基化合物还原成相应碳原子数的胺的重要制备方法。可使用的还原剂很多，有催化氢化、金属钠加乙醇、钠汞齐和乙醇、锌粉、复氢化物以及甲酸等。

此反应常用水、醇类作溶剂，反应条件温和。反应的优点是没有季铵盐生成；缺点是使用氢气，易燃易爆，且需加压，需加强安全操作。

该反应历程是通过 Schiff 碱中间体进行的，首先羰基与胺加成得羟胺，继之脱水成亚胺，最后还原为胺类化合物。实际上两步反应同时进行，使操作工艺简单。还原胺化反应是羰基转变为胺的重要方法，在有机合成上得到广泛的应用。其过程如下：

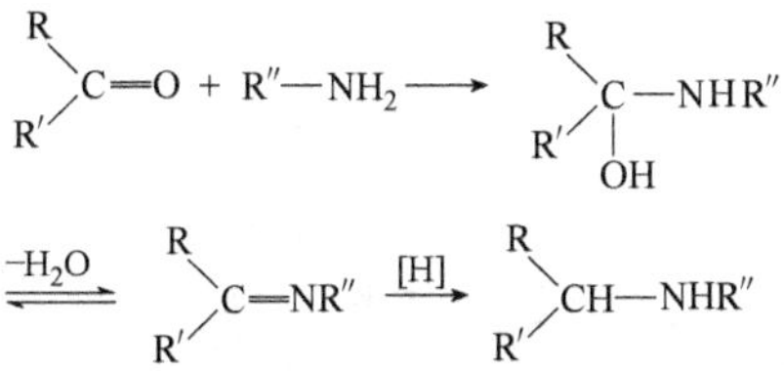

a. 制备伯胺。五碳以上的脂肪醛与过量的氨，在 Raney Ni 催化剂存在下氢化还原，主要得伯胺；苯甲醛与等物质的量的氨在此条件下主要得苄胺。脂肪酮与氨在 Raney Ni 催化剂存在下反应，可以得伯胺，但收率随酮的位阻增大而降低。

$$\text{PhCHO} + \text{NH}_3 \xrightarrow{\text{H}_2/\text{Raney Ni}} \underset{(90\%)}{\text{PhCH}_2\text{NH}_2} + \underset{(7\%)}{(\text{PhCH}_2)_2\text{NH}}$$

b. 制备仲胺。芳香醛与 NH_3 的物质的量之比为 2∶1 时，以 Raney Ni 催化加氢，烃化产物主要为仲胺，收率较好。

$$2\text{PhCHO} + \text{NH}_3 \xrightarrow{\text{H}_2/\text{Raney Ni}} \underset{(81\%)}{(\text{PhCH}_2)_2\text{NH}} + \underset{(12\%)}{\text{PhCH}_2\text{NH}_2}$$

c. 制备叔胺。仲胺的位阻常常较大，所以，用活性大、位阻小的甲醛制得叔胺的收率高，也更有工业化价值。由于甲醛的活性大、位阻小，它可以对许多胺（伯胺、仲胺）进行还原甲基化，此方法避免了使用毒性大的硫酸二甲酯与昂贵的碘甲烷。所以，甲醛是常用的 N-甲基化试剂，常以甲醛水溶液的形式使用，在制药工业中得到广泛的应用。

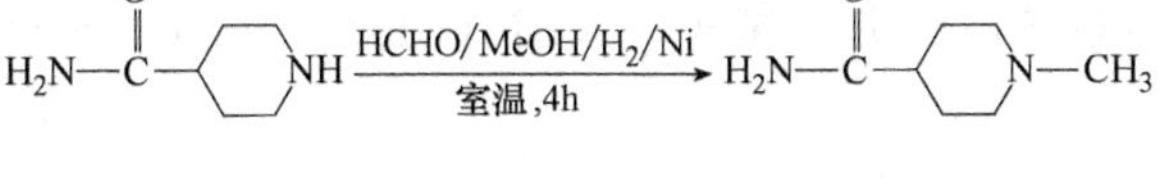

② Leuckart-Wallach 和 Eschweiler-Clarke 反应。用甲酸及其铵盐也可对醛酮进行还原烃化，该反应被称为 Leuckart-Wallach 反应。Leuckart-Wallach 反应中常用还原剂为甲酸、甲酸铵或甲酰胺等衍生物，还原剂一般过量（每摩尔羰基化合物需 2～4mol 甲酸衍生物）。用 Raney Ni 还原时收率较低的以芳基烷基酮为原料的反应，改用此法，可得到收率较高的胺。而伯胺或仲胺用甲醛及甲酸还原甲基化也可以用于制备叔胺，这一反应被称为 Eschweiler-Clarke 反应，是 Leuckart-Wallach 反应的特例。

氨或伯胺还原烷基化产物可能进一步发生烷基化，形成仲胺或叔胺，因此一般需用过量的氨或伯胺。

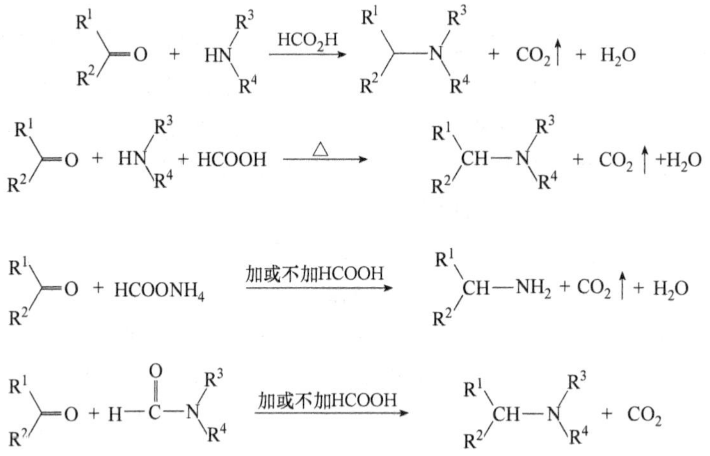

（R^1＝H，烷基，芳烃基，杂环基；R^2＝烷基，芳烃基，杂环基；R^3，R^4＝H，烷基）

反应机理如下：

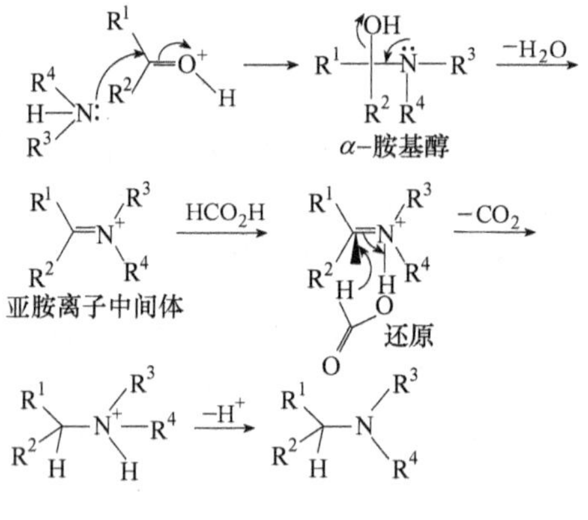

Leuckart-Wallach 反应简单易行，但也存在缺陷，如：需在高温（＞180℃）下反应，形成 N-甲酰化产物，难以从氨合成伯胺等。

3.1.2.5　芳胺的 N-烃化——Ullmann 反应

由于卤代芳烃活性较低，又有位阻，不易与芳香伯胺反应。如加入铜或碘化铜以及碳酸钾并加热，可得二苯胺及其同系物，这个反应称为 Ullmann 反应。

$$ArNH_2 + X—Ar' \xrightarrow{Cu/K_2CO_3} Ar—NH—Ar' + HX$$

此反应常用于联芳胺的制备，消炎镇痛药氯灭酸（Chlofenamic Acid）即是用此方法制备的。

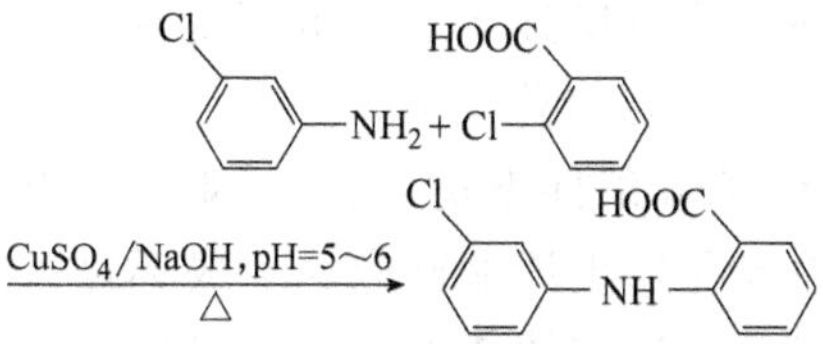

3.2 案例引入：苯甲醚的合成

3.2.1 案例分析

目前文献资料中关于苯甲醚的制备方法有：碘甲烷甲基化法；硫酸酯甲基化法；重氮甲烷甲基化法；DCC 缩合法等。

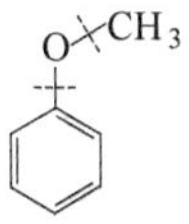

3.2.2 氧原子上的烃化反应

3.2.2.1 卤代烃（CH_3I）作为烃化试剂

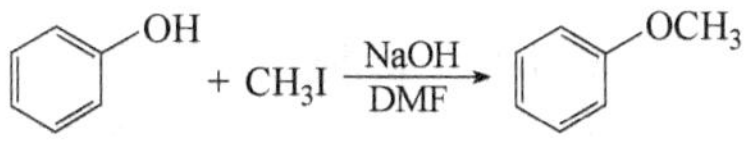

（1）酚醚的制备　酚酸性比醇强，卤代烃与酚在碱存在下，很容易得到较高收率的酚醚，一般加氢氧化钠即可形成酚氧负离子，或用碳酸钠（钾）作去酸剂。反应时，可用水、醇类、丙酮、DMF、DMSO、苯或二甲苯等为溶剂，待溶液接近中性时，反应即基本完成。

镇痛药邻乙氧基苯甲酰胺的合成就是很好的例子。

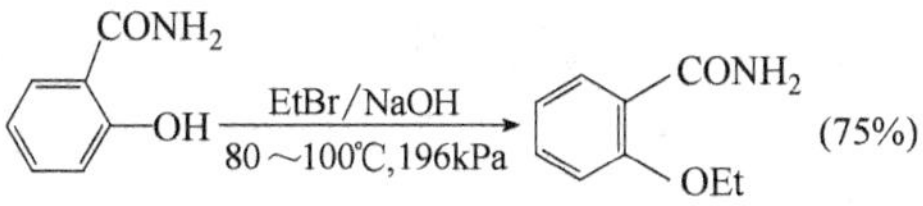

邻乙氧基苯甲酰胺

酚羟基易苄基化，将酚置于干燥的丙酮中，与氯化苄、碘化钾、碳酸钾回流，即得到相应的苄醚。

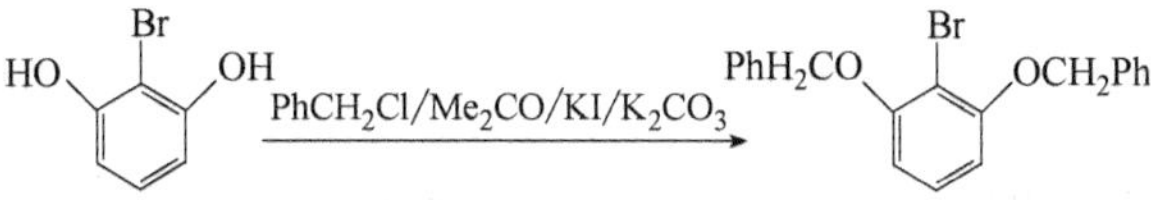

（2）Williamson 合成　醇在碱（钠、氢氧化钠、氢氧化钾等）存在下与卤代烃反应生成醚的反应是 Williamson 在 1850 年发现的，称为 Williamson 合成，这是制备混合醚的有效方法。

$$ROH + B^{\ominus} \longrightarrow RO^{\ominus} + HB$$
$$R'X + {}^{\ominus}OR \longrightarrow R'OR + {}^{\ominus}X$$

① 卤代烃的影响。此反应为亲核取代反应，可以是单分子的，也可以是双分子的，这取决于卤代烃的结构。通常伯卤代烷发生双分子亲核取代反应（S_N2），随着烷基与卤素相

连碳原子取代基的增加，而逐渐按照单分子亲核取代反应（S_N1）机理进行。叔卤代烷、苄卤、烯丙位卤代烷烃按 S_N1 机理进行烃化反应。

由于 Williamson 合成是在强碱条件下进行的，因此不能用叔卤代烃作为烷基化试剂，因为叔卤代烃在碱性条件下很容易发生消除反应，生成烯烃。如果卤素原子相同，则伯卤烷的反应最好，仲卤烷次之。氯苄和溴苄的活性较大，易于进行烃化反应。

制备芳基-脂肪混合醚（Ar—O—R）时，一般应选用酚类与脂肪族的卤代烃反应。但芳香卤化物也可作为烃化剂，生成芳基-烷基混合醚。通常情况下，由于芳卤化物上的卤素与芳环共轭不够活泼，一般不易反应。但下列两种情况下，可在碱性条件下顺利地与醇羟基进行亲核取代反应而得到烃化产物：a. 卤原子活性增强，芳环上在卤素的邻、对位有强吸电基存在时；b. 六元杂环化合物如嘧啶、吡啶、喹啉等衍生物中，卤原子位于氮原子的邻、对位时。如非那西丁中间体对硝基苯乙醚的制备就是由对硝基氯苯在氢氧化钠的醇溶液中反应得到。

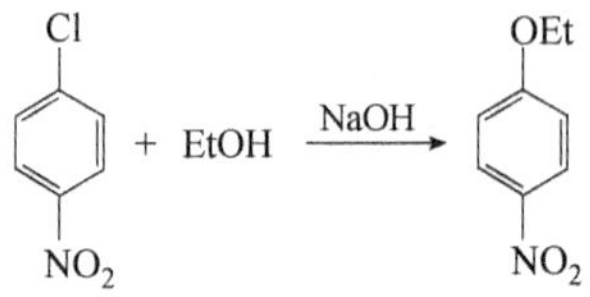

不同卤素影响 C—X 键之间的极化度，极化度越大，反应速率越快。因此，当烷基 R 相同时，其活性顺序是：RF＜RCl＜RBr＜RI。RF 活性小且本身不易制备，故很少应用；RI 的活性虽大，但由于稳定性差、不易制备、价格较贵等原因，应用较少；应用较多的是 RCl 和 RBr。当引入相对分子质量较大的长链烃基时，一般常选用活性较大的 RBr，且当所用的卤代烃活性不够强时，可加入适量的碘化钾，使卤代烃中的卤素被置换成碘，从而有利于烃化反应。

② 醇的结构的影响。醇（ROH）的活性一般较弱，不易与卤代烃反应，要在反应中加入碱金属或氢氧化钠、氢氧化钾以生成亲核试剂烷氧负离子（RO^-），促进反应的进行。

对于活性小的醇，必须先与金属钠或氢氧化钠作用制成醇钠，再进行烷基化反应；对于活性大的醇，可在反应中加入氢氧化钠等碱作为去酸剂，即可进行反应。如下例的抗组胺药苯海拉明（Diphenhydramine）的合成：

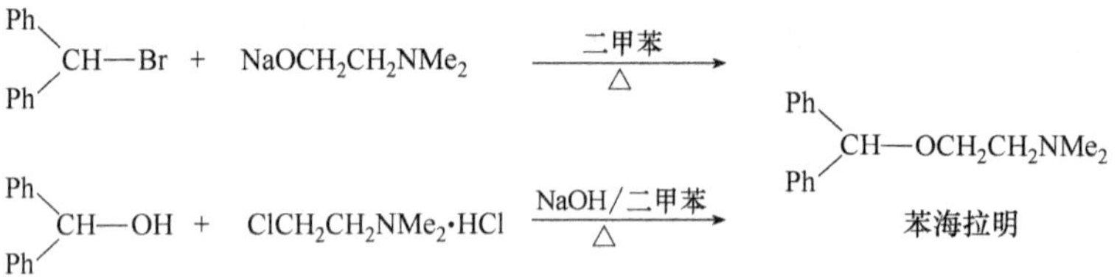

可以看到，前一反应醇的活性低，要先制成醇钠；而二苯甲醇中，由于苯基的吸电子效应，羟基中氢原子的活性增大，在反应中加入氢氧化钠作去酸剂即可。

显然后一反应优于前一反应，因此苯海拉明的合成采用了后一种方式。

【讨论】欲制备下面的物质，有 A、B 两种选择，你认为哪种比较合适？

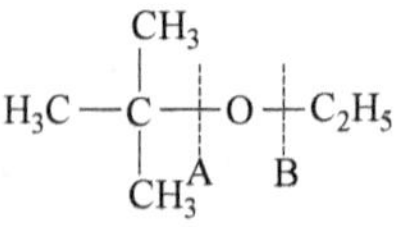

A：$(CH_3)_3CX + C_2H_5OH$ 　　　 B：$(CH_3)_3COH + C_2H_5X$

③ 碱和溶剂的影响。醇（ROH）的氧烃化要在反应中加入碱金属或氢氧化钠、氢氧化钾，以生成亲核试剂烷氧负离子（RO⁻），反应溶剂可用参加反应的醇，也可将醇盐悬浮在醚类（如乙醚、四氢呋喃或乙二醇二甲醚等）、芳烃（如苯或甲苯）、极性非质子溶剂（如DMSO、DMF 或 HMPTA）或液氨中。质子溶剂有利于卤代烃的解离，但能与烷氧负离子 RO⁻ 发生溶剂化作用，明显降低烷氧负离子 RO⁻ 的亲核活性；而极性非质子溶剂使其亲核性得到了加强，对反应有利。

3.2.2.2　酯类［$(CH_3)_2SO_4$］作为烃化剂

芳基磺酸酯（$ArSO_2OR$）和硫酸酯（$ROSO_2OR$）也是常用的烃化试剂，主要有硫酸二甲酯（Me_2SO_4）、硫酸二乙酯（Et_2SO_4）、对甲苯磺酸酯（TsOR），其反应机理与卤代烃的烃化反应相同，由于芳磺酸酯基和硫酸酯基比卤素原子易离去，所以其活性比卤代烃大，是一类强烃化剂。

芳基磺酸酯可由相应的醇与芳磺酰氯在低温下反应制得。如：

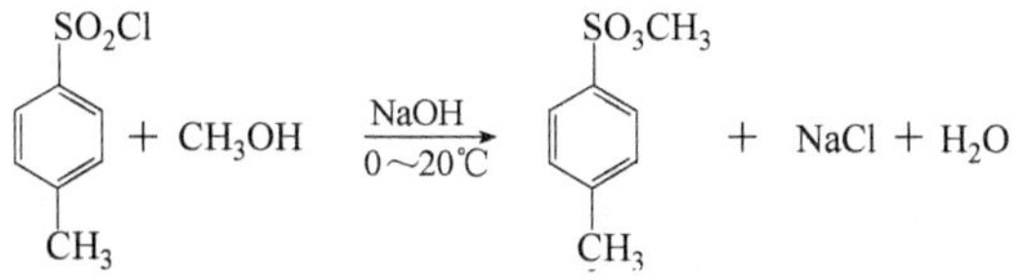

芳基磺酸酯中应用最多的是对甲苯磺酸酯（TsOR），由于 TsO⁻ 是很好的离去基团，所以 TsOR 活性大，R 可以是简单的、复杂的以及带有各种取代基的烃基。因此，芳基磺酸酯作为烃化剂在药物合成中的应用范围比较广，常用于引入相对分子质量较大的烃基。如下例抗抑郁药盐酸茚洛秦中间体的制备：

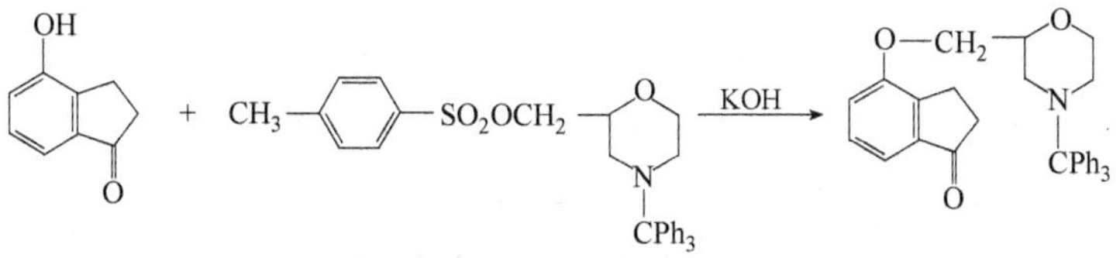

常用的硫酸酯类烃化剂是硫酸二甲酯（Me_2SO_4）和硫酸二乙酯（Et_2SO_4），分别用作甲基化试剂和乙基化试剂，可分别由甲醇、乙醇与硫酸作用制得。

$$2CH_3OH + H_2SO_4 \longrightarrow (CH_3)_2SO_4 + 2H_2O$$

水溶性酚的碱金属盐可用硫酸二甲酯甲基化，由于碘甲烷价格昂贵，所以在药物生产中，多使用价格便宜的硫酸二甲酯制备酚甲醚。

硫酸酯分子中虽有两个烷基，但通常只有一个烷基参与反应，它们是中性化合物，在水中溶解度小，但易于水解，因此在使用时一般将硫酸二酯滴加到含被烃化物的碱性水溶液中进行反应；或在无水条件下直接加热进行烃化。由于硫酸二酯的沸点比相应的卤代烃高，故反应时可加热至较高温度。

硫酸二甲酯由于其良好的反应活性，在医药、农药、精细化学品等的合成中，作为甲基化试剂而得到广泛的应用。如下例的消炎镇痛药萘普生中间体的合成：

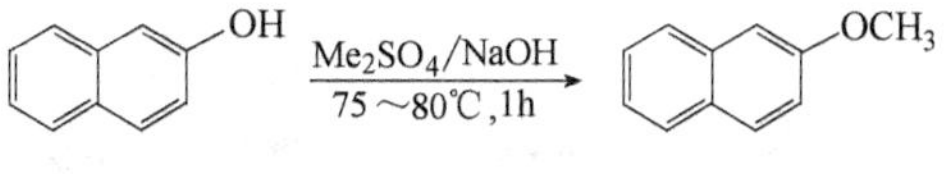

硫酸二甲酯毒性大，能通过呼吸道及皮肤接触使人体中毒，可用氨水作解毒剂，所以在使用时要做好劳动防护与"三废"处理。

碳酸二甲酯（dimethyl carbonate，DMC），是一种无毒、环保性能优异、用途广泛的化工原料，可以代替硫酸二甲酯作为甲基化试剂。

3.2.2.3 重氮甲烷（CH₂N₂）作为甲基化试剂

重氮甲烷与酚的反应相对较慢，反应一般在乙醚、甲醇、氯仿等溶剂中进行，可用三氟化硼或氟硼酸催化。反应过程中除释放出氮气外，无其他副产物生成，因此后处理简单，产品纯度好，收率高；缺点是重氮甲烷及制备它的中间体均有毒，不宜大量制备。因此，重氮甲烷是实验室中经常使用的甲基化试剂。羟基的酸性越大，反应越容易进行，因此羧酸比酚类更容易进行这个反应。

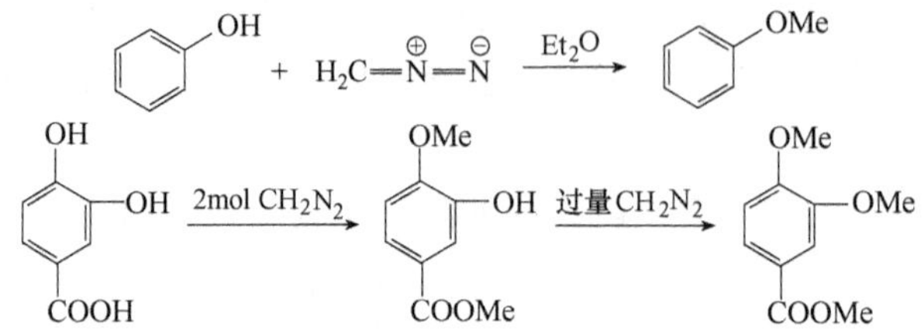

3.2.2.4 其他方法

也可用DCC缩合法使酚与醇发生烃化反应。DCC是多肽合成中常用的缩合试剂，用于羧基-胺偶联生成肽键，可在较强烈条件下使酚-醇偶联。该方法进行酚的烃化，伯醇收率较好。

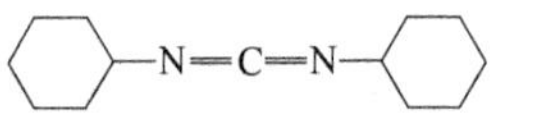

N, N'-二环己基碳二亚胺(DCC)

$$PhOH + PhCH_2OH \xrightarrow[100℃]{DCC} PhOCH_2Ph + H_2O$$

酚还可以用烷氧鏻盐 $R_3P^+OR'X^-$ 烃化，伯醇及仲醇与三苯基膦、偶氮二羧酸酯生成上述烃化剂后，即与酚反应，鏻盐中烷氧键断裂，酚对烃基作亲核进攻。

$$Ph_3\overset{\oplus}{P}O{-}R\overset{\ominus}{X} + ArOH \longrightarrow ArOR + Ph_3PO + HX$$

$$ArOH + ROH \xrightarrow[0\sim25℃,2h]{Ph_3P/EtOOCN=NCOOEt} ArOR$$

在酚的烃化过程中，如果酚羟基的邻位有羰基存在，羰基和羟基之间容易形成分子内氢键，此时由于六元环的稳定性使酚羟基的酸性降低，具有这种结构的酚即为螯合酚。有位阻或螯合的酚用卤代烃进行烃化反应结果不理想。例如水杨酸的酚羟基邻位有羧基存在，羟基与羧羰基可形成分子内氢键，此时若用 MeI/NaOH 进行烃化反应，产物主要是酯而不是预期的酚甲醚。

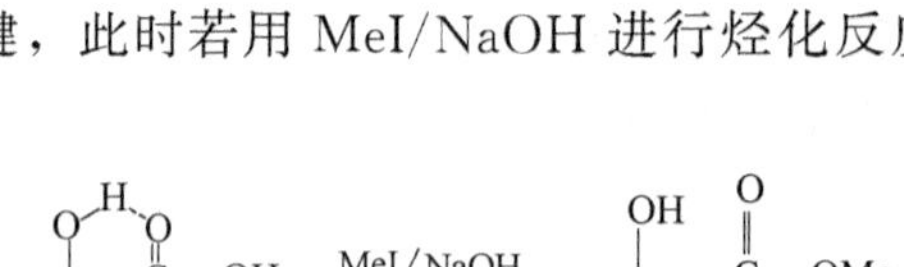

解决的办法是用氢化钠或烷基锂将酚转化为钠盐或锂盐，然后与卤代烃在乙醚或极性非质子溶剂中烃化。硫酸二甲酯与碳酸钾在无水丙酮中或对甲苯磺酸甲酯在剧烈条件下都可以甲基化有螯合作用的酚。

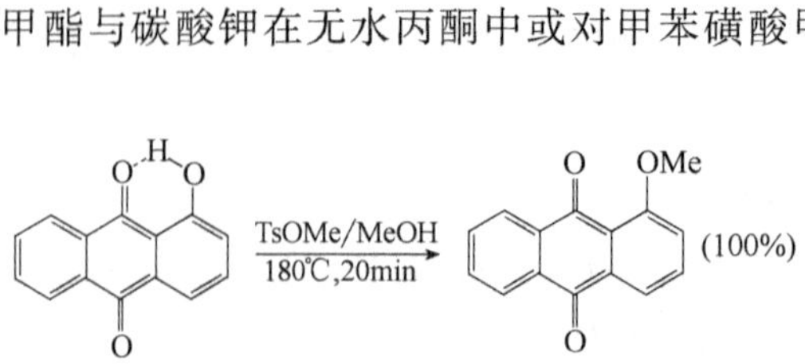

3.3 案例引入：3-噻吩甲基丙二酸二乙酯的合成

3.3.1 案例分析

3-噻吩甲基丙二酸二乙酯主要用于合成肾上腺素类药物等。

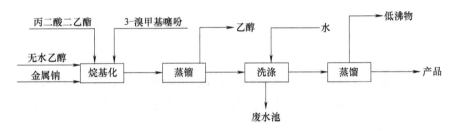

3-噻吩甲基丙二酸二乙酯

（1）反应原理　反应式如下：

（2）生产流程　见图 3-2。

图 3-2　3-噻吩甲基丙二酸二乙酯生产工艺流程

（3）工艺过程　投料比（质量）：3-溴甲基噻吩：丙二酸二乙酯：无水乙醇：金属钠：水＝1：0.96：2.2：（0.13～0.15）：1.7。

在装有机械密封的烷基化釜内加入无水乙醇和切成薄片（或丝）的金属钠，搅拌至钠全部消失，再缓缓加入丙二酸二乙酯，然后慢慢滴加 3-溴甲基噻吩，约加 3～4h。加毕，开启蒸汽加热系统，搅拌下升温至回流，并保持平稳回流 10～12h。

反应结束后，将料液转移至蒸馏釜，在常压下蒸馏回收乙醇（作下批投料用），乙醇的蒸出量一般为乙醇投料量的 80%，约蒸 5h（1000L 釜）。

在洗涤釜内加入冷水，开启搅拌，慢慢加入蒸馏釜残液，搅拌 15min 后，静置分层，有机层去真空蒸馏釜，收集 0.4kPa 下 143～147℃ 的馏分，即为 3-噻吩甲基丙二酸二乙酯，收率约 80%。

（4）注意事项

① 反应终点的判断：一般用湿的石蕊试纸检测，待试纸显中性时，反应即达终点。小试制备过程一般回流 9h 左右，工业化生产则需 11h 左右。

② 水洗涤时，如果分层不明显，则可加入适量的盐，使水与酯分层明显。

75

3.3.2　碳原子上的烃化反应

3.3.2.1　羰基化合物的 α 位 C-烃化

当一个饱和的碳原子上含有吸电子取代基时，由于受到吸电子取代基的影响，该碳原子上的氢原子变得活泼，具有一定的酸性，在碱的作用下可以失去活泼氢得到碳负离子，然后对卤代烃进行亲核取代，从而在碳原子上引入烃基，得到 C-烃化产物。但这类化合物活性的高低、反应的难易程度与所连吸电子取代基的数量和强弱有关，所连的吸电子取代基数量愈多，吸电子性愈强，其活性愈高，反应愈容易进行。

常见吸电子基团的强弱顺序为：

$$-NO_2 > -COR > -SO_2R > -CN > -COOR > -SOR > -Ph$$

在一个饱和的碳原子上含有两个或一个强的吸电子取代基时，常被称为活性亚甲基化合物，其烃化反应的活性较高，这类反应很有应用价值。常见的活性亚甲基化合物有 β-二酮、β-羰基酸酯、丙二酸酯、丙二腈、氰乙酸酯、乙酰乙酸乙酯、苄腈、脂肪硝基化合物等。

（1）反应机理　活性亚甲基的 C-烃化反应属于 S_N2 机理，以乙酰乙酸乙酯与 1-溴丁烷的反应为例，其过程如下：

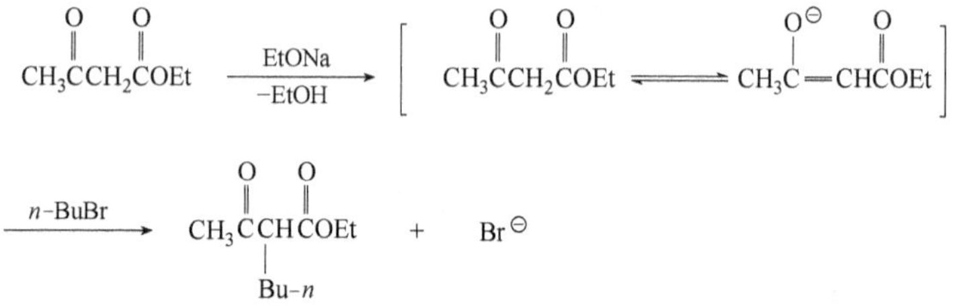

上述反应是在碱性条件下进行的，所以，伯卤烷及伯醇磺酸酯是很好的烃化剂。用叔卤烷及叔醇磺酸酯易发生消除反应，用仲卤烷存在烃化反应与消除反应之间的竞争，收率较低。

（2）主要影响因素　从上述反应过程可见，在形成碳负离子的过程中，存在着溶剂、碱和亚甲基负离子之间的竞争性平衡。要使亚甲基负离子有足够的浓度，使用的溶剂和碱的共轭酸的酸性必须比活性亚甲基化合物的酸性弱，才利于烃化反应的进行。所以该反应催化剂和溶剂的选择非常重要。

① 碱和溶剂。根据活性亚甲基上氢原子的活性不同，可选择不同的碱作催化剂。一般常用醇与碱金属所生成的盐，其中以醇钠最常用。它们的碱性强弱顺序为：

$$t\text{-}BuOK(Na) > i\text{-}PrONa > EtONa > MeONa$$

在反应中使用不同的溶剂也能影响碱性的强弱，进而影响反应活性。如采用醇钠则选用醇类作溶剂，对一些在醇中难以烃化的活性亚甲基化合物，可在苯、甲苯、二甲苯或石油醚等溶剂中用氢化钠或金属钠催化，等生成烯醇盐再进行烃化；也可以在石油醚中加入甲醇钠/甲醇溶液，使之与活性亚甲基反应，待生成烯醇盐后，再蒸馏分离出甲醇，以避免可逆反应的发生，有利于烃化反应的进行。避免使用氢化钠或金属钠是此法的优点。要注意反应所用溶剂的酸性，必须选择适宜溶剂，其酸性强度应不足以将烯醇盐或碱质子化。

极性非质子性溶剂（如 DMF 或 DMSO）能明显加快烃化反应速率，但也增加了副反应 O-烃化发生的程度。

② 单烃化或双烃化反应。活性亚甲基上有两个活性氢原子，与卤代烃进行烃化反应时，是单烃化或是双烃化，要视活性亚甲基化合物与卤代烃的活性大小和反应条件而定。丙二酸二乙酯与溴乙烷在乙醇中反应，主要得单乙基产物，双乙基产物量很少。活性亚甲基化合物在足够量的碱和烃化剂存在下可以发生双取代。若用二卤化物作为烃化剂，则得环状化合物。如镇痛药盐酸哌替啶（Pethidine Hydrochloride，即杜冷丁）中间体的合成。

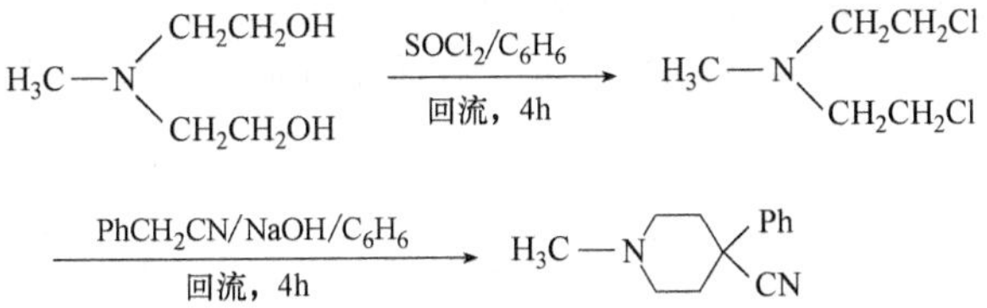

烃化试剂除了用卤代烃外，还可用硫酸酯、芳基磺酸酯及环氧乙烷类。硫酸酯的特点是沸点高，适合于高温下的反应；对甲苯磺酸酯的制备较相应的卤化物容易，某些情况下更有利于烃化；环氧乙烷作为烃化剂，在活性亚甲基的碳原子上引入 β-羟乙基，羟基与酯类活泼的官能团还可继续反应，得到内酯类衍生物。

③ 引入烃基的次序。根据需要，可以在活性亚甲基上引入两个相同或不同的烃基，得到双烃基取代的产物，这在药物合成中应用很多。例如，由丙二酸二乙酯或腈乙酸乙酯与不同的卤代烃反应，得到的双烃基取代的丙二酸二乙酯是巴比妥类安眠药的重要中间体。引入烃基的次序直接影响产品的纯度和收率。

若引入两个相同而较小的烃基，可先用等物质的量的碱和卤代烃与等物质的量的丙二酸二乙酯反应，待反应接近中性，即表示第一步烃化完毕，蒸出生成的醇，然后再加入等物质的量的碱和卤代烃进行第二步烃化。

若引入两个不同的烃基，根据引入的烃基结构的不同，可分为以下三种情况：

a. 引入两个不同的伯烃基时，应先引较大的伯烃基，后引较小的伯烃基。如异戊巴比妥（Amobarbital）中间体的合成，是用丙二酸二乙酯在乙醇钠存在下，先引入较大的异戊基，再引入较小的乙基，收率分别为 88% 和 87%，总收率为 76.6%。若相反，则收率分别为 89% 和 75%，总收率为 66.8%。显然前法比较好。

b. 引入的两个烃基一为伯烃基一为仲烃基时，则应先引入伯烃基，后引入仲烃基。因为仲烃基丙二酸二乙酯的酸性比伯烃基丙二酸二乙酯的酸性小，而且立体位阻大，要进行第二次烃化比较困难。

c. 若引入的两个烃基都是仲烃基，使用丙二酸二乙酯收率低，需改用活性较大的氰乙酸乙酯在乙醇钠或叔丁醇钠存在下进行。如引入两个异丙基时，使用丙二酸二乙酯，第二步烃化收率仅为 4%，改用氰乙酸乙酯，收率可达 95%。

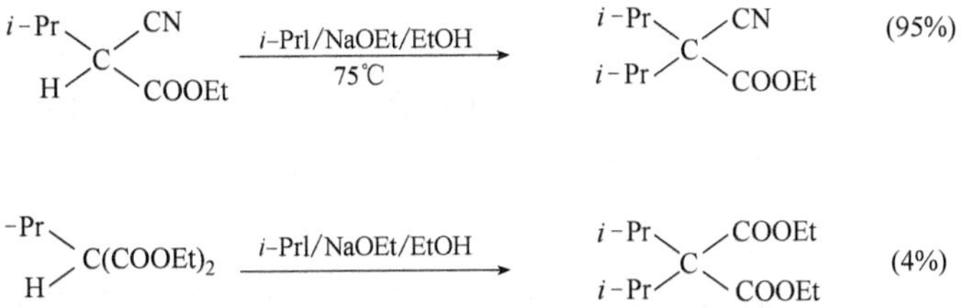

需注意的是，在制备芳基取代的活性亚甲基 C-烃化产物时，不能用卤苯作烃化剂，因

其活性低，难反应，需采用其他的方法。如合成苯巴比妥中间体 α-乙基-α-苯基丙二酸二乙酯时，不能采用丙二酸二乙酯为原料进行乙基化及苯基化，要用苯乙酸乙酯为原料进行合成。

④ 副反应。某些仲卤代烃或叔卤代烃进行烃化反应时，容易发生脱卤化氢的副反应并伴有烯烃生成。

当丙二酸酯或氰乙酸酯的烃化产物在乙醇钠/乙醇溶液中长时间加热时，可发生脱烷氧羰基的副反应。为了防止此类副反应的发生，可使用碳酸二乙酯作溶剂。

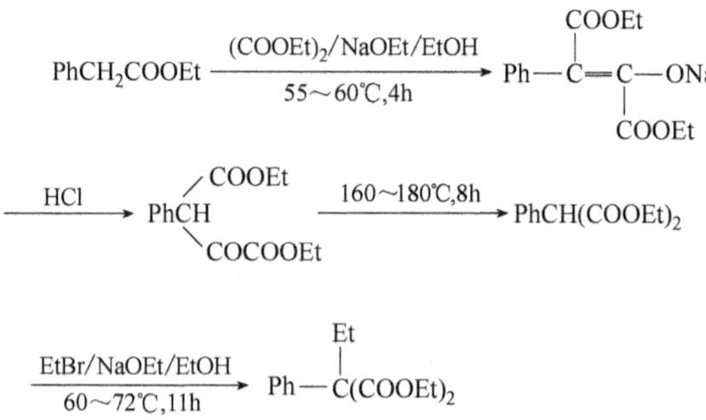

3.3.2.2 芳烃的 C-烃化——Friedel-Crafts 反应

Friedel-Crafts 反应（简称 F-C 反应）是 1877 年发现的一类非常重要的反应，在石化工业、精细化工、制药等领域都有广泛的应用。在氯化铝催化下，由卤代烃或酰卤与芳香族化合物反应，在芳环上引入烃基或酰基。前者被称为 F-C 烃化反应，后者被称为 F-C 酰化反应。

引入的烃基有烷基、环烷基、芳烷基；催化剂主要为 Lewis 酸（如氯化铝、氯化铁、五氯化锑、三氟化硼、氯化锌、四氯化钛）和质子酸（如氢氟酸、硫酸、五氧化二磷等）；烃化剂有卤代烃、烯、醇、醚及酯；芳香族化合物可以是烃、氯化物及溴化物、酚、酚醚、胺、醛、羧酸、芳香杂环（如噻吩、呋喃等）。

（1）反应机理　F-C 烃化反应是碳正离子对芳环的亲电进攻。通常碳正离子来自卤代烃与 Lewis 酸的配合物，其他如质子化的醇及质子化的烯也可作为碳正离子源。

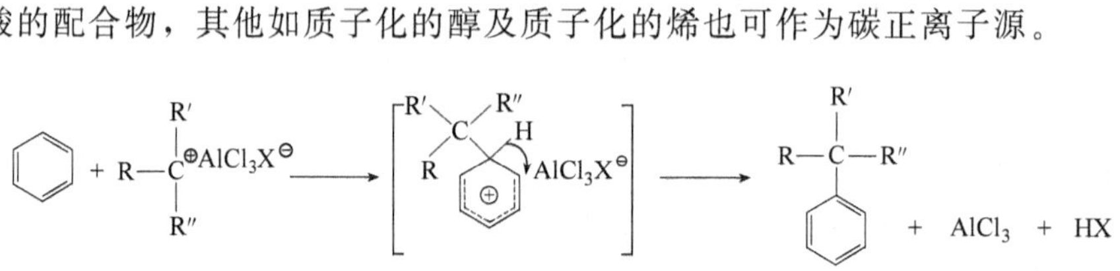

（2）主要影响因素

① 烃化剂结构的影响。最常用的烃化试剂是卤代烃（RX），其活性既取决于 R 的结构，又取决于 X 的性质。因此，卤代烃、醇、醚及酯中，R 为叔烃基或苄基时，最易发生反应；R 为仲烃基时次之；伯烃基反应最慢，这时有必要采用更强的催化剂或反应条件，以使烃化易于进行。例如，氯化苄与苯在痕量弱催化剂 ZnCl$_2$ 存在下即可反应，而氯甲烷则要用相当量的强催化剂 AlCl$_3$。

卤代烃的活性也决定于卤原子。AlCl$_3$ 催化卤代正丁烷或叔丁烷与苯反应，活性顺序为：F＞Cl＞Br＞I。正好与通常的活性顺序相反。

最常用的烃化剂卤代烃、醇及烯，均可用 AlCl$_3$ 催化烃化。卤代烃与烯只需催化量

$AlCl_3$ 即已足够，而醇则要用较大量催化剂，因醇与 $AlCl_3$ 能发生反应。

虽然 BF_3 及 HF 可用于催化卤代烃的烃化，但它们更常用在烯及醇烃化反应的催化。因为烯及醇用 $AlCl_3$ 催化，易得树脂状副产物，产物有颜色，用 HF 或 BF_3 则可避免这些副反应的发生。

醚及酯较少用作烃化剂，因为相比于用醇，它们并不具有更佳的优越性。

② 芳香族化合物的结构。由于本反应为亲电取代反应，所以，当芳环上含有给电子基时，反应容易。烃基为给电子基，当芳环上连有一个烃基后，将有利于继续烃化而得到多烃化产物。但当芳环上有较大烃基（如异丙基、叔丁基）时，由于位阻，只能取代到一定程度。

当芳环上含有吸电子基时，反应必须在强烈的条件下才能进行。吸电子作用很强的硝基可阻止反应的进行，因而硝基苯可作 F-C 反应的溶剂。

烷氧基和氨基虽属于给电子基，但氧原子和氮原子都能与催化剂形成配合物，既降低了催化剂的活性，也降低了它们的给电子能力，因此这类化合物的反应基本无应用价值。

③ 催化剂。F-C 烃化反应的催化剂为 Lewis 酸和质子酸。常用的 Lewis 酸的活性顺序如下（下面的顺序来自催化甲苯与乙酰氯反应的活性）：

$$AlBr_3 > AlCl_3 > SbCl_5 > FeCl_3 > TeCl_2 > SnCl_4 > TiCl_4 > TeCl_4 > BiCl_3 > ZnCl_2$$

其中，无水氯化铝因活性高、价格低而最常用。但它不宜用于多 π 电子的芳杂环（如呋喃、噻吩等）的烃化，因为即使在温和的条件下，也能引起杂环的分解反应。芳环上的苄醚、烯丙醚等基团，在 $AlCl_3$ 作用下，常引起去烃基的副反应，实际上是脱保护基的反应。

质子酸的活性顺序是：

$$HF > H_2SO_4 > P_2O_5 > H_3PO_4$$

催化剂的用量一般为烃化试剂用量的 1/10（物质的量之比），但若用醇作烃化试剂，则需要等物质的量的催化剂（$AlCl_3$）或催化剂（$AlCl_3$）用量多于烃化试剂。

需要指出的是，由于 Lewis 酸和质子酸的腐蚀性均较强，反应时还要加入腐蚀性更大的盐酸作助剂，并需在反应后使用大量的氢氧化钠中和废酸，因而生产过程产生大量的废酸、废渣、废水和废气，环境污染十分严重。

④ 溶剂。当芳烃本身为液体时，如苯可以过量使用，既可作反应物又兼作溶剂；当芳烃为固体时，可用二硫化碳、石油醚、四氯化碳作溶剂；对酚类化合物，则可用乙酸、石油醚、硝基苯以及苯作溶剂。

（3）烃基的异构化　催化剂的作用在于与 RX 反应，生成碳正离子 R^+，R^+ 对苯环进攻，因此，反应中将会发生碳正离子的重排。当使用 3 个或 3 个以上碳的伯卤烷为烃化试剂时，常发生烃基的异构化现象。如用 1-氯丙烷对苯进行烃化时，将得到正丙基取代和异丙基取代的混合物。

所以，在制备长链伯烃基取代的芳烃时，常通过酰化反应，先在芳环上引入酰基，再还原羰基而得到。

异构化产物的比例，随反应温度、反应物用量、催化剂种类及用量等因素的影响而不同。一般的规律是，反应温度越高，催化剂活性越强，用量越大，则异构化产物的比例越大，反之则较小。

（4）烃基的定位　芳环上引入不止一个烃基时，其烃化位置与反应条件有关。一般在较温和的条件下反应，如低温、低浓度、弱催化剂、较短反应时间等，取代基进入的位置遵循亲电取代反应的规律；若反应条件激烈，即用强催化剂、较高浓度、较高温度、较长反应时间，特别是催化剂过量，则常得到较多非规律的产物。

（5）F-C 烃化反应操作注意事项　操作反应前，必须将所用原料及反应装置充分干燥，并防止湿气进入。此反应一般为放热反应，通常在室温下将烃化剂滴加到芳香族化合物、催化剂和溶剂的混合物中；当反应剧烈放热时，宜用冰冷却反应物；烃化试剂全部加完后，将反应物加热 15～30min，以便使反应完全；反应毕，冷却反应物，并将其倒入冰和盐酸混合物中，使之分解。

特别注意：反应完毕，应立即进行分解，因长时间放置会导致氯化铝与反应物发生副反应。

本 章 小 结

1. 氧原子上的烃化反应
- 卤代烃为烃化剂
- 酯类为烃化剂
- 环氧乙烷类为烃化剂
- 其他烃化剂

2. 氮原子上的烃化反应
- 卤代烃为烃化剂
- 酯类为烃化剂
- 环氧乙烷类为烃化剂
- 醛、酮烃化剂

3. 碳原子上的烃化反应
- Friedel-Crafts 反应
- 芳烃的氯甲基化-Blanc 反应
- 羰基化合物的 α 位 C-烃化
- 炔烃的 C-烃化

思考与练习

一、完成下列反应

1. + $ClCH_2CH_2NEt_2$ $\xrightarrow{\text{NaOH}}$

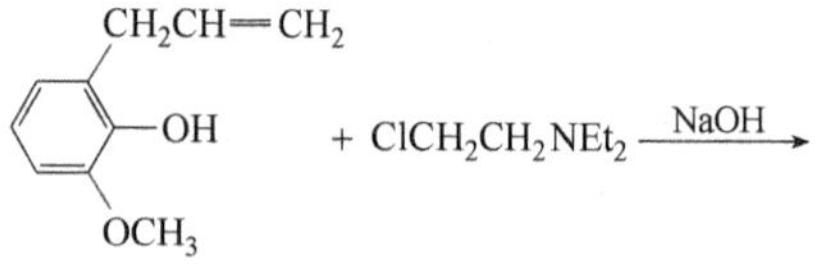

2. $\xrightarrow[\text{NaOH}]{(CH_3)_2SO_4}$

3. $H_2C(COOC_2H_5)_2$ + $H_3C-$$-SO_2OCH_2CH_2OC_6H_5$ $\xrightarrow{C_2H_5ONa}$

4. $-CH(COOC_2H_5)_2$ $\xrightarrow{C_2H_5Br/C_2H_5ONa}$

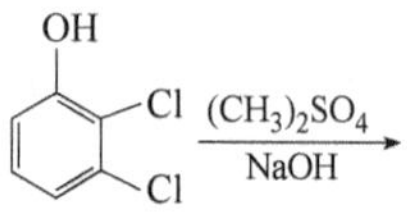

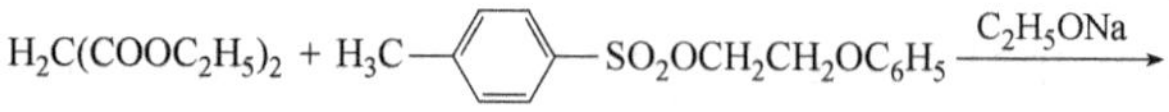

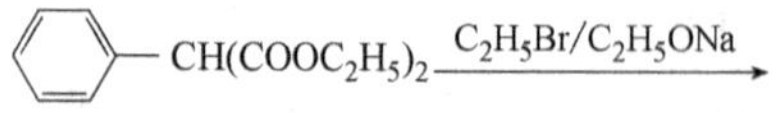

5. 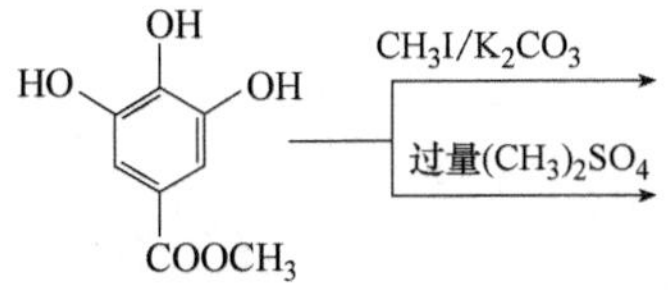
$$\xrightarrow{CH_3I/K_2CO_3}$$
$$\xrightarrow{过量(CH_3)_2SO_4}$$

6. 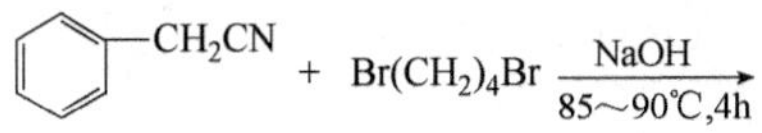
CH_2CN + $Br(CH_2)_4Br$ $\xrightarrow[85\sim90℃,4h]{NaOH}$

7. $CH_2(COOEt)_2$ $\xrightarrow[75\sim78℃,6h]{Me_2CHCH_2CH_2Br/NaOEt/EtOH}$
$$\xrightarrow[35℃,10h;65\sim70℃,1h]{CH_3CH_2Br/NaOEt/EtOH}$$

8. 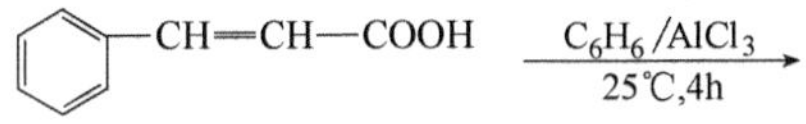
$CH\!=\!CH\!-\!COOH$ $\xrightarrow[25℃,4h]{C_6H_6/AlCl_3}$

9. 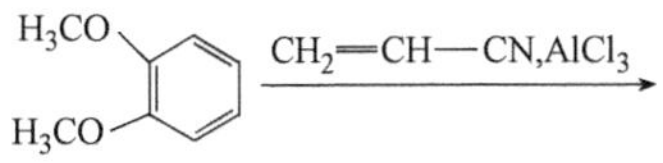
$\xrightarrow{CH_2\!=\!CH\!-\!CN,AlCl_3}$

10. 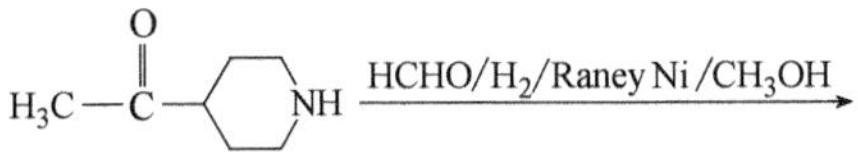
$H_3C\!-\!C$ $\xrightarrow{HCHO/H_2/Raney\ Ni/CH_3OH}$

11. 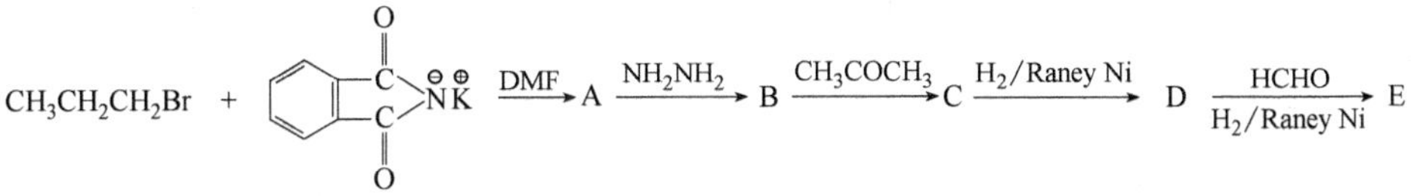 $CH_3CH_2CH_2Br$ + $\xrightarrow{DMF}$ A $\xrightarrow{NH_2NH_2}$ B $\xrightarrow{CH_3COCH_3}$ C $\xrightarrow{H_2/Raney\ Ni}$ D $\xrightarrow[H_2/Raney\ Ni]{HCHO}$ E

12. 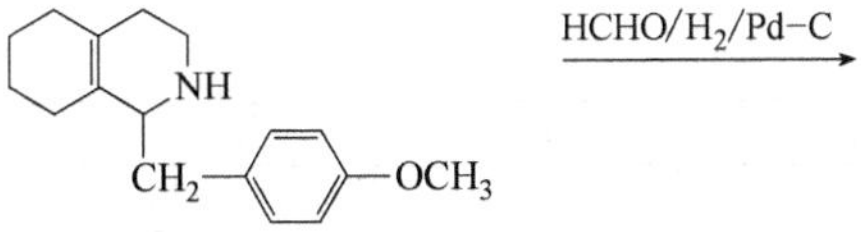
$\xrightarrow{HCHO/H_2/Pd\!-\!C}$

13. 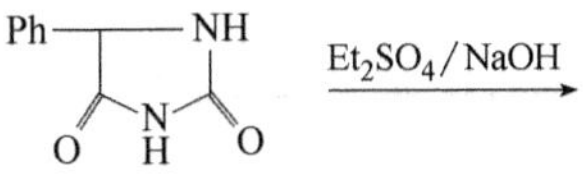
$\xrightarrow{Et_2SO_4/NaOH}$

14. 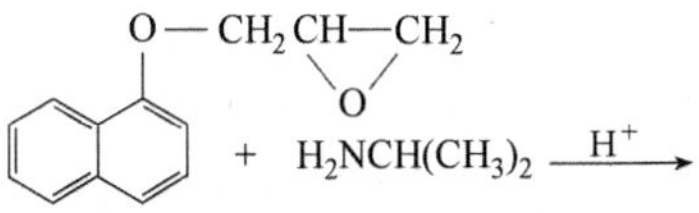
+ $H_2NCH(CH_3)_2$ $\xrightarrow{H^+}$

15. 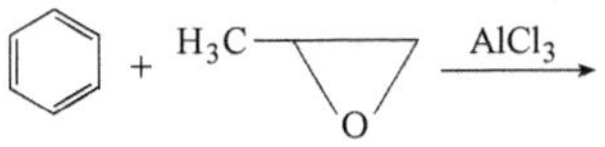
+ H_3C $\xrightarrow{AlCl_3}$

二、为下列反应选择适当的原料、试剂和条件

1. 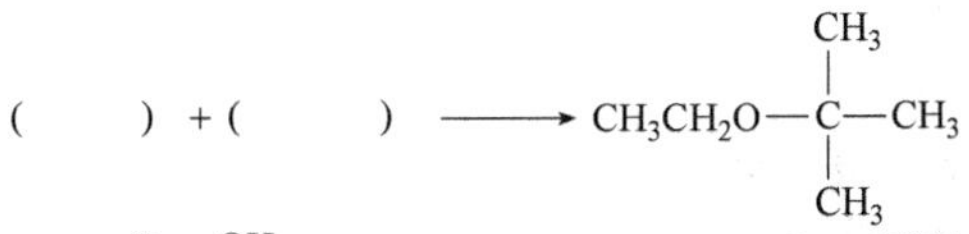 (　　) + (　　) $\longrightarrow$

2. 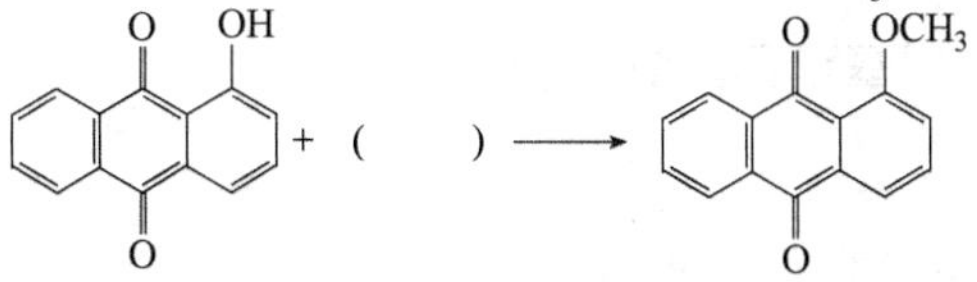 + (　　) $\longrightarrow$

81

3.

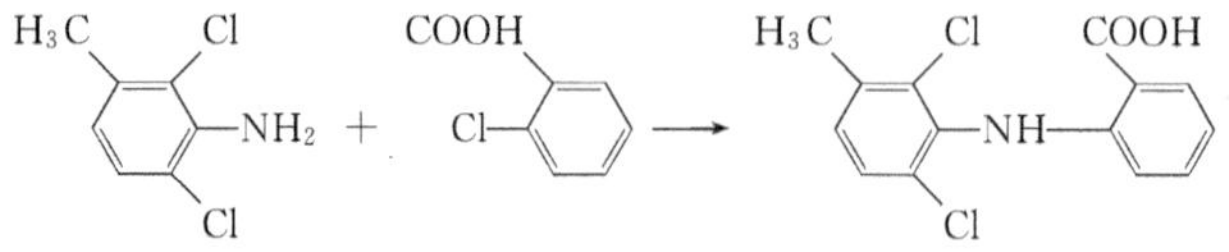

$$H_2C(COOC_2H_5)_2 + (\quad) \longrightarrow (\quad) \longrightarrow$$

4. $H_2C(COOC_2H_5)_2 + (\quad) \longrightarrow (\quad) \longrightarrow$

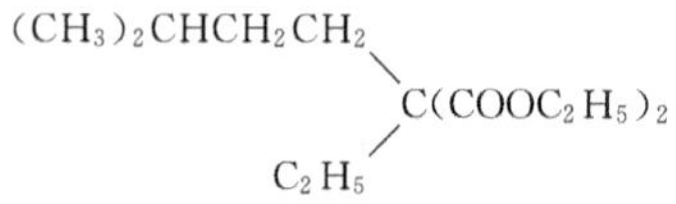

三、以对硝基甲苯、乙酰氨基丙二酸二乙酯、环氧乙烷为主要原料，选择适当的试剂和条件，合成抗肿瘤药消卡芥。

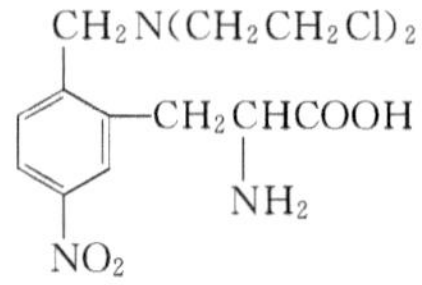

[技能训练 3-1]　N,N-二乙基乙醇胺的制备

一、实训目的与要求

1. 了解通过氮原子上的烃化反应制备叔胺的反应机理。

2. 掌握搅拌、蒸馏、萃取等基本操作。

二、实训原理

N,N-二乙基乙醇胺为无色液体，能与水混溶，溶于乙醇、乙醚、丙酮、苯。有氨味，易吸湿。

其制备反应原理：

$$(C_2H_5)_2NH + ClCH_2CH_2OH \longrightarrow (C_2H_5)_2NCH_2CH_2OH \cdot HCl \xrightarrow{NaOH} (C_2H_5)_2NCH_2CH_2OH$$

三、主要实训试剂

名　称	规　格	用　量
二乙胺	分析纯	93g
氯乙醇	分析纯	80.5g
苯	分析纯	180mL
氢氧化钠	分析纯	58g

四、实训步骤及方法

在装有搅拌、回流冷凝器、恒压滴液漏斗、温度计的反应瓶中，加入93g二乙胺，搅拌加热至50℃，开始慢慢滴加80.5g氯乙醇，约需1h。加毕，升温至95～100℃反应8h。冷却到室温，搅拌下加入由58g氢氧化钠和60mL水配成的碱液，冷却后静置分层，有氯化钠固体析出。分出油层，水层用苯提取（60mL×3），合并油层和苯提取液。蒸馏回收苯，收集158～164℃的馏分，得二乙基乙醇胺68g，收率58%[1]。

五、思考题

1. 为什么氯乙醇要缓慢滴加？

2. 查找制备二乙基乙醇胺的其他方法。

注释：

[1] 也可用环氧乙烷与二乙胺在乙醇中于45～75℃反应来制备，收率在90%以上。

[技能训练 3-2]　甲基苯乙基醚的制备

一、实训目的与要求

1. 通过本实验，掌握烃化反应的原理及实验操作方法。

2. 掌握无水操作、减压蒸馏操作方法。

二、实训原理

甲基苯乙基醚是美托洛尔等的中间体，可通过苯乙醇与硫酸二甲酯反应制得。

$$CH_2CH_2OH + (CH_3)_2SO_4 \xrightarrow{NaOH} CH_2CH_2OCH_3$$

三、主要实训试剂

名　称	规　格	用　量
苯乙醇	分析纯	122g
硫酸二甲酯	分析纯	142.5g
乙醚	分析纯	300mL
氢氧化钠	分析纯	50g

四、实训步骤及方法

1. 甲基苯乙基醚的制备

在装有搅拌器、滴液漏斗、温度计的三口烧瓶中，加入苯乙醇 122g、氢氧化钠 50g，搅拌下加热至 95℃，滴加硫酸二甲酯[1] 142.5g，加完后继续反应 2h。

2. 甲基苯乙基醚的精制

加入水 100mL，冷却后用乙醚提取三次，每次用 100mL，合并提取液。提取液用无水硫酸钠干燥，蒸去乙醚。减压蒸馏，收集沸点 85～87℃（2.9kPa）的馏分，得甲基苯乙基醚，计算收率。

五、思考题

1. 本次实验为什么要在碱性条件下进行？

2. 实验过程中可能产生哪些杂质？可用什么方法除去？

注释

[1] 硫酸二甲酯属高毒类试剂，对眼、上呼吸道有强烈刺激作用，对皮肤有强腐蚀作用，使用时应做好防护措施。

［技能训练3-3］ 烯丙基丙二酸的制备

一、实训目的与要求

1. 通过本实验，掌握烃化反应的原理及实验操作方法。

2. 掌握无水操作、减压蒸馏操作方法。

二、实训原理

烯丙基丙二酸是前列腺素合成中侧链的中间体，可通过丙二酸二乙酯活性亚甲基与氯丙烯在碱性条件下发生烃化反应制得。

$$CH_2(COOC_2H_5)_2 + EtO^\ominus \longrightarrow {}^\ominus CH(COOC_2H_5)_2 + EtOH$$

$${}^\ominus CH(COOC_2H_5)_2 + CH_2\!\!=\!\!CHCH_2Cl \longrightarrow CH_2\!\!=\!\!CHCH_2\!-\!CH(COOC_2H_5)_2 \xrightarrow{KOH/H_2O}$$

$$CH_2\!\!=\!\!CHCH_2\!-\!CH(COOK)_2 \xrightarrow{H^\oplus} CH_2\!\!=\!\!CHCH_2\!-\!CH(COOH)_2$$

三、主要实训试剂

名　称	规　格	用　量
丙二酸二乙酯	分析纯	30.0g
3-氯丙烯	分析纯	14.7g
金属钠	分析纯	4.4g
无水乙醇	分析纯	55mL
氢氧化钾	分析纯	21g
乙酸乙酯	分析纯	适量
无水硫酸钠	分析纯	适量
饱和氯化钠	自制	适量

四、实训步骤及方法

1. 烯丙基丙二酸二乙酯的制备

在干燥[1]的装有密封搅拌器、滴液漏斗和回流冷凝管的 250mL 三烧瓶中加入无水乙醇 55mL，在搅拌下加入切得很小的光亮的金属钠[2] 4.4g，加入速度以维持正常回流为宜。金属钠加完后继续搅拌至金属钠完全溶解。当油浴温度在 100℃左右时，边搅拌边滴加丙二酸二乙酯 30.0g（约 15min），再回流 20min，然后将油浴温度降至 75～80℃，慢慢加入 3-氯丙烯 14.7g。加入的速度以可使乙醇缓和地回流为宜，约需半小时。加完后继续回流 1h。

蒸馏过量的乙醇，产物冷却后用 30～40mL 水稀释，然后转移至分液漏斗中，用乙酸乙酯提取三次，每次 30mL。合并提取液，用饱和氯化钠溶液洗涤两次，每次约 25mL，再用少量水洗涤一次，无水硫酸钠干燥过夜。至溶液变清，蒸去溶剂后，减压蒸馏，收集 116～124℃（3.20kPa）的馏分，得烯丙基丙二酸二乙酯。

2. 烯丙基丙二酸的制备

在装有搅拌器、回流冷凝管的三烧瓶中，加入蒸馏水 22mL 和氢氧化钾 21g，搅拌至氢氧化钾溶解后慢慢滴加上述制备的烯丙基丙二酸二乙酯 30g，加完后再回流约 1h。蒸去乙醇，冷却至室温后，加入 1:1 盐酸水溶液，酸化至 pH 为 3 左右（约 30mL），用乙酸乙酯提取三次，每次用 20mL。合并提取液，用饱和氯化钠溶液洗涤两次，每次约 25mL，再用少量水洗涤一次。分离后加入无水硫酸钠干燥过夜，减压蒸去溶剂，用苯重结晶，过滤，洗涤，抽滤得烯丙基丙二酸，熔点为 105℃。计算收率。

五、思考题

（1）本次实验中反应所用仪器为什么必须干燥？

（2）试解释烃化反应中加入金属钠的作用机制。

注释

[1] 烃化反应需无水操作，其特点是：原料干燥无水；所用仪器量具干燥无水，反应期间应避免水进入反应瓶，因此反应前，必须先将所用仪器干燥，反应时回流冷凝管上必须装氯化钙干燥管。

[2] 金属钠遇水即燃烧、爆炸，使用时应严防与水接触。

4

酰化反应技术

学习目的

通过学习酰化反应的基本原理、反应类型、酰化试剂、反应条件和影响因素等知识，初步达到能够综合运用所学理论知识选择优化的药物合成路线，并能根据药物酰化反应的机制选择适当的酰化试剂及反应控制条件，具备分析和解决生产实际问题的能力。

知识要求

掌握羧酸、羧酸酯、酸酐、酰氯等酰化剂的特点、适用范围、使用条件。

掌握 Friedel-Crafts 酰化反应的机理、影响因素以及在药物合成中的应用；理解 Hoesch 反应、Gattermann 反应、Vilsmeier-Haauc 反应、Reimer-Tiemann 反应的用途、适用条件及在药物合成中的应用；掌握活性亚甲基化合物 α 位 *C*-酰化的原理、使用条件及在药物合成中的应用。

理解混合酸酐、活性酯的概念及酰化机理，了解常用的混合酸酐、活性酯及其在药物合成中的应用；了解新型酰化剂及其在医药科研、生产中的新技术与应用。

能力要求

熟练应用酰化反应理论解释常见酰化反应的机制、反应条件的控制及副产物产生的原因；学会实验室制备苯佐卡因的操作技术。

在有机物分子中的氧、氮、碳、硫等原子上引入酰基的反应称为酰化反应（acylation reaction）。所谓酰基是指含氧的有机酸、无机酸或磺酸等分子脱去羟基后所剩余的基团。

酰化反应可用下列通式表示：

$$R-\overset{\overset{O}{\|}}{C}-Z + R'H \longrightarrow R-\overset{\overset{O}{\|}}{C}-R' + H^+ + Z^-$$

式中 RCOZ 为酰化剂，Z 代表 Hal、OCOR、OH、OR、NHR 等；R′H 为被酰化物，包括醇、酚、胺类、芳烃等。通过酰化反应，在氧、氮、碳、硫等原子上引入酰基后分别得到羧酸酯、酰胺、酮或醛以及硫醇酯等化合物。

酰化反应的机理，除了芳烃 *C*-酰化、烯烃 *C*-酰化是亲电酰化之外，其他的酰化（如 *O*-

酰化、N-酰化、羰基α位C-酰化等）几乎都是亲核性酰化，即被酰化物对酰化试剂进行亲核加成-消除的反应机理。

酰化反应的难易程度不仅取决于被酰化物，也取决于酰化剂的活性。就被酰化物而言，其亲核能力一般规律为：RCH₂—>RNH—>RO—>RNH₂>ROH；而对于酰化剂，当酰化剂（RCOZ）中R基相同时，其酰化能力随Z的离去能力增大而增加（即酰化剂的酰化能力随离去基团的稳定性增加而增大），常作为酰化剂的羧酸衍生物酰化能力强弱顺序一般为：

$$RCO \cdot Hal > (RCO)_2O > RCOOR' > RCOOH > RCONHR'$$

由于酯和酰胺中R′基的结构不同，其活性顺序也会发生变化。近年来，为了扩大酰化剂的应用范围，实现更高效率的酰化，发展了许多有效的活性羧酸衍生物及其使用新工艺，如活性酯及活性酰胺的发现及使用。

除上述反应物结构本身的影响以外，催化剂、溶剂及反应条件等对酰化反应也存在不同程度的影响。

酰化反应是一类非常重要的反应，在药物合成中的应用非常广泛。其主要用途可归结为两个方面：其一是保护性酰化，即制备含有某些官能团的化合物；其二是永久性酰化。通过这些反应所达到合成药物及药物中间体的目的。通过酰化反应可以形成酯、酰胺等，这些基团常常是一些药物的必要的官能团。如解热镇痛药贝诺酯（Benorilate）、镇痛药盐酸哌替啶（杜冷丁，Pethidine Hydrochloride）、麻醉药盐酸普鲁卡因（Procaine Hydrochloride）、抗生素氨苄西林（Ampicillin Sodium）等许多药物都是经酰化反应而得到。

4.1 案例引入：硝基卡因的合成

4.1.1 案例分析

硝基卡因（对硝基苯甲酸-N,N-二乙氨基乙酯）是制备盐酸普鲁卡因的关键中间体，目前生产方法主要有两种：一种是酯交换法；另一种是直接酯化法。直接酯化法是目前生产厂家采用较多的路径，具有工艺简单的优点，缺点是反应时间长，产率低。酯交换法反应时间较短，但是该路线生产步骤多，产品处理比较困难。

（1）反应原理　反应式如下：

$$O_2N \text{—}\langle\rangle\text{—COOH} \xrightarrow[137\sim145℃]{HOCH_2CH_2NEt_2/Xyl} O_2N\text{—}\langle\rangle\text{—COCH_2CH_2NEt_2}$$

酯化反应是可逆反应，利用共沸原理，使沸点较高的二甲苯带走酯化反应中生成的水，酯化这一可逆反应平衡不断被打破，使反应向生成物方向移动，达到提高产品收率的目的。

（2）工艺流程　硝基卡因生产工艺流程见图4-1。

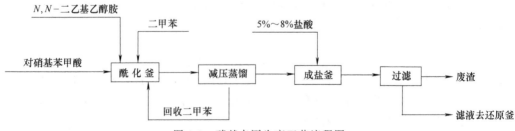

图 4-1　硝基卡因生产工艺流程图

（3）操作过程　配料比（质量比）：对硝基苯甲酸：N,N-二乙基乙醇胺：二甲苯＝1：（0.7～0.75）：4。

在酯化釜内加入对硝基苯甲酸、N,N-二乙基乙醇胺和二甲苯，开启搅拌和加热系统，慢慢升温至回流（140℃左右），并在平稳回流下反应20～25h。然后将料液放入蒸馏釜，减压蒸馏回收二甲苯，残液则趁热真空吸至预先加入5％～8％盐酸的成盐釜，搅拌冷却至5℃左右，再真空吸滤，滤液直接吸至还原釜。

4.1.2　氧原子上的酰化反应

氧原子上的酰化反应是指醇或酚分子中的羟基氢原子被酰基所取代而生成酯的反应，因此又叫酯化反应。其反应难易程度取决于醇或酚的亲核能力、位阻及酰化剂的活性。

醇的 O-酰化一般规律是伯醇易于反应，仲醇次之，叔醇最难酰化。叔醇难于酰化的主要原因是由于立体位阻较大且在酸性介质中又易于脱去羟基而形成稳定的叔碳正离子，因此叔醇酰化需用活性高的酰化试剂。

另外，伯醇中的苄醇、烯丙醇虽然不是叔醇，但由于易脱羟基形成稳定的碳正离子，所以也表现出与叔醇相类似的性质。酚羟基由于受芳环的影响，使羟基氧原子上电子云密度降低，因此其活性较醇羟基弱，所以酚的 O-酰化一般采用酰氯、酸酐等较强的酰化剂。

醇的 O-酰化常用的酰化剂有羧酸、羧酸酯、酸酐、酰氯、烯酮等。

4.1.2.1　直接酯化法（羧酸为酰化剂）

羧酸作为酰化试剂对醇进行酰化，其反应机理一般为酸催化下的酰氧键断裂的双分子反应。由于羧酸是较弱的酰化试剂，其对醇进行酰化为可逆平衡反应，反应式如下：

$$RCOOH + R'OH \Longrightarrow RCOOR'$$

对于可逆反应，要想加速反应，提高收率，通常需从以下两个方面加以考虑：一是尽量提高反应物的活性，设法提高平衡常数；二是设法打破平衡，使反应向生成物的方向移动。

（1）反应温度和催化剂　通过大量的试验发现，对于许多酯化反应，温度每升高10℃，反应速率可增加一倍，即提高温度可以加速酯化反应。但对于高沸点的醇和高沸点的酸，不加催化剂，只在常压下加热到高温，并不能有效地酯化。所以，此类反应通常还需要加入催化剂，并在较高的温度下反应，以促进反应的进行。酯化反应常用的催化剂有以下几种：

① 质子酸。质子酸是酯化反应中经常采用的催化剂，所用的质子酸催化剂主要有浓硫酸、高氯酸、四氟硼酸、氯化氢气体等无机酸及苯磺酸、对甲苯磺酸等有机酸。质子酸中，氯化氢的催化作用最强，但由于其腐蚀性强，且反应物分子中有不饱和键、醚键等时，易发生加成、醚键断裂等副反应，使得其使用受到限制；浓硫酸由于具有较好的催化活性及吸水性，因而其应用最为广泛。

某些对无机酸敏感的醇，可采用苯磺酸、对甲苯磺酸等有机酸为催化剂。在工业上，此类催化剂可减少对设备的腐蚀，且本身在有机介质中溶解度大，作用温和，不易发生磺化副反应。质子酸催化的最大优点是简单，但对于位阻大的酸及叔醇易脱水。

② Lewis酸。由于Lewis酸能够促进羧酸提供质子，所以，也能够催化酯化反应。常用的Lewis酸催化剂有 BF_3、$AlCl_3$、$ZnCl_2$ 及硅胶等。Lewis酸作催化剂具有收率高、产品纯度好、不发生加成和重排等副反应等优点，适合于高级不饱和脂肪酸（醇）、杂环酸（醇）的酰化。

③ 强酸型离子交换树脂＋硫酸钙。采用强酸型离子交换树脂加硫酸钙，由于强酸型离

子交换树脂能离解出 H[+]，所以可作为酯化反应的催化剂，此法称为 Vesley 法。此法优点：催化能力强，收率高，反应条件温和；产物后处理简单，无需中和及水洗；树脂可循环使用，并可连续化生产；对设备无腐蚀，废水排放少等。

离子交换树脂目前已商品化，可由商品牌号查得该树脂的性质及组成。用离子交换树脂催化的反应工艺比较简单，可在反应中加入固体离子交换树脂，也可将反应液通过装有该催化剂的交换柱进行酯化反应。

④ 二环己基碳二亚胺及其类似物。二环己基碳二亚胺（dicyclohexylcarbodiimide，DCC）是一个良好的酰化脱水剂。它在过量酸或有机碱催化下进行，反应副产物二环己基脲以固体状态析出，经过滤即可除去，回收后用化学法处理，从分子中脱水而生成 DCC，可循环使用。

DCC 催化的反应具有条件温和、收率高、立体选择性强的优点，但其价格昂贵，适用于结构复杂的酯的合成，在半合成抗生素及多肽类化合物的合成中有广泛应用。通常在反应体系中还可加入对二甲氨基吡啶（DMAP）、4-吡咯烷基吡啶（PPY）等催化剂来增强反应活性、提高收率，反应可在室温下进行，特别适合于具有敏感基团和结构复杂的酯的合成。

（2）反应物结构　反应中作为酰化剂的羧酸的结构、被酰化物醇的结构以及催化剂、溶剂和温度等反应条件对酰化反应的结果均产生一定的影响。酯化反应的实质是被酰化物（醇或酚）对酰化试剂（羧酸）进行的亲核反应。

① 羧酸结构的影响。作为酰化剂的羧酸的酸性越强，其酰化能力就越强，羧酸的酸性主要受其结构中的电子效应和立体效应的影响。

对于羧酸（RCOOH），其羰基碳原子的亲电性越强、位阻越小，反应越容易；反之，则反应困难。甲酸及其他直链脂肪族羧酸由于位阻小、亲电性强而较易反应；具有侧链的羧酸次之，侧链越多，反应就越困难；对于芳香族羧酸，由于空间位阻的影响更为突出，所以，一般比脂肪族羧酸活性小。芳环上的取代基对反应也有影响，当羧基的邻位连有给电子基时反应活性降低，当羧基的对位有吸电子基时反应活性相对增大。

② 醇结构的影响。作为被酰化物的醇羟基的亲核能力越强，其反应活性越强，酰化反应越容易进行。醇羟基的亲核能力受其结构的立体效应和电子效应的影响。伯醇由于其位阻小、亲核性强而最易于反应，仲醇次之，而叔醇则由于立体位阻较大且在酸性介质中易于脱去羟基而形成叔碳正离子，因此难以反应。苄醇和烯丙醇虽然也是伯醇，但受芳环及双键的影响，其酯化也较难。酚羟基氧原子上的孤对电子与芳环存在 p-π 共轭，减弱了氧原子的亲核性，其酯化比醇难。

（3）配料比及操作特点　酯化反应是一可逆平衡反应，要想提高产物的收率，必须设法打破平衡，使反应向生成酯的方向移动。打破平衡可采取增大反应物（醇或酸）的配比的方法，同时不断将反应生成的水或酯从反应系统中除去。反应生成的酯的沸点比醇、酸、水低时，可蒸馏得到生成的酯。但在药物合成中，所得到的酯往往相对分子质量大、沸点高，所以，较多采用将水蒸馏除去的方法。可用以下几种方法除去水：

① 加脱水剂。加入脱水剂如浓硫酸、无水氯化钙、无水硫酸铜、无水硫酸铝等，这也是最简单的方法。

② 蒸馏除水。当反应物及生成的酯的沸点均较水的沸点高时，可采用直接加热、导入热的惰性气体或减压蒸馏等方法将水除去。

③ 共沸脱水。利用某些溶剂能与水形成具有较低共沸点的二元或三元共沸混合物的原

理，通过蒸馏把水除去。此法具有产品纯度好、收率高、不用回收催化剂等优点，在酯化反应中被广泛采用。对溶剂的要求是：共沸点应低于 100℃；共沸物中含水量尽可能高一些；溶剂和水的溶解度应尽可能小，以便共沸物冷凝后可以分成水层和有机层两相。常用的有机溶剂有苯、甲苯、二甲苯等。

（4）酚的 O-酰化　羧酸为酰化剂的反应中加入多聚磷酸（PPA）、二环己基碳二亚胺（DCC）等均可增强羧酸的反应活性，适用于各种酚羟基的 O-酰化。

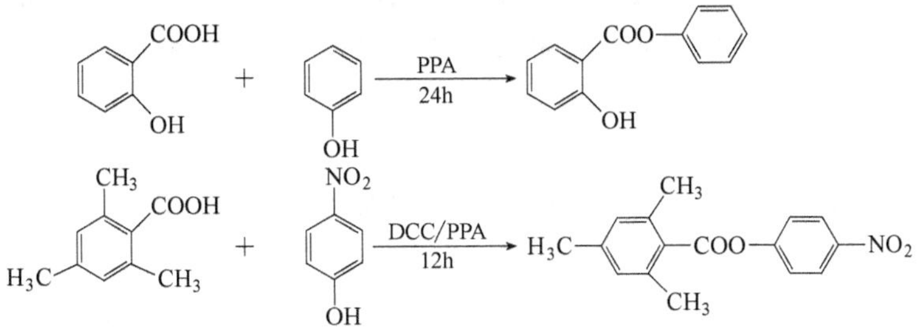

4.1.2.2　酯交换法（羧酸酯为酰化剂）

（1）基本原理　羧酸酯可与醇、羧酸或酯分子中的烷氧基或酰基进行交换，实现由一种酯向另一种酯的转化，这也是合成酯类的重要方法。当用酸对醇进行直接酯化不易进行时，常采用酯交换法，其反应可以用酸或碱催化，机理如下：

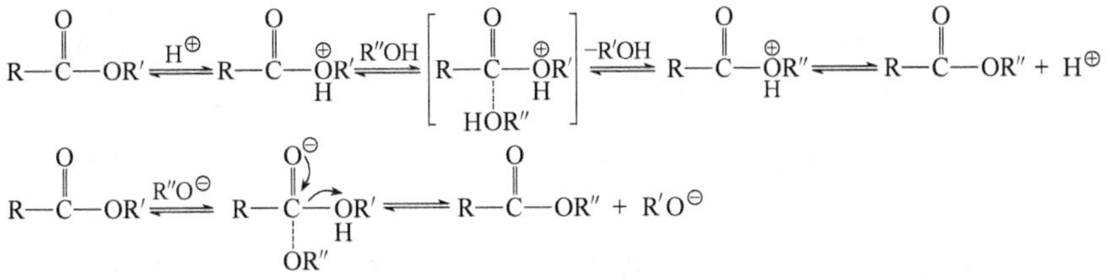

（2）主要影响因素

① 反应物的结构和性质。酯交换反应是一可逆的平衡反应，为使反应向生成酯的方向移动，一般常用过量的醇，并将反应生成的醇不断蒸出。由于反应过程中存在着两个烷氧基（R'O—、R″O—）之间亲核性的竞争，所以生成的醇 R'OH 应易于蒸馏除去，以打破平衡；参加反应的醇 R″OH 应具有较高的沸点，以便留在反应体系中，即以沸点较高的醇置换出酯分子中沸点较低的醇。

② 催化剂。酯的醇解反应可以用酸或碱来催化，常用的酸催化剂有硫酸、对甲苯磺酸等质子酸或 Lewis 酸；碱性催化剂常用醇钠或其他的醇盐，有时也可用胺类。采用何种催化剂，主要取决于醇的性质。若参加反应的醇含有对酸敏感的官能团（如含碱性基团的醇、叔醇等），则应采用碱性催化剂。例如，局部麻醉药丁卡因（Tetracaine）的合成，因反应的醇和酸中含有氨基，需采用过量的二乙基乙醇胺与正丁氨基苯甲酸乙酯反应，在乙醇钠的催化下进行酯交换反应，连续蒸出交换出来的醇即可得产物。

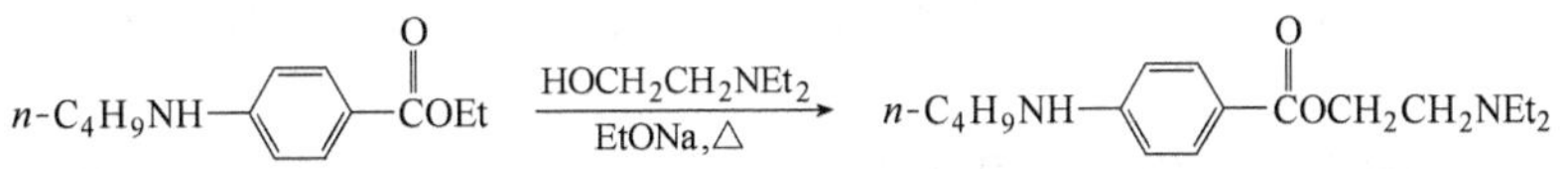

酯交换反应需要在无水条件下进行，否则，反应生成的酯会发生水解，影响反应的正常进行。还需要特别注意的是：由其他醇生成的酯类产品不宜在乙醇中进行重结晶；同样道

理，由其他酸生成的酯类产品不宜在乙酸中进行重结晶或其他反应。

（3）应用特点　酯交换反应与用羧酸进行直接酯化法相比，其反应条件温和。比如，与共沸脱水法相比，两法所用的醇虽然可按等物质的量计算，但用共沸脱水法要采用有机溶剂带水，反应时间长，反应体积亦较大。酯交换法可利用减压迅速将生成的醇除去，操作简便，温度也较低，因此，适合于热敏性或反应活性较小的羧酸，以及溶解度较小或结构复杂的醇等化合物。

采用常规的酯作酰化剂时一般均选用羧酸甲酯或羧酸乙酯，因为它们可以生成沸点较低的甲醇或乙醇，容易将其从反应体系中除去，从而促进平衡向产物方向移动，同时也有利于产物的分离、纯化。

4.1.2.3　酸酐为酰化剂

酸酐是强酰化剂，可用于各种结构的醇和酚的酰化，包括一般酯化法难以反应的酚类化合物及空间位阻较大的叔醇。其反应不可逆，反应中无水生成，一般不加脱水剂，但需要加入质子酸、Lewis 酸、有机碱等作为催化剂。

$$(RCO)_2O + R'OH(ArOH) \xrightarrow{\text{酸或碱}} RCOOR'(RCOOAr) + RCOOH$$

（1）主要影响因素

① 酸酐结构的影响。酸酐的活性与其结构有关，羰基的 α 位上连有吸电子基团（如卤原子、羧基、硝基等）时，由于吸电子效应使羰基碳原子上的电子云密度降低，亲电性增强。

② 催化剂的影响。常用的酸性催化剂有硫酸、对甲苯磺酸、高氯酸等质子酸或氯化锌、三氟化硼、氯化铝、二氯化钴等 Lewis 酸，一般用于立体位阻较大的醇的酰化反应。

常用的碱性催化剂有吡啶、对二甲氨基吡啶（DMAP）、4-吡咯烷基吡啶（PPY）、三乙胺（TEA）及乙酸钠等。4-吡咯烷基吡啶对酸酐催化能力强，在有位阻的醇的酰化中均可取得较好效果。

三氟甲基磺酸盐类催化剂是一类新型的催化剂，比吡啶类催化剂更为有效，可以与各种醇在温和条件下反应，收率很高。

酸催化的活性一般大于碱催化。在具体反应中，选用哪种催化剂，要根据羟基的亲核性、位阻的大小及反应条件等来决定。

③ 反应溶剂的影响。采用乙酸酐、丙酸酐等简单的酸酐为酰化剂时，通常以乙酸酐本身为溶剂，作为催化剂的吡啶、三乙胺等也可以作为反应溶剂，另外也可以选用苯、甲苯、氯仿、石油醚等作为溶剂。

由于酸酐遇水易分解，使其酰化活性大大降低，生成的酯也会因水的存在而分解，所以该反应应严格控制反应体系中的水分。

④ 反应温度的影响。酸酐作为酰化剂，反应一般比较剧烈，通常在良好的搅拌和较低温度下将酰化剂滴加到反应体系中，然后再缓慢升温反应。

（2）应用特点

① 单一酸酐为酰化剂。虽然酸酐的酰化能力很强，但除乙酸酐、丙酸酐、苯甲酸酐和一些二元酸酐（如丁二酸酐、邻苯二甲酸酐）外，其他种类的单一酸酐较少，因此限制了该方法的应用。

② 混合酸酐为酰化剂。混合酸酐不仅容易制备，而且酰化能力也较单一酸酐强，因此更具有使用价值，常见的混合酸酐包括以下几种：

a. 羧酸-三氟乙酐混合酸酐。利用羧酸与三氟乙酐反应形成混合酸酐，实际操作中一般采用临时制备的方法，制得的混合酸酐不需分离直接参与酰化反应。该法适合于立体位阻较大的醇的酰化。

$$RCOOH + (CF_3CO)_2O \longrightarrow RCOOCOCF_3 + CF_3COOH$$

三氟乙酐本身也是一个强的酰化剂，会产生部分三氟乙酰化的产物，故要求醇的用量多一些，以减少副反应。在加料方式上，先在反应体系中制备混合酸酐，再加入被酰化物。

b. 羧酸-磺酸混合酸酐。羧酸与磺酰氯在吡啶中作用可形成羧酸-磺酸混合酸酐。由于反应是在吡啶中进行，因此特别适用于对酸敏感的醇，如叔醇、烯丙醇、炔丙醇、苄醇等。

$$RCOOH + R'SO_2Cl \longrightarrow RCOOSO_2R'$$

c. 羧酸-磷酸混合酸酐。羧酸与取代磷酸酯在吡啶或三乙胺存在下生成羧酸-磷酸混合酸酐。在此过程中，醇只与混合酸酐反应，不与取代磷酸酯反应，因此可不必分离出混合酸酐，实现"一勺烩"操作方法。将各种反应原料同时加入到反应体系中，使操作更为简便。

d. 羧酸-多取代苯甲酸混合酸酐。在 TEA、DMAP 等碱性催化剂存在下，使结构复杂的羧酸与含有多个吸电子取代基的苯甲酰氯作用，先形成混合酸酐，然后再与醇反应得酯。

（3）酚羟基酯化　单一酸酐和混合酸酐均可作为酰化剂对酚羟基进行 O-酰化反应，反应条件同醇羟基 O-酰化，可加入硫酸等质子酸或吡啶等有机碱作催化剂。分子中同时存在醇羟基和酚羟基时，由于醇羟基的亲核能力大于酚羟基，所以优先酰化醇羟基。

4.1.2.4　酰氯为酰化剂

酰氯是一类活泼的酰化试剂，与各种醇、酚均可反应制得相应的酯。其反应为不可逆，反应式如下：

$$RCOCl + R'OH(ArOH) \longrightarrow RCOOR'(RCOOAr) + HCl$$

（1）反应条件及催化剂　由于反应中有氯化氢放出，为了防止对氯化氢敏感的官能团（如叔醇、烯烃等）发生副反应，所以反应过程中常加入碱性试剂以中和生成的氯化氢。常用作催化剂的碱有吡啶、三乙胺、N,N-二甲基苯胺、N,N-二甲氨基吡啶、四甲基乙二胺等有机碱，或碳酸钠（钾）、氢氧化钠（钾）等无机碱。吡啶等有机碱不仅有中和氯化氢的作用，而且对反应有催化作用，可增强酰氯的反应活性。

（2）操作特点　由于酰氯活性高，所以反应常在较低的温度下进行。酰氯不稳定，为了防止酰氯分解，一般采用滴加碱或滴加酰氯的操作方式。

（3）酰氯的活性　酰氯的活性与结构有关，一般脂肪族酰氯的活性比芳香族酰氯活性高，其中乙酰氯最活泼，反应剧烈。随着烃基碳原子数的增多，脂肪族酰氯的活性有所下降。芳香族酰氯的活性主要因羰基碳上的正电荷分散于芳环上而减弱。若脂肪族酰氯的 α-碳原子连有吸电子取代基，则反应活性增强。对于芳酰氯，如果在芳环的对位或间位有吸电子取代基，则反应活性增强；反之，若含给电子取代基，则反应活性减弱。

（4）溶剂　一般可选用卤代烃（氯仿等）、乙醚、四氢呋喃、DMF、DMSO 等为反应溶剂，也可以不加溶剂而直接采用过量的酰氯或过量的醇。

（5）酚羟基酯化　采用酰氯为酰化剂对酚羟基进行 O-酰化反应比较常见，反应中一般加入氢氧化钠、碳酸钠、乙酸钠等无机碱或三乙胺、吡啶等有机碱作缚酸剂或催化剂。

$$\underset{(H_3C)_3C}{\overset{HO}{\bigcirc}}OH + (CH_3)_3CCOCl \xrightarrow[\leq 10℃]{\overset{\bigcirc}{N}} \underset{(H_3C)_3C}{\overset{HO}{\bigcirc}}OCOC(CH_3)_3 \quad (84\%)$$

4.2 案例引入：对硝基-α-乙酰氨基苯乙酮的合成

4.2.1 案例分析

对硝基-α-乙酰氨基苯乙酮为抗菌药氯霉素中间体。

（1）反应原理　反应式如下：

$$O_2N\text{—}\bigcirc\text{—}\overset{\overset{O}{\|}}{C}CH_2NH_2 + HCl + CH_3COONa + (CH_3CO)_2O \longrightarrow$$

$$O_2N\text{—}\bigcirc\text{—}\overset{\overset{O}{\|}}{C}CH_2NHCOCH_3 + 2CH_3COOH + NaCl$$

游离的对硝基-α-氨基苯乙酮很容易发生分子间的脱水缩合而生成吡嗪类化合物。但是为了将分子中的氨基乙酰化，又必须首先将其从盐酸盐状态下游离出来。为此，本反应采用乙酸钠和强乙酰化剂——乙酸酐在低温下进行（乙酸酐在低温下分解较慢）。首先把水、乙酸酐与氨基物盐酸盐混悬，逐渐加入乙酸钠。当对硝基-α-氨基苯乙酮游离出来，在它还未来得及发生双分子缩合反应之前，就立即被乙酸酐所乙酰化，生成对硝基-α-乙酰氨基苯乙酮（简称乙酰化物）。

因此，本反应必须严格遵守先加乙酸酐后加乙酸钠的顺序，绝对不能颠倒。在整个反应过程中必须始终保证有过量的乙酸酐存在。乙酰化反应产生的乙酸与加入的乙酸钠形成了缓冲溶液体系，也使反应液的 pH 保持稳定，利于反应的进行。

（2）生产流程　对硝基-α-乙酰氨基苯乙酮生产工艺流程见图 4-2。

对硝基-α-氨基苯乙酮盐酸盐　　乙酸酐

母液 ⟶ 酰化釜 ⟶ 冷却 ⟶ 过滤 ⟶ 产品

乙酸钠

图 4-2　对硝基-α-乙酰氨基苯乙酮生产工艺流程图

（3）工艺过程　往乙酰化反应罐中加入水，冷至 0～3℃，加入对硝基-α-氨基苯乙酮盐酸盐，开动搅拌，将结晶块打碎使成浆状，加入乙酸酐，搅拌均匀后，先慢后快地加入 38%～40% 的乙酸钠溶液。这时温度逐渐上升，加完乙酸钠时温度不要超过 22℃，在 18～22℃ 反应 1h，测反应终点。

终点测定：取少量反应液，过滤，往滤液中加入碳酸氢钠溶液中和至碱性，在 40℃ 左右加热后放置 15min，滤液澄清不显红色示终点到达；若滤液显红色或浑浊，应适当补加乙酸酐和乙酸钠溶液，继续反应。

反应液冷至 10～13℃ 即析出结晶，过滤（滤液回收乙酸钠），结晶先用常水洗涤，再以 1%～1.5% 碳酸氢钠溶液洗至 pH7，取出，避光保存。

（4）反应条件与影响因素　根据实践经验，反应液的 pH 控制在 3.5～4.5 之间为最好。pH 过低，在酸的影响下反应产物会进一步环合为噁唑类化合物。pH 过高时，则不仅游离的氨基酮会转变为吡嗪类化合物，而且乙酰化物也会发生双分子缩合而生成吡咯类化合物。

4.2.2　氮原子上的酰化反应

N-酰化是制备酰胺类化合物的重要方法。被酰化的可以是脂肪胺、芳香胺，可以是伯胺、仲胺。用羧酸或其衍生物为酰化试剂进行酰化反应时，首先是胺分子中的氮原子对酰化试剂的羰基碳原子进行亲核加成，然后脱去离去基团得酰胺。其反应历程由于酰化剂的不同而分为单分子历程和双分子历程两种，与酰化剂的活性有关。

$$RCOX \longrightarrow R\overset{\oplus}{C}O + X^{\ominus} \xrightarrow{R'R''NH} RCONR'R'' + HX \quad (S_N1)$$

$$RCOX + R'R''NH \longrightarrow \left[R\overset{O^{\ominus}}{\underset{\overset{|}{\underset{HNR'R''}{\oplus}}}{-C-}}X \right] \xrightarrow{-HX} RCONR'R'' \quad (S_N2)$$

由于酰基是吸电子取代基，它使酰胺分子中氮原子的亲核性降低，不容易再与酰化试剂作用，即不容易生成 N,N-二酰化物，所以在一般情况下容易制得较纯的酰胺，这一点与 N-烷基化反应不同。

胺类被酰化的活性与其亲核性及空间位阻均有关，一般活性规律是：伯胺＞仲胺，位阻小的胺＞位阻大的胺，脂肪胺＞芳香胺。即氨基氮原子上电子云密度越高，碱性越强，空间位阻越小，反应活性越大。对于芳胺，由于氨基氮原子与芳环存在 p-π 共轭，降低了氮原子的亲核性，所以，较脂肪胺难酰化，若芳环上含给电子基，则碱性增加，反应活性增加；反之，芳环上含吸电子基，碱性减弱，反应活性降低。活泼的胺，可以采用弱的酰化试剂；对于不活泼的胺，则需用活性高的酰化试剂。

（1）羧酸为酰化剂　羧酸是弱的酰化剂，一般适用于酰化活性较强的胺类。羧酸的 N-酰化是一个可逆过程，首先生成铵盐，然后脱水生成酰胺。同时，由于羧酸可以与胺成盐，从而使 N 原子的亲核能力降低，所以一般不宜以羧酸为酰化剂进行胺的酰化反应。其过程如下：

$$RCOOH + R'R''NH \Longleftrightarrow RCOO \cdot H_2NR'R''$$

$$\Big|_\triangle \quad R\overset{O^{\ominus}}{\underset{\overset{|}{\underset{HNR'R''}{\oplus}}}{-C-}}OH \overset{\triangle}{\Longleftrightarrow} RCONR'R'' + H_2O$$

与所有的可逆反应类似，为了加快反应促使平衡向生成物的方向移动，则需要加入催化剂，并不断蒸出生成的水。

① 配料比与操作方法。为了加速反应，并使反应向生成酰胺的方向移动，必须使反应物之一过量，通常是酸过量。脱水的方法与酯化反应中所采取的方法类似，具体可采用以下方法：

a. 高温熔融脱水酰化法。此法适用于稳定铵盐的脱水。例如，向冰醋酸中通入氨气生成乙酸铵，然后逐渐加热到 180～220℃ 进行脱水，即得乙酰胺。另外，此法也可用于高沸点羧酸和胺类的酰化。例如，苯甲酸和苯胺加热到 225℃ 进行脱水，可制得 N-苯甲酰苯胺。

b. 反应精馏脱水法。此法主要用于乙酸与芳胺的 N-酰化。例如，将乙酸和苯胺加热至沸腾，用蒸馏法先蒸出含水乙酸，然后减压蒸出多余的乙酸，即可得 N-乙酰苯胺。

c. 溶剂共沸脱水法。此法主要用于甲酸（沸点 100.8℃）与芳胺的 N-酰化反应。因为甲酸与水的沸点非常接近，不能用一般精馏法分离，所以必须加入甲苯、二甲苯等惰性溶剂，并用共沸蒸馏法蒸出反应生成的水。

以上方法大多在较高温度下进行，因此，不适合热敏性酸或胺。

② 催化剂。对于活性较强的胺类，为了加速反应，可加入少量的强酸作催化剂。质子酸有可能与氨基形成铵盐，应适当控制反应介质的酸碱度。对于活性弱的胺类、热敏性的酸或胺类，如果直接用羧酸酰化困难，则可加入缩合剂以提高反应活性。如加入碳二亚胺类缩合剂，其作用与在酯化反应中相似，首先与羧酸生成活性中间体，进一步与胺作用得酰胺。常用的此类缩合剂有二环己基碳二亚胺（dicyclohexyl carbodiimide，DCC）、二异丙基碳二亚胺（diisopropyl carbodiimide，DIC）等。

（2）羧酸酯为酰化剂　羧酸酯是弱的 N-酰化试剂，其活性虽不如酰氯、酸酐，但易于制备且性质比较稳定，在反应中不与胺成盐，所以在 N-酰化反应中有广泛应用。羧酸酯为酰化试剂的 N-酰化反应也可看做酯的氨解反应，其反应历程与酯的水解反应类似，为双分子历程的可逆反应。其过程如下：

$$\text{RCOOR}' + \text{R}''\text{NH}_2 \rightleftharpoons \left[\begin{array}{c} \text{O}^{\ominus} \\ | \\ \text{R—C—OR}' \\ | \\ \overset{\oplus}{\text{NH}_2\text{R}''} \end{array} \right] \rightleftharpoons \left[\begin{array}{c} \text{OH} \\ | \\ \text{R—C—OR}' \\ | \\ \text{NHR}'' \end{array} \right] \xrightarrow[\text{或其他碱}]{\text{R}''\text{NH}_2} \begin{array}{c} \text{O}^{\ominus} \\ | \\ \text{R—C} \overset{\curvearrowright}{-} \text{O}^{\oplus}\text{—R}' + \text{R}''\text{NH}_3^{\oplus} \\ | \\ \text{NHR}'' \\ \longrightarrow \text{RCONHR}'' + \text{R}'\text{O}^{\ominus} \end{array}$$

酰化剂包括各种烷基或芳基取代的脂肪酸酯、芳香酸酯；被酰化物包括各种烷基或芳基取代的伯胺、仲胺以及 NH_3；反应的溶剂一般是醚类、卤代烷及苯类。

对于羧酸酯（RCOOR'），若酰基中 R 空间位阻大，则活性小，酰化反应速率慢，需在较高温度或一定压力下进行反应；反之，若 R 位阻小且具有吸电子取代基，则活性高，易酰化。酯基中离去基团（$\text{R}'\text{O}$—）越稳定，则活性越高，反应容易进行。

对于胺类，其反应速率则与其碱性和空间位阻有关。胺的碱性越强，空间位阻越小，活性越高；反之，则越小。

由于酯的活性较弱，普通的酯直接与胺反应需在较高的温度下进行，因此在反应中常用碱作为催化剂以增强胺的亲核能力。常用的碱性催化剂有醇钠或更强的碱，如 NaNH_2、$n\text{-BuLi}$、LiAlH_4、NaH、Na 等，过量的反应物胺也可起催化作用。另外，还要严格控制反应体系中的水分，防止催化剂分解以及酯和酰胺的水解发生。

羧酸甲酯和乙酯在 N-酰化反应中应用较多，反应一般在较高温度下进行，也可以加入醇钠等强碱或 BF_3 等 Lewis 酸帮助脱去过渡态的质子而促进反应。

活性酯也在结构复杂的酰胺的制备中得到广泛应用。

（3）酸酐为酰化剂　酸酐是活性较强的酰化剂，可用于各种结构的胺的酰化。其反应为不可逆，反应式如下：

$$(\text{RCO})_2\text{O} + \text{HNR}'\text{R}'' \longrightarrow \left[\begin{array}{c} \text{O} \quad\quad \text{O} \\ \| \quad\quad \| \\ \text{R—C—O—C—R} \\ | \\ \text{NHR}'\text{R}'' \end{array} \right] \longrightarrow \left[\begin{array}{c} \text{O}^{\ominus} \\ | \\ \text{R—C} \overset{\curvearrowright}{-} \text{O—COR} \\ | \\ \overset{\oplus}{\text{NHR}'\text{R}''} \end{array} \right] \longrightarrow \text{RCONR}'\text{R}'' + \text{RCOOH}$$

由于反应不可逆，因此酸酐用量不必过多，一般高于理论量的 5%～10% 即可。最常用的酸酐是乙酸酐，由于其酰化活性较高，通常在 20～90℃ 即可顺利进行反应。

如果被酰化的胺和酰化产物熔点不太高，在乙酰化时可不另加溶剂；如果被酰化的胺和酰化产物熔点较高，就需要另外加苯、甲苯、二甲苯或氯仿等非水溶性惰性有机溶剂；如果被酰化的胺和酰化产物易溶于水，而乙酰化的速率比乙酸酐的水解速率快得多，则乙酰化反应可以在水介质中进行。

用酸酐为酰化试剂可用酸或碱催化，由于反应过程中有酸生成，故可自动催化。某些难酰化的氨基化合物可加入硫酸、磷酸、高氯酸以加速反应。

酸酐的酰化能力较强，常用的酸酐主要有乙酸酐、丙酸酐、丁二酸酐、邻苯二甲酸酐等，由于大分子的酸酐不易制备，所以在应用上有其局限性。脂肪族酸酐主要用于较难酰化的胺类。环状的酸酐为酰化剂时，在低温下常生成单酰化物，高温则可得双酰化物，从而制得二酰亚胺类化合物。

为了扩大酸酐的使用范围，满足药物合成技术发展的需要，对于某些难以制备的酸酐，可以制成混合酸酐以提高其酰化能力，使反应能够在温和的条件下进行。混合酸酐由某些位阻大的羧酸与一些试剂作用制得，它具有反应活性更强和应用范围广的特点，所以利用混合酸酐比用单一酸酐进行酰化更有实用价值。在工业上已经得到应用的有羧酸-磷酸混合酸酐、羧酸-碳酸混合酸酐等。

（4）酰氯为酰化剂　酰氯性质活泼，很容易与胺反应生成酰胺。其反应不可逆，反应式如下：

$$RCOCl + R'NH_2 \longrightarrow RCONHR' + HCl$$

由于反应中有氯化氢生成，为了防止其与胺反应成铵盐，常加入碱性试剂以中和生成的氯化氢。中和生成的氯化氢可采用三种形式：使用过量的胺反应；加入吡啶、三乙胺以及强碱性季铵盐类化合物等有机碱；加入氢氧化钠、碳酸钠、乙酸钠、醇钠等无机碱。当以吡啶、N,N-二甲氨基吡啶等吡啶类化合物为缚酸剂时，不仅中和氯化氢，而且可以催化反应。

反应采用的溶剂常常根据所用的酰化试剂而定。对于高级的脂肪酰氯，由于其亲水性差，而且容易分解，应在无水有机溶剂如氯仿、乙酸、苯、甲苯、乙醚、二氯乙烷以及吡啶等中进行。吡啶既可作溶剂，又可中和氯化氢，还能促进反应。但由于其毒性大，在工业上应尽量避免使用。

乙酰氯等低级的脂肪酰氯反应速率快，反应可以在水中进行。为了减少酰氯水解的副反应，常在滴加酰氯的同时，不断滴加氢氧化钠溶液、碳酸钠溶液或固体碳酸钠，始终控制反应体系的 pH 值在 7～8。

芳酰氯的活性比低级的脂肪酰氯稍差，反应温度需要高一些，但一般不易水解，可以在强碱性水介质中进行反应，采取滴加酰氯的方法。反应完毕，用碳酸氢钠溶液洗涤，干燥即可。

酰氯是最强的酰化试剂，适用于活性低的氨基的酰化。由于酰氯的活性高，一般在常温、低温下即可反应，所以多用于位阻大的胺以及热敏性物质的酰化，其应用非常广泛。

4.3 案例引入：邻（对氯苯甲酰）苯甲酸的合成

4.3.1 案例分析

邻（对氯苯甲酰）苯甲酸，化学名称为 2-(4-氯苯甲酰)苯甲酸，是利尿药氯噻酮的中间体，也是染料 2-氯蒽醌的中间体。通过 F-C 酰化反应制得。

2-(4-氯苯甲酰)苯甲酸

（1）反应原理 反应式如下：

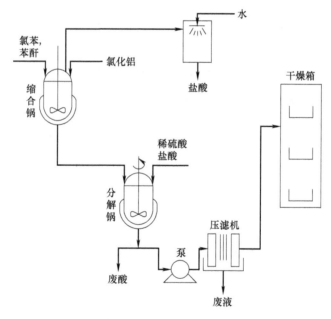

（2）生产流程 邻（对氯苯甲酰）苯甲酸生产工艺流程见图 4-3。

图 4-3 邻（对氯苯甲酰）苯甲酸生产流程

（3）操作方法

① 缩合。在锅中加入氯苯 700L 和氯化铝 495kg（工业品），搅拌下加入溶解好的 70℃苯酐溶液（由氯苯 1000L 和苯酐 250kg 溶解而成），温度不超过 85℃。加毕，在 80~85℃保温 1h。反应中放出的氯化氢气体，以水喷淋吸收成盐酸。

② 水解及酸化反应。将保温毕的缩合物料加到已有 4000L 底水的锅中，搅拌 10min，加入 98%硫酸 140L，再搅拌 10min。水蒸气蒸馏蒸去氯苯。蒸出的氯苯与水的混合物经石

墨冷凝器冷凝后，由氯苯和水分离器进行分离，氯苯经固碱干燥器干燥，循环使用，氯苯废水作水解的底水用。

蒸馏结束，加冰水冷至 70℃。过滤，滤饼水洗至洗液呈中性（以 pH 试纸检测），滤饼干燥，得邻(对氯苯甲酰)苯甲酸干品。

4.3.2 碳原子上的酰化反应

4.3.2.1 Friedel-Crafts 酰化反应

（1）基本原理　羧酸及其衍生物在质子酸或 Lewis 酸的催化下，对芳烃进行亲电取代生成芳酮的反应称为 Friedel-Crafts 酰化反应。

$$\text{⬡} + RCOZ \xrightarrow{\text{Lewis酸}} \text{⬡—COR} + HZ$$

$$(Z = Hal, R'COO—, R'O—, HO—)$$

反应首先是催化剂与酰化剂作用，生成酰基碳正离子活性中间体，之后，酰基碳正离子进攻芳环上电子云密度较大的位置，取代该位置上的氢，生成芳酮。反应过程中，生成的酰基碳正离子的形式比较复杂，但可以简单表示如下（以酰氯酰化剂为例）：

$$RCOCl + AlCl_3 \rightleftharpoons R-\overset{O}{\underset{\oplus}{C}} \cdot AlCl_4^{\ominus} \rightleftharpoons R-\overset{O}{C^{\oplus}} + AlCl_4^{\ominus}$$

$$\text{⬡} + R-\overset{O}{\underset{\oplus}{C}} \cdot AlCl_4^{\ominus} \rightleftharpoons \text{（中间体）} \rightleftharpoons \text{⬡—}\overset{O \cdot AlCl_3}{C-R} + HCl$$

从上述过程可以看出，反应后生成的酮和 AlCl$_3$ 以配合物的形式存在，而以配合物存在的 AlCl$_3$ 不再起催化作用，所以 AlCl$_3$ 的用量必须超过反应物的物质的量。若用酸酐为酰化剂，常用反应物物质的量 2 倍以上的 AlCl$_3$ 催化；若用酰氯为酰化剂，常用反应物物质的量 1 倍以上的 AlCl$_3$ 催化（超过量 10%～50%）。反应结束后，产物需经稀酸处理溶解铝盐，才能得到游离的酮。

（2）主要影响因素

① 酰化剂。常用酰化剂有酰卤、酸酐、羧酸等，酰卤中多用酰氯和酰溴，其反应活性与所用催化剂有关。若以 AlX$_3$ 为催化剂，其活性顺序是：酰碘＞酰溴＞酰氯＞酰氟。以 BX$_3$ 为催化剂则活性顺序为：酰氟＞酰溴＞酰氯。脂肪酰氯中烃基的结构对反应影响较大，如酰基的 α 位为叔碳原子时，由于受三氯化铝的作用容易脱羰基形成叔碳正离子，因而反应后得到的是烃化产物。

当酰氯分子中的 β、γ、δ 位含有卤素、羟基以及含有 α,β-不饱和双键等活性基团时，应严格控制反应条件，否则这些基团在此条件下亦可发生分子内烃化反应而环合。

如酰化剂的烃基中有芳基取代时，且芳基取代在 β、γ、δ 位上，则易发生分子内酰化而得环酮，其反应难易程度与形成环的大小有关（六元环＞五元环＞七元环）。

② 被酰化物结构。该反应是亲电取代反应，遵循芳环亲电取代反应的规律。当芳环上含有给电子基时，反应容易进行。因酰基的立体位阻比较大，所以酰基主要进入给电子基的对位，对位被占，才进入邻位。氨基虽然也能活化芳环，但它容易同时发生 N-酰化以及氨

基与 Lewis 酸配位结合的副反应，因此在进行 C-酰化前应该首先对氨基进行保护。芳环上有吸电子基时，使 C-酰化反应难以进行。由于酰基本身是较强的吸电子取代基，所以，当芳环上引入一个酰基后，芳环被钝化不易再引入第二个酰基发生多酰化，使得 C-酰化反应的收率可以很高，产品易于纯化。

多 π 芳杂环如呋喃、噻吩、吡咯等易于发生环上酰化，而缺电子的芳杂环如吡啶、嘧啶、喹啉等则难以进行酰化。

③ 催化剂。常用的催化剂有 Lewis 酸（活性由大到小）：$AlBr_3$、$AlCl_3$、$FeCl_3$、BF_3、$SnCl_4$、$ZnCl_2$。质子酸：HF、HCl、H_2SO_4、H_3BO_4、$HClO_4$、CF_3COOH、CH_3SO_3H、CF_3SO_3H 及 PPA。

一般用酰氯、酸酐为酰化剂时多选用 Lewis 酸催化，以羧酸为酰化剂时则多选用质子酸催化。Lewis 酸的活性一般大于质子酸，但各种催化剂的强弱程度常常也因具体反应条件不同而异。Lewis 酸中以无水 $AlCl_3$ 最为常用，但对于某些易于分解的芳杂环如呋喃、噻吩、吡咯等的酰化宜选用活性较小的 BF_3、$SnCl_4$ 等弱催化剂。

④ 溶剂。溶剂对该反应影响很大。C-酰化生成的芳酮与 $AlCl_3$ 的配合物大都是黏稠的液体或固体，所以在反应中常需加入溶剂。当低沸点的芳烃进行 Friedel-Crafts 反应时，可以直接采用过量的芳烃作溶剂；当用酸酐为酰化剂时，可以采用过量的酸酐为溶剂。当不宜选用过量的反应组分作溶剂时，就需要加入另外的适当溶剂，常用溶剂有二硫化碳、硝基苯、石油醚、四氯乙烷、二氯乙烷、氯仿等。其中硝基苯与 $AlCl_3$ 可形成复合物，反应呈均相，极性强，应用较广。

4.3.2.2 活性亚甲基化合物 α 位 C-酰化

（1）基本原理 羰基化合物 α 位的氢原子由于受相邻的羰基的影响而具有一定的酸性，在强碱作用下，可以在活性亚甲基的碳原子上引入酰基，得到 β-二酮、β-酮酸酯等化合物。其过程如下：

$$RCOCl + \underset{X}{\overset{Y}{CH_2}} \xrightarrow{B^{\ominus}} RCO\underset{X}{\overset{Y}{CH}}$$

X、Y 为吸电子取代基，如—COR'、—$COOR'$、—CN、—NO_2 等

由于产物中含有三个活性基团，很容易分解其中的一个或两个而实现官能团之间的转化。因此，本反应在药物合成中的应用十分广泛。

（2）影响因素与反应条件 活性亚甲基化合物的活性与其所连的两个吸电子基的种类有关，吸电子能力越强，其 α 位的氢原子的酸性则越强，越容易发生反应。可以通过活性亚甲基化合物的 pK_a 值来判定 α 位的氢原子的酸性，其 pK_a 值越小，酸性越强。

反应中一般采用酰氯、酸酐为酰化剂，其他酰化剂如活性酯、活性酰胺也有应用。反应中为避免酰化剂被分解，常用乙醚、四氢呋喃、DMF、DMSO 等惰性溶剂。

反应中常用的催化剂有：RONa、NaH、$NaNH_2$、$NaCPh_3$、t-BuOK、三乙胺、吡啶等有机碱。

4.3.2.3 酰化反应常见人名反应

（1）Hoesch 反应 腈类化合物与氯化氢在 Lewis 酸 $ZnCl_2$ 催化下，与含羟基或烷氧基的芳烃进行反应，可生成相应的酮亚胺，再经水解得含羟基或烷氧基的芳香酮。此反应被称为 Hoesch 反应。

该反应以腈为酰基化试剂，间接地在芳环上引入酰基，是合成酚或酚醚类芳酮的一个重要方法。

Hoesch 反应可看成是 Friedel-Crafts 酰化反应的特殊形式。反应历程是腈化物首先与氯化氢结合，在无水氯化锌的催化下，形成具有碳正离子活性的中间体，向苯环做亲电进攻，经 σ-配合物转化为酮亚胺，再经水解得芳酮。

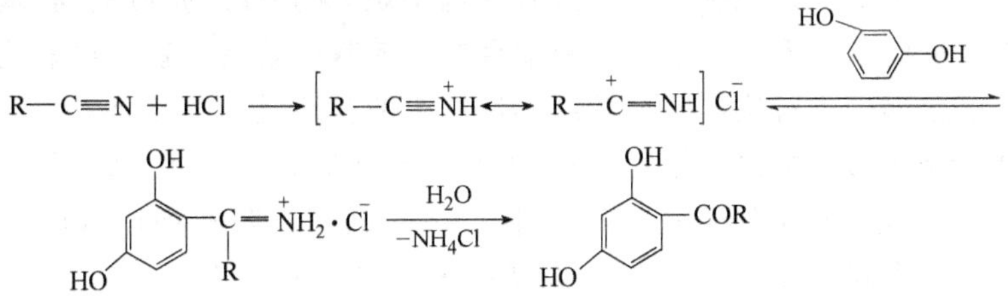

$$R{-}C{\equiv}N + HCl \longrightarrow \left[R{-}C{\equiv}\overset{+}{N}H \longleftrightarrow R{-}\overset{+}{C}{=}NH \right] \overset{-}{C}l \xrightarrow{\qquad}$$

该反应一般适用于由间苯二酚、间苯三酚、酚醚以及某些杂环（如吡咯）等制备相应的酰化产物。腈化物（RCN）中的 R 可以是芳基、烷基、卤代烃基，其中以卤代烃基腈活性最强，可用于烷基苯、卤苯等活性低的芳环的酰化。芳腈的反应活性低于脂肪腈。

催化剂一般用无水氯化锌，有时也用氯化铝、氯化铁等。溶剂以无水乙醚最好，冰醋酸、氯仿-乙醚、丙酮、氯苯等也可使用。反应一般在低温下进行。

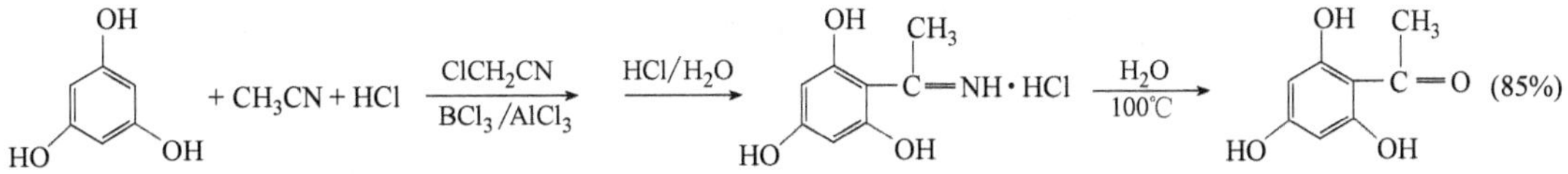

（2）Gattermann 及 Gattermann-Koch 反应　Gattermann 发现可以用两种方法在芳环上引入甲酰基，得到芳醛。

① Gattermann 反应。以氰化氢和氯化氢为酰化剂，氯化锌或氯化铝为催化剂，在芳环上引入 1 个甲酰基。

$$ArH + HCN + HCl \xrightarrow{ZnCl_2\ 或\ AlCl_3} Ar{-}\underset{H}{C}{=}NH \cdot HCl \xrightarrow{H_2O} ArCHO + NH_4Cl$$

为了避免使用有剧烈毒性的氰化氢，改用无水 $Zn(CN)_2$＋HCl 来代替 HCN＋HCl，这样可在反应中慢慢释放氰化氢，使反应更为顺利。

该反应可用于烷基苯、酚、酚醚及某些杂环如吡咯、吲哚等的甲酰化。对于烷基苯，要求反应条件比较剧烈，比如需要用过量的 $AlCl_3$ 来催化反应。对于多元酚或多甲基酚，反应条件可温和些，甚至有时可以不用催化剂。

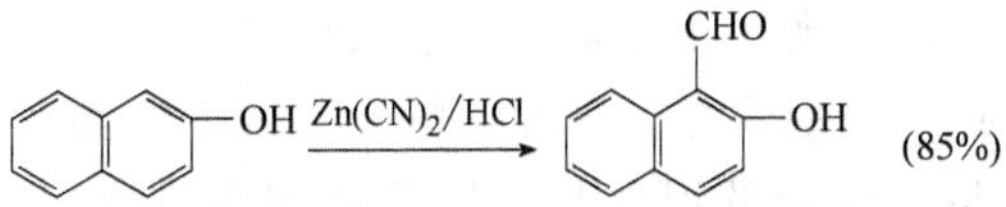

② Gattermann-Koch 反应。用氯化铝和氯化铜为催化剂，在芳烃中通入一氧化碳和氯

化氢，使芳烃上引入甲酰基。此法被称作一氧化碳法，或称 Gattermann-Koch 反应，是工业上制备芳醛的主要方法。

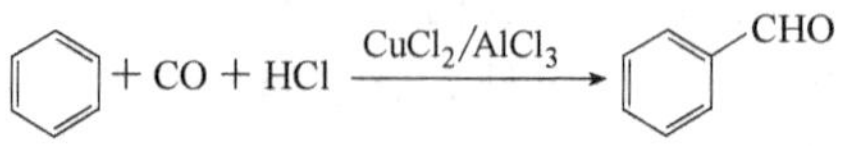

该反应主要用于烷基苯、烷基联苯等具有给电子烷基的芳醛的合成。氨基取代苯化学性质太活泼，易在该反应条件下与生成的芳醛缩合成三芳基甲烷衍生物。单取代的烷基苯在进行甲酰化时，几乎全部生成对位产物。该法不适用于酚及酚醚的甲酰化。

反应所用催化剂除以 $AlCl_3$ 为主催化剂外，还要加辅助催化剂，如 $CuCl_2$、$NiCl_2$、$CoCl_2$、$TiCl_4$ 等。反应若在常压下进行，收率 $30\%\sim50\%$；若在加压（以 3.5MPa 左右为宜）下进行，收率可提高到 $80\%\sim90\%$。温度一般以 $25\sim30℃$ 为宜。

（3）Vilsmeier-Haauc 反应 以氮取代的甲酰胺为甲酰化剂，在三氯氧磷作用下，在芳环及芳杂环上引入甲酰基的反应，称为 Vilsmeier-Haauc 反应。

反应机理一般认为是 N-取代的甲酰胺先与三氯氧磷生成加成物，然后进一步离解为具有碳正离子的活性中间体，再对芳环进行亲电取代反应，生成 α-氯胺后很快水解成醛。

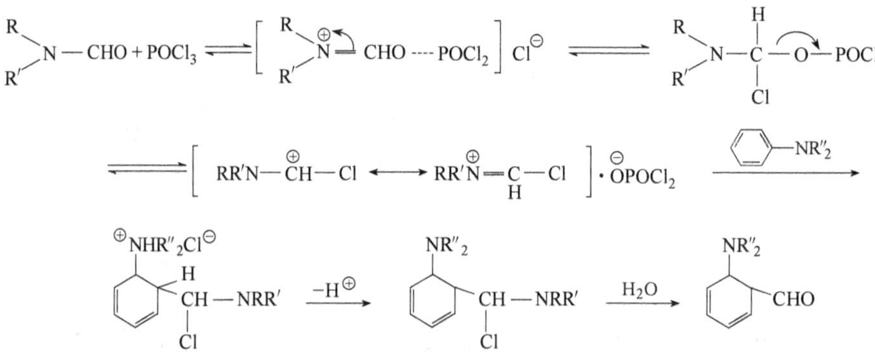

Vilsmeier-Haauc 反应是在 N,N-二烷基苯胺、酚类、酚醚及多环芳烃等较活泼的芳香族化合物的芳环上引入甲酰基的最常用的方法。对某些多 π 电子的芳杂环如呋喃、噻吩、吡咯及吲哚等化合物环上的甲酰化，用该方法也能得到较好的收率。

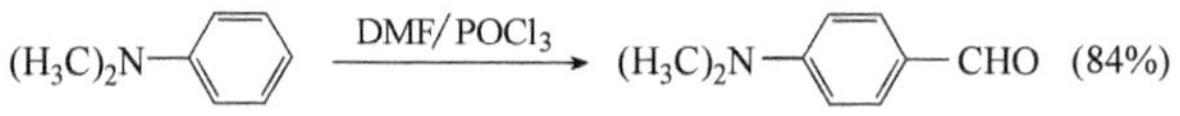

Vilsmeier-Haauc 反应最常用的催化剂是 $POCl_3$，其他如 $COCl_2$、$ZnCl_2$、$SOCl_2$、Ac_2O、$(COCl)_2$ 等也可用作催化剂。氮取代甲酰胺可以是单取代或双取代烷基、芳烃基衍生物、N-甲基甲酰基苯胺、N-甲酰基哌啶等。

（4）Reimer-Tiemann 反应 酚与氯仿及碱液反应生成芳醛的反应称为 Reimer-Tiemann 反应。该反应首先是氯仿与碱在加热时发生消除反应得二氯碳烯（:CCl_2，二氯卡宾），其化学性质活泼，可作为亲电试剂进攻酚羟基邻位的碳原子，使该次甲基上的氢原子被新形成的基团取代，碱水解后，便可得到在酚羟基邻位引入醛基（—CHO）的产物。

反应中酚氧负离子是必要的中间体，因此，酚醚不发生此类反应。该反应主要用于酚类和某些杂环类化合物如吡咯、吲哚的甲酰化。甲酰基主要进入羟基的邻位，也有少量对位产物

$$CHCl_3 + OH^\ominus \longrightarrow CCl_3{}^\ominus \xrightarrow{-Cl^\ominus} :CCl_2$$

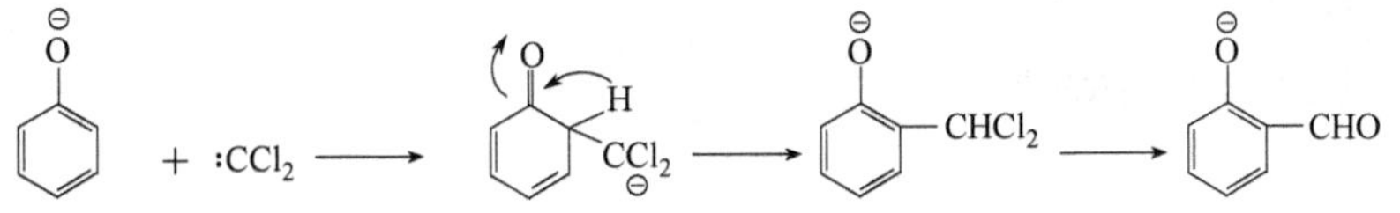

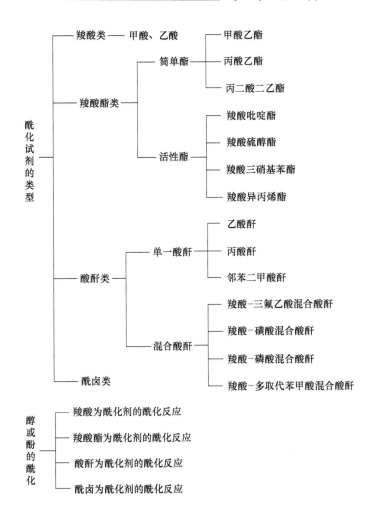

Reimer-Tiemann 反应具有原料易得、操作方便、未作用的酚可以回收等优点，可是往往收率不高，但对于某些中间体的合成仍很有用。

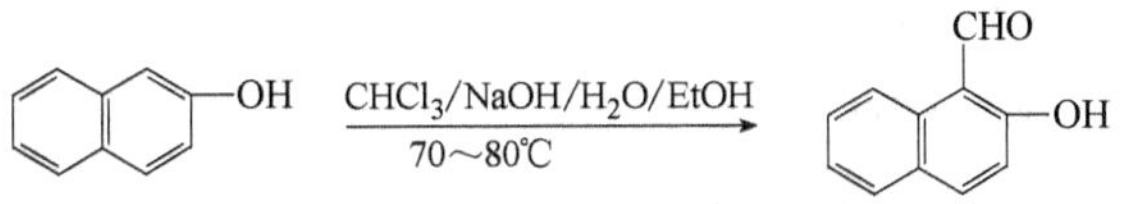

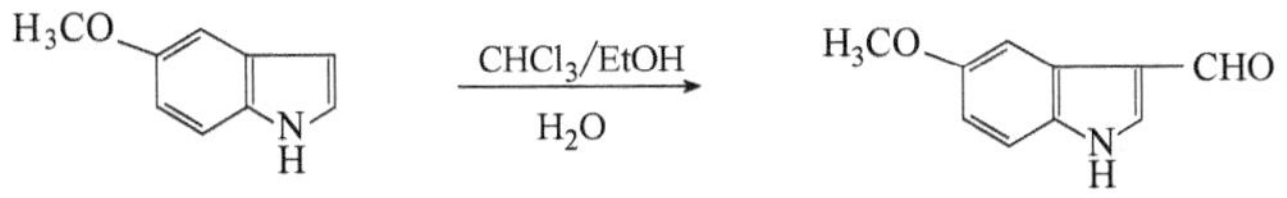

本 章 小 结

- 酰化试剂的类型
  - 羧酸类 — 甲酸、乙酸
  - 羧酸酯类
    - 简单酯
      - 甲酸乙酯
      - 丙酸乙酯
      - 丙二酸二乙酯
    - 活性酯
      - 羧酸吡啶酯
      - 羧酸硫醇酯
      - 羧酸三硝基苯酯
      - 羧酸异丙烯酯
  - 酸酐类
    - 单一酸酐
      - 乙酸酐
      - 丙酸酐
      - 邻苯二甲酸酐
    - 混合酸酐
      - 羧酸-三氟乙酸混合酸酐
      - 羧酸-磺酸混合酸酐
      - 羧酸-磷酸混合酸酐
      - 羧酸-多取代苯甲酸混合酸酐
  - 酰卤类
- 醇或酚的酰化
  - 羧酸为酰化剂的酰化反应
  - 羧酸酯为酰化剂的酰化反应
  - 酸酐为酰化剂的酰化反应
  - 酰卤为酰化剂的酰化反应

氮原子上的酰化
— 羧酸为酰化剂的酰化反应
— 羧酸酯为酰化剂的酰化反应
— 酸酐为酰化剂的酰化反应
— 酰卤为酰化剂的酰化反应

碳原子上的酰化
— Friedel－Crafts酰化反应
— Hoesch酰化反应
— Vilsmeier－Haauc酰化反应
— Reimer－Tiemann酰化反应
— Gattermann及Gattermann－Koch酰化反应
— 活性亚甲基化合物的α位C-酰化反应
— 烯胺的C-酰化反应

思考与练习

一、完成下列反应

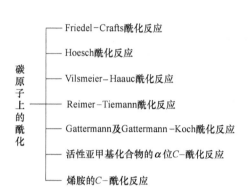

1. 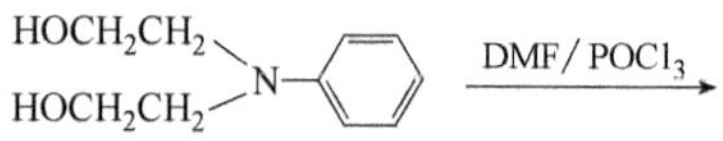 $\begin{array}{l}HOCH_2CH_2 \\ HOCH_2CH_2\end{array}$N—C₆H₅ $\xrightarrow{DMF/POCl_3}$

2. 邻苯二甲酸酐 + 氯苯 $\xrightarrow[\triangle]{AlCl_3}$? $\xrightarrow[\triangle]{PPA}$?

3. 甲苯 + O_2N—C₆H₄—内酯 $\xrightarrow{AlCl_3}$? $\xrightarrow[\triangle]{PPA}$

4. C₆H₅—CH（COCl）—COOH + H₂N—青霉烷（CH₃、CH₃、S、COOH） $\xrightarrow[-5\sim0℃]{NaOH}$

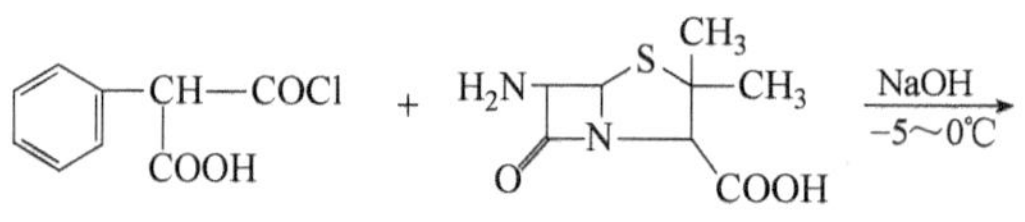

5. 苯甲醚 + H₃CO—萘—COCl $\xrightarrow{AlCl_3}$

6. 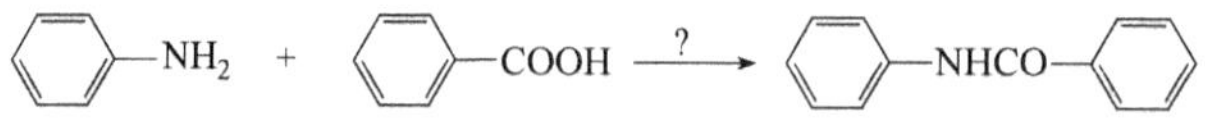 C₆H₅—NH₂ + C₆H₅—COOH $\xrightarrow{?}$ C₆H₅—NHCO—C₆H₅

7. 3,4,5-三羟基苯甲酸 + EtOH $\xrightarrow{?}$ 3,4,5-三羟基苯甲酸乙酯

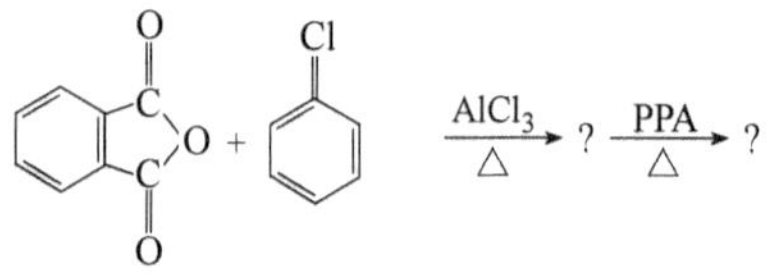

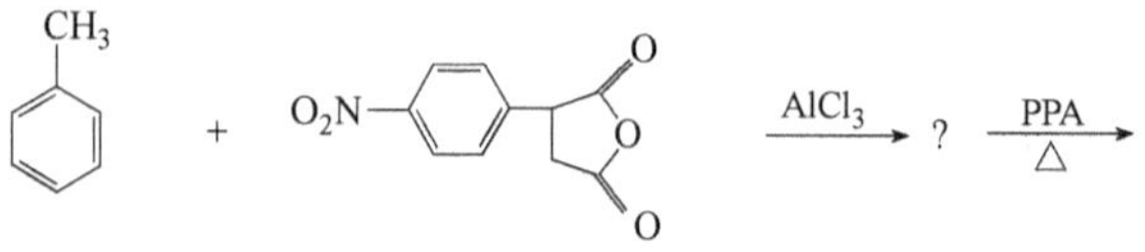

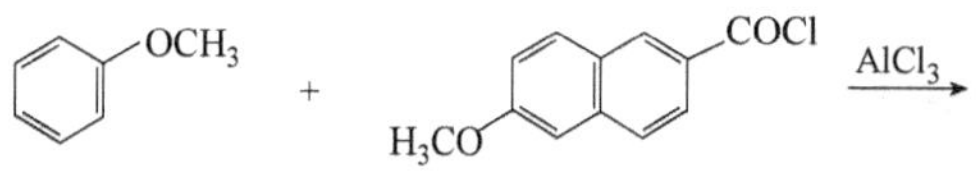

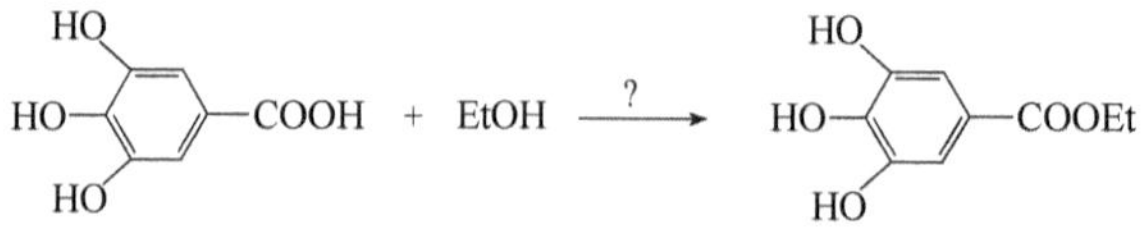

8.  Cl—⟨benzene⟩—OC(CH₃)₂COOH + C₂H₅OH $\xrightarrow[80\sim85℃]{H_2SO_4}$

9. 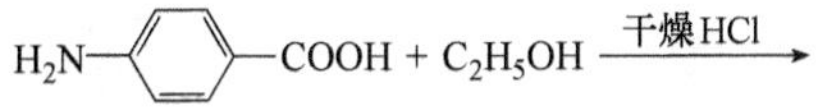 H₂N—⟨benzene⟩—COOH + C₂H₅OH $\xrightarrow{干燥HCl}$

10. 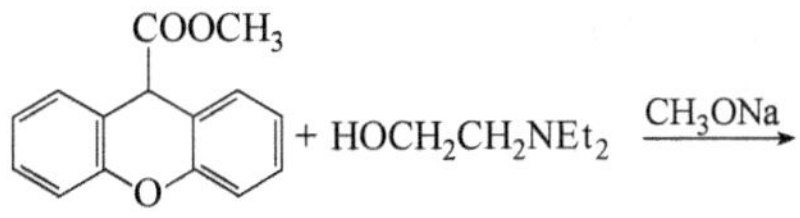 ⟨xanthene-COOCH₃⟩ + HOCH₂CH₂NEt₂ $\xrightarrow{CH_3ONa}$

11. 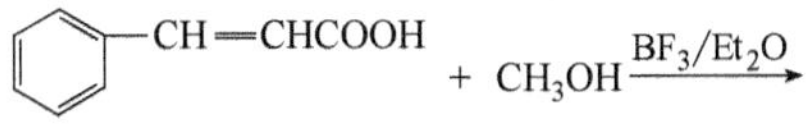 ⟨C₆H₅⟩CH=CHCOOH + CH₃OH $\xrightarrow{BF_3/Et_2O}$

12. 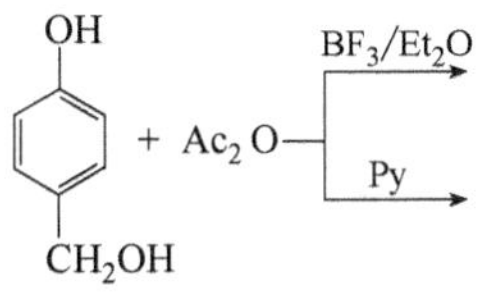 ⟨benzene: OH, CH₂OH⟩ + Ac₂O $\xrightarrow[Py]{BF_3/Et_2O}$

13. 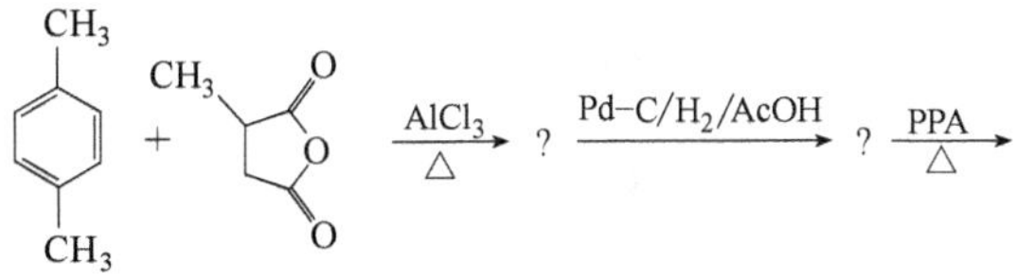 ⟨p-xylene⟩ + ⟨methylsuccinic anhydride⟩ $\xrightarrow[\triangle]{AlCl_3}$? $\xrightarrow{Pd-C/H_2/AcOH}$? $\xrightarrow[\triangle]{PPA}$

14. 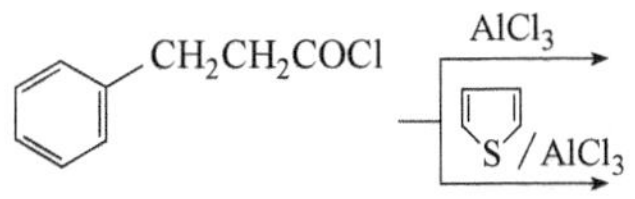 ⟨benzene-CH₂CH₂COCl⟩ $\xrightarrow[S/AlCl_3]{AlCl_3}$

15. 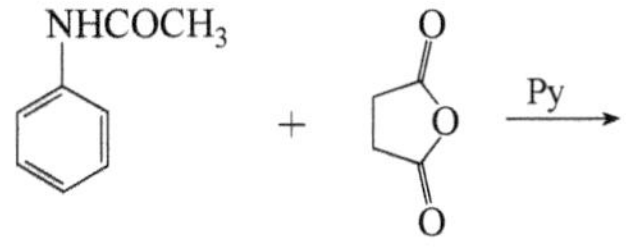 ⟨benzene-NHCOCH₃⟩ + ⟨succinic anhydride⟩ $\xrightarrow{Py}$

16. 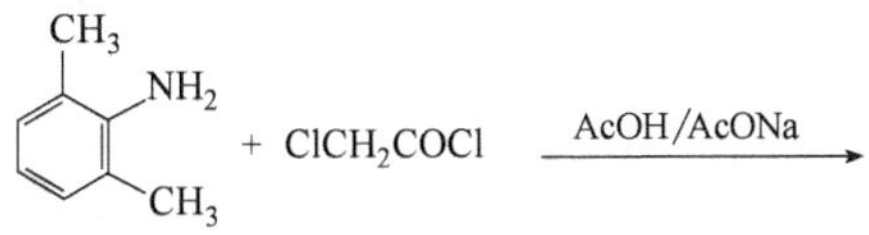 ⟨2,6-dimethylaniline: CH₃, NH₂, CH₃⟩ + ClCH₂COCl $\xrightarrow{AcOH/AcONa}$

二、下述反应可采用两种方法进行：（1）加催化量的硫酸加热回流；（2）用甲苯带水。两种方法哪种优先？为什么？

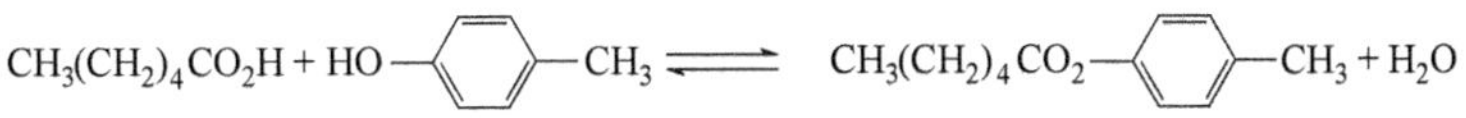

CH₃(CH₂)₄CO₂H + HO—⟨benzene⟩—CH₃ ⇌ CH₃(CH₂)₄CO₂—⟨benzene⟩—CH₃ + H₂O

三、在利尿药氯噻酮的中间体对氯苯甲酰苯甲酸的制备中，为什么 1mol 邻苯二甲酸酐要用 2.4mol AlCl₃ 为催化剂？若 F-C 酰化反应中用酰氯为酰化剂，催化剂 AlCl₃ 的用量如何？反应结束后，产物如何从反应液中分离？

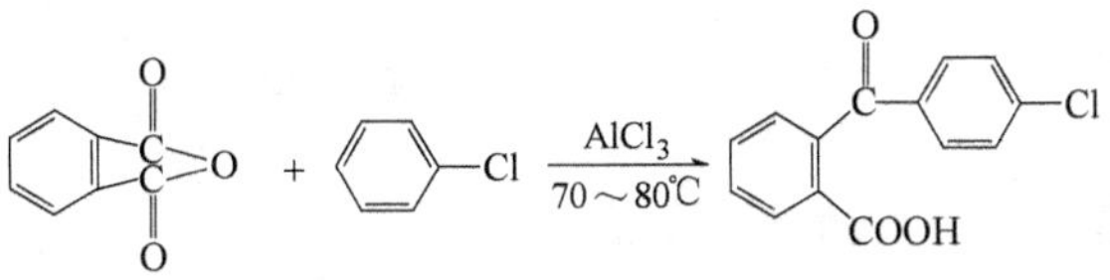

⟨phthalic anhydride⟩ + ⟨chlorobenzene⟩ $\xrightarrow[70\sim80℃]{AlCl_3}$ ⟨2-(4-chlorobenzoyl)benzoic acid⟩

【阅读材料】 合成盐酸普鲁卡因工作任务分析

1. 盐酸普鲁卡因结构认识

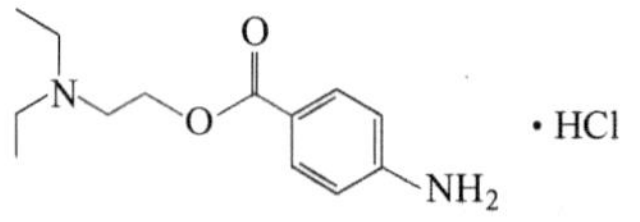

盐酸普鲁卡因

2. 盐酸普鲁卡因合成路线分析

采用逆向合成分析法，从分子切断的角度，盐酸普鲁卡因可以有以下两种切断方式：

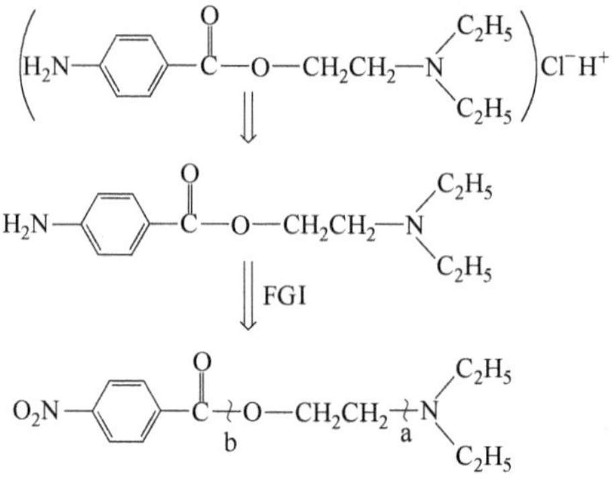

从 b 处切断：

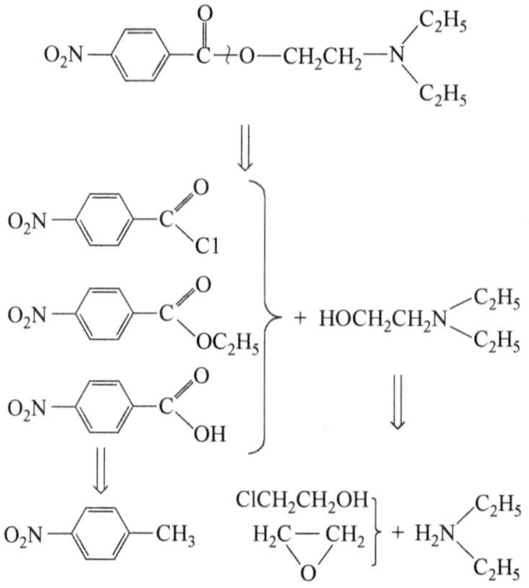

从 a 处切断：

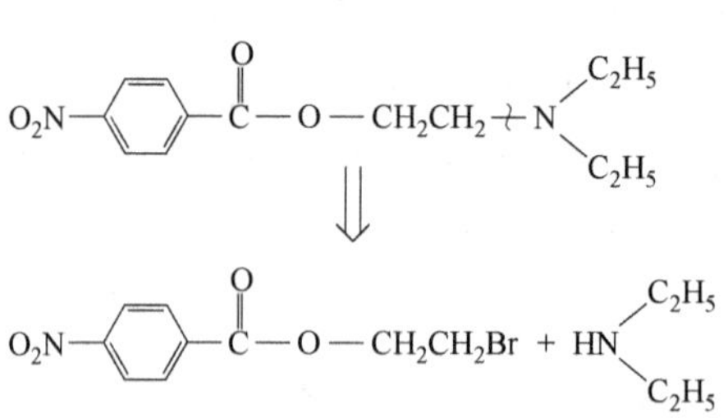

3. 文献中盐酸普鲁卡因合成的常见方法

针对上面的两种切断方式，盐酸普鲁卡因早期的合成路线有以下四种：

（1）酰氯化法

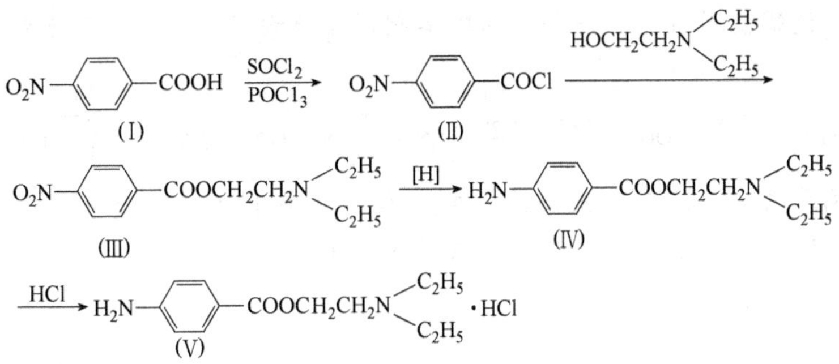

在此反应中，由于用到价格较贵的氯化亚砜，故成本较高。而且氯化亚砜具有强烈的腐蚀性，对设备要求较高；氯化亚砜及苯蒸气都有毒，也增加了劳动保护成本。

（2）氯代乙酯法

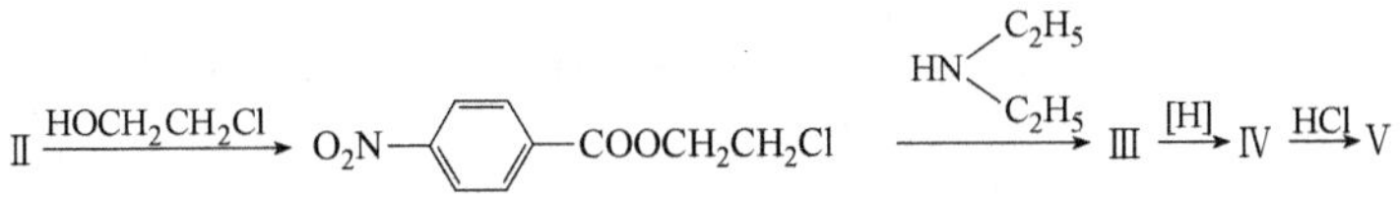

在此反应中除了要用了氯化亚砜外，还要用到98％的氯乙醇，更增加了劳动保护成本。同时，对硝基苯甲酸氯代乙酯与二乙胺缩合反应要用高压。

（3）苯佐卡因法

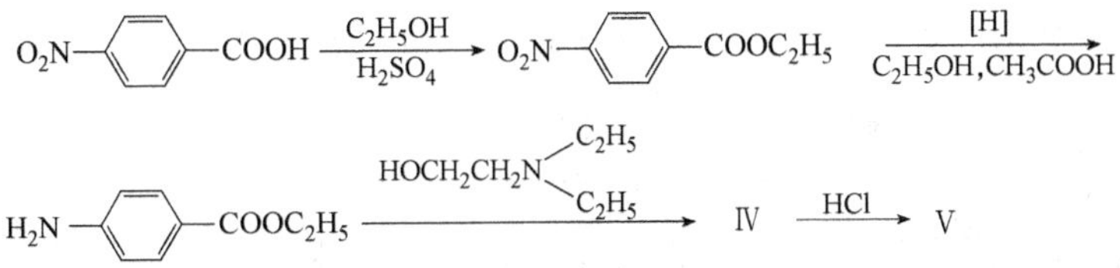

本路线较为成熟，但由于还原后苯佐卡因不溶于水，与铁泥不易分离，须用有机溶剂提取，同时收率亦低（约78％）。酯交换后普鲁卡因与杂质不易分离，影响成品质量。

（4）溴代乙酯法

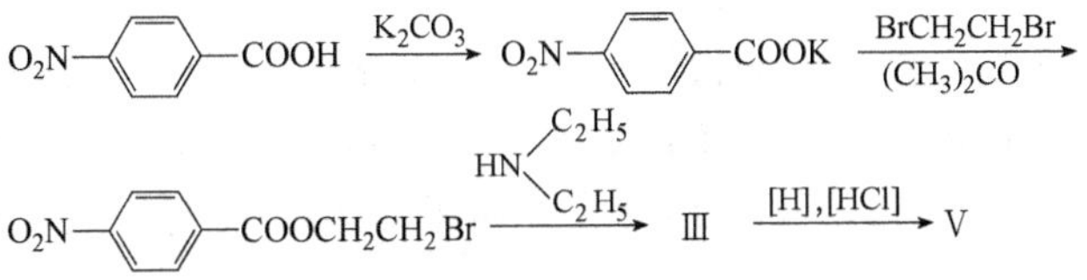

国内最初在1954年试制生产时，限于原料供应上的问题，当时采用此法，也即在 a 处切断得到的路线：

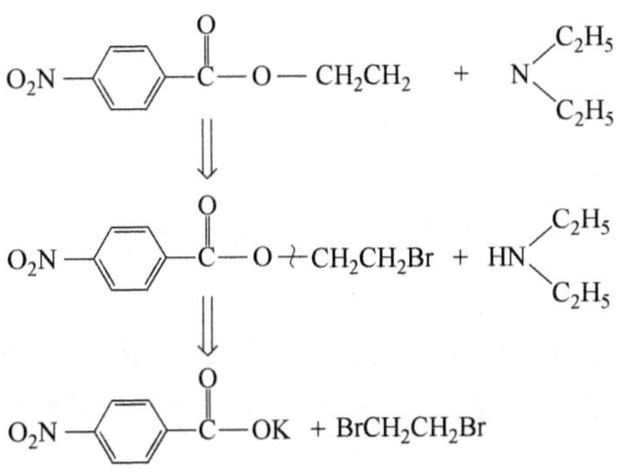

但在 a 处切断推出的工艺路线存在下列问题：①对硝基苯甲酸的钾盐在浓缩时易结成硬块，既不易干燥，又很难粉碎，给生产操作带来很多不便；②生产中需用较贵的二溴乙烷，由于下述副反应还需使用过量。此外，丙酮溶剂用量很大，从工业生产来看是不经济的。副反应如下：

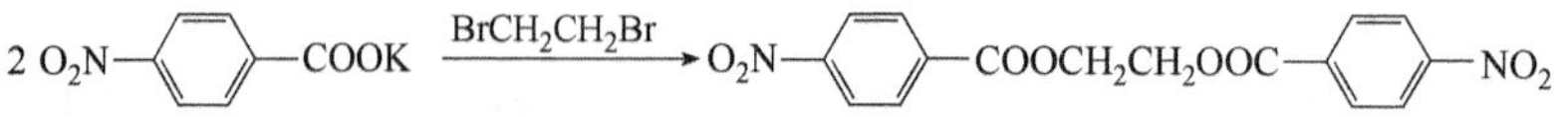

$$2 \; O_2N \text{—}\bigcirc\text{—}COOK \xrightarrow{BrCH_2CH_2Br} O_2N\text{—}\bigcirc\text{—}COOCH_2CH_2OOC\text{—}\bigcirc\text{—}NO_2$$

（5）直接酯化法　该工艺合成路线缩短，利用共沸带水的方法将酯化反应生成的水带走，可使收率提高，也是目前工业上普遍采用的方法。

采用平行法安排生产：

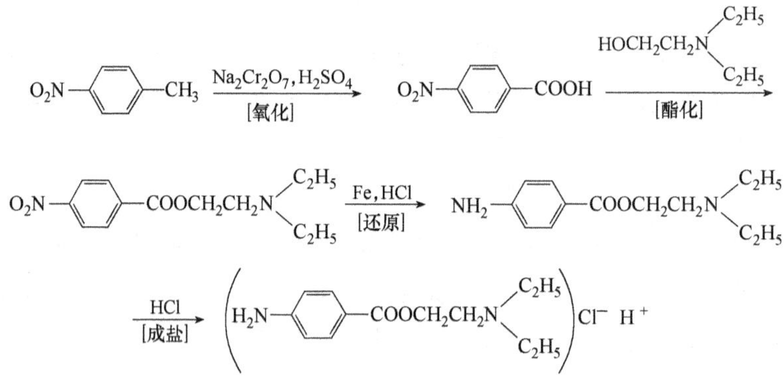

$$O_2N\text{—}\bigcirc\text{—}CH_3 \xrightarrow[\text{[氧化]}]{Na_2Cr_2O_7,H_2SO_4} O_2N\text{—}\bigcirc\text{—}COOH \xrightarrow[\text{[酯化]}]{HOCH_2CH_2N(C_2H_5)_2}$$

$$O_2N\text{—}\bigcirc\text{—}COOCH_2CH_2N(C_2H_5)_2 \xrightarrow[\text{[还原]}]{Fe,HCl} NH_2\text{—}\bigcirc\text{—}COOCH_2CH_2N(C_2H_5)_2$$

$$\xrightarrow[\text{[成盐]}]{HCl} \left(H_2N\text{—}\bigcirc\text{—}COOCH_2CH_2N(C_2H_5)_2 \right) Cl^- \; H^+$$

用对硝基苯甲酸为起始原料合成局麻药盐酸普鲁卡因时，把对硝基苯甲酸中硝基的还原和羧基的酯化这两个化学反应单元的先后顺序颠倒，都同样可得到最终产品。

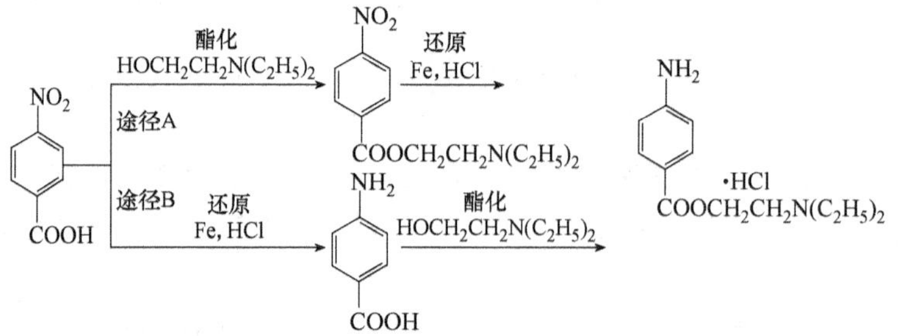

若采用途径 B，先还原后酯化，不仅还原产物分离困难（主要是应用铁-酸还原时，由于羧基与铁离子形成不溶性沉淀，混于铁泥中不易分离），而且对氨基苯甲酸的化学活性比途径 A 中对硝基苯甲酸低，因而途径 B 的酯化收率不如途径 A 高。故生产上采用先酯化后还原的途径 A。

【技能训练 4-1】　硝基卡因的制备

一、实训目的与要求

1. 通过局部麻醉药盐酸普鲁卡因的合成，学习酯化、还原等单元反应。
2. 掌握利用水和二甲苯共沸脱水的原理进行羧酸的酯化操作。
3. 掌握水溶性大的盐类用盐析法进行分离及精制的方法。

二、实训原理

盐酸普鲁卡因（Procaine Hydrochloride）为局部麻醉药，作用强，毒性弱。临床上主要用于浸润、脊椎及传导麻醉。盐酸普鲁卡因化学名为对氨基苯甲酸-β-二乙氨基乙酯盐酸盐，化学结构式为：

$$H_2N-\bigcirc-COOCH_2CH_2N(C_2H_5)_2 \cdot HCl$$

盐酸普鲁卡因为白色细微针状结晶或结晶性粉末，无臭，味微苦而麻。熔点为 153～157℃。易溶于水，溶于乙醇，微溶于氯仿，几乎不溶于乙醚。

三、实验步骤

1. 对硝基苯甲酸-β-二乙氨基乙酯（俗称硝基卡因）的制备

在装有温度计、分水器[1]及回流冷凝器的 500mL 三口烧瓶中，投入对硝基苯甲酸 20g、二乙基乙醇胺 14.7g、二甲苯 150mL 及止爆剂，油浴加热至回流（注意控制温度，油浴温度约为 180℃，内温约为 145℃），共沸带水 6h[2]。撤去油浴，稍冷，将反应液倒入 250mL 锥形瓶中，放置冷却[3]，析出固体。将上清液用倾泻法转移至减压蒸馏烧瓶中，水泵减压蒸除二甲苯，残留物以 3％盐酸 140mL 溶解，并与锥形瓶中的固体合并，过滤，除去未反应的对硝基苯甲酸[4]，滤液（含硝基卡因）备用。

2. 对氨基苯甲酸-β-二乙氨基乙酯的制备

将上步得到的滤液转移至装有搅拌器、温度计的 500mL 三口烧瓶中，搅拌下用 20％氢氧化钠调 pH 为 4.0～4.2。充分搅拌下，于 25℃分次加入经活化的铁粉[5]，反应温度自动上升，注意控制温度不超过 70℃（必要时可冷却），待铁粉加毕，于 40～45℃保温反应 2h[6]。抽滤，滤渣以少量水洗涤两次，滤液以稀盐酸酸化至 pH 为 5。滴加饱和硫化钠溶液调 pH 为 7.8～8.0，沉淀反应液中的铁盐，抽滤，滤渣以少量水洗涤两次，滤液用稀盐酸酸化至 pH 为 6。加少量活性炭[7]，于 50～60℃保温反应 10min，抽滤，滤渣用少量水洗涤一次，将滤液冷却至 10℃以下，用 20％氢氧化钠碱化至普鲁卡因全部析出（pH 为 9.5～10.5），过滤，得普鲁卡因，备用。

3. 盐酸普鲁卡因的制备

（1）成盐　将普鲁卡因置于烧杯中[8]，慢慢滴加浓盐酸至 pH 为 5.5[9]，加热至 60℃，加精制食盐至饱和，升温至 60℃，加入适量保险粉，再加热至 65～70℃，趁热过滤，滤液冷却结晶，待冷至 10℃以下，过滤，即得盐酸普鲁卡因粗品。

（2）精制　将粗品置烧杯中，滴加蒸馏水至维持在 70℃时恰好溶解。加入适量的保险粉[10]，于 70℃保温反应 10min，趁热过滤，滤液自然冷却，当有结晶析出时，外用冰浴冷却，使结晶析出完全。过滤，滤饼用少量冷乙醇洗涤两次，干燥，得盐酸普鲁卡因，熔点为 153～157℃，以对硝基苯甲酸计算总收率。

四、思考题

1. 在盐酸普鲁卡因的制备中，为何用对硝基苯甲酸为原料先酯化，然后再进行还原，能否反之，为什么？

2. 酯化反应中，为何加入二甲苯作溶剂？

3. 酯化反应结束后，放冷除去的固体是什么？为什么要除去？

4. 在铁粉还原过程中，为什么会发生颜色变化？说出其反应机制。

5. 还原反应结束为什么要加入硫化钠？

6. 在盐酸普鲁卡因成盐和精制时，为什么要加入保险粉？解释其原理。

注释

[1] 羧酸和醇之间进行的酯化反应是一个可逆反应。反应达到平衡时，生成酯的量比较少（约 65.2％），为使平衡向右移动，需向反应体系中不断加入反应原料或不断除去生成物。本反应利用二甲苯和水形成共沸混合物的原理，将生成的水不断除去，从而打破平衡，使酯化反应趋于完全。由于水的存在对

反应产生不利的影响，故实验中使用的药品和仪器应事先干燥。

　　[2]　考虑到教学实验的需要和可能，将分水反应时间定为 6h，若延长反应时间，收率尚可提高。

　　[3]　也可不经放冷直接蒸去二甲苯，但蒸馏至后期，固体增多，毛细管堵塞，操作不方便。回收的二甲苯可以再用。

　　[4]　对硝基苯甲酸应除尽，否则影响产品质量。回收的对硝基苯甲酸经处理后可以再用。

　　[5]　铁粉活化的目的是除去其表面的铁锈，方法是：取铁粉 47g，加水 100mL，浓盐酸 0.7mL，加热至微沸，用水倾泻法洗至近中性，置水中保存待用。

　　[6]　该反应为放热反应，铁粉应分次加入，以免反应过于激烈，加入铁粉后温度自然上升。铁粉加毕，待其温度降至 45℃进行保温反应。在反应过程中，铁粉参加反应后生成绿色沉淀 $Fe(OH)_2$，接着变成棕色 $Fe(OH)_3$，然后转变成棕黑色的 Fe_3O_4。因此，在反应过程中应经历绿色、棕色、棕黑色的颜色变化。若不转变为棕黑色，可能反应尚未完全。可补加适量铁粉，继续反应一段时间。

　　[7]　除铁时，因溶液中有过量的硫化钠存在，加酸后可使其形成胶体硫，加活性炭后过滤，便可使其除去。

　　[8]　盐酸普鲁卡因水溶性很大，所用仪器必须干燥，用水量需严格控制，否则影响收率。

　　[9]　严格掌握 pH＝5.5，以免芳氨基成盐。

　　[10]　保险粉为强还原剂，可防止芳氨基氧化，同时可除去有色杂质，以保证产品色泽洁白。若用量过多，则成品含硫量不合格。

【技能训练 4-2】　苯佐卡因的制备

一、实训目的与要求

1. 通过苯佐卡因的合成，熟练掌握酯化、还原等反应操作方法。

2. 会利用酸碱、有机溶剂重结晶的方法精制固体产品。

二、实训原理

苯佐卡因（Benzocaine）化学名为对氨基苯甲酸乙酯（ethyl p-aminobenzoate）。本品作局部麻药，用于创面、溃疡面及痔疮的镇痛。苯佐卡因在国内的合成路线有两条：一是以对硝基苯甲酸为原料，经酯化、还原制得；二是对硝基苯甲酸先还原再酯化制得。本实验采用路线一。

三、实训步骤及方法

1. 酯化反应——对硝基苯甲酸乙酯的制备

在干燥[1]的 100mL 圆底烧瓶中加入对硝基苯甲酸 6g、无水乙醇 24mL，逐渐加入浓硫酸[2] 2mL，振摇混合均匀，装上附有氯化钙干燥管的球形冷凝器，在油浴上加热回流 90min[3]。稍冷，在搅拌下，将反应液倾入到 100mL 水中[4]，抽滤，滤渣移至乳钵中。细研后，再加 5％碳酸钠溶液 10mL，研磨 5min，测 pH 值（检查反应物是否呈碱性），抽滤，用稀乙醇洗涤，干燥，计算收率。

2. 还原反应[5]——苯佐卡因的制备

在装有搅拌器、球形冷凝器的 250mL 三口烧瓶中，加入水 17mL、氯化铵 0.7g，直火加热至 95℃，加入铁粉 4.3g，在 90～98℃活化 20min，慢慢加入对硝基苯甲酸乙酯 5g，在 95～98℃反应 90min，冷却至 45℃左右，加入少量碳酸钠饱和溶液调至 pH 为 7～8，加入氯仿 30mL，搅拌 3～5min，抽滤。用氯仿 7～10mL 洗涤三口烧瓶及滤渣，抽滤，将滤液倾入 100mL 分液漏斗中，静置分层。弃除水层，氯仿层用 5％盐酸 90mL 分三次提取，合并提取液。用 40％氢氧化钠调至 pH8 析出结晶，抽滤，得苯佐卡因粗品。

3. 精制

将粗品以 50％乙醇（10～15mL/g）重结晶，得苯佐卡因。测熔点，计算还原收率和总收率。

四、思考题

1. 氧化反应完毕，依据哪些性质将对硝基苯甲酸从混合物中分离出来？

2. 苯佐卡因制备中可能带进哪些杂质？如何除去？

注释

[1] 酯化反应必须在无水条件下进行，如有水进入反应系统中，收率将降低。

[2] 加浓硫酸时一定要缓慢，以防止乙醇被炭化。

[3] 在回流过程中，反应液逐渐澄明，澄明后要继续回流一段时间，使反应趋于完全。

[4] 对硝基苯甲酸乙酯及少量未反应的对硝基苯甲酸均溶于乙醇，但均不溶于水。反应完毕，将反应物倾入水中，乙醇的浓度变稀，对硝基苯甲酸乙酯及对硝基苯甲酸便析出，这种分离产物的方法称为稀释法。

[5] 还原反应中，因铁粉密度大，沉于瓶底，必须将它搅拌起来，才能使反应顺利进行，充分激烈搅拌是铁酸还原反应的重要因素。

5

≪≪≪

还原反应技术

▶ 学习目的

学习还原反应的概念、还原反应规律及多相催化氢化方法，能综合应用相关理论知识解释常见还原方法在药物合成中的应用原理及条件；能正确使用各类催化剂和催化方法，提高在药物合成中利用还原反应理论优化药物制备路线、方法的能力，为今后的学习工作打下基础。

▶ 知识要求

掌握炔、烯、芳烃被还原的特点、常用还原剂、还原产物；羰基（醛酮）、腈、羧酸及其衍生物被还原的特点、常用还原剂、还原产物；常用氢化催化剂的种类、应用特点以及影响催化氢化反应的因素；熟悉各类还原反应的条件；了解生物还原反应的基本理论。

▶ 能力要求

熟练应用还原反应理论解释常见还原反应条件的控制及副产物产生的原因；学会实验室制备普鲁卡因操作技术。

在化学反应中，使有机物分子中碳原子总的氧化态降低的反应称还原反应。即在还原剂作用下，能使有机分子得到电子或使参加反应的碳原子上的电子云密度增高的反应。直观地讲，即为在有机分子中增加氢或减少氧的反应。

根据采用的还原剂和操作方法不同，还原反应分为三大类：在催化剂存在下，反应底物与分子氢进行的加氢反应，称催化氢化反应；使用化学物质作为还原剂进行的反应，为化学还原反应；使用微生物发酵或活性酶进行底物中特定结构的还原反应，称生物还原反应。

催化氢化反应中，催化剂自成一相（固相）者称非均相催化氢化，其中以气态氢为氢源者称多相催化氢化，以有机物为氢源者称转移氢化；催化剂溶解于反应介质中者称均相催化氢化。

化学还原反应按使用还原剂的差异，分为亲核（如负氢离子转移）、亲电和自由基反应。

110

5.1 案例引入：普鲁卡因的合成

5.1.1 案例分析

普鲁卡因作为局部麻醉药品，常用于浸润麻醉、阻滞麻醉、腰椎麻醉、硬膜外麻醉和局部封闭疗法等。近年来，人们发现它具有镇静、镇痛、解痉、抗过敏、恢复中枢神经平衡等作用。

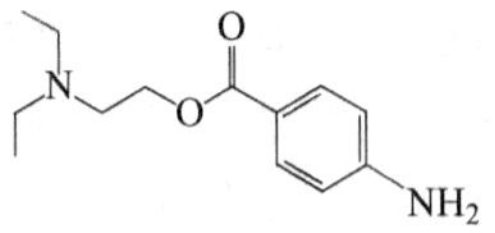

$$O \quad \diagdown N \diagup \diagdown \diagdown O - C \diagdown \diagup NH_2$$

普鲁卡因

目前我国生产普鲁卡因主要使用铁粉还原。

$$O_2N - \text{◯} - COOCH_2CH_2NEt_2 \xrightarrow[\text{还原}]{Fe,HCl} H_2N - \text{◯} - COOCH_2CH_2NEt_2$$

5.1.2 含氮化合物的还原反应技术

含氮化合物通过还原反应生成胺是制备胺类化合物最重要的方法。

硝基化合物还原成胺，通常是通过亚硝基化合物、羟胺、偶氮化合物等中间过程，因而用于还原硝基化合物成胺的方法，也适用于上述中间过程各化合物的还原。

肟是由羰基化合物制备的，将其还原成胺是转变醛、酮成相应胺的常用方法。偶氮化合物可由重氮盐与活泼芳香族化合物的偶合反应而制得，还原偶氮化合物成胺，可以看作为在活泼芳环上间接引入氨基。在某些立体选择合成中，可采用还原叠氮化合物的方法，合成具光学活性的伯胺。

在酸性条件下，活性金属铁、锌、锡等是常用的还原剂，由于价廉易得，在工业生产中，铁更为常用。催化氢化还原法，由于较易控制还原的选择性且不导致环境污染，已广泛在实验室采用并在工业上逐步推广。近年来发展出一种用一氧化碳进行催化还原芳香硝基化合物的方法。该方法无污染，具有一定的选择性。

含硫还原剂如硫化钠、硫化胺、亚硫酸氢钠、连二亚硫酸钠等是在碱性或中性条件下选用的还原剂。此类还原剂的特点是能使多硝基化合物中部分硝基还原为氨基。

还原硝基化合物常用的方法有活泼金属还原法、硫化物还原法、催化氢化法、金属复氢化物还原法以及 CO 选择性还原。

5.1.2.1 活泼金属为还原剂

活泼金属为还原剂的反应，其机理为电子转移过程。电子从金属表面转移到被还原基团形成负离子，继而与反应介质水、醇或酸提供的质子结合，从而使不饱和键得到还原。还原硝基化合物常用的活泼金属有铁、锌、锡等。

活泼金属可还原硝基化合物、偶氮化合物、肟和亚甲胺。

（1）金属铁为还原剂　用铁粉作还原剂，可将硝基还原为氨基，在还原过程中—CN、—X、—C≡C—的存在可不受影响。由于铁粉价格低廉、工艺简单、适用范围广、副反应少、对反应设备要求低，国内外曾长期采用该法生产苯胺。

① 基本原理。以铁粉为还原剂时，其还原机理为硝基化合物在铁粉表面进行电子的转

111

移，铁粉为电子供给体。还原过程及中间产物比较复杂，但总的结果是，1mol 硝基化合物应得到 6 个电子才可以被还原成氨基化合物。铁粉给出电子后若转化为 Fe^{2+}，则还原 1mol 硝基化合物需要 3mol 的铁；若转化为 Fe^{3+}，则还原 1mol 硝基化合物需要 2mol 的铁。但在实际反应中，生成既有 Fe^{2+} 又有 Fe^{3+} 的四氧化三铁（俗称铁泥），因此 1mol 硝基化合物还原成氨基化合物，理论上需要 2.25mol 铁。

$$4ArNO_2 + 9Fe + 4H_2O \longrightarrow 4ArNH_2 + 3Fe_3O_4$$

② 影响因素

a. 被还原物结构。对于不同的硝基化合物，采用铁粉还原时，反应条件有差异。在还原芳香族硝基化合物时，若芳环上有吸电子基存在，硝基中氮原子上电子云密度降低，亲电能力增强，使还原反应容易进行，这时还原反应的温度可较低；反之，若芳环上有给电子基存在，硝基中氮原子上电子云密度增高，亲电能力降低，使还原反应较难进行，这时还原反应的温度较高，常在加热沸腾状态下进行。

b. 铁粉的质量。一般采用干净、质软的灰色铸铁粉，因为它含有较多的碳，并含有硅、锰、硫、磷等元素，在含有电解质的水溶液中能形成许多微电池，促进铁的电化学腐蚀，有利于还原反应的进行。另外，灰色铸铁粉质脆，搅拌时容易被粉碎，增加了与被还原物的接触表面。铁粉的粒度以 60～100 目为宜。

c. 铁粉的用量。理论上 1mol 硝基化合物需要 2.25mol 的铁粉，实际上用量为 3～4mol，过量多少与铁粉质量、粒度大小有关。

d. 电解质。在硝基还原为氨基时，需要有电解质存在，并保持介质的 pH3.5～5，使溶液中有铁离子存在。电解质的作用是增加水溶液的导电性，加速铁的电化学腐蚀。通常是先在水中放入适量的铁粉和稀盐酸，加热一定时间进行铁的预蚀，除去铁粉表面的氧化膜，并生成亚铁离子作为电解质。

e. 反应温度。反应温度随被还原物结构的不同而不同。若还原芳环上含有给电子基的硝基化合物时，反应温度一般是 95～102℃，即接近反应液的沸腾温度。铁粉还原是强烈的放热反应，如果加料太快，反应过于激烈，会导致爆沸溢料。

f. 反应器。铁粉的相对密度比较大，容易沉在反应器的底部，因此所用反应器是衬有耐酸砖的平底钢槽和铸铁制的慢速耙式搅拌器，并用直接水蒸气加热。

（2）其他金属为还原剂　在盐酸中，Sn 和 $SnCl_2$ 是还原硝基化合物的常用还原剂。Zn 可在酸性、中性或碱性条件下还原硝基化合物生成相应的胺。如抗组胺药奥沙米特中间体的合成。

其他金属如铝、钛、镍等均是芳香硝基化合物的良好还原剂。

5.1.2.2　含硫化合物为还原剂

含硫化合物包括硫化物（硫化钠、硫氢化物和多硫化物）和含氧硫化物（如连二亚硫酸钠、亚硫酸钠、亚硫酸氢钠）。

含硫化合物为电子供给体，水或醇为质子供给体。

（1）硫化物为还原剂　反应在水或醇介质中进行，硫化物是电子供给体，水或醇是质子供给体。反应后，硫化物被氧化成硫代硫酸盐。

使用硫化钠反应后有氢氧化钠生成，使反应液碱性增大，易产生双分子还原产物，而且产物中常带入有色杂质。为避免此副反应的发生，可在反应液中添加氯化铵以中和生成的碱；也可加入过量还原剂，使反应迅速进行，不致停留在中间体阶段。以二硫化钠还原可避免生成氢氧化钠。多硫化钠还原虽无碱生成，但易析出胶体硫而使分离困难。

以硫化物为还原剂的另一特点是可选择性还原二硝基苯衍生物中的一个硝基，得硝基苯胺衍生物。

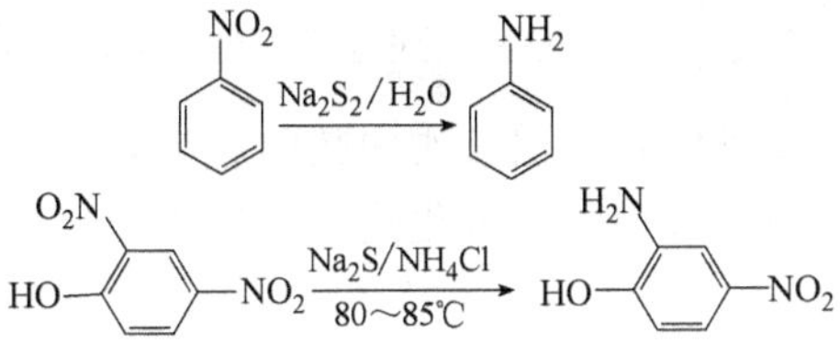

（2）含氧硫化物为还原剂　含氧硫化物还原能力强，但性质不稳定，受热或在中性、酸性溶液中易分解，往往在碱性条件下配制使用。如抗凝血药呱达醇中间体的制备。

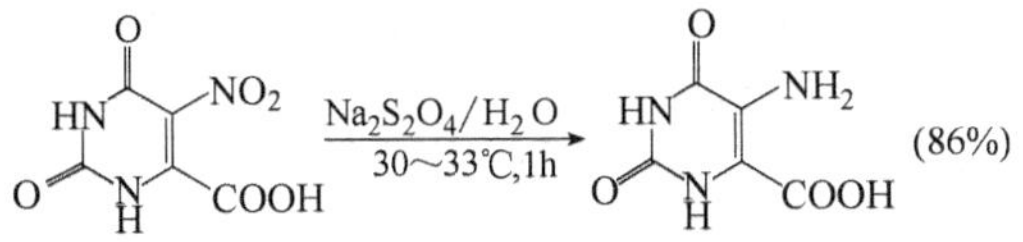

连二亚硫酸钠还原能力强，可还原硝基、重氮基（偶氮化合物）及醌基等。

5.1.2.3 金属复氢化物为还原剂

氢化铝锂或氢化铝锂与氯化铝混合物均能有效还原脂肪族硝基化合物为氨基化合物。芳香族硝基化合物用氢化铝锂还原时，通常得偶氮化合物，如与氯化铝合用则仍可还原成胺。

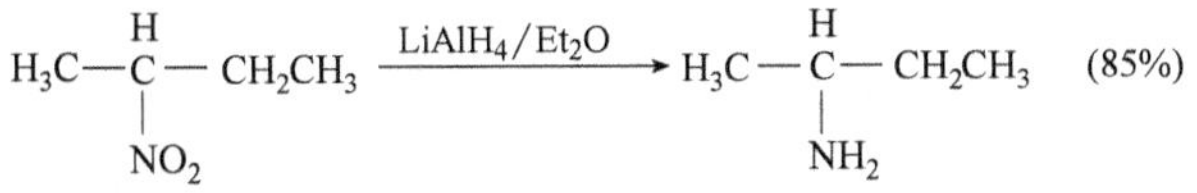

硝基化合物一般不被硼氢化钠所还原，若在催化剂如硅酸盐、钯、二氯化钴等存在下，则可被还原成胺。硫代硼氢化钠是还原芳香族硝基化合物十分有效的还原剂，分子中存在的氰基、卤素和烯键不受影响。

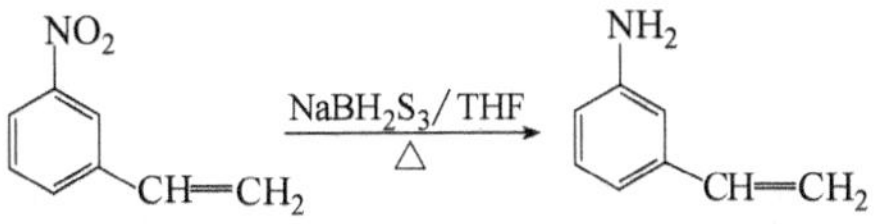

氢化铝锂、硼氢化钠均能使叠氮化合物还原为胺。通常，用氢化铝锂还原时，反应较易进行，而用硼氢化钠还原时，反应选择性较好。

氢化铝锂在无水乙醚或无水四氢呋喃中，可将肟还原为胺。硼氢化钠以四氢呋喃为溶剂在较低的温度下可将肟还原为羟胺，如改用双-（2-甲氧乙基）醚为溶剂，反应可在较高温度下进行，且可得到良好产率的胺。

金属复氢化物通常不能还原偶氮化合物。

5.1.2.4 催化氢化还原

催化氢化是还原硝基化合物的常用方法，具有廉价且过程简便的优点。它既可用于实验室制备，又适合于大规模的工业生产。活性镍、钯、二氧化铂、钯-碳等均是常用催化剂，具有价廉、后处理手续简便且无"三废"污染等优点。如抗菌药奥沙拉秦中间体的合成。

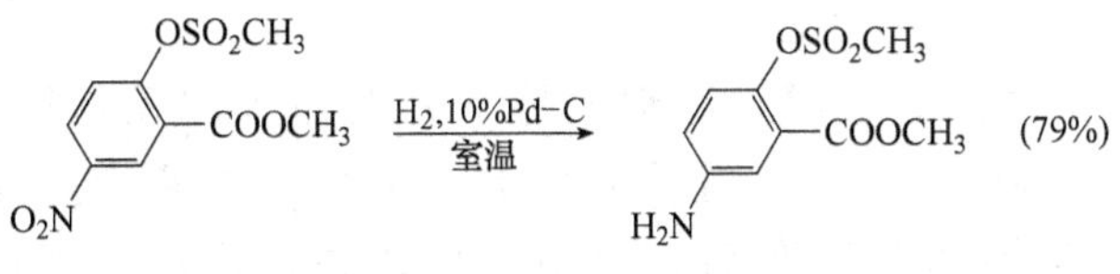

硝基化合物可采用转移氢化法还原，常用的供氢体为肼、环己烯、异丙醇等。其中，肼最为常用。分子中存在的羧基、氰基、非活化的烯键均不受影响。

以价廉易得的无水甲酸铵作为供氢体，广泛用于脂肪族及芳香族硝基化合物的还原，简单快速，收率高。

$$HOOC-\!\!\!\!\bigcirc\!\!\!\!-NO_2 \xrightarrow[\text{室温}]{HCOONH_4/Pd-C/CH_3OH} HOOC-\!\!\!\!\bigcirc\!\!\!\!-NH_2$$

催化氢化法也是还原肟或亚甲胺成伯胺或仲胺的有效方法，常用的催化剂是镍和钯。

偶氮化合物和叠氮化合物均可用催化氢化法进行还原。

5.1.2.5　其他还原剂

硼烷可用来还原肟、亚甲胺和叠氮化合物。

用乙硼烷还原对硝基苯甲醛肟时，可选择性地还原肟为伯胺而保留硝基。

硼烷可在温和条件下还原偶氮化合物而不影响分子中的硝基。

用三苯基膦来还原叠氮化合物的反应称为 Staudinger 反应。若反应体系中有水，还原产物为伯胺。该反应具有条件温和、选择性好等特点。

$$N_3-\!\!\!\!\bigcirc\!\!\!\!-NO_2 \xrightarrow[H_2O]{Ph_3P,THF} H_2N-\!\!\!\!\bigcirc\!\!\!\!-NO_2$$

5.1.2.6　一氧化碳选择性还原

以 CO 作还原剂，用 $Ru_3(CO)_9(TPPTS)_3$ 作催化剂，加入十六烷基三甲基溴化铵（CTAB）相转移催化氢化，可选择性还原芳香硝基化合物，分子中的其他基团不受影响。

$$R\!-\!\!\!\!\bigcirc\!\!\!\!^{NO_2} + 3CO + H_2O \xrightarrow{\text{催化剂}} R\!-\!\!\!\!\bigcirc\!\!\!\!^{NH_2}$$

◀ 5.2　案例引入：利胆醇的合成

5.2.1　案例分析

利胆醇，化学名 1-苯基丙醇，用于治疗胆囊炎、胆道感染、胆石症、胆道术后综合征及高脂血症等。

1-苯基丙醇

（1）反应原理　反应式如下：

$$CH_3CH_2COOH \xrightarrow[50℃,6h]{PCl_3} CH_3CH_2COCl \xrightarrow[20℃]{苯,AlCl_3} \bigcirc\!\!\!\!-COCH_2CH_3$$

$$\xrightarrow[30℃]{KBH_4,C_2H_5OH} \bigcirc\!\!\!\!-\overset{|}{\underset{OH}{C}}HCH_2CH_3$$

（2）工艺过程　还原反应收率 96%。

配料比：苯丙酮：硼氢化钾：乙醇（97%）＝1：0.16：2.8。

在反应罐中加入苯丙酮和乙醇，冷却搅拌下分次加入硼氢化钾，滴加盐酸调节 pH 至 9～9.5，控制温度不超过 30℃。同时用 2,4-二硝基苯肼液检查反应终点。到终点后用盐酸中和至中性，蒸馏回收乙醇后，冷却分层。去水层后，减压蒸馏，收集 108～

116℃/20mmHg 馏分，得利胆醇。

总收率 77.5％（对丙酸计）。

5.2.2 羰基化合物的还原反应技术

5.2.2.1 羰基（醛、酮）的还原反应

醛、酮是有机合成中重要的、常用的中间体。它们不仅广泛存在于自然界，而且易由合成方法制备，醛、酮通过还原反应可直接得到烃、醇。该法是合成烷烃、芳烃、醇和酚类化合物的常用方法。醛、酮还可通过还原胺化反应，转变羰基为胺或取代氨基。

（1）还原成醇　用金属复氢化物催化氢化是目前还原羰基为羟基最常用的方法，此外，还可用醇铝、活泼金属、含氧硫化物和氢化离子对试剂等还原。

① 金属复氢化物为还原剂。目前，金属复氢化物已成为还原羰基化合物为醇的首选试剂。此方法具有反应条件温和、副反应少及收率高的优点，特别是某些烃基取代的金属化合物，显示了对官能团的高度选择性和较好的立体选择性。在复杂天然产物的合成中，较之其他还原法显示出更多的优点。

最常用的金属复氢化物为氢化铝锂（$LiAlH_4$）、硼氢化钾（钠）[$K(Na)BH_4$]，还发展了化学和立体选择性好的试剂，例如硫代硼氢化钠（$NaBH_2S_3$）、三仲丁基硼氢化锂〈[$CH_3CH_2CH(CH_3)$]$_3$BHLi〉等。

a. 反应机理。羰基化合物用金属复氢化物还原为醇的反应为氢负离子对羰基的亲核加成反应。由于四氢铝离子或四氢硼离子都有四个可供转移的负氢离子，还原反应可逐步进行，理论上 1mol 的硼氢化钠可还原 4mol 的羰基化合物。

b. 还原剂的性质。这类还原剂都是由两种金属氢化物之间形成复氢负离子的盐形式而存在。不同的复氢金属还原剂，具有不同的反应特性，因此，在进行还原反应时，还原剂、反应条件和后处理方法的选择均是十分重要的。

这类还原剂中，以氢化铝锂的活性最大，可被还原的功能基范围也最广泛，因而选择性较差；硼氢化锂次之；硼氢化钠（钾）活性较小。还原能力较小的还原剂往往选择性较好。

c. 反应条件。由于这类还原剂的反应活性和稳定性不同，使用时反应条件也有所不同，氢化铝锂遇水、酸或含羟基、巯基的化合物，可分解放出氢而形成相应的铝盐。因而反应需在无水条件下进行，且不能使用含有羟基或巯基的化合物作溶剂。常用无水乙醚或无水四氢呋喃作溶剂，其在乙醚中的溶解度为 20％～30％，四氢呋喃中为 17％。

硼氢化钠（钾）在常温下，遇水、醇都比较稳定，不溶于乙醚及四氢呋喃，能溶于水、甲醇、乙醇而分解甚微，因而常选用醇类作为溶剂。如反应须在较高的温度下进行，则可选用异丙醇、二甲氧基乙醚等作溶剂。在反应液中，加入少量的碱，有促进反应的作用。硼氢化钠比其钾盐更具吸水性，易于潮解，故工业上多采用钾盐。

d. 后处理。采用硼氢化钠（钾）还原剂反应结束后，可加稀酸分解还原物，并使剩余的硼氢化钾生成硼酸，便于分离。用氢化铝锂还原剂反应结束后，可加入乙醇、含水乙醚或 10％氯化铵水溶液以分解未反应的氢化铝锂和还原物。用含水溶剂分解时，其水量应接近计算量，使生成颗粒状沉淀的偏铝酸锂便于分离。如加水过多，则偏铝酸锂进而水解成胶状的氢氧化铝，并与水和有机溶剂形成乳化层，致使分离困难，产物损失较大。因而，硼氢化物类还原剂不能在酸性条件下反应，对于含有羧基的化合物的还原，通常应先中和成盐后再反应。

e. 应用特点。氢化铝锂还原力强，选择性较差，且反应条件要求高，主要用于羧酸及其衍生物的还原。而硼氢化物由于其选择性好，操作简便、安全，已成为羰基化合物还原成醇的首选试剂。在反应时分子中存在的硝基、氰基、亚氨基、双键、卤素等可不受影响，在制药工业上得到广泛的应用。如驱虫药左旋咪唑中间体的合成。

② 醇铝为还原剂。将醛、酮等羰基化合物和异丙醇铝在异丙醇中共热时，可还原得到相应的醇，同时将异丙醇氧化为丙酮。这是仲醇用酮氧化反应（Oppenauer 反应）的逆反应。该反应具有较高的立体选择性。

异丙醇铝还原羰基化合物时，首先是异丙醇铝的铝原子与羰基的氧原子以配位键结合，形成六元过渡态，然后，异丙基上的氢原子以氢负离子的形式从烷氧基转移到羰基碳原子上，得到一个新的醇-铝配合物，铝-氧键断裂，生成新的醇-铝衍生物和丙酮，蒸出丙酮有利于反应完全。经醇解后得还原产物。醇解是决定反应速率的关键步骤，因而反应中要求有过量的异丙醇存在。

a. 影响因素。本反应为可逆反应，因而，增大还原剂用量及移出生成的丙酮，均可缩短反应时间，使反应完全。由于新制异丙醇铝是以三聚体形式与酮配位，因此酮类与醇-铝的配比应不小于 1∶3，方可得到较高的收率。

反应加入一定量的氯化铝，生成部分氯化异丙醇铝，可加速反应并提高收率。因为氯化异丙醇铝与羰基氧原子形成六元环的过渡态较快，使氢负离子转移较易。

b. 应用。异丙醇铝是脂肪族和芳香族醛、酮类的选择性很高的还原剂，具有反应速率快、副反应少、收率高等优点，对分子中含有的烯键、炔键、硝基、缩醛、氰基及卤素等可还原基团无影响。

β-二酮、β-酮醇等易于烯醇化的羰基化合物，或含有酚性羟基、羧基等酸性基团的羰基化合物，其羟基或羧基易与异丙醇铝形成铝盐，使还原反应受到抑制，因而，一般不采用本法还原。含有氨基的羰基化合物，也易与异丙醇铝形成复盐而影响还原反应进行，可改用异丙醇钠为还原剂。

③ 催化氢化还原。醛和酮的氢化活性通常大于芳环而小于烯键和炔键，醛比酮更容易氢化。脂肪族醛、酮的氢化活性较之芳香族醛、酮为低，通常用 Raney Ni 和铂为催化剂，而钯催化剂的效果较差。一般需在较高的温度和压力下还原。

与前面两种方法相比，本法选择性差，但产物纯、易分离，常用于分子中没有其他敏感官能团的情况。

催化剂钌、铑等金属的三苯膦配合物，在强碱条件下，可成功地还原脂肪酮和芳香酮为相应的醇。

另外，性能优良的新还原剂二氧化硫脲也是十分有效而经济的试剂，它能还原各种酮成相应的醇。

(2) 还原成烃类 醛、酮可用多种方法还原为烷烃及芳烃。最常用的方法有：在强酸性条件下用锌汞齐直接还原为烃（Clemmensen 反应）；在强碱性条件下，首先与肼反应成腙，然后分解为烃（Wolff-Kishner-黄鸣龙反应）；催化氢化还原和金属复氢化物还原。

① Clemmensen 还原反应。在酸性条件下，用锌汞齐或锌粉还原醛基、酮基为甲基或亚甲基的反应称 Clemmensen 反应。锌汞齐是将锌粉或锌粒用 5%～10%二氯化汞水溶液处理后制得。将锌汞齐与羰基化合物在约 5%盐酸中回流，醛基还原成甲基，酮基则还原成甲基。

Clemmensen 反应历程有碳离子中间体历程和自由基中间体历程两种。

Clemmensen 还原反应几乎可用于所有芳香酮或脂肪酮的还原，反应易于进行且收率较高。

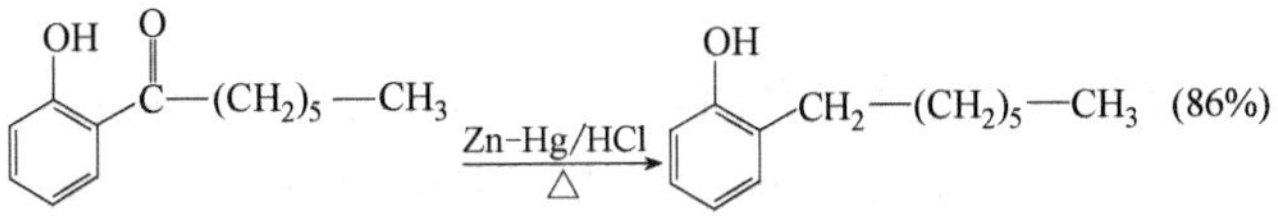

底物分子中有羧酸、酯、酰胺等羰基存在时，可不受影响。但对 α-酮酸及其酯类只能将酮基还原成羟基，而对 β-酮酸或 γ-酮酸及其酯类，则可将酮基还原为亚甲基。

$$H_3C-\overset{O}{\overset{\|}{C}}-COOEt \xrightarrow[\triangle]{Zn\text{-}Hg/HCl} H_3C-\overset{OH}{\overset{|}{C}H}-COOEt$$

$$H_3C-\overset{O}{\overset{\|}{C}}-CH_2COOEt \xrightarrow[\triangle]{Zn\text{-}Hg/HCl} H_3C-CH_2-CH_2COOEt$$

还原不饱和酮时，一般情况下分子中的孤立双键可不受影响。与羰基共轭的双键，则羰基和双键同时被还原；而与酯羰基共轭的双键，则仅仅双键被还原，酯羰基不被还原。

$$Ph-CH=CH-COOEt \xrightarrow[\triangle]{Zn\text{-}Hg/HCl} Ph-CH_2CH_2COOEt$$

脂肪酮、醛或脂环酮的 Clemmensen 反应容易产生树脂化或双分子还原，生成频哪醇（pinacols）等副产物，因而收率较低。其原因是在较剧烈的反应条件下，生成的负离子自由基的浓度过高而发生相互偶联。

Clemmensen 还原反应一般不适用于对酸和热敏感的羰基化合物。若采用比较温和的条件，即在无水有机溶剂（醚、四氢呋喃、乙酸酐、苯）中，用干燥氯化氢与锌，于 0℃左右反应，就可还原羰基化合物，扩大了本反应的应用范围。如抗凝血药吲哚布芬的合成。

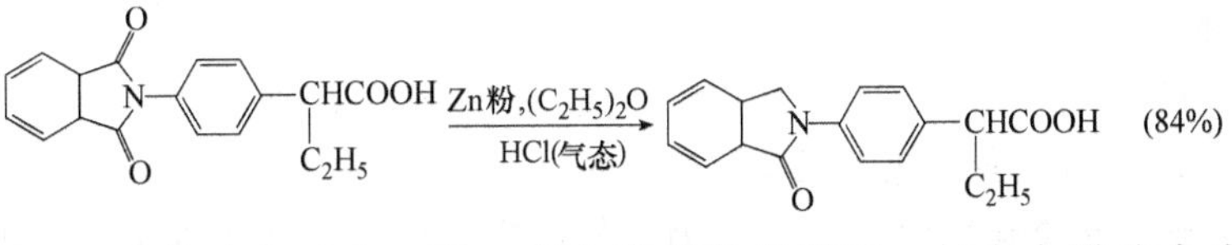

② Wolff-Kishner-黄鸣龙反应。醛、酮在强碱性条件下，与水合肼缩合成腙，进而放氮分解转变为甲基或亚甲基的反应，称 Wolff-Kishner-黄鸣龙反应。可用下列通式表示：

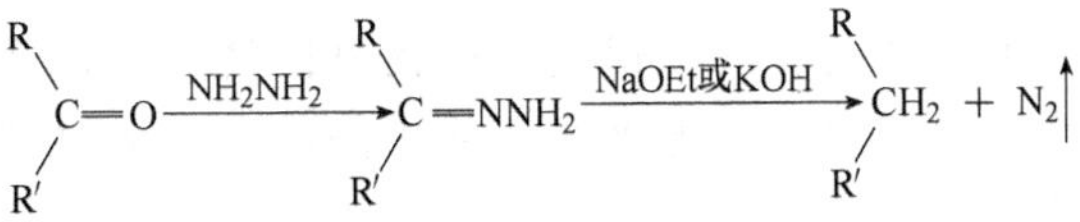

最初，本反应是将羰基转变为腙或缩氨基脲后与醇钠置封管中于 200℃左右进行长时间的热压分解，操作繁杂，收率较低，缺少实用价值。1946 年经中国科学家黄鸣龙改进，即将醛或酮和 85%水合肼、氢氧化钾混合，在二聚乙二醇（DEG）或三聚乙二醇（TEG）等高沸点溶剂中，加热蒸出生成的水，然后升温至 180～200℃在常压下反应 2～4h，即还原得亚甲基产物。经黄鸣龙改进后的方法，不但省去加压反应步骤，且收率也有所提高，一般为 60%～95%，具有工业生产价值。如抗癌药苯丁酸氮芥中间体的制备。

$$H_2N-\underset{\overset{\displaystyle \|}{O}}{\overset{\displaystyle }{C\!\!\!\!}}{}\!\!-C-CH_2CH_2COOH \xrightarrow[140\sim160℃,1h]{NH_2NH_2/H_2O/KOH}$$

$$H_2N-\text{(苯环)}-CH_2-CH_2CH_2COOH \quad (85\%)$$

该反应弥补了 Clemmensen 还原反应的不足，适用于对酸敏感的吡啶、四氢呋喃衍生物，对于甾族羰基化合物及难溶的大分子羰基化合物尤为合适。

分子中有双键、羟基存在时，还原时不受影响，一般位阻较大的酮基也可被还原。但还原共轭羰基时伴有双键的位移。底物分子中有酯、酰胺等羰基存在时，在还原条件下将发生水解。

若结构中存在对高温和强碱敏感的基团时，不能采用上述反应条件。可先将醛或酮制得相应的腙，然后在 25℃ 左右加入叔丁醇钾的二甲基亚砜溶液中，可在温和条件下发生放氮反应，收率一般为 64%～90%，但有连氮（＝N—N＝）副产物生成。

③ 催化氢化和金属复氢化物还原。金属复氢化物还原反应机理为氢负离子亲核反应，催化氢化还原反应机理为多相催化加氢。

与脂肪族醛、酮氢化不同，钯是芳香族醛、酮氢化十分有效的催化剂。在加压或酸性条件下，所生成的醇羟基能进一步被氢解，最终得到甲基或亚甲基。催化氢化法是还原芳酮为烃的有效方法之一。

用金属复氢化物和催化氢化还原羰基化合物，通常得到相应的醇。但对某些特定结构的羰基，在一定反应条件下也可进一步氢解还原得到相应的烃。其应用范围远不及 Clemmensen 还原和 Wolff-Kishner-黄鸣龙还原那样普遍。

二芳基酮或烷基芳基酮在氯化铝存在下，用氢化铝锂还原，可获得良好产率的烃。

$$\text{(苯)}\overset{\overset{\displaystyle O}{\|}}{-C-}\text{(苯)} \xrightarrow{AlCl_3/LiAlH_4/Et_2O} \text{(苯)}-CH_2-\text{(苯)} \quad (92\%)$$

乙硼烷和三氟化硼能有效地将某些环丙基酮还原成烃。

$$R-\overset{\overset{\displaystyle O}{\|}}{C}-\triangle \xrightarrow{B_2H_6/BF_3/THF} R-CH_2-\triangle \quad (70\%\sim80\%)$$

5.2.2.2　酰卤的还原

酰卤在适当的条件下反应，用催化氢化或金属氢化物选择性还原为醛，此反应称 Rosenmund 反应，此为酰卤的氢解反应。

用催化氢化或金属氢化物将酰卤还原为醛的反应，分别为多相催化加氢机理或氢负离子转移的亲核反应机理。

酰卤与加有活性抑制剂的钯催化剂或硫酸钡为载体的钯催化剂，于甲苯或二甲苯中，控制通入氢量，可使反应停止在醛的阶段，得到收率良好的醛。在此条件下，分子中存在的双键、硝基、卤素、酯基等可不受影响。如重要药物中间体三甲氧基苯甲醛的合成。

$$\begin{array}{c} H_3CO \\ H_3CO-\text{(苯环)}-COCl \\ H_3CO \end{array} \xrightarrow[(84\%)]{H_2/Pd-BaSO_4/Tol/喹啉硫} \begin{array}{c} H_3CO \\ H_3CO-\text{(苯环)}-CHO \\ H_3CO \end{array}$$

酰卤亦可被金属氢化物还原成醛，三丁基锡氢、氢化三叔丁氧基铝锂为良好的还原剂。在低温下反应，对芳酰卤及杂环酰卤还原收率较高，且不影响分子中的硝基、氰基、酯键、双键、醚键。

Rosenmund 反应常用于制备一元脂肪醛、一元芳香醛或杂环醛；而二元羧酸的酰卤制备二醛通常不能获得较好的产率。

5.2.2.3 酯及酰胺的还原

（1）还原成醇 有多种方法可将羧酸酯还原为伯醇，金属复氢化物（尤其是氢化铝锂）的应用最为广泛。

① 金属复氢化物为还原剂。羧酸酯用 0.5mol $LiAlH_4$ 还原，可得伯醇，如仅用 0.25mol 并在低温下反应或降低 $LiAlH_4$ 的还原能力，可使反应停留在醛的阶段。

降低 $LiAlH_4$ 还原能力的方法是加入不同比例的无水氯化铝或加入计算量的无水乙醇，取代氢化铝锂中 1～3 个氢原子而成铝烷或烷氧基铝锂，以提高其还原的选择性。如采用铝烷可选择性地还原 α,β-不饱和酯为不饱和醇，若单用氢化铝锂还原，则得饱和醇。

$$3LiAlH_4 + AlCl_3 \longrightarrow 3LiCl + 4AlH_3$$

$$PhCH=CHCOOEt \xrightarrow{\text{LiAlH}_4-\text{AlCl}_3(3:1)/\text{Et}_2\text{O}} PhCH=CHCH_2OH \quad (90\%)$$

单纯使用 $NaBH_4$ 对酯还原效果较差，加入 Lewis 酸如 $AlCl_3$，可使还原能力大大提高，以顺利还原酯，甚至可还原某些羧酸。

由硼氢化钠和酰基苯胺在 α-甲基吡啶中反应，生成的酰苯胺硼氢化钠可作为还原酯的较好试剂。反应操作方便，不需无水条件，反应选择性好，某些基团（如酰氨基、氰基等）不受影响。

② Bouveault-Blanc 反应。用金属钠和无水乙醇将羧酸酯直接还原生成相应的伯醇。该反应主要用于高级脂肪酸酯的还原。此法在实验室已很少采用，但在工业生产上因其简便易行仍较广泛采用。如心血管药物乳酸心可定的中间体的合成。

$$\begin{array}{c}\text{Ph} \\ \text{CH—CH}_2\text{COOEt} \\ \text{Ph}\end{array} \xrightarrow[85\sim90℃,1\sim2h]{\text{Na/EtOH/AcOEt}} \begin{array}{c}\text{Ph} \\ \text{CH—CH}_2\text{CH}_2\text{OH} \\ \text{Ph}\end{array} \quad (78\%)$$

同样，二元羧酸酯也可用此法还原成二元伯醇。

（2）还原成醛 氢化二异丁基铝 $AlH(i\text{-}C_4H_9)_2$ 可使芳香族及脂肪族酯以较好的产率还原成醛，而对分子中存在的卤素、硝基、烯键等均无影响。

氢化二乙氧基铝锂、氢化三乙氧基铝锂可使脂肪、脂环、芳香、杂环酰胺以 60%～90%的产率还原成相应的醛，反应具有较好的选择性。由于酰胺很难用其他方法还原成醛，因而该法更具有实用价值。

$$Cl-\underset{}{\underset{}{\bigcirc}}-CON(CH_3)_2 \xrightarrow{\text{LiAlH}_2(\text{OC}_2\text{H}_5)_2} Cl-\underset{}{\underset{}{\bigcirc}}-CHO \quad (86\%)$$

5.2.2.4 酯的双分子还原偶联反应（偶姻缩合）

羧酸酯在惰性溶剂如醚、甲苯、二甲苯中与金属钠发生偶联反应，生成 α-羟酮。

利用二元羧酸酯进行分子内的还原偶联反应，可以有效地合成五元以上的环状化合物。

5.2.2.5 酰胺的还原

还原酰胺可用于制备伯、仲、叔胺。酰胺不易用活泼金属还原，催化氢化还原酰胺要求在高温、高压下进行，因此金属复氢化物是还原酰胺为胺的主要还原剂，氢化铝锂更常用，可在比较温和的条件下进行反应。

单独使用硼氢化钠不能还原酰胺为胺。

乙硼烷是还原酰胺的良好试剂。通常，还原反应在 THF 中进行，收率极好，还原反应速率：N,N-二取代酰胺＞N-单取代酰胺＞未取代酰胺；脂肪族酰胺＞芳香族酰胺。乙硼烷作还原剂，分子中存在的硝基、卤素、烷氧羰基可不受影响，但分子中存在烯键，可同时被还原。

5.2.2.6 腈的还原

腈可由卤烃制备，易水解为羧酸并还原为伯胺，是间接引入羧基及氨基的常用方法之一。

腈的还原主要使用催化氢化和金属氢化物还原法。由于腈易水解为羧酸，故而不宜采用活泼金属与酸的水溶液作为还原体系。

（1）催化氢化法　催化氢化还原可在常温常压下用钯或铂为催化剂，或在加压下用活性镍作催化剂，通常其还原产物除伯胺外，还得到大量的仲胺。

为了避免生成仲胺的副反应，可采用钯、铂或铑为催化剂，在酸性溶剂中还原，使产物伯胺成为铵盐，从而阻止加成副反应的进行；或用镍为催化剂在溶剂中加入过量的氨，使脱氨一步不易进行，从而减少副反应产物。

（2）金属复氢化物为还原剂　氢化铝锂可还原腈成伯胺，为使反应进行完全，通常加入过量的氢化铝锂。乙硼烷可在温和条件下还原腈为胺，分子中硝基、卤素等可不受影响。硼氢化钠通常不能还原氰基，但在加入活性镍、氯化钯等催化剂的条件下，还原反应可顺利进行。

5.2.2.7 羧酸的还原

氢化铝锂是还原羧酸为伯醇的最常用试剂，反应可在较温和的条件下进行，一般不会停留在醛的阶段，因而得到广泛的应用。

硼烷是选择性还原羧酸为醇的优良试剂，条件温和，反应速率快。还原速率：脂肪酸＞芳香酸，位阻小的羧酸＞位阻大的羧酸，但不能还原羧酸盐。硼烷对脂肪酸酯的还原速率一般比还原羧酸慢，对芳香酸酯几乎不发生反应。

硼烷是亲电性还原剂，其还原羧基的速率比还原其他基团快，因此，当羧酸衍生物分子中有硝基、卤素、氰基、酯基、醛或酮羰基等基团存在时，若控制硼烷用量并且在低温下反应，可选择性地还原羧基为相应的醇，而不影响其他基团。

◀ 5.3　案例引入：1-甲基-4-氯哌啶的合成

5.3.1　案例分析

1-甲基-4-氯哌啶是重要的医药中间体，用于抗组胺类药酮替芬、苯噻啶、氯雷他定等的合成。由 1-甲基-4-哌啶酮经催化氢化，生成 1-甲基-4-羟基哌啶，然后以氯化亚砜氯化制得该产品。

1-甲基-4-氯哌啶

（1）反应原理　反应式如下：

（2）工艺过程　将1-甲基-4-哌啶酮盐酸盐加入 1.5 倍水使全溶，搅拌下调节至 pH6.5，加入活性镍，排除空气后，在 $3\sim3.5\mathrm{kgf/cm^2}$ 氢压下常温振摇氢化，至停止吸入氢气。过滤，滤液用 20% 盐酸溶液调节至 pH2～3，减压浓缩至干，再用苯带水至全干。

在以上氢化浓缩物中加入约 0.7 倍干燥苯，在冷却和搅拌下滴加氯化亚砜的干燥苯溶液（1:0.3），加毕，搅拌回流 1.5h。冷却，分出苯层，剩余物加干燥苯洗涤 2 次，无水乙醚洗涤 1 次，然后将反应物溶解于约 1 倍量的水中，加 0.8 倍乙醚，搅拌冷却，用 50% 氢氧化钠溶液调节至 pH9。静置分层，分出乙醚层，水层用乙醚提取 2 次，合并乙醚溶液，回收乙醚，减压蒸馏，收集 76～78℃/13mmHg 馏分即得。

5.3.2 不饱和烃的还原反应技术

5.3.2.1 多相催化氢化还原炔烃、烯烃

在催化剂存在下，有机化合物（底物）与氢或其他供氢体发生的还原反应称为催化氢化（catalytic hydrogenation），是药物合成的重要手段之一。催化氢化法按照催化剂与底物所处的相态分类，大体上可分为非均相催化氢化和均相催化氢化。非均相催化氢化按氢源不同，可分为多相催化氢化和转移催化氢化。

多相催化氢化是指在不溶于反应介质的固体催化剂作用下，以气态氢为氢源，还原液相中作用物的反应。

均相催化氢化是指在溶于反应介质的催化剂的作用下，以气态氢为氢源，还原作用物的反应。

多相催化氢化在医药工业的研究和生产中应用很多。主要有以下几个特点：

① 还原范围广，反应活性高，速率快，能有效地还原作用物中的多种不饱和基团。

② 选择性好，在一定条件下可优先选择还原对催化氢化活性高的基团（表 5-1）。

表 5-1 不同官能团氢化难易顺序表（按由易到难排列）

还原基团	还原产物	条件选择及活性比较
酰卤	醛	易还原，宜用 Lindlar 催化剂，常用喹啉、硫脲等为抑制剂
硝基	伯胺	芳香族硝基活性＞脂肪族硝基活性；可用镍、钯等催化剂在中性或弱酸性条件下还原
炔	烯	多采用 Lindlar 催化剂，并控制吸氢量
醛	伯醇	芳香醛活性＞脂肪醛活性；芳醛还原为苄醇时可发生氢解，可采用 PtO_2 为催化剂，Fe^{2+} 为助催化剂，在温和条件下反应
烯	烷	活性：孤立双键＞共轭双键，位阻小的双键＞位阻大的双键。顺式加成，产物中顺式异构体＞反式异构体
酮	仲醇	活性酮和位阻小的酮易氢化；在酸性和温度高的条件下，芳酯酮易氢解，采用镍催化剂
$PhCH_2YR$ $Y=O,N$	$PhCH_3$	氢解活性：$PhCH_2X＞PhCH_2OR＞PhCH_2NR$
$PhCH_2X$ $X=Cl,Br$	$PhCH_3$	反应条件：苄氧基脱苄，中性；苄氨基脱苄，酸性；脱卤，碱性
腈	伯胺	在中性条件下氢化，有仲胺副产物；为避免仲胺生成，用镍催化在氨存在下氢化
含氮杂环		活性：季铵盐或盐类活性大于游离碱。在酸性条件、高温、高压下反应
酯	醇	钯、铂通常无催化活性；用 $Cu(CrO_2)_2$ 为催化剂在高温、高压下反应
酰胺	胺	丙酰胺易氢化；酯酰胺难氢化，在高压下进行；不能用醇作为溶剂
苯系芳烃	脂环烃	活性：$PhNH_2＞PhOH＞PhCH_3＞Ph$。苯环难氢化，常用 Ni、Rh、Ru 等为催化剂，在高压下进行

③ 反应条件温和，操作方便，相当一部分反应可在中性介质中于常温常压条件下进行。

④ 经济适用，反应时不需要其他还原剂，只加少量的催化剂，使用廉价氢即可，适合于大规模连续生产，易于自动控制。

⑤ 后处理方便，反应完毕，滤除催化剂蒸出溶剂即可，且干净无污染。

(1) 常用催化剂　用于氢化还原的催化剂种类繁多，最常用者为镍、钯、铂。

① 镍催化剂。根据其制备方法和活性的不同，可分为多种类型，主要有 Raney Ni、载体镍、还原镍和硼化镍。Raney Ni 又称活性镍，为最常用的氢化催化剂，具有多孔海绵状结构的金属镍微粒。在中性和弱碱性条件下，可用于炔键、烯键、硝基、氰基、羰基等的氢化。在酸性条件下活性降低，pH$<$3 时则活性消失。

Raney Ni 的制备是将铝镍合金粉末加入一定浓度的氢氧化钠溶液中，使合金中的铝形成铝酸钠而除去，得到比表面积很大的多孔状骨架镍。

$$2Ni\text{-}Al + 6NaOH \longrightarrow 2Ni + 2Na_3AlO_3 + 3H_2 \uparrow$$

② 钯催化剂。钯催化剂可在酸性、中性或碱性介质中使用，但碱性介质中催化活性稍低。使用钯催化剂进行的催化氢化可在较低温度和较低压力下进行，作用温和，具有一定的选择性，适用于多种化合物的选择性还原。在温和条件下，对炔、烯、肟、硝基及芳环侧链上的不饱和键有很高的催化活性，而对羰基、苯环、氰基等的还原几乎没有活性。钯具有很高的氢解性能，是最好的脱卤、脱苄催化剂。

③ 铂催化剂。铂催化剂是活性最强的催化剂之一。该类催化剂适合于中性或酸性反应条件，在酸性介质中活性高，反应条件温和，常用于烯键、羰基、亚胺、肟、芳香硝基及芳环的氢化或氢解。与钯催化剂相比，不易发生双键的移位。

(2) 影响氢化反应速率和选择性的因素　催化氢化的反应速率和选择性，主要取决于催化剂、反应调节和作用物的结构。属于催化剂因素的有催化剂的种类、类型、用量、载体以及助催化剂、毒剂或抑制剂的选用；反应条件有反应温度、氢压、溶剂极性和酸碱度、搅拌效果等。

① 作用物的结构。作用物的结构是影响氢化反应的最重要因素，在其他条件相同时，不同结构作用物的氢化反应速率不同。作用物分子结构、基团所处环境（电子效应和空间效应）、选用催化剂的类型和反应条件不同，均能改变其难易顺序。

② 作用物的纯度。有多种物质能部分地或完全地抑制氧化过程，使催化剂失去活性。因此，进行催化氢化的作用物要有一定的纯度，以防止催化剂中毒。

在催化剂的制备或氢化反应过程中，由于少量物质吸附在催化剂表面上，对活性中心产生遮蔽或破坏作用，使催化剂的活性大大降低，甚至完全丧失，这种现象称为催化剂中毒。

如仅使其活性在某一方面受到抑制，经过适当处理后，可使催化剂恢复活性，这种现象称为催化剂的阻化。

使催化剂中毒的物质称为毒剂；使催化剂阻化的物质称为抑制剂。毒剂通常来自原料，有时也可能在催化剂或载体的制备过程中混入，或者来自其他方面的污染。

催化剂的中毒非常有害，微量毒剂就能引起催化剂活性明显降低。毒剂通常包括三类：某些金属及其盐类，如汞等；一些含有未共用电子对的非金属；能与催化剂表面形成共价键的分子等。

　　抑制剂使催化剂某方面活性降低，使反应速率变慢，不利于氢化反应；但有时可提高反应的选择性。

　　作用物并不都需要蒸馏、重结晶等化学、物理手段提纯。在含有作用物的溶液中，于搅拌下把 Raney Ni 等廉价的催化剂或作为吸附剂的活性炭加到溶液中，过滤后进行氢化。这一方法可以直接用于液体作用物的氢化，简便而有效。

　　③ 催化剂的种类和用量。催化剂的种类不同，其活性和选择性亦不同。更换催化剂，改变反应条件，可以改变基团的活性顺序。

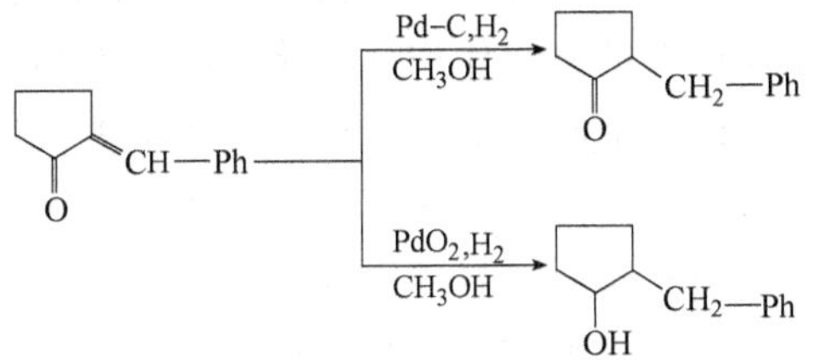

　　催化剂中加入抑制剂可增加氢化反应的选择性。在下列反应中，$BaSO_4$ 兼作载体和抑制剂，再加入喹啉和硫磺共热制得的毒剂-N 作抑制剂，仅仅使酰卤氢解成醛，分子中的硝基、烯键亦不受影响。

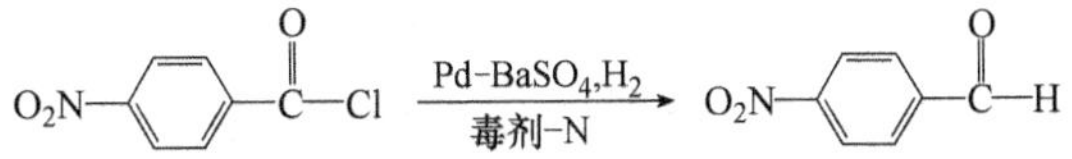

　　催化剂的用量与其活性有关，活性高的催化剂，用量少些；反之，用量需大些。催化剂用量大，一方面加速了氢化反应，另一方面也增加了生产成本。在实践中，催化剂的用量主要通过小试决定。通常催化剂对作用物的质量分数为：Raney Ni 10%～20%，PtO_2 1%～2%，含 5%～10% 钯-碳或铂-碳 1%～10%，钯黑或铂黑 0.5%～1.0%。

　　④ 溶剂和介质的酸碱度。溶剂的极性、酸碱性、沸点、对作用物的溶解度等因素，都可影响氢化反应的速率和选择性。常用的溶剂有水、甲醇、乙醇、乙酸乙酯、四氢呋喃、环己烷和二甲基甲酰胺等，溶剂的活性顺序与极性顺序基本一致。在选用溶剂时，最好是溶剂的沸点高于反应温度，并对产物有较大的溶解度，以利于产物从催化剂表面解吸，使催化剂的活性中心再发挥作用。为了避免催化剂中毒，溶剂必须有较高的纯度。

　　加氢反应大多在中性介质中进行。有机胺或含氮芳杂环的氢化，通常选乙酸作溶剂，可使碱性氮原子质子化而防止催化剂中毒。介质的酸碱度既能影响反应速率和选择性，对产物的构型也有较大影响。

　　⑤ 反应温度。大部分的催化氢化反应与一般的化学反应相似，在一定温度下，反应速率随温度的升高而加快；但达到某一温度时，再提高温度，反应速率反而下降。这是因为氢化反应系放热反应，氢气在催化剂表面的吸附量随温度的升高而降低；此外，催化剂的耐热性也有一定的限度。若催化剂具有足够的活性，升高温度以加速氢化反应不具有重要意义，反而使副反应增多，选择性下降。因此，在反应速率达到基本要求的前提下，选用尽可能低的反应温度，对氢化反应是有利的。

　　⑥ 反应压力。在催化氢化反应中，提高压力是克服空间位阻和加快反应速率的有效手段。压力增大，氢的浓度增大，不仅加速反应，还有利于化学平衡向加氢的方向移动。但这并不意味着压力越高越好。压力过高，会出现不应有的副反应，有时会使反应突然变得异常

激烈，反应的选择性降低。在大规模的工业生产上，这会给反应设备及安全操作带来一系列的问题。因此，一般尽可能采用常压或低压氢化。但对于一些难氢化还原的物质，如羧酸酯、酰胺和芳胺等，必须在中压甚至高压条件下，反应才能顺利进行。

⑦ 接触时间。催化氢化反应是在催化剂的表面上进行的，必须保证足够的时间使作用物与催化剂充分接触。不同的作用物与催化剂，反应时所需的接触时间不同，应根据具体情况，通过试验来决定。接触时间短，反应不充分；接触时间过长，会造成过度氢化或引起其他副反应，对氢化反应极为不利。

⑧ 搅拌。氢化反应系多相反应，搅拌效率的高低，涉及密度较大的金属催化剂能否均匀地分散在反应体系中，发挥应有的催化作用。氢化反应为放热反应，若搅拌效率低，可导致局部过热、副反应增加或选择性下降。所以，搅拌对于增大传质传热面积、加快反应速率起着重要作用。微量反应液通氢鼓泡就能使反应液搅拌充分；大量作用物氢化时，必须采用某种形式的搅拌。在常压和低压氢化时，自吸式搅拌效果较好；高压釜常用的搅拌有永磁旋转搅拌、机械搅拌、电磁旋转搅拌和电磁往复式搅拌。

(3) 炔烃的氢化　炔键易被氢化，反应分两个阶段：首先氢与炔进行顺式加成，生成烯烃；然后进一步氢化，生成烷烃。选用合适的催化剂，控制反应温度、压力和通氢量等，可以使反应停留在烯烃阶段（半氢化）。如维生素 A 中间体的合成。

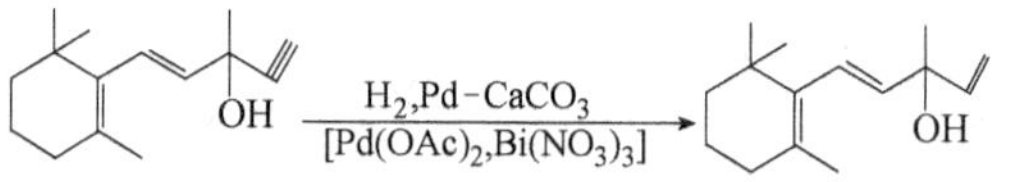

炔烃还原所用的催化剂通常为钯、铂、Raney Ni 等，在常温常压下能迅速反应。控制适当条件可优先还原炔键，分子中的其他基团（芳硝基和酰卤除外）往往能保留下来，如利尿药螺内酯中间体的制备。当分子中有多个炔键时，末端的炔键优先被还原，位阻小的炔键比位阻大的优先还原。

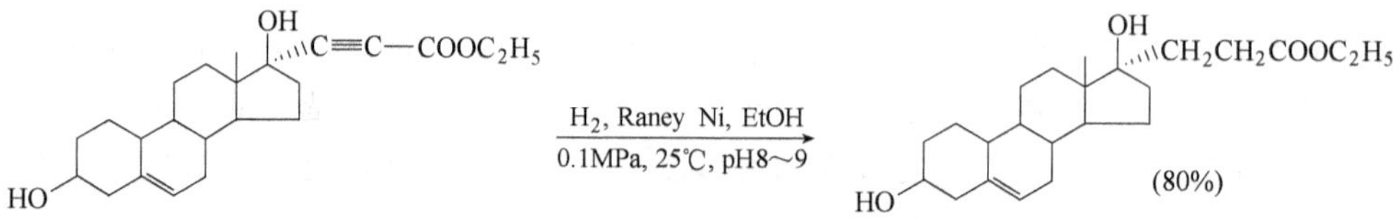

(4) 烯烃的氢化　烯烃易被氢化成烷烃，催化剂通常为钯、铂或镍。烯烃为气体时可以先与氢气混合，再通过催化剂；烯烃为液体或固体时，可以溶解在惰性溶剂中，加催化剂后通入氢气，搅拌反应。

单烯烃的还原，烯键上取代基数目及大小都会影响其氢化活性，一般随取代基的增加而活性降低。如：无取代烯键（乙烯）＞单取代烯键＞二取代烯键＞三取代烯键＞四取代烯键；末端烯键＞顺式内部取代烯键＞反式内部取代烯键＞三取代烯键＞四取代烯键。

二烯和多烯在一定条件下可以部分氢化或完全氢化。在部分氢化时，哪个烯键优先被还原，由作用物的结构、催化剂的种类、双键的位置以及是否共轭等因素来决定。

不对称和非共轭双烯或多烯，一般取决于烯键上取代基的多少，其活性顺序类似于上述单烯烃；共轭双烯或多烯的部分还原，多得到混合物，结果并不理想。

结构复杂的烯烃还原时，除炔键、芳香硝基和酰卤外，其他还原性基团存在时，一般不受影响。

烯键氢化是催化氢化的主要应用，用其他方法很少能完成这类反应。许多药物及其中间体的制备涉及烯键的氢化。如冠状动脉扩张药维拉帕米中间体的合成。

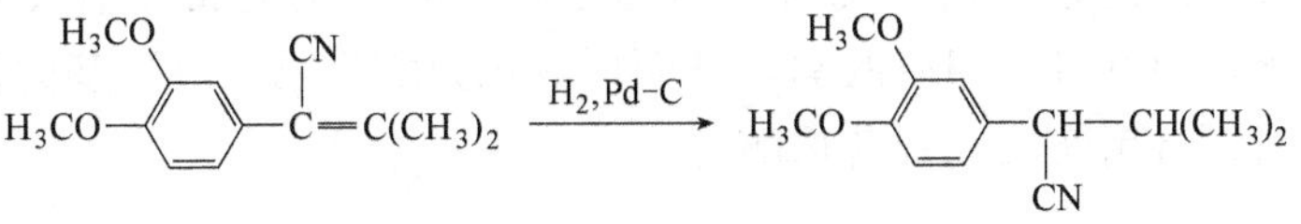

5.3.2.2 均相催化氢化还原炔烃、烯烃

均相催化氢化主要用于选择性还原C═C双键。

均相催化剂是以过渡金属（例如钌、铑、铱、锇、钴等）的原子或离子为中心，周围按一定几何构型环绕着配位基而形成的配合物，常见的配体有Cl、CN、H等离子和三苯膦、胺、CO、NO等带有孤电子对的极性分子。由于过渡金属具有空的d电子轨道，容易吸附大量的氢并使其活化，因此这类催化剂有很强的催化氢化活性。如三(三苯基膦)氯化铑[$(Ph_3P)_3RhCl$，简称TTC]，就是一个很好的均相催化剂。

均相催化氢化的优点在于：对不同化学环境中的烯键具有较高的选择性；用于烯键还原的不对称还原；对毒剂不敏感，催化剂不易中毒；在多数情况下不伴随发生异构化、氢解等副反应。

5.3.2.3 硼氢化反应还原炔烃、烯烃

硼烷是硼和氢组成的化合物的总称，又称硼氢化合物。常温下，甲硼烷（BH_3）、乙硼烷（B_2H_6）为气体，丁硼烷（B_4H_{10}）为液体，癸硼烷（$B_{10}H_{14}$）为固体。药物合成反应中，甲硼烷、乙硼烷是进行还原反应的重要试剂。

硼烷与碳-碳不饱和键加成而形成烃基硼烷的反应称为硼氢化反应。所形成的烃基硼烷加酸水解使碳-硼键断裂而得饱和烃，从而使不饱和键还原。

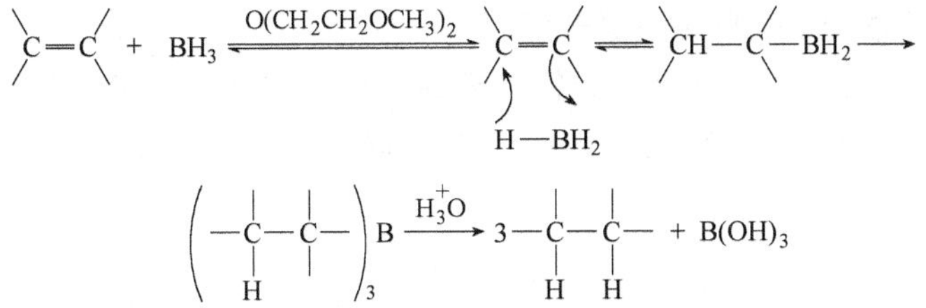

硼烷对C═C双键的加成速率，受反应物与硼烷取代基立体位阻的影响，随着烷烃取代基数目增加而降低。

$$\underset{(a)}{BH_3} \xrightarrow{n\text{-}BuCH=CH_2} \underset{(b)}{n\text{-}BuCH_2CH_2BH_2} \xrightarrow{n\text{-}BuCH=CH_2} \underset{(c)}{(n\text{-}BuCH_2CH_2)_2BH}$$

$$\xrightarrow{n\text{-}BuCH=CH_2} (n\text{-}BuCH_2CH_2)_3B$$

上式中还原活性：(a)＞(b)＞(c)。

应用此性质可制备各类硼烷的一取代和二取代物作为还原剂，它们比硼烷具有更高的选择性。

硼烷与不对称烯烃加成时，硼原子主要加成到取代基较少的碳原子上。

如烯烃碳原子上取代基数目相等，则取代基的位阻对反应结果影响较大，位阻大的位置

生成的硼加成物较少。

与催化氢化法相比较，用硼烷试剂还原不饱和键，除选择性较高外，并无显著优点。但在有机合成中，有价值的是利用硼烷与不饱和键的加成反应生成烷基取代硼烷后，不经分离，直接进行氧化，即可得到相应的醇，进而可氧化为醛或酮。醇羟基的位置与取代硼烷中硼原子的位置相当，常用此法来制备伯醇。

$$n\text{-}C_8H_{17}CH{=\!=}CH_2 \xrightarrow[25℃]{2BH_3/O(CH_2CH_2OCH_3)_2} (n\text{-}C_8H_{17}CH_2CH_2)_3B$$

$$\xrightarrow[\text{(95\%)}]{H_2O_2/NaOH/H_2O/O(CH_2CH_2OCH_3)_2} 3\,n\text{-}C_8H_{17}CH_2CH_2OH$$

5.3.2.4 催化氢化还原芳烃

芳烃的催化还原反应机理为非均相催化加氢。

苯为难以氢化的芳烃。芳稠环（如萘、蒽、菲）的氢化活性大于苯环，取代苯（如苯酚、苯胺）的活性也大于苯。在乙酸中用铂作催化剂时，取代基的活性为 $ArOH>ArNH_2>ArH>ArCOOH>ArCH_3$。不同的催化剂有不同的活性次序，用铂、钌催化剂可在较低的温度和压力下氢化，而钯则需较高的温度和压力。如用钯催化剂可在较温和的条件下还原苯甲酸为环己基甲酸。

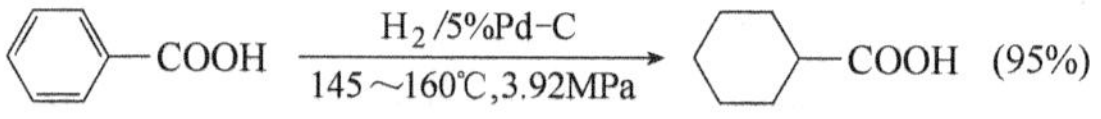

酚类氢化可得环己酮类化合物，这是制备取代环己酮类的简捷方法。

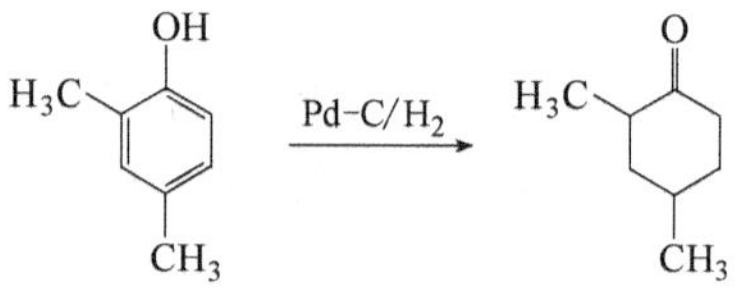

5.3.2.5 化学还原法-Birch 反应还原芳烃

芳香族化合物在液氨中用钠（锂或钾）还原，生成非共轭二烯的反应称 Birch 反应。一元取代苯，若取代基为供电子基化合物，生成 1-取代-1,4-环己二烯；若为吸电子基，则生成 1-取代-2,5-环己二烯。

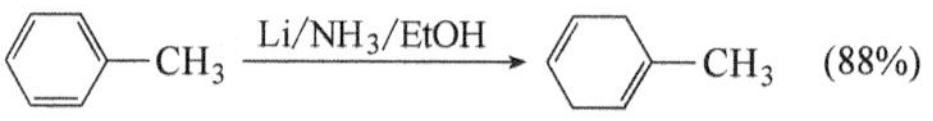

Birch 反应历程为电子转移类型，当环上具有吸电子基时，能加速反应；具有供电子基时，则阻碍反应进行。

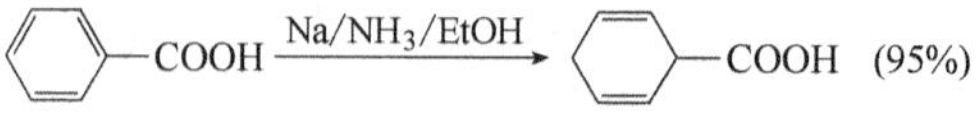

苯甲醚和苯胺的 Birch 反应特别具有合成价值，因为它们的二氢化合物能迅速水解成环己酮衍生物。

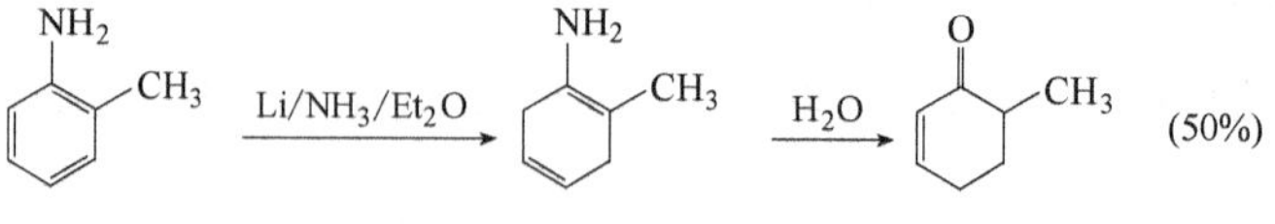

需要指出：使用碱金属-液氨-醇试剂时，除能还原芳环成二氢苯类外，分子中若有羰基或与芳环共轭的烯键及末端烯键，则同时被还原。

本 章 小 结

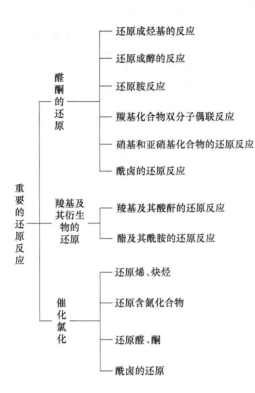

```
                                  ┌── 还原成烃基的反应
                          醛       ├── 还原成醇的反应
                          酮       ├── 还原胺反应
                          的       ├── 羰基化合物双分子偶联反应
                          还       ├── 硝基和亚硝基化合物的还原反应
                          原       └── 酰卤的还原反应
          重
          要       羧基及
          的       其衍生    ┌── 羧基及其酸酐的还原反应
          还       物的      └── 酯及其酰胺的还原反应
          原       还原
          反
          应                ┌── 还原烯、炔烃
                  催        ├── 还原含氮化合物
                  化        ├── 还原醛、酮
                  氢        └── 酰卤的还原
                  化
```

思 考 与 练 习

一、选取最适当的试剂及反应条件填在括号内

1. 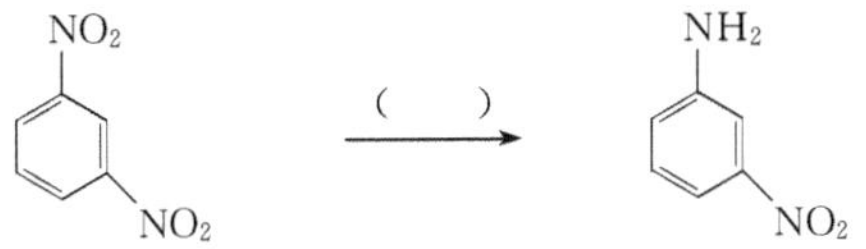 (　　)

A. Fe，HCl　　　　　B. Zn-Hg，HCl　　　　　C. Na₂S

2. 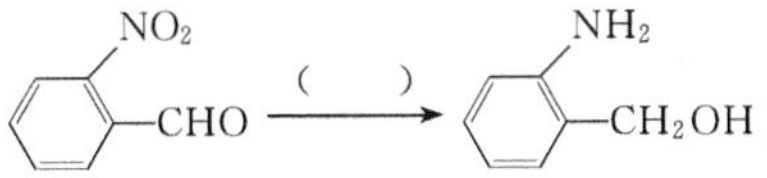 (　　)

A. Zn，HOAc　　　B. 异丙醇铝，异丙醇　　　C. H₂，Raney Ni

3. 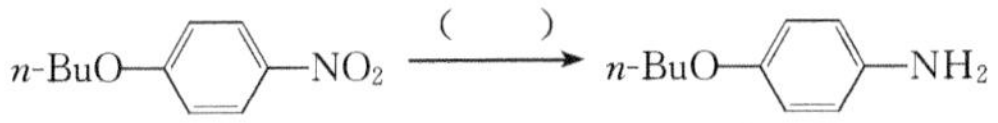 n-BuO—　—NO₂ (　　) → n-BuO—　—NH₂

A. Fe，HCl　　　B. NaBH₄，EtOH　　　C. Na₂S，S，136～138℃，16h

4. 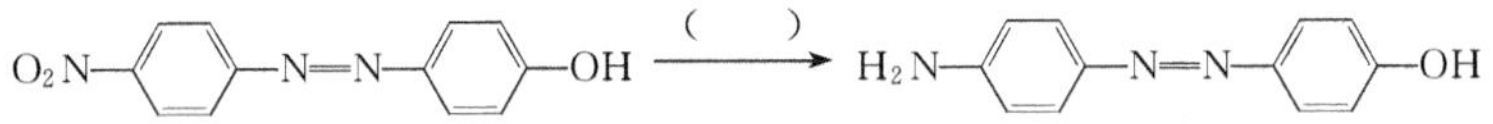 O₂N—　—N=N—　—OH (　　) → H₂N—　—N=N—　—OH

A. Zn，HOAc　　B. Na₂S₂O₄，NaOH　　C. Na₂S

5. 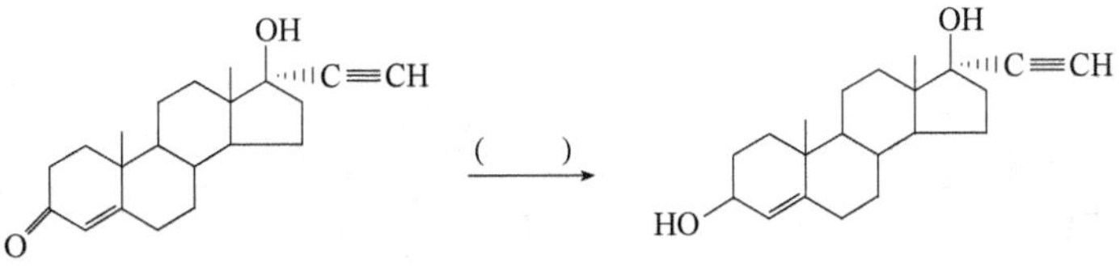 (　　)

A. KBH_4，EtOH，回流   B. Zn-Hg，HCl，回流   C. H_2，Raney Ni

6. $H_3C\!-\!\!\langle\ \rangle\!-\!NO_2 \xrightarrow{(\quad)} H\!-\!\overset{\displaystyle O}{C}\!-\!\!\langle\ \rangle\!-\!NH_2$

A. Zn，HCl   B. Zn，HOAc，CrO_3 C. Na_2S_2，H_2O

7. $N\!\equiv\!C\!-\!\!\langle\ \rangle\!-\!COOCH_3 \xrightarrow{(\quad)} H_2N\!-\!CH_2\!-\!\!\langle\ \rangle\!-\!COOCH_3$

A. H_2，Raney Ni，NH_3-MeOH   B. $LiAlH_4$-THF   C. H_2，Raney Ni

8. $\langle\ \rangle\!-\!CH(CH_3)_2 \xrightarrow{(\quad)} \langle\ \rangle\!-\!CH(CH_3)_2$

A. Li，NH_3，EtOH，Et_2O B. $LiAlH_4$-THF   C. H_2，Pd-C

二、写出下列反应的主产物

1.
$$\underset{NO_2}{\overset{COOH}{\langle\ \rangle}} \xrightarrow[\substack{90\sim106℃，1h \\ (80\%)}]{Fe，HCl}$$

2.
$$\overset{NO_2\ CH_3}{\underset{CH_3}{\langle\ \rangle}} \xrightarrow[\substack{90℃，2h \\ (75\%)}]{Fe，HCl}$$

3.
$$Ph\!-\!\overset{\displaystyle O}{C}\!-\!\underset{Cl}{\langle\ \rangle} \xrightarrow[\substack{110\sim125℃，8h \\ (90\%)}]{Zn，NaOH}$$

4. $H_3C\!-\!N\underset{}{\langle\ \rangle}N\!-\!NO \xrightarrow[30\sim40℃,1.5h]{Zn,HOAc}$

5. $CH_3CH_2\!-\!C\!\equiv\!C\!-\!CH_2CH_3 \xrightarrow[NH_3]{Na}$

6.
$$\underset{NO_2}{\overset{CONH-CH-CH_2-CH_2}{\underset{\ \ \ COOH\qquad COOH}{\langle\ \rangle}}} \xrightarrow[pH\ 6\sim7]{(NH_4)_2S}$$

7.
$$\underset{HS}{\overset{NO}{\langle N\rangle}}\underset{NH_2}{} \xrightarrow[42℃,4h]{Na_2S_2O_4,NaOH}$$

8.
$$\overset{COOH}{\underset{COOH}{\langle\ \rangle}} \xrightarrow{LiAlH_4}$$

9.
$$\overset{CH_3}{\underset{H_3C}{\langle\ \rangle}}\!-\!\overset{\displaystyle O}{C}\!-\!CH_3 \xrightarrow{NaBH_4，NaOH}$$

10. $C_6H_5COCH_3 \begin{array}{c} \xrightarrow{Zn-Hg,HCl} \\ \xrightarrow{KBH_4} \\ \xrightarrow{NH_3,Ni,H_2} \end{array}$

11.
$\xrightarrow[25℃, 0.3MPa]{H_2, Pd, EtOH}$

12.
$\xrightarrow[Raney\ Ni]{H_2, HCHO} C_{17}H_{21}NO$ （写出结构式）

13.
$\xrightarrow[H_2, Raney\ Ni]{CH_3NH_2} C_6H_9NO$ （写出结构式）

14. $C_6H_5COCH_2CH_2COOH \longrightarrow$
$\begin{array}{l} \xrightarrow{Zn-Hg, HCl} \\ \xrightarrow{LiAlH_4} \\ \xrightarrow{NaBH_4} \\ \xrightarrow{B_2H_6, THF} \end{array}$

【技能训练 5-1】 二苯甲醇的制备

一、实训目的与要求

1. 了解以锌为还原剂的基本操作方法。

2. 掌握薄层色谱法判断反应终点的操作。

二、实训原理

通过多种还原剂可以将二苯甲酮还原得到二苯甲醇（benzhydrol）。在碱性溶液中用锌粉还原是实验室制备二苯甲醇常用的方法。

三、主要实训试剂

名称	规格	用量	名称	规格	用量
二苯甲酮	分析纯	1.0g	浓盐酸	分析纯	适量
锌粉	分析纯	1g	无水乙醇	分析纯	适量
石油醚	化学纯(60～90℃)	10mL	氢氧化钠	分析纯	1g

四、实训步骤及方法

在装有冷凝管的50mL锥形瓶中，依次加入研细的1g氢氧化钠、1g二苯甲酮、1g锌粉及10mL无水乙醇，充分摇动，反应微放热。约20min后，在80℃的热水浴上加热15～20min后，取样，在薄层板上与二甲苯酮对照点样，在盛有苯的展开槽中展开，晾干后放在紫外分析仪下检查反应情况。如未反应完全，则再加热15min，用以上方法在薄层板上点样、展开，在紫外分析仪下观察反应进行情况，直至反应完全。

用漏斗抽滤，固体用少量乙醇洗涤。滤液倒入80mL预先用冰水浴冷却的水中，摇匀后用浓盐酸酸化，使pH为5～6[1]。真空抽滤析出固体，粗品于红外灯下干燥。然后用60～90℃的石油醚约10mL重结晶。抽滤，干燥，得到针状结晶的二苯甲醇约0.8g，收率80%，熔点67～69℃。本实验约需6h。

纯二苯甲醇物理常数：熔点68～69℃，沸点297～298℃。

五、思考题

为什么要用浓盐酸进行酸化？为什么酸化的酸性不能太强？

注释

[1] 酸化时溶液酸性不要太强，否则会使产品溶解。

【技能训练 5-2】 美沙拉秦的制备

一、实训目的与要求

1. 掌握硝化、还原反应的原理。

2. 熟悉以铁粉为还原剂的基本操作。

3. 了解保险粉的成分和用途。

二、实训原理

美沙拉秦是抗结肠炎药，为抗慢性结肠炎柳氮磺吡啶（SASP）的活性成分。疗效与 SASP 相同，适用于因副作用和变态反应而不能使用 SASP 的患者，国外已广泛用于治疗溃疡性结肠炎。化学名称为 5-氨基-2-羟基-苯甲酸。本品为灰白色结晶或结晶状粉末。微溶于冷水、乙醇。

其制备反应原理：

三、主要实训试剂

名称	规格	用量	名称	规格	用量
水杨酸	分析纯	13.8g	保险粉	分析纯	1.3g
浓硝酸	分析纯	18mL	硫酸	40%	适量
冰醋酸	化学纯	1.8mL	浓硫酸	分析纯	适量
5-硝基水杨酸	自制	10g	氨水	15%	适量
铁粉	分析纯	10g	氢氧化钠	40%	适量
浓盐酸	分析纯	适量	活性炭		适量

四、实训步骤及方法

1. 5-硝基水杨酸的制备

在装有冷凝器（附有空气导管、安全瓶及碱性吸收池）、温度计和滴液漏斗的 250mL 三口烧瓶中，加入水杨酸 13.8g、水 30mL，电磁搅拌下，升温至 50℃，固体全溶[1]。缓缓滴加浓硝酸 18mL 和冰醋酸 1.8mL 的混合液，保持反应温度在 70～80℃，滴毕，继续保温反应 1h。倒入 150mL 冰水中，放置 1h。抽滤，用水洗涤，得粗品，将粗品加入 150mL 水加热至沸待全部溶解，热过滤。滤液充分冷却，抽滤，得淡黄结晶 11.2g，熔点 227～230℃。

2. 美沙拉秦的制备

在装有电动搅拌器、冷凝管及温度计的三口烧瓶中，加入水 60mL，升温至 60℃以上，加入浓盐酸 4.2mL、活化铁粉[2]4g（0.07mol），加热回流后，交替加入活化铁粉 6g 和 5-硝基水杨酸[3]10g（0.054mol），加毕，继续保温搅拌 1h。反应毕，冷却至 80℃后，用 40%氢氧化钠溶液调至 pH 11～12，过滤，水洗。合并滤液和洗液，向其中加入保险粉 1.3g，搅拌，过滤，滤液用 40%硫酸调至 pH 为 2～3，析出固体，过滤，干燥，得固体粗品。向粗品中加水 100mL，浓硫酸 4.5mL 和活性炭少许，加热回流数分钟，趁热过滤，冷却。滤液用 15％氨水调至 pH2～3，析出固体，过滤，水洗，干燥。测定熔点，计算收率。

五、思考题

1. 在本实训中，保险粉起什么作用？

2. 硝基的还原还可以采用哪些方法？

注释

[1] 如果未全溶，可再加少许水。

[2] 铁粉用前需要活化，方法如下：将铁粉 10g，水 50mL，置于 150mL 烧杯中，加浓盐酸 0.4mL，煮沸，用倾泻法水洗至中性，置水中待用。

[3] 根据实际得到的 5-硝基水杨酸的量，按上述比例计算各自的反应投料。

6 ◄◄◄

缩合反应技术

▶ **学习目的**

　　缩合反应是药物合成及其中间体制备的重要反应类型之一。它是指两个或多个较小的有机化合物分子经加成或脱除小分子形成较大分子的化学反应，分子骨架往往发生较大变化，分子中官能团大多也会随之改变。通过缩合反应的学习，可学会制备许多药物及其中间体的方法。

▶ **知识要求**

　　掌握缩合反应的概念和常见的重要缩合反应的类型，掌握醛、酮化合物之间缩合反应、酯缩合反应的类型、主要影响因素；熟悉羟醛缩合、安息香缩合、酯缩合反应的机制以及在药物合成中的应用与限制；了解 Knoevenagel 反应、Mannich 反应、Darzens 反应、Perkin反应、Michael 加成以及成环缩合反应的概念、条件及应用，理解其作用机制。

▶ **能力要求**

　　熟练应用缩合反应理论解释常见缩合反应的机制、反应条件的控制；学会实验室制备盐酸苯海索和苯妥英钠的技术以及有关的实验安全操作技术。

　　缩合反应是一类非常重要的反应，在药物及其中间体的合成中应用非常广泛。

　　缩合反应的含义广泛，两个或两个以上有机化合物分子之间相互作用形成一个新的较大分子，同时释放出简单分子的反应；或同一个分子内部发生反应形成新的分子的反应，可称为缩合反应。

　　反应过程中一般同时脱去的小分子是水、醇、氨、卤化氢等。也有些是加成缩合，不脱去任何小分子。

　　就形成的化学键而言，通过结合缩合反应可以形成碳碳键和碳杂键。

　　缩合反应的机理主要包括亲核加成-消除（各类亲核试剂对醛或酮的亲核加成-消除反应）、亲核加成（活泼亚甲基化合物对 α,β-不饱和羰基化合物的加成反应）、亲电取代等。

6.1 案例引入：1,2-二苯基羟乙酮的合成

6.1.1 案例分析

安息香，即苯偶姻，化学名为 1,2-二苯基羟乙酮，是一种白色针状晶体，是一种重要的化工原料，广泛用作感光性树脂的光敏剂、染料中间体和粉末涂料的防缩孔剂，也是一种重要的药物合成中间体，如抗癫痫药物二苯基乙内酰脲的合成以及二苯基乙二酮、二苯基乙二酮肟、乙酸安息香类化合物的制备等。

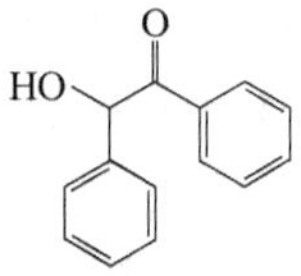

1,2-二苯基羟乙酮

目前，有关安息香合成主要讨论的就是催化剂的改进问题，经典的安息香合成以氰化钠或氰化钾为催化剂，后来的研究侧重于咪唑盐催化。为提高收率，或采用微波辅助，或采用相转移催化剂等操作方法。

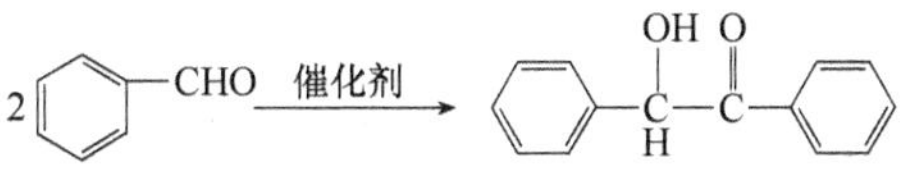

6.1.2 醛酮化合物之间的缩合反应

6.1.2.1 安息香缩合

芳醛不含 α-活泼氢，但是，某些芳醛在含水乙醇中，以氰化钠或氰化钾作催化剂，加热后发生双分子缩合生成 α-羟基酮。这类反应称为安息香缩合（benzoin condensation）。

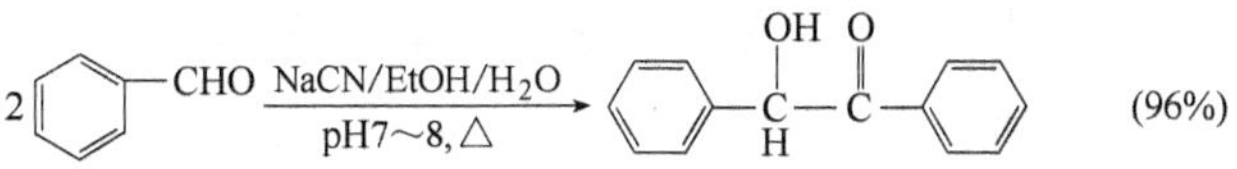

（1）反应机理　首先氰负离子对羰基进行加成，进而发生质子转移，形成碳负离子中间体，然后碳负离子再与另一分子的芳醛进行加成，加成产物再经质子转移后消除氰负离子，得到 α-羟基酮。

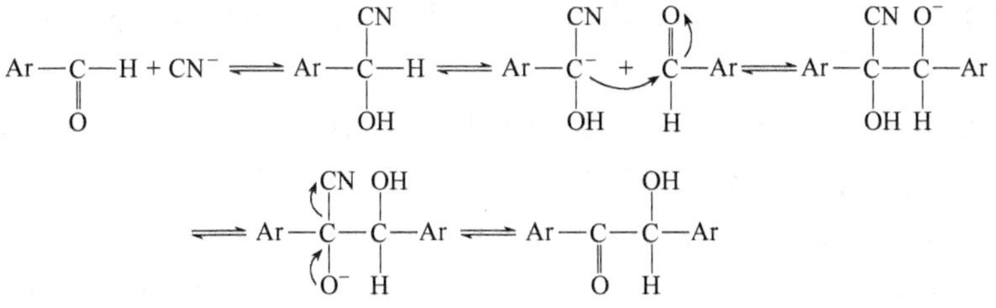

（2）影响因素

① 反应物结构。苯甲醛容易反应，某些具有烷基、烷氧基、羟基等供电子基的芳醛，也可以发生自身缩合，生成对称的 α-羟基酮。

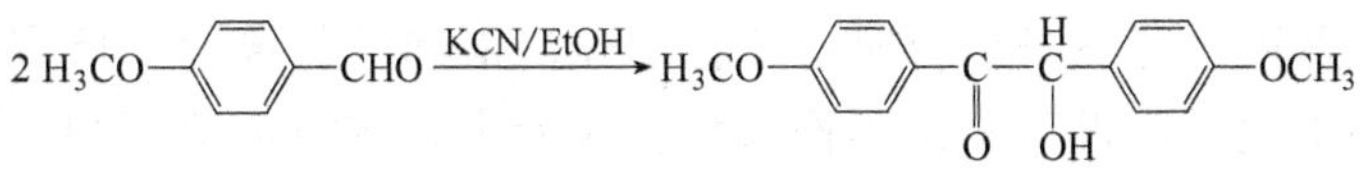

② 催化剂。催化剂除使用碱金属氰化物外，镁、钡、汞的氰化物也可以使用。由于氰化物有剧毒，因此人们发展了一系列对环境友好的反应催化剂，如 N-烷基-噻吩鎓盐、咪唑鎓盐等。维生素 B_1 用于安息香合成即是一个很好的例子。

6.1.2.2 含 α-活泼氢的醛或酮的自身缩合

含 α-活泼氢的醛或酮在一定条件下发生反应生成 β-羟基醛或酮，或经脱水生成 α,β-不饱和醛或酮的反应，称为羟醛缩合（aldol condensation）。

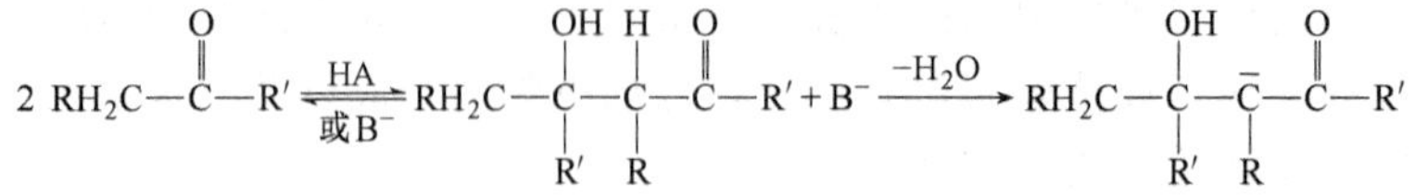

R'＝H 或烃基；HA 为酸性催化剂；B⁻ 为碱性催化剂

（1）反应机理　羟醛缩合反应可以用酸或碱作催化剂，应用较多的是碱作催化剂。碱的作用是夺去醛或酮分子中的活泼氢形成碳负离子，从而提高试剂的亲核性，以利于和另一分子醛或酮的羰基进行加成。生成的加成物在碱存在下可以进行脱水反应，生成 α,β-不饱和醛或酮。其反应机理表示如下：

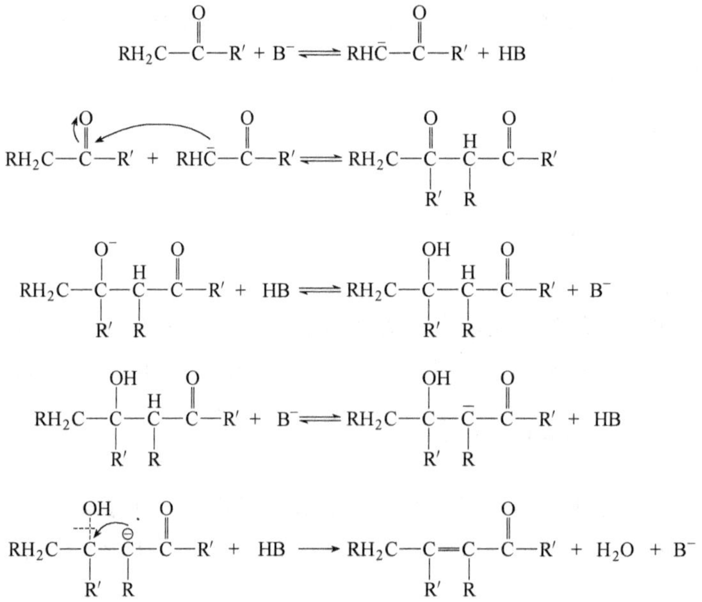

在羟醛缩合反应中，转变成碳负离子的醛或酮称为亚甲基组分；提供羰基的醛或酮称为羰基组分。

酸催化下的羟醛缩合首先是使醛、酮分子中的羰基质子化而形成𬠡盐，提高了羰基碳原子的亲电活性，𬠡盐再进一步转化成烯醇式结构，增加了羰基化合物的亲核活性。酮的烯醇式结构与𬠡盐（质子化羰基）发生亲核加成反应，然后经质子转移，脱水得到产物。

酸或碱催化下的羟醛缩合反应在加成阶段都是可逆反应，如要获得高收率的加成产物，必须设法打破平衡，使平衡向右移动。

（2）影响因素及反应条件

① 反应物结构。含一个 α-活泼氢的醛进行自身缩合时，得到单一的醛加成产物。含两个或三个 α-活泼氢的醛进行自身缩合时，若在稀碱溶液和较低温度下反应，得到 β-羟基醛；温度较高或是在酸催化下，得到 α,β-不饱和醛。实际上，多数情况下加成和脱水同时进行，

由于加成产物不稳定且难以与其脱水产物分离，所以最终得到的是其脱水产物 α,β-不饱和醛。例如：

$$2\ CH_3CH_2CH_2CHO \xrightarrow[\begin{array}{c}\text{NaOH}\\25℃\end{array}]{} CH_3CH_2CH_2CH-\underset{\underset{CH_2CH_3}{|}}{\overset{\overset{H}{|}}{C}}-CHO \quad (75\%)$$

$$\xrightarrow[\text{或} H_2SO_4]{\text{NaOH},80℃} CH_3CH_2CH_2CH=\underset{\underset{CH_2CH_3}{|}}{C}-CHO \quad (85\%)$$

含 α-活泼氢的酮分子间的自身缩合，因其反应活性低，加成过程中和产物的空间位阻大，所以其自身缩合速率小，平衡偏向左边。例如，当丙酮的自身缩合反应达到平衡时，加成产物的含量仅为丙酮的 0.01%，为了打破平衡，在实验室可利用 Soxhlet 抽提器等方法除去反应中生产的水，提高反应的收率。

$$H_3C-\underset{\underset{H}{|}}{\overset{\overset{CH_3}{|}}{C}}=O + H_2C-\overset{\overset{O}{||}}{C}-CH_3 \xrightleftharpoons{Ba(OH)_2} H_3C-\underset{\underset{OH}{|}}{\overset{\overset{CH_3}{|}}{C}}-\underset{\underset{H}{|}}{C}-\overset{\overset{O}{||}}{C}-CH_3 \xrightarrow{I_2\text{或}H_3PO_4} H_3C-\overset{\overset{CH_3}{|}}{C}=CH-\overset{\overset{O}{||}}{C}-CH_3$$

若是不对称酮，不论是酸或碱催化，反应主要发生在取代基较少的羰基 α-碳原子上，得 β-羟基酮或其脱水产物。

② 催化剂。催化剂对羟醛缩合反应的影响比较大。用作催化剂的碱可以是弱碱（如 Na_3PO_4、$NaOAc$、Na_2CO_3、K_2CO_3、$NaHCO_3$ 等），也可以是强碱（如 $NaOH$、KOH、$NaOEt$、NaH、$NaNH_2$ 等）。NaH、$NaNH_2$ 等强碱一般用于活性差、位阻大的反应物之间的缩合，如酮-酮缩合，并在非质子溶剂中进行。碱的用量和浓度对产物的质量和收率均有影响。浓度太小，反应速率慢；浓度太大或碱的用量太多，容易引起副反应。

羟醛缩合反应以酸作催化剂应用较少，常用的酸有盐酸、硫酸、对甲苯磺酸、三氟化硼以及氢型阳离子交换树脂等。

6.1.2.3 甲醛与含 α-活泼氢的醛、酮缩合

甲醛分子本身不含 α-活泼氢，不能发生自身缩合，但在碱〔$NaOH$、$Ca(OH)_2$、K_2CO_3、$NaHCO_3$、R_3N 等〕催化下，可与含 α-活泼氢的醛、酮进行缩合，甲醛作为羰基组分，另一种醛或酮作为亚甲基组分，其结果是在醛、酮的 α-碳原子上引入羟甲基。此反应称为 Tollens 缩合，也叫做羟甲基化反应。其产物是 β-羟基醛、酮或其脱水产物（α,β-不饱和醛或酮）。

$$HCHO + CH_3COCH_3 \xrightarrow[14\sim16℃]{\text{稀 NaOH}} H_3C-\underset{\underset{OH}{|}}{\overset{\overset{CH_3}{|}}{C}}-\underset{\underset{H}{|}}{\overset{\overset{H}{|}}{C}}-\overset{\overset{O}{||}}{C}-CH_3 \xrightarrow[-H_2O]{(COOH)_2} CH_2=CH-COCH_3 \quad (45\%)$$

由于甲醛和不含 α-活泼氢的醛在浓碱中能发生 Cannizzaro 反应（歧化反应），因此甲醛的羟甲基化反应和交叉 Cannizzaro 反应能同时发生，这是制备多羟基化合物的有效方法。如血管扩张药四硝酸戊四醇酯（Pentaerythritol Tetranitrate）中间体季戊四醇的制备。

$$3\ HCHO + CH_3CHO \xrightarrow[14\sim16℃]{25\%Ca(OH)_2} HOH_2C-\underset{\underset{CH_2OH}{|}}{\overset{\overset{CH_2OH}{|}}{C}}-CHO \xrightarrow[14\sim16℃]{HCHO,Ca(OH)_2} HOH_2C-\underset{\underset{CH_2OH}{|}}{\overset{\overset{CH_2OH}{|}}{C}}-CH_2OH$$

$$(55\%\sim57\%,\text{以乙醛计})$$

6.1.2.4 芳醛与含 α-活泼氢的醛、酮的交错缩合

芳醛不含 α-活泼氢，不能发生自身缩合反应，但可以作为羰基组分与含 α-活泼氢的醛、

酮（亚甲基组分）发生交错缩合反应，生成交错缩合产物。

　　芳醛与含 α-活泼氢的醛或酮在碱催化下缩合并脱去 1 分子水后生成 α,β-不饱和醛或酮的反应称为 Claisen-Schimidt 反应。

　　反应首先生成中间产物 β-羟基芳丙醛（酮），但它不稳定，立即在强碱或强酸催化下脱水生成稳定的芳丙烯醛（酮）。因此，通过 Claisen-Schimidt 可以得到 β-芳丙烯醛（酮）。产物一般为反式构型。

$$Ar-\overset{\overset{O}{\|}}{C}-H + RH_2C-\overset{\overset{O}{\|}}{C}-R'(H) \rightleftharpoons Ar-\underset{}{\overset{OH}{\underset{}{C}}}H-\underset{R}{\overset{H}{C}}-\overset{\overset{O}{\|}}{C}-R'(H) \xrightarrow{-H_2O} Ar-CH=\underset{R}{C}\overset{\overset{O}{\|}}{C}-R'(H)$$

$$C_6H_5CHO + CH_3COC_6H_5 \xrightarrow[15\sim30℃]{NaOH/EtOH/H_2O} \underset{H}{\overset{C_6H_5}{C}}=\underset{COC_6H_5}{\overset{H}{C}}$$

　　在操作中，为了避免含 α-活泼氢的醛或酮的自身缩合，常采取下列措施：先将等物质的量的芳醛与另一种醛或酮混合均匀，然后均匀地滴加到碱的水溶液中；或先将芳醛与碱的水溶液混合后，再慢慢加入另一种醛或酮，并控制在低温（0～6℃）下反应。

　　芳醛与含 α-活泼氢的对称酮缩合时，既可以得到单缩合产物，又可得到双缩合产物。当使用过量酮反应时，主要得单缩合产物；当芳醛过量时，则主要得双缩合产物。

$$C_6H_5CHO(过量) + CH_3COCH_3 \xrightarrow[20\sim25℃]{NaOH/EtOH/H_2O} \underset{H}{\overset{H_5C_6}{C}}=\underset{}{\overset{H}{C}}-\underset{\underset{O}{\|}}{C}=\underset{H}{\overset{C_6H_5}{C}} \quad (90\%\sim94\%)$$

$$PhCHO + CH_3COCH_3(过量) \xrightarrow[25\sim31℃]{10\%NaOH} PhCH=CHCOCH_3 \quad (65\%\sim78\%)$$

　　若芳醛与不对称酮缩合，而不对称酮中仅含一个 α-活泼氢时，不管是酸催化还是碱催化，产物都比较单纯。

$$O_2N-\underset{}{\bigcirc}-CHO + CH_3COPh \xrightarrow[\substack{(94\%)\\H_2SO_4/HOAc\\(99\%)}]{NaOH/EtOH/H_2O} O_2N-\underset{}{\bigcirc}-CH=CHCOPh$$

6.1.3　Knoevenagel 反应

6.1.3.1　案例分析：山梨酸的合成

　　山梨酸广泛应用于医药、化妆品、食品行业，具有抑制微生物生长繁殖的作用，其毒性仅为苯甲酸的 1/4，有取代苯甲酸的趋势。

　　（1）反应原理　用原料巴豆醛与丙二酸在吡啶作用下，发生 Knoevenagel 反应而得。

$$CH_3CH=CHCHO + CH_2(COOH)_2 \xrightarrow[100℃,4h]{Py} CH_3CH=CHCH=CHCOOH$$

　　（2）生产工艺流程　见图 6-1。

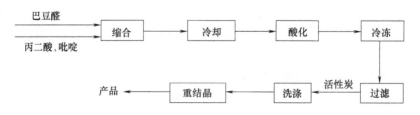

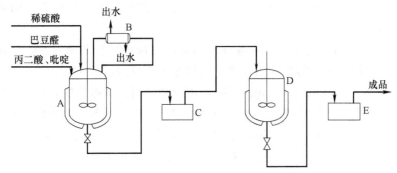

图 6-1　山梨酸生产工艺流程

A—反应釜；B—冷凝器；C,E—离心机；D—结晶釜

（3）操作方法　配料比：丙二酸：巴豆醛：吡啶＝1：0.7：1。

在反应罐中，一次投入巴豆醛、丙二酸和吡啶，室温搅拌 1h。然后缓缓升温至 90℃，维持 90～100℃反应 4h，反应完毕降温至 10℃以下，缓缓加入 10%稀硫酸，控制温度不超过 20℃，至反应物呈弱酸性（pH4～5）为止。冷冻过夜。过滤，结晶用水洗，得山梨酸粗品。用 3～4 倍量 60%乙醇重结晶，得山梨酸。

6.1.3.2　Knoevenagel 反应原理

含活性亚甲基的化合物在弱碱性催化剂（氨、伯胺、仲胺、吡啶等有机碱）作用下，脱质子以碳负离子亲核试剂的形式与醛或酮的羰基发生羟醛型缩合，脱水得到 α,β-不饱和化合物，此反应称为 Knoevenagel 反应。反应结果是在羰基 α-碳上引入亚甲基。一般活性亚甲基化合物具有两个吸电子基团时，活性较大。

反应通式：

$$H_2C\diagdown{X \atop Y} + O{=}C\diagdown{R \atop R'} \xrightarrow{\text{催化剂}} {X \atop Y}\diagdown{C}{=}C{R \atop R'} + H_2O$$

$$(X,Y = —CN, —NO_2, —COR', —COOR', —CONHR)$$

（1）影响因素及反应条件

① 反应物结构。包括亚甲基及羰基组分的结构。

Knoevenagel 缩合中，含活性亚甲基化合物一般需要连接两个吸电子基团。常用的活性亚甲基化合物有：乙酰乙酸及其酯、丙二酸及其酯、丙二腈、丙二酰胺、苄酮、脂肪族硝基化合物等。

芳醛和脂肪醛均可顺利地进行反应，其中芳醛的收率高一些。

酮中位阻小的酮（如丙酮、甲乙酮、脂环酮等）与活性较高的亚甲基化合物（如丙二腈、氰基乙酸、脂肪族硝基化合物等）可顺利进行反应，收率较高；但与丙二酸酯、β-酮酸酯以及 β-二酮等活性较低的化合物进行反应时收率不高。位阻大的酮反应困难，速率慢，收率低。

$$CH_3COCH_3 + CH_2(CN)_2 \xrightarrow[\triangle]{NH_2CH_2CH_2COOH/PhH} (CH_3)_2{=}C(CN)_2 \quad (92\%)$$

$$(CH_3)_3CCOCH_3 + CH_2(CN)_2 \xrightarrow[\triangle]{NH_2CH_2CH_2COOH/PhH} (CH_3)_2CH\underset{\overset{|}{CH_3}}{-}C{=}C(CN_2)$$

② 催化剂。本反应常用的催化剂有：乙酸铵、吡啶、丁胺、哌啶、甘氨酸、氢氧化钠、

碳酸钠等，并可使用微波加速反应。若用 $TiCl_4$/吡啶作催化剂，则用于位阻较大的酮类化合物，收率较高。

③ 溶剂。本反应常使用苯、甲苯等有机溶剂。反应中进行共沸脱水，促使反应向右移动来提高收率；同时又可以防止含活性亚甲基的酯类等反应物的水解。

（2）应用特点　由于 Knoevenagel 反应使用的催化剂是弱碱性的，它们只能使活泼亚甲基化合物脱质子转变成碳负离子，对于亚甲基不够活泼的醛或酮，则不能使它们脱质子转变成碳负离子，所以可以避免羟醛型缩合副反应，在药物及其中间体合成中的应用非常广泛。主要用于制备 α,β-不饱和羧酸及其衍生物、α,β-不饱和腈和硝基化合物等。

$$C_2H_5COCH_3 \ + \ CNCH_2COOC_2H_5 \xrightarrow[\triangle]{NH_4OAc/PhH} \ \begin{array}{c} C_2H_5 \\ H_3C \end{array}C=C\begin{array}{c} CN \\ COOC_2H_5 \end{array} \qquad (81\%\sim87\%)$$

（抗癫痫药乙琥胺的中间体）

$$\text{（结构式）CHO} \ + \ CH_3NO_2 \xrightarrow[\text{室温,3~4h}]{\text{盐酸甲胺/EtOH}} \text{（结构式）CH=CHNO_2} \qquad (90\%\sim93\%)$$

（升压药多巴胺的中间体）

6.1.4　Perkin 反应

6.1.4.1　案例分析：肉桂酸的合成

肉桂酸（Cinnamic acid）是重要的有机合成工业中间体之一，广泛用于香料、医药、农药、塑料和感光树脂等精细化工产品。肉桂酸酯类可供配制香精，也可用作食品香料；在医药工业中，用来制造"心可安"、局部麻醉剂、杀菌剂、止血药等；在农药工业中作为生长促进剂和长效杀菌剂而用于果蔬的防腐；肉桂酸至今仍是负片型感光树脂最主要的合成原料。另外，肉桂酸还作为镀锌板的缓蚀剂、聚氯乙烯的热稳定剂、多氨基甲酸酯的交联剂、己内酰胺的阻燃剂及化学分析试剂等。

（1）反应原理　反应式如下：

$$\text{（结构式）CHO} \xrightarrow[CH_3COONa]{(CH_3CO)_2O} \left[\text{（结构式）CH(OH)CH_2COOCOCH_3}\right] \longrightarrow \text{（结构式）CH=CHCOOH}$$

（2）工艺流程　见图 6-2。

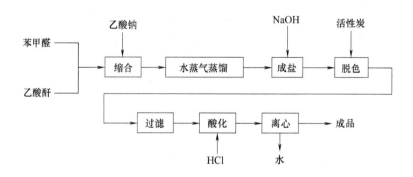

138

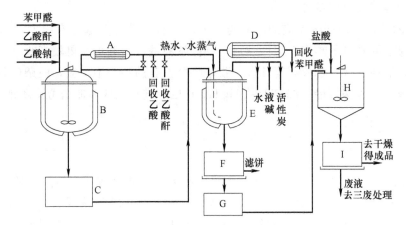

图 6-2 肉桂酸生产工艺流程图

A—反应冷凝器；B—反应釜；C—反应液低位槽；D—蒸馏冷凝器；

E—水蒸气蒸馏釜；F—离心机；G—滤液贮槽；H—中和釜；I—离心机

（3）操作过程　苯甲醛 100 kg、乙酸酐 150 kg、乙酸钠 56 kg 投入干燥反应釜中，升温回流 9h，常压回收乙酸至内温 140℃，减压回收乙酸酐至物料呈黏稠状。加入 200kg 热水溶解后，水蒸气蒸馏回收未反应的苯甲醛，控制内温在（102±2）℃至无油状物蒸出为止。加水 175 kg 及液碱 75 kg 使之溶解，加适量活性炭升温至 100℃，回流 15min，趁热过滤。滤液用盐酸中和至 pH＝1，冷却至 10℃结晶析出，甩滤、干燥，得肉桂酸约 80kg。

6.1.4.2　Perkin 反应原理

芳香醛与脂肪酸酐在相应的脂肪酸碱金属盐的催化下缩合，生成 β-芳丙烯酸类化合物的反应称为 Perkin 反应。

$$ArCHO + (RCH_2CO)_2 \xrightarrow[\text{②}H_3^+O]{\text{①}RCH_2COOK,\ \triangle} Ar-\underset{\underset{R}{|}}{\underset{H}{|}}C=C-COOC_2H_5 + RCH_2COOH$$

本反应的实质是酸酐的亚甲基与醛进行醛醇型缩合。在碱作用下，酸酐经烯醇化后与芳醛发生 Aldol 缩合，经酰基转移、消除、水解得 β-芳丙烯酸类化合物。以苯甲醛与乙酸酐的缩合为例进行说明。

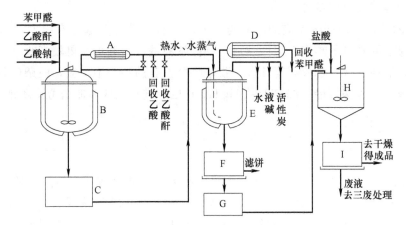

139

（1）影响因素及反应条件

① 芳醛的结构。Perkin 反应的收率与芳醛的结构有关。芳醛连有吸电子基时使芳醛的活性增加，连接的吸电子越多，活性越强，反应越易进行，并可获得较高收率；反之，连有给电子基时，活性降低，反应速率减慢，收率降低，有的甚至不反应，但杂环芳醛也能发生反应。除芳醛外，芳基丙烯（ArCH＝CHCHO）也能进行反应，脂肪醛则不能反应。

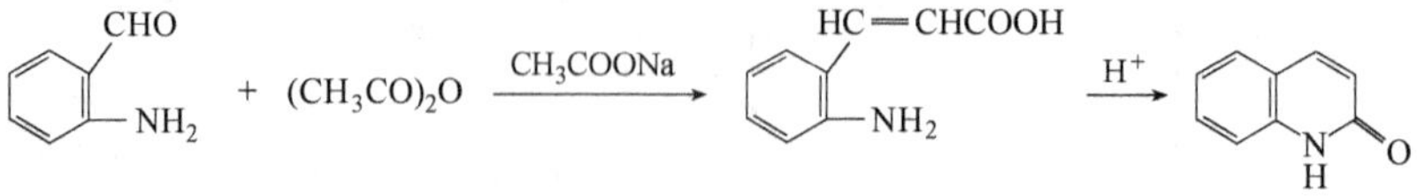

② 酸酐的结构。进行 Perkin 反应的酸酐一般为具有两个或两个以上 α-活泼氢的低级单酐。若酸酐具有两个以上 α-活泼氢，其产物均是 α,β-不饱和羧酸。若用 β-二取代酸酐〔$(R_2CHCO)_2O$〕反应，可获得 β-羟基羧酸。高级酸酐的制备困难，来源少，可采用该羧酸和其他酸酐代替，使其首先形成混合酸酐，再进行缩合。

③ 催化剂。常使用与羧酸酐相应的羧酸钠盐或钾盐。钾盐的效果比钠盐好，但 Cs 盐的催化效果更好，反应速率快，收率也较高。

④ 温度及其他。羧酸酐是活性较低的亚甲基化合物，而催化剂羧酸盐又是弱碱，所以 Perkin 反应的温度一般要求较高（150～200℃）。但是反应温度太高，又可能发生脱羧和消除副反应，生成烯烃。

Perkin 反应需在无水条件下进行。所以反应中所用芳醛应在使用前重新蒸馏，羧酸盐应先焙烧后研细再使用。

（2）应用特点　Perkin 反应主要用于制备 β-芳丙烯酸类化合物。与 Knoevenagel 缩合制备 β-芳丙烯酸类化合物的方法相比，收率低一些。当制备芳环上连有吸电子基的 β-芳丙烯酸时，两种反应收率相近，但有时 Perkin 反应的原料容易获得。如造影剂碘番酸中间体的合成。

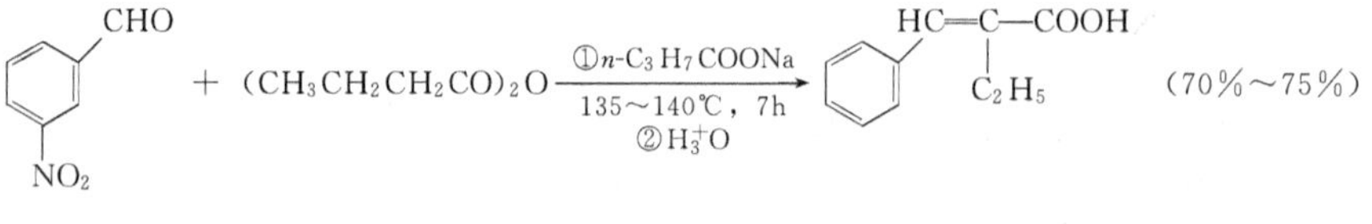

6.2　案例引入：维生素 A 的合成

6.2.1　案例分析

1931 年 Karrer 从鱼肝油中分离到了维生素 A_1（通常称为维生素 A）的纯品，并确定其化学结构。后来，又从淡水鱼肝中分离出另外一种维生素 A，即 3-脱氢视黄醇，称为维生素 A_2，较维生素 A_1 多一个双键。1935 年又从视网膜分离得到视黄醛（retinal），又称维生素 A_1 醛，因此具有维生素 A 作用的应包括维生素 A_1、维生素 A_2、维生素 A_1 醛及它们的几何异构体。

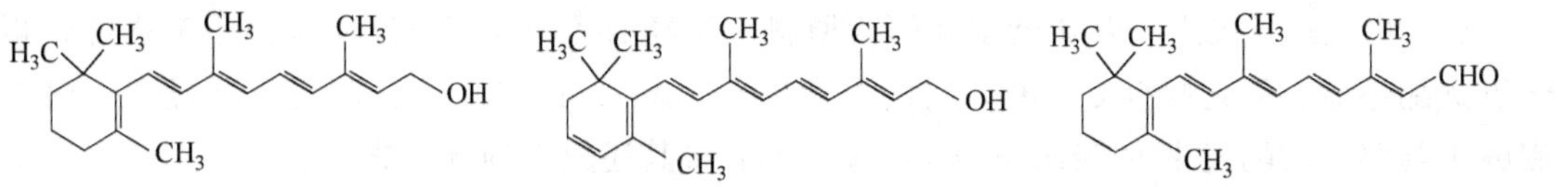

维生素A₁ 的结构 — 维生素A₁

维生素A₂

维生素A₁醛

维生素 A 的合成有以下几种方法：

（1）Roche 合成法　1947 年瑞士 Roche 公司 Isler 设计了一条以 β-紫罗兰酮为起始原料的维生素 A 乙酸酯的全合成路线，并首次实现了工业化生产。至今仍然是维生素 A 乙酸酯的主要生产方法之一。此法由 β-紫罗兰酮和氯乙酸酯为原料，在醇钠存在下进行 Darzens 缩合反应，制得关键中间体 β-十四碳醛（C_{14}-醛）；由丙酮和甲醛为原料，经缩合、脱水等三步反应制得 1-乙炔基-1-乙烯基乙醇（C_6-醇）；然后将 1-乙炔基-1-乙烯基乙醇形成的格氏试剂与 β-十四碳醛进行缩合，得到羟基去氢维生素 A 醇；最后经选择性氢化、乙酰化、溴代和重排即得维生素 A 乙酸酯。

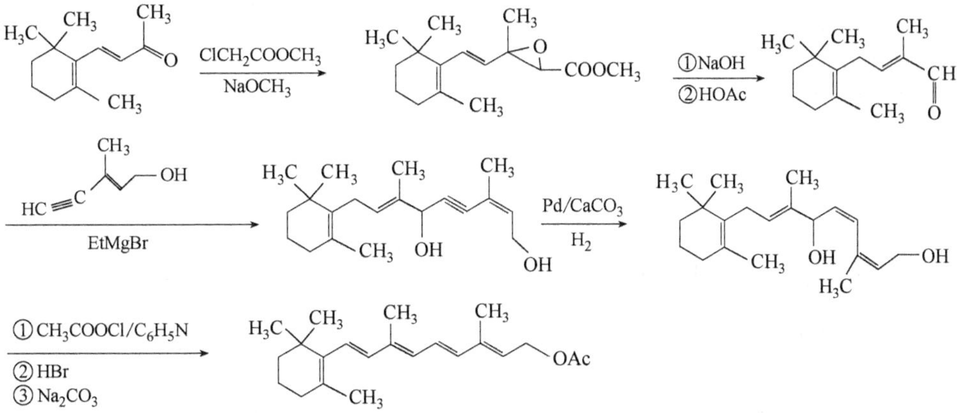

（2）BASF 合成法　1950 年，BASF 公司开发了一条以 β-紫罗兰酮为起始原料，通过 Wittig 反应为关键技术的维生素 A 乙酸酯的全合成路线。此法将 β-紫罗兰酮与乙炔进行加成反应制得炔醇；经选择性部分氢化、还原制得乙烯紫罗兰醇；再将乙烯紫罗兰醇与三苯基膦反应所形成的 Wittig 试剂与 β-甲酰基巴豆酸乙酯进行 Wittig 反应，即得维生素 A 乙酸酯。

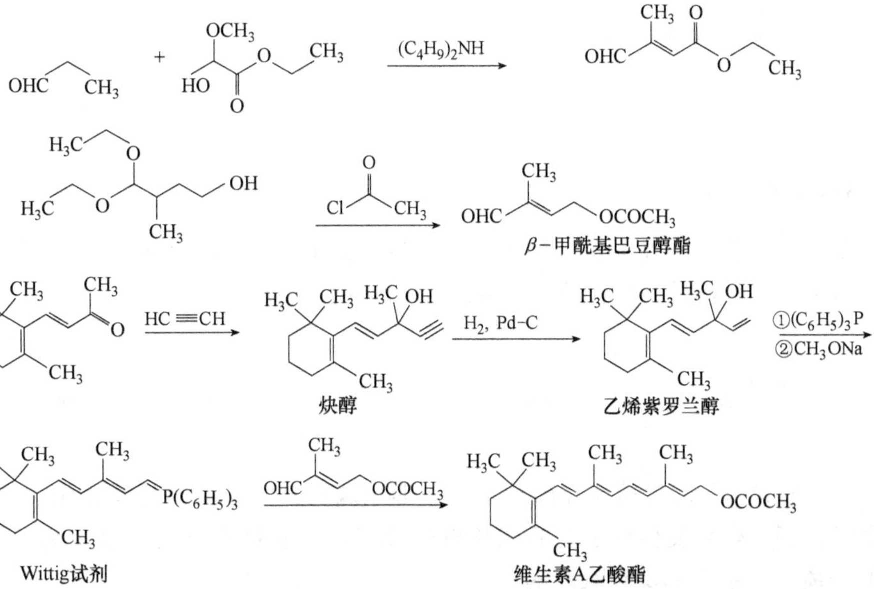

β-甲酰基巴豆醇酯

炔醇　乙烯紫罗兰醇

Wittig试剂　维生素A乙酸酯

（3）C_{18}-酮合成法　以 β-紫罗兰酮为原料，先经 Reformatsky 反应制得十五碳酯，再将十五碳酯还原、氧化制得 C_{15}-醛，与丙酮发生 Claisen-Schimidt 缩合制得十八碳酮，将十八碳酮再与溴乙酸酯发生 Reformatsky 反应，最后将其还原得到维生素 A。

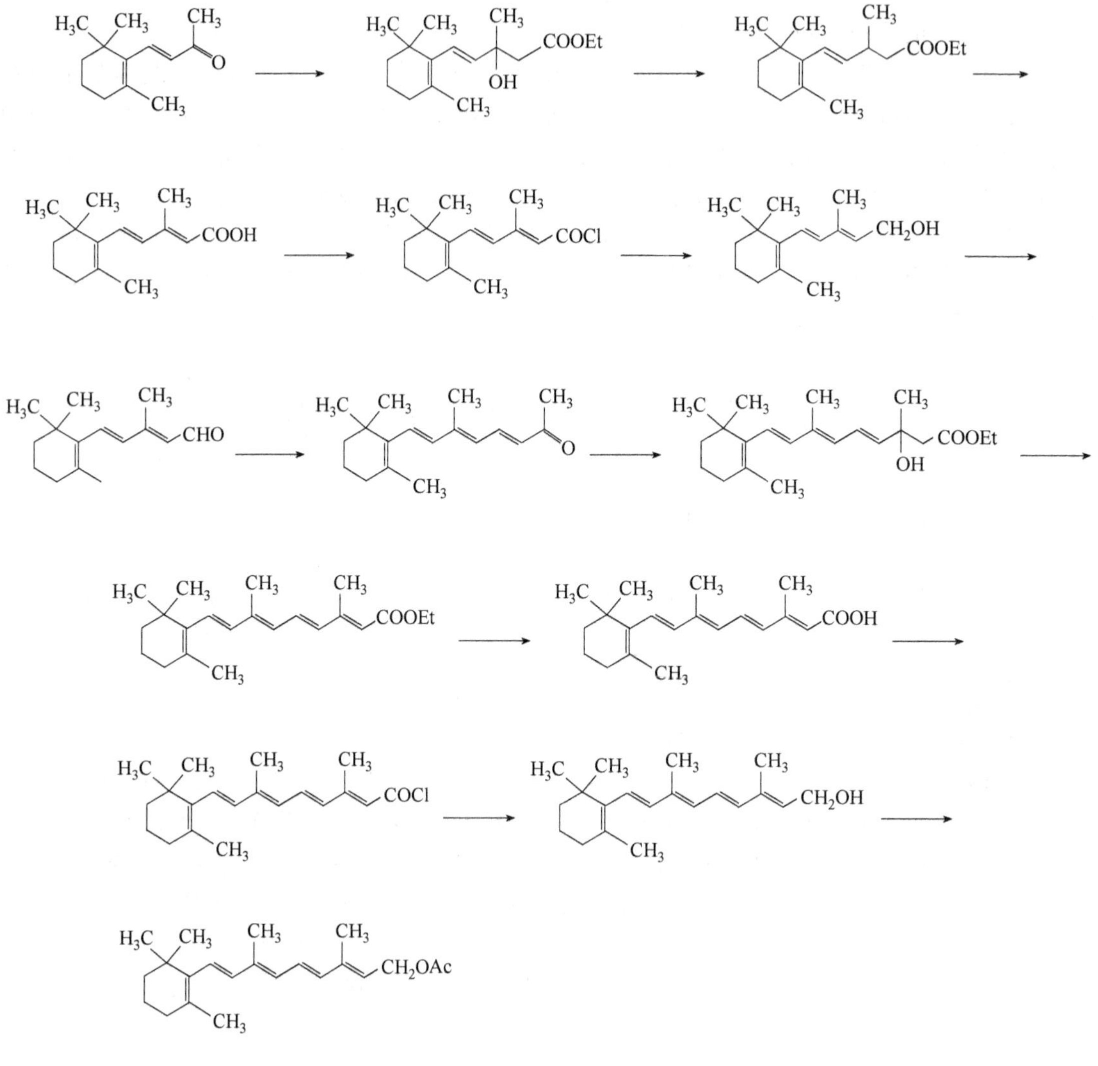

6.2.2　Darzens 反应

醛或酮与 α-卤代酸酯在强碱（如醇钠、醇钾、氨基钠等）作用下发生缩合反应生成 α,β-环氧酸酯（缩水甘油酸酯）的反应叫 Darzens（达参）反应。

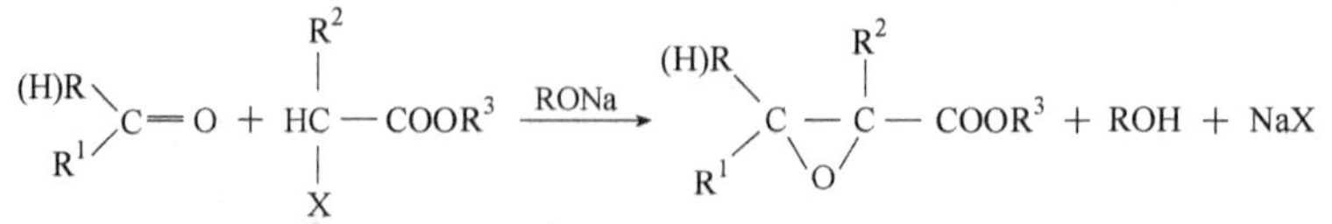

（1）反应机理　α-卤代酸酯在碱作用下，形成碳负离子，随即与醛或酮进行亲核加成，生成烷氧负离子，然后发生分子内的亲核取代反应，烷氧负离子上的氧负离子进攻 α-碳原子，卤原子离去，生成 α,β-环氧酸酯。

$$R^1 \overset{O}{\underset{||}{C}} R(H) + \overset{R^2}{\underset{X}{\overset{|}{C}}} - COOR^3 \longrightarrow R^1 \overset{O^-}{\underset{R(H)X}{\overset{|}{C}}} \overset{R^2}{\underset{}{\overset{|}{C}}} - COOR^3 \longrightarrow \overset{(H)R}{\underset{R^1}{\overset{|}{C}}} \overset{R^2}{\underset{O}{\overset{|}{C}}} - COOR^3 + X^-$$

（2）影响因素及反应条件

① 羰基化合物的结构。Darzens 反应中，脂肪醛的收率不高，其他芳香醛、脂肪酮、脂环酮以及 α,β-不饱和酮等均可顺利进行反应。

$$PhCHO + ClCH_2COPh \xrightarrow[\text{二氧六环，0℃}]{NaOH/H_2O} Ph\overset{}{\underset{}{—}}CH\overset{}{\underset{O}{—}}CH\overset{}{\underset{}{—}}COPh \quad （95\%）$$

② α-卤代酸酯的结构。参加 Darzens 反应的 α-卤代酸酯除常用 α-氯代酸酯外，α-卤代酮、α-卤代腈、α-卤代亚砜和砜、苄基卤化物等均能进行类似反应，生成 α,β-环氧烷基化合物。此反应中由于 α-卤代酸酯和催化剂均易水解，故需在无水条件下进行。

③ 催化剂。本反应常用的催化剂有醇钠、醇钾、氨基钠和手性相转移催化剂等。醇钠最常用，叔丁醇钾效果最好。对于活性差的反应物常用叔丁醇钾和氨基钠。

（3）应用特点　应用 Darzens 反应的结果主要是得到 α,β-环氧酸酯。α,β-环氧酸酯是极其重要的有机合成、药物合成中间体，可经水解、脱羧，转化成比原反应物醛或酮多一个碳原子的醛或酮。如维生素 A 合成的 Roche 合成法中 C_{14}-醛的合成。

6.2.3　Reformatsky 反应

醛或酮与 α-卤代酸酯和锌在惰性溶剂中反应，经水解后得到 β-羟基酸酯（或脱水得 α,β-不饱和酸酯）的反应叫 Reformatsky 反应。

$$\overset{(H)R}{\underset{R'}{C}}{=}O + X\overset{H}{\underset{H}{\overset{|}{C}}}{—}COOR'' \xrightarrow[\text{②}H_3O^+]{\text{①}Zn} \overset{(H)R}{\underset{R'}{\overset{OH}{\overset{|}{C}}}}\overset{H}{\underset{H}{\overset{|}{C}}}{—}COOR''$$

$$\xrightarrow{-H_2O} \overset{(H)R}{\underset{R'}{C}}{=}\overset{H}{\underset{}{\overset{|}{C}}}{—}COOR''$$

（1）反应机理　α-卤代酸酯与锌首先形成中间体有机锌试剂，然后与醛酮形成环状过渡态，随之和羰基亲核加成，产生 β-羟基羧酸酯的卤化锌盐，再经水解而得 β-羟基酯。如果 β-羟基酯的 α-碳原子上具有氢原子，则在温度较高或在脱水剂（如酸酐、质子酸）存在下脱水而得 α,β-不饱和酸酯。

$$\overset{(H)R}{\underset{R'}{C}}{=}O + X{—}CH_2{—}COOR'' \longrightarrow (H)R{—}\overset{OZnX}{\underset{R'}{\overset{|}{C}}}{—}CH_2COOR''$$

$$\xrightarrow{H_3O^+} (H)R{—}\overset{OH}{\underset{R'}{\overset{|}{C}}}{—}CH_2COOR'' + XZnOH$$

$$(H)R{-}\underset{\underset{R'}{|}}{\overset{\overline{OH}\ \overline{H}}{C}}{-}CHCOOR'' \xrightarrow[\triangle,\ -H_2O]{H_3O^+} (H)R{-}\underset{\underset{R'}{|}}{C}{=}CH{-}COOR''$$

（2）影响因素及反应条件

① α-卤代酸酯的结构。α-卤代酸酯中，α-碘代酸酯的活性最大，但稳定性差；α-氯代酸酯活性小，与锌的反应速率慢甚至不反应；α-溴代酸酯使用最多。

α-卤代酸酯的活性次序为：

$$ICH_2COOEt>BrCH_2COOEt>ClCH_2COOEt$$

$$XCH_2COOC_2H_5 < X\underset{\underset{R}{|}}{C}HCOOC_2H_5 < X\underset{\underset{R'}{|}}{\overset{\overset{R}{|}}{C}}COOC_2H_5$$

② 羰基化合物的结构。本反应中的羰基化合物可以是各种醛、酮，但醛的活性一般要大于酮。酯也可以发生反应，但反应产物为 β-酮酸酯。活性大的脂肪醛在反应条件下易发生自身缩合等副反应。

③ 催化剂。本反应除常用锌试剂外，还可用金属镁、锂、铝等试剂。使用金属锌粉时必须活化。活化的方法是：用 20%盐酸处理，再用丙酮、乙醚洗涤，真空干燥而得。用金属镁时，常会引起卤代酸酯的自身缩合，但由于其活性比锌大，常用于一些有机锌化合物难以完成的反应（主要是位阻大的化合物）。

④ 溶剂。本反应的缩合过程需无水操作和在惰性溶剂中进行。常用的有苯、二甲苯、乙醚、四氢呋喃、二氧六环、二甲氧基甲（乙）烷、二甲基亚砜等。

⑤ 温度及其他问题。最适宜的反应温度为 90～105℃，或在回流条件下进行。反应可一步完成，也可以分两步完成。如果先将 α-卤代酸酯与锌粉作用，形成锌试剂后再与羰基化合物反应，可以避免羰基化合物被锌粉还原的副反应，从而提高收率。

本反应的副反应主要有：α-卤代酸酯自身缩合生成 β-酮酸酯；β-卤代酸酯在锌存在下发生伍慈（Wurtz）反应生成丁二酸酯；羰基化合物发生羟醛缩合反应生成 α,β-不饱和醛酮，以及发生有机锌化合物的水解等。

（3）应用特点　Reformatsky 反应在药物及中间体的合成上应用广泛，其主要应用之一是制备 β-羟基酸酯和 α,β-不饱和酸酯。

利用本反应，可在醛或酮的羰基上引入一个含取代基的二碳侧链。如醛或酮与 α-溴代乙酸乙酯反应的产物经脱水后，再经还原和部分氧化，可制得比原来的醛或酮多两个碳原子的醛。如 C_{18}-酮法合成维生素 A 中，以 β-紫罗兰酮为原料，经 Reformatsky 反应制得十五碳酯。

β-紫罗兰酮　　　　　　　　　　　　　　十五碳酯　　　　　　　　　　　（88%）

另外，具有 α-卤代酸酯结构单元的醛、酮，经分子内 Reformatsky 反应可得到环状化合物。

近年来，Reformatsky 反应得到较大发展。Reformatsky 反应的原料除了醛、酮和 α-卤代酸酯外，醛酮可换为亚胺或有 C—O 吸电子基团的化合物，如酯、腈、酰卤、二氧化碳和环氧化合物等；而 α-卤代酸酯则可换为 α 位有吸电子基团的卤代烃（如卤代炔）、卤代酰胺、卤代酮、卤代腈。

6.2.4 Wittig 反应

羰基化合物与含磷试剂-烃（代）亚甲基三苯基膦反应，羰基的氧被亚甲基（或取代亚甲基）所取代，生成相应的烯类化合物和氧化三苯基膦的反应称为羰基烯化反应，又称 Wittig（维蒂希）反应。是近年来发展较快的反应之一。烃（代）亚甲基三苯膦称为 Wittig 试剂（Wittig reagent）。

$$\underset{R^4}{\overset{R^3}{C}}=O + (C_6H_5)_3P=\underset{R^2}{\overset{R^1}{C}} \longrightarrow \underset{R^4}{\overset{R^3}{C}}=\underset{R^2}{\overset{R^1}{C}} + (C_6H_5)_3P=O$$

R^1、R^2、R^3、R^4 代表 H、脂肪烃基、芳香基、烷氧基、卤素以及有取代基团的脂肪烃基、芳香基等

（1）Wittig 试剂的制备　Wittig 试剂是一种呈黄色至红色的化合物。可由三苯基膦与有机卤化物作用生成季磷盐-烃（代）三苯基卤化磷盐，在非质子溶剂中加碱处理，脱去 1 分子卤化氢而得到。常用的碱有氢氧化钠、氢化钠、氨基钠、醇钠、正丁基锂、苯基锂、乙醇锂、叔丁醇钾、二甲基亚砜盐、叔胺等；非质子溶剂有 THF、DMF、DMSO 和乙醚等。反应需在无水条件下进行，所得 Wittig 试剂很活泼，对水、空气都不稳定，因此在合成时一般不分离出来，直接与醛、酮进行下一步反应。

$$P(C_6H_5)_3 + XHC\underset{R^2}{\overset{R^1}{\big\langle}} \longrightarrow (C_6H_5)_3\overset{+}{P}-CH\underset{R^2}{\overset{R^1}{\big\langle}} X^- \xrightarrow{C_6H_5Li} \left[(C_6H_5)_3\overset{+}{P}-\underset{R^2}{\overset{R^1}{C}} \longleftrightarrow (C_6H_5)_3P=\underset{R^2}{\overset{R^1}{C}} \right]$$

（2）反应机理　Wittig 试剂中带负电荷的碳对醛、酮做亲核进攻，形成内鎓盐或氧膦杂环丁烷中间体，进而进行顺式消除分解成烯烃及氧化三苯膦。

$$(C_6H_5)_3\overset{+}{P}-\underset{R^2}{\overset{R^1}{C}} + \underset{R^4}{\overset{R^3}{C}}=O \longrightarrow \left[\begin{array}{c} (C_6H_5)_3\overset{+}{P}-\underset{R^2}{\overset{R^1}{C}} \\ \ | \\ \overset{-}{O}-\underset{R^4}{\overset{R^3}{C}} \end{array} \right] \longrightarrow \left[\begin{array}{c} (C_6H_5)_3P-\underset{R^2}{\overset{R^1}{C}} \\ \ | \quad | \\ O-\underset{R^4}{\overset{R^3}{C}} \end{array} \right] \longrightarrow$$

$$\underset{R^4}{\overset{R^3}{C}}=\underset{R^2}{\overset{R^1}{C}} + (C_6H_5)_3P=O$$

（3）影响因素及反应条件

① Wittig 试剂的活性。Wittig 试剂中 α-碳上带负电荷，并且存在 d-p 共轭，因此较碳负离子稳定。但其稳定性是相对的，随取代基不同，Wittig 试剂的反应活性和稳定性有差异。若取代基 R^1、R^2 为 H、脂肪烃基、脂环烃基等时，试剂的稳定性小，反应活性高；若取代基 R^1、R^2 为吸电子基时，它可以通过共轭效应或诱导效应而使 α-碳上的负电荷减弱或分散，从而使其亲核性降低，但稳定性却增大。共轭效应增强，则其稳定性增加而反应活性降低。常见的吸电子基团有：—COOR，—CN，—SO$_2$C$_6$H$_5$，—COR等。

虽然活性大的试剂对反应有利，但不稳定，制备条件要求较高。一般应用强碱作催化

剂，并在非质子溶剂中无水条件及氮气流搅拌下操作；而稳定性较大的试剂，活性虽然小但容易制备，在水溶液中加碱就可制得。

② 羰基化合物的结构。一般情况下，醛反应最快，收率也高，酮次之，酯最慢。醛、酮中若含有烯基、炔基、羟基、醚基、氨基、酰氨基及酯基等取代基时不受影响，但其活性可影响反应速率和收率。对芳醛而言，环上连有吸电子基时对反应有利，收率也高；反之，环上连有给电子基时对反应不利，收率也会降低。

利用羰基活性的差异，可以进行选择性的亚甲基化反应。

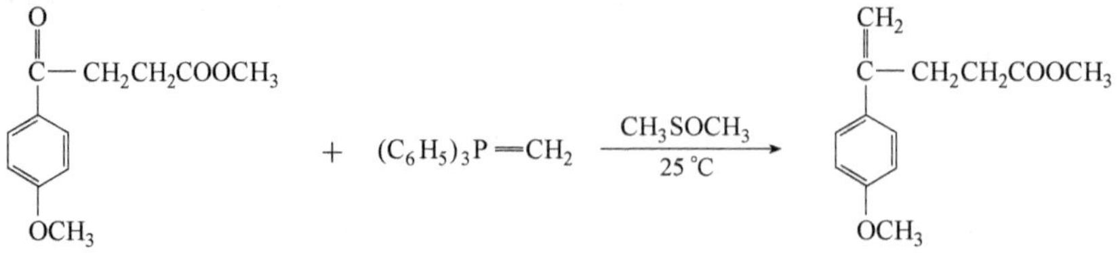

③ 反应条件。在 Wittig 反应中，试剂的活性、羰基化合物的结构、反应条件（如配比、溶剂、有无盐存在等）均可影响产物烯的构型。利用不同的试剂，控制一定的反应条件，可获得一定构型的产物。Wittig 反应在一般情况下的立体选择性见表 6-1。

表 6-1　Wittig 反应立体选择性参数表

反应条件		稳定的活性较小的试剂	不稳定的活性较大的试剂
极性溶剂	无质子	选择性差，但以(E)式为主	选择性差
	有质子	生成(Z)式异构体的选择性增加	生成(E)式异构体的选择性增加
非极性溶剂	无盐	高度选择性，(E)式占优势	高度选择性，(Z)式占优势
	有盐	生成(Z)式异构体的选择性增加	生成(E)式异构体的选择性增加

（4）Wittig 反应的优点　与一般的烯烃合成方法相比，应用 Wittig 反应合成烯烃具有以下优点：

① 能确切地知道合成的烯键在产物中的位置。一般不会发生异构化，即使烯键处于能量不利的环外位置也能用本法合成。

② 反应条件比较温和，收率较高。若控制反应条件，可以合成立体选择性产物。

③ 应用面广，具有各种不同取代基的羰基化合物均可作为反应物。

④ 与 α,β-不饱和羰基化合物反应时，不发生 1,4-加成，双键位置固定，利用此特性可合成许多共轭多烯化合物（如胡萝卜素、番茄红素等）。

（5）应用特点　Wittig 反应在药物合成中应用十分广泛。在萜类、甾体、维生素 A 和维生素 D、前列腺素、昆虫信息素以及新抗生素等天然产物的全合成中，Wittig 反应具有其独特的作用。如维生素 A 的 BASF 合成法：

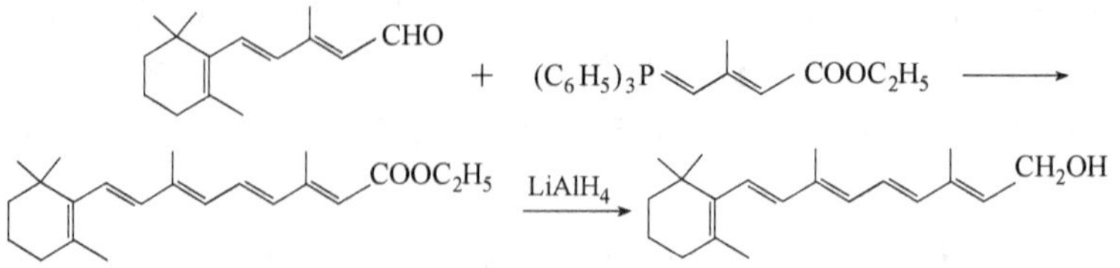

6.3 案例引入：夹拉明的合成

6.3.1 案例分析

夹拉明（3-二甲氨基甲基吲哚）是合成色氨酸的中间体，也是重要的医药中间体。它的合成是以吲哚经 Mannich 缩合制得的。

（1）反应原理

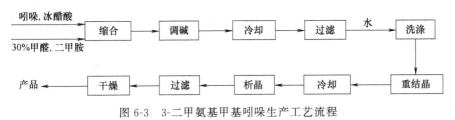

（2）生产工艺流程　见图 6-3。

（3）工艺过程　配料比：吲哚∶冰醋酸∶甲醛（30%）∶二甲胺＝1∶1.26∶1.06∶1.19。

将二甲胺冷却至 $-5℃$，加到冰醋酸中，温度不超过 $5℃$，加入甲醛、吲哚，$30\sim40℃$ 反应 8h，冷至 $5℃$，用 40% 氢氧化钠调节 pH 至 11，冰浴冷却，析出粗制夹拉明。过滤，用蒸馏水洗涤，抽干，粗品投入丙酮加热溶解，冷却，析出结晶，过滤，压干，干燥，得夹拉明。

图 6-3　3-二甲氨基甲基吲哚生产工艺流程

6.3.2 Mannich 反应

具有活泼氢的化合物与甲醛（或其他醛）和胺缩合，生成氨甲基衍生物的反应称 Mannich 反应，亦称 α-氨烷基化反应。反应的胺可以是伯胺、仲胺或氨。反应生成的产物通常称为 Mannich 碱或 Mannich 盐。

$$RH_2C-\overset{O}{\overset{\|}{C}}-R' + HCHO + R_2NH \longrightarrow R_2NCH_2CHC-R'$$

（1）反应机理　Mannich 反应既可以在酸催化下反应，又可以在碱催化下反应。

① 酸催化下的反应过程。亲核性强的胺与甲醛作用，生成 N-羟甲基加成物，并在酸催化下脱水生成亚甲铵离子，最后亚甲铵离子进攻酮的烯醇式结构而生成最终产物。

② 碱催化下的反应过程。由甲醛和胺的加成物 N-羟甲基胺，在碱性条件下与酮的碳负离子进行缩合得到最终产物。

$$H-\underset{H}{\overset{O}{\parallel}}-H + R_2NH \longrightarrow H-\underset{OH}{\overset{NR_2}{\underset{|}{\overset{|}{C}}}}-H \xrightarrow{RH\overset{O}{\overset{\parallel}{C}}-C-R'} R_2NCH_2CH-\underset{R}{\overset{O}{\overset{\parallel}{C}}}-C-R' + OH^-$$

（2）影响因素及反应条件

① 活泼氢化合物的结构。含活泼氢的化合物可以是：醛、酮、酸、酯、腈、硝基烷、炔、酚类以及某些杂环化合物等。其中以酮的反应应用较为广泛。含活泼氢的化合物分子中只有一个活泼氢时，产品比较单纯；若有两个或多个活泼氢时，这些氢可能会逐步被氨甲基所取代。

$$R-\overset{O}{\overset{\parallel}{C}}-CH_3 + 3HCHO + 3NH_3 \longrightarrow R-\overset{O}{\overset{\parallel}{C}}-C(CH_2NH_2)_3$$

② 胺的结构。胺的碱性强弱、种类和用量对反应都有影响。参加反应的甲醛是亲电性的，而胺和活泼氢化合物都是亲核性的。正常进行反应时应该是胺类的亲核性强于活泼氢的化合物的亲核活性，这样才能形成氨甲基碳正离子；否则，反应会失败。所以，一般使用碱性强的脂肪胺，当胺的碱性很强时，可利用它的盐酸盐。芳胺的碱性弱，亲核性差，收率低，所以一般不反应。

不同种类的胺对反应产物也有影响。仲胺氮原子上仅有一个氢原子，产物单纯，因此通常采用仲胺；伯胺分子中氮原子上有两个氢原子，在酮和甲醛过量时，生成叔胺的 Mannich 盐。

$$2PhCOCH_3+2HCHO+CH_3NH_2 \cdot HCl \xrightarrow[80\sim85℃,2.5\sim3h]{EtOH} PhCOCH_2CH_2-\underset{CH_3}{\overset{|}{N}}-CH_2CH_2COPh$$

氨分子进行反应时，产物复杂，尤其是在甲醛和含 α-活泼氢的化合物过量时，生成的 Mannich 盐进一步反应，形成仲胺或叔胺的 Mannich 盐。

由上述讨论可知，Mannich 反应必须严格控制原料比和反应条件。

③ 醛的结构。Mannich 反应中，除主要使用甲醛或三（多）聚甲醛为试剂外，其他活性大的脂肪醛（如乙醛、丁醛、丁二醛、戊二醛等）、芳香醛（如苯甲醛、糠醛等）亦可作为试剂使用，但反应活性比甲醛小。

④ 催化剂。典型的 Mannich 反应必须有一定浓度的质子存在才有利于形成亚甲胺正离子，因此反应所用的胺（氨）常为盐酸盐。反应所需的质子和活性氢化合物的酸度有关。如酚类化合物本身可提供质子，因此可直接与游离胺和甲醛反应。一般是在弱酸性（pH 为 3～7）条件下进行，必要时可加入盐酸或乙酸进行调节。酸的作用主要有三个方面：一是催化作用，反应液的 pH 一般不小于 3，否则对反应有抑制作用；二是解聚作用，使用三聚甲醛或多聚甲醛时，在酸性条件下加热解聚生成甲醛，使反应能正常进行；三是稳定作用，在酸性条件下，生成的 Mannich 碱成盐，稳定性增加。用此法得到的产品为 Mannich 盐酸盐，必须再经碱中和后才能得到 Mannich 碱。

$$n\text{-BuO}-\!\!\!\!\bigcirc\!\!\!\!-COCH_3 + (HCHO)_n + \bigcirc NH \cdot HCl \xrightarrow[回流,8h]{EtOH}$$

$$n\text{-BuO}-\!\!\!\!\bigcirc\!\!\!\!-COCH_2CH_2-N\bigcirc \cdot HCl$$

盐酸达克罗宁(局麻药)

某些对盐酸不稳定的杂环化合物（如吲哚在冷的盐酸中就可以发生二聚或三聚化反应）进行 Mannich 反应时，可用乙酸作催化剂。

148

$$\text{（吲哚）} + HCHO + HN(CH_3)_2 \xrightarrow[30\sim40℃]{HOAc} \text{（3-CH_2N(CH_3)_2 吲哚）} \quad (95\%)$$

⑤ 溶剂。通常是水或乙醇，一般在回流状态下进行反应，条件温和，操作简单，收率较高。

（3）应用特点　Mannich 反应在药物合成及其中间体合成中应用广泛。这是因为 Mannich 碱（或盐）本身除了作为药物或中间体外，还可以进行消除、氢解、置换等反应，从而获得许多一般难以合成的化合物。

① 消除反应。Mannich 碱不稳定，加热后易消除一分子胺而形成烯键。利用这类烯与活性亚甲基化合物作用可制得有价值的产物。如色氨酸的合成：

$$\text{（3-CH_2N(CH_3)_2 吲哚）} \xrightarrow[\triangle,\ -(CH_3)_2NH]{NaOH/Tol} \left[\text{（3-CH_2 吲哚）}\right] \xrightarrow{CH_3CONH\bar{C}(COOC_2H_5)_2}$$

$$\text{（CH_2C(COOC_2H_5)_2, NHCOCH_3 取代吲哚）} \xrightarrow{\text{水解}} \xrightarrow{\text{脱羧}} \text{（CH_2CHCOOH, NH_2 取代吲哚）} \quad (90\%,\text{以吲哚计})$$

另一方面的应用是酮与甲醛和二甲胺盐酸盐先进行 Mannich 反应，其产物经加热消除胺后，生成 α,β-不饱和酮，后者经催化氢化还原，制得比反应物酮多一个碳原子的同系物。如苯丙酮的制备：

$$PhCOCH_3 \xrightarrow{HCHO/CH_3NH_2\cdot HCl} PhCOCH_2CH_2N(CH_3)_2\cdot HCl \xrightarrow{-(CH_3)_2NH\cdot HCl}$$

$$PhCOCH{=}CH_2 \xrightarrow{H_2,\ Ni} PhCOCH_2CH_3 \quad (63\%,\text{以苯乙酮计})$$

② 氢解反应。Mannich 碱或其盐酸盐在活性镍催化下可进行氢解，从而制得比原反应物多一个碳原子的同系物。

$$H_3CO\text{—}\bigcirc\text{—}COCH_3 \xrightarrow{HCHO,\ (CH_3)_2NH\cdot HCl} H_3CO\text{—}\bigcirc\text{—}COCH_2CH_2N(CH_3)_2\cdot HCl$$

$$\xrightarrow{H_2,\ Ni} H_3CO\text{—}\bigcirc\text{—}COCH_2CH_3 \quad (73\%)$$

③ 置换反应。Mannich 碱可被强的亲核试剂置换，如将吲哚的 Mannich 碱用氰化钠处理，再经水解可制得植物生长素 β-吲哚乙酸。

$$\text{（3-CH_2N(CH_3)_2 吲哚）} \xrightarrow[\triangle,\ -(CH_3)_2NH]{NaCN/H_2O/EtOH} \text{（3-CH_2CN 吲哚）} \xrightarrow[\triangle]{HCl/H_2O} \text{（3-CH_2COOH 吲哚）} \quad (70\%)$$

6.3.3　Michael 加成反应

活性亚甲基化合物和 α,β-不饱和羰基化合物在碱性催化剂存在下发生加成缩合，生成 β-羰烷基类化合物的反应称为 Michael 反应。

（1）反应机理　Michael 反应的机理与羟醛缩合相似，一般认为是在催化量碱的作用下，活性亚甲基化合物转变成碳负离子，碳负离子再与 α,β-不饱和羰基化合物发生亲核加成而缩合成 β-羰烷基类化合物。

$$R-\overset{O}{\overset{\|}{C}}-CHR_2 + B^- \rightleftharpoons R-\overset{O}{\overset{\|}{C}}-\bar{C}R_2 + BH$$

$$R-\overset{O}{\overset{\|}{C}}-\bar{C}R_2 + \overset{\diagdown}{\underset{\diagup}{C}}=\overset{X}{\underset{\diagup}{C}} \rightleftharpoons R-\overset{O}{\overset{\|}{C}}-\overset{R}{\underset{R}{\overset{|}{C}}}-\overset{|}{\underset{|}{C}}-\overset{X}{\underset{\diagup}{C}}$$

$$R-\overset{O}{\overset{\|}{C}}-\overset{R}{\underset{R}{\overset{|}{C}}}-\overset{|}{\underset{|}{C}}-\bar{C} + BH \rightleftharpoons R-\overset{O}{\overset{\|}{C}}-\overset{R}{\underset{R}{\overset{|}{C}}}-\overset{|}{\underset{|}{C}}-\overset{X}{\underset{}{CH}} + B^-$$

（2）影响因素及反应条件

① Michael 供电体。在碱催化下能形成碳负离子的亚甲基化合物称为 Michael 供电体。亚甲基上多连接吸电子基，其吸电子能力越强，活性越大。常见的 Michael 供电体有丙二酸酯类、腈乙酸酯类、β-酮酯类、乙酰丙酮类、硝基烷类、砜类等。

② Michael 受电体。α,β-不饱和羰基化合物及其衍生物称为受电体。受电体的 α 位都连有吸电子基，是一类亲电性的共轭体系。常见的 Michael 受电体有 α,β-烯醛类、α,β-烯酮类、α,β-炔酮类、α,β-烯腈类、α,β-烯酯类、α,β-烯酰胺类、α,β-不饱和硝基化合物、杂环以及醌类等。

③ 催化剂。Michael 加成中碱催化剂的种类很多，如醇钠（钾）、氢氧化钠（钾）、金属钠、氨基钠、氢化钠、哌啶、三乙胺以及季铵碱等。碱催化剂的选择与供电体的活性和反应条件等有关。一般情况下，供电体的酸度大，则易形成碳负离子，其活性强，可用弱碱催化。同样道理，受电体的活性也与 α,β-不饱和键上连接的官能团的性质有关，官能团的吸电子能力越强，使 p 碳上电子云密度降低越多，其活性越大，也可选用弱碱催化；反之，则需用强碱催化。用强碱催化时仅用其催化量，一般为 0.1～0.3mol，过多会引起副反应。

例如，由苯亚甲基乙酰苯和丙二酸二乙酯或由苯亚甲基丙二酸二乙酯和苯乙酮两种组合进行反应，供电体丙二酸二乙酯和苯乙酮相比，前者酸性较后者强。若采用哌啶或吡啶等弱碱催化，且在同样反应条件下，则前一种组合可得收率很高的加成物，而后一种组合反应困难。

$$C_6H_5-CH=CHCOC_6H_5 + CH_2(COOC_2H_5)_2 \xrightarrow[\triangle]{\text{〈 〉NH /EtOH}} C_6H_5COCH_2\overset{C_6H_5}{\overset{|}{CH}}CH(COOC_2H_5)_2 \quad (98\%)$$

$$C_6H_5-CH=C(COOC_2H_5)_2 + C_6H_5COCH_3 \xrightarrow[\triangle]{\text{〈 〉NH /EtOH}} C_6H_5COCH_2\overset{C_6H_5}{\overset{|}{CH}}CH(COOC_2H_5)_2$$
（较困难）

除了碱催化剂外，该反应也可在质子酸如三氟甲磺酸、Lewis 酸、氧化铝等催化下进行。

④ 反应温度。Michael 加成是可逆反应，而且大多数是放热反应。所以，一般在较低温度下进行，温度升高，收率下降。

当用较弱的碱作催化剂，反应温度可适当提高。

（3）应用特点 Michael 加成的范围非常广泛，在药物合成上的意义主要有以下两个方面：

① 增长碳链通过 Michael 加成，可在活性亚甲基上引入至少含三个碳原子的侧链。

$$Ph-\overset{CN}{\overset{|}{CH}}-C_2H_5 + CH_2=CHCN \xrightarrow[90\sim95℃]{\text{KOH/MeOH}} Ph-\overset{CN}{\underset{C_2H_5}{\overset{|}{\underset{|}{C}}}}-CH_2-CH_2-CN$$

Michael 供电体为不对称的酮时，主要是在含取代基多的碳上引入侧链。因烷基取代基的存在，大大增强了烯醇负离子的活性，有利于加成反应的进行。

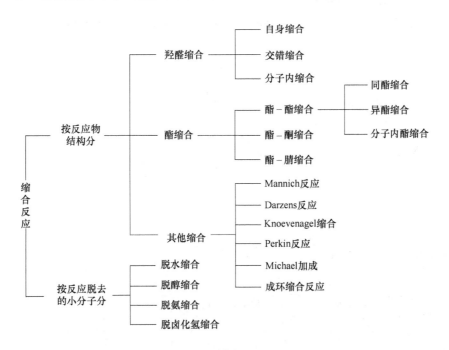

② Robinson（鲁宾逊）缩环反应。Michael 最有用的合成之一是 Robinson 的环合反应。含活泼亚甲基的环酮与 α,β-不饱和酮在碱催化下首先发生 Michael 加成，再发生分子内的羟醛缩合，闭环而产生一个新的六元环；然后再继续脱水，生成二环（或多环）不饱和酮的反应称为 Robinson（鲁宾逊）缩环反应。主要用于甾体、萜类化合物的合成。

由于某些 α,β-不饱和化合物不稳定，易聚合，有时可用相应的 Mannich 碱参与反应。Mannich 碱或其季铵碱在碱性条件下能迅速分解成 α,β-不饱和醛或酮，不用分离就可以作为受电体进行 Michael 加成或 Robinson 缩环反应。

本 章 小 结

```
缩合反应
├── 按反应物结构分
│   ├── 羟醛缩合
│   │   ├── 自身缩合
│   │   ├── 交错缩合
│   │   └── 分子内缩合
│   ├── 酯缩合
│   │   ├── 酯－酯缩合
│   │   │   ├── 同酯缩合
│   │   │   ├── 异酯缩合
│   │   │   └── 分子内酯缩合
│   │   ├── 酯－酮缩合
│   │   └── 酯－腈缩合
│   └── 其他缩合
│       ├── Mannich反应
│       ├── Darzens反应
│       ├── Knoevenagel缩合
│       ├── Perkin反应
│       ├── Michael加成
│       └── 成环缩合反应
└── 按反应脱去的小分子分
    ├── 脱水缩合
    ├── 脱醇缩合
    ├── 脱氨缩合
    └── 脱卤化氢缩合
```

思考与练习

一、完成下列反应，写出主要产物即可

1. CHO + CH₃CHO $\xrightarrow{H^+}$

2. $Ph-\overset{O}{\underset{}{C}}-\overset{O}{\underset{}{C}}-Ph$ + $(OEt)_2\overset{O}{\underset{}{P}}-CH_2Ph$ $\xrightarrow{NaH}$

3. PhCHO + CH₃CH₂CH₂COCH₃ $\xrightarrow{NaOH/EtOH}$

4. 2CH₃COCH₃ $\xrightarrow[H_3PO_4/\triangle]{Ba(OH)_2}$

5. 2H₃C— CHO $\xrightarrow{KCN}$

6. + (CH₃)₂N— CHO $\xrightarrow{\text{NH/AcOH}}$

7. O₂N— COCH₂NHAc $\xrightarrow[pH7.2\sim7.5]{HCHO/NaHCO_3/EtOH}$

8. $\xrightarrow[Ph_3P=CHCH_3]{>2mol}$

9. C₆H₅CHO $\xrightarrow[\substack{C_3H_7CO_2K \\ 180℃}]{(C_3H_7CO)_2O}$

10. + BrCH₂CO₂CH₃ $\xrightarrow[(C_2H_5)_2O,回流]{Zn}$ $\xrightarrow[\triangle]{CH_3CO_2H}$

11. =O $\xrightarrow[CH_3ONa]{ClCH_2CO_2CH_3}$ ($\quad$) $\xrightarrow[OH^-]{H_2O}$ ($\quad$) $\xrightarrow[\triangle]{H^+}$ ($\quad$)

12. COCH₃ + HCHO + CH₃NH— $\longrightarrow$

13. + COOC₂H₅ $\xrightarrow{\triangle}$

14. CH₃COCH₂CH₃ + $H_2C\overset{CN}{\underset{CN}{<}}$ $\xrightarrow[PhH]{AcONH_4}$

15. COCH₃ + HCHO + NH $\xrightarrow{HCl}$

二、写出下列反应的主要反应条件

1. （环己酮）→（2-CH$_2$N(CH$_3$)$_2$取代环己酮）→（2-亚甲基环己酮 CH$_2$）→（2-CH$_2$CH$_2$NO$_2$取代环己酮）

2. 苯甲醛 CHO ＋ CH$_3$COCH$_3$ → 苯基CH＝CHCOCH$_3$ → 苯基（CH(CH$_2$COCH$_3$)(CHNO$_2$)）

3. CH$_3$COCH$_3$ → （H$_3$C)$_2$C＝CH—COCH$_3$（含H）→ （H$_3$C)$_2$C(CH$_3$)CH$_2$CO... COOEt → 二甲基环己二酮

4. CH$_3$O—萘—COCH$_3$ → CH$_3$O—萘—C(CH$_3$)＝CH—OH → CH$_3$O—萘—CH(CH$_3$)—CHO

三、请选出下列反应的主产物

1. CH$_3$—C$_6$H$_4$—CHO $\xrightarrow[\text{CH}_3\text{CH}_2\text{COOK，加热}]{(\text{CH}_3\text{CH}_2\text{CO})_2\text{O}}$ （　　）

A. H$_3$C取代苯—CHO及—COCH$_2$CH$_3$
B. H$_3$C—C$_6$H$_4$—CH$_2$—CH(CH$_3$)—COOH
C. H$_3$C—C$_6$H$_4$—CH＝C(CH$_3$)—COOH
D. H$_3$C—C$_6$H$_4$—CH(OH)—CH(CH$_3$)—COOH

2. 环己烯酮 ＋ CH$_2$(COOC$_2$H$_5$)$_2$ $\xrightarrow{\text{C}_2\text{H}_5\text{ONa}}$ （　　）

A. 环己烯—C(COOC$_2$H$_5$)$_2$
B. 环己酮—CH(COOC$_2$H$_5$)$_2$
C. 环己烯酮—CH(COOC$_2$H$_5$)$_2$
D. 环己酮—COCH$_2$COOC$_2$H$_5$

3. CH$_3$CH$_2$COOH $\xrightarrow[\text{红磷}]{\text{Br}_2}$ （　　） $\xrightarrow[\text{H}^+]{\text{C}_2\text{H}_5\text{OH}}$ （　　） $\xrightarrow[\text{Zn，甲苯，H}_3\text{O}^+]{(\quad)}$ 环己烷（OH)(CH(CH$_3$)COOC$_2$H$_5$)

A. CH$_3$CH$_2$COBr　　CH$_3$CHCOOC$_2$H$_5$（CH$_2$CH$_3$）　　环己酮
B. CH$_3$CHCOOH（Br）　　CH$_3$CHCOOC$_2$H$_5$（Br）　　环己酮
C. BrCH$_2$CH$_2$COOH　　CH$_3$CHCOOH（CH$_2$CH$_3$）　　环己酮

D. CH_3CH_2CHO　　　　$CH_3CH_2COOC_2H_5$ 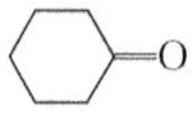　　　

4. 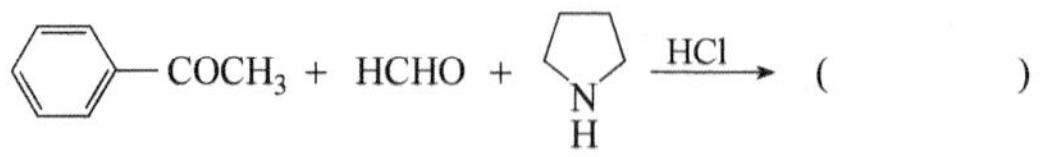 $-COCH_3$ + HCHO + $\xrightarrow{\text{HCl}}$ (　　　　)

A. 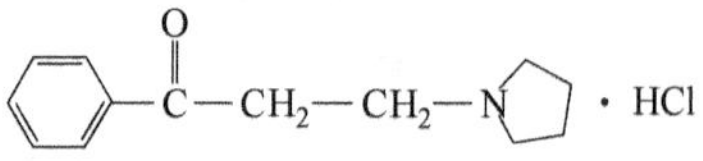 　　B.

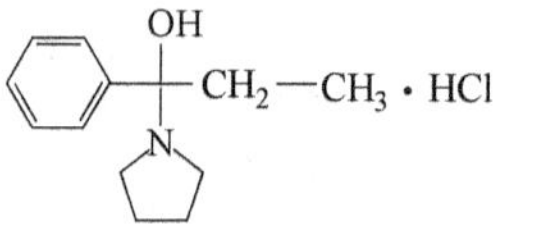

C. 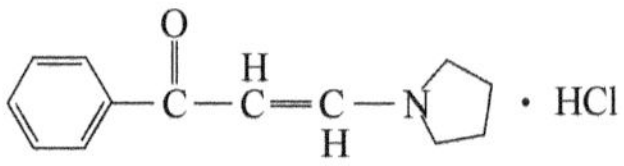 　　D.

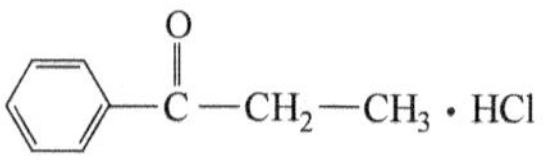

四、药物合成

以 $-CH_2CHCH_3$ 为原料，经 Friedel-Crafts 反应、Darzens 缩合等反应合成芳基烷酸
　　　　　　　　　　　CH_3
类非甾体类抗炎药布洛芬。

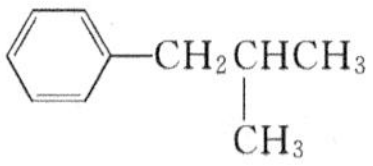

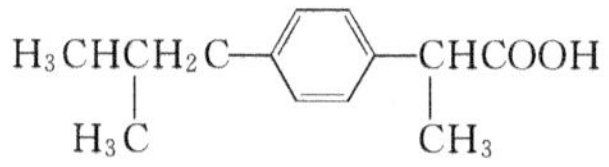

布洛芬

[技能训练 6-1]　苯妥英钠的制备

一、实训目的与要求

1. 掌握安息香缩合反应的原理和应用维生素 B_1 及氰化钠为催化剂进行反应的实验
方法。

2. 掌握有害气体的排出方法。

3. 掌握二苯羟乙酸重排反应机理。

4. 掌握用硝酸氧化的实验方法。

二、实训原理

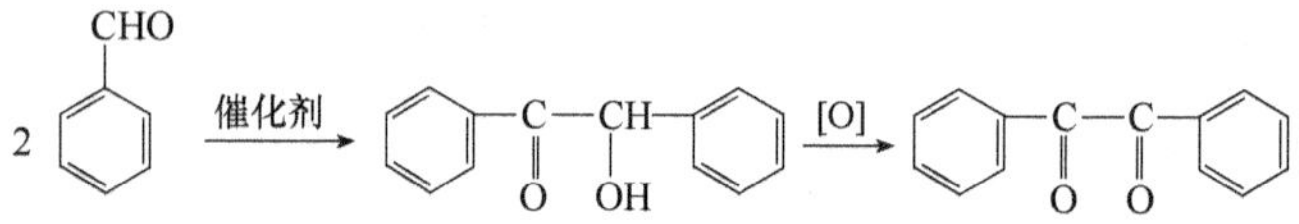

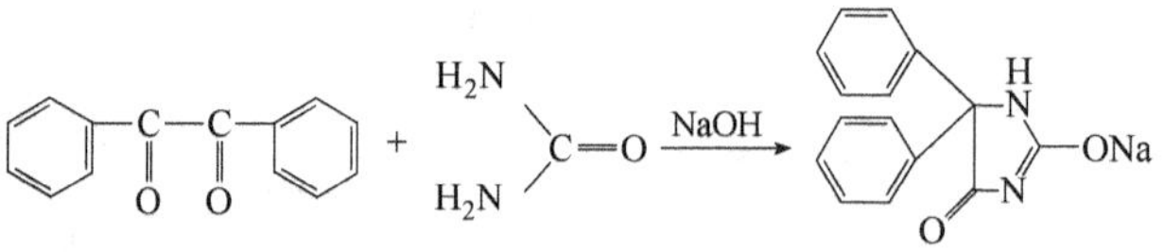

三、实训操作步骤与方法

1. 安息香的制备

A 法　在装有搅拌磁子、球形冷凝器的 100mL 三口烧瓶中，依次投入苯甲醛 12mL、
乙醇 20mL。用 20％NaOH 将溶液调至 pH8，小心加入氰化钠 0.3g，开动搅拌，在油浴上
加热回流 1.5h。反应完毕，充分冷却，析出结晶，抽滤，用少量水洗，干燥，得安息香
粗品。

B 法　于锥形瓶内加入维生素 $B_1$2.7g、水 10mL、95％乙醇 20mL，不时摇动。待维生

素 B_1 溶解，加入 2mol/L NaOH7.5mL，充分摇动，加入新蒸馏的苯甲醛 7.5mL，放置 1 周。抽滤得淡黄色晶体，用冷水洗，得安息香粗品。

2. 联苯甲酰的制备

在装有搅拌磁子、温度计、球形冷凝器的 100mL 三口烧瓶中，投入安息香 6g、稀硝酸（HNO_3：H_2O＝1：0.6）15mL。开动搅拌，用油浴加热，逐渐升温至 110～120℃，反应 2h（反应中产生的氧化氮气体，可在冷凝器顶端装一导管，将其通入水池中排出）。反应完毕，在搅拌下，将反应液倾入 40mL 热水中，搅拌至结晶全部析出。抽滤，结晶用少量水洗，干燥，得粗品。

3. 苯妥英的制备

在装有搅拌磁子、温度计、球形冷凝器的 100mL 三口烧瓶中，投入联苯甲酰 4g、尿素 1.4g、20％NaOH 12mL、50％乙醇 20mL，开动搅拌，油浴加热，回流反应 30min。反应完毕，反应液倾入到 120mL 沸水中，加入活性炭，煮沸 10min，放冷，抽滤。滤液用 10％盐酸调至 pH6，放至析出结晶，抽滤，结晶用少量水洗，得苯妥英粗品。

4. 成盐与精制

将苯妥英粗品置 100mL 烧杯中，按粗品与水为 1：4 的比例加入水，水浴加热至 40℃，加入 20％NaOH 至全溶，加活性炭少许，在搅拌下加热 5min，趁热抽滤，滤液加氯化钠至饱和。放冷，析出结晶，抽滤，少量冰水洗涤，干燥得苯妥英钠，称重，计算收率。

四、注意事项

1. 氰化钠为剧毒药品，微量即可致死，一般不建议使用。

2. 硝酸为强氧化剂，使用时应避免与皮肤、衣服等接触，氧化过程中，硝酸被还原产生氧化氮气体，该气体具有一定刺激性，故须控制反应温度，以防止反应激烈，大量氧化氮气体逸出。

3. 制备钠盐时，水量稍多，可使收率受到明显影响，要严格按比例加水。

五、思考题

1. 试述 NaCN 及维生素 B_1 在安息香缩合反应中的作用（催化机理）。

2. 制备联苯甲酰时，反应温度为什么要逐渐升高？氧化剂为什么不用硝酸，而用稀硝酸？

3. 本品精制的原理是什么？

［技能训练 6-2］　盐酸苯海索的制备

一、实训目的与要求

1. 掌握 Grignard 试剂的制备方法与无水操作技术。

2. 掌握无水乙醚的制备及操作注意要点。

3. 会进行搅拌、重结晶等基本操作。

二、实训原理

盐酸苯海索（Benzhenol Hydrochloride）又名安坦（Antane Hydrochloride），化学名称为 1-环己基-1-苯基-3-哌啶基丙醇盐酸盐。本品能阻断中枢神经系统和周围神经系统中的毒蕈碱样胆碱受体，临床上用于治疗震颤麻痹综合征，也用于斜颈、颜面痉挛等症的治疗。盐酸苯海索大多以苯乙酮为原料与甲醛、哌啶盐酸进行 Mannich 反应，制得 β-哌啶基苯丙酮盐酸盐中间体，再与由氯代环己烷、金属镁作用制得的 Grignard 试剂反应，得到盐酸苯海索。反应式如下：

$$\text{⬡—COCH}_3 + \text{HCHO} + \text{HN⬡·HCl} \longrightarrow \text{⬡—COCH}_2\text{CH}_2\text{N⬡·HCl}$$

$$\text{⬡—Cl} + \text{Mg} \xrightarrow{\ I_2\ } \text{⬡—MgCl}$$

$$\text{⬡—COCH}_2\text{CH}_2\text{N⬡·HCl} + \text{⬡—MgCl} \xrightarrow{\ 无水 Et_2O\ }$$

$$\underset{\overset{\displaystyle|}{\text{⬡}}}{\overset{\text{OMgCl}}{\underset{\displaystyle|}{\text{C}}}}\!\!\text{—CH}_2\text{CH}_2\text{N⬡·HCl} \xrightarrow{\ H_2O/H^{\oplus}\ } \underset{\overset{\displaystyle|}{\text{⬡}}}{\overset{\text{OH}}{\underset{\displaystyle|}{\text{C}}}}\!\!\text{—CH}_2\text{CH}_2\text{N⬡·HCl}$$

三、实训步骤及方法

1. β-哌啶基苯丙酮盐酸盐的制备

（1）哌啶盐酸盐的制备　在 250mL 的三口烧瓶上分别装置搅拌器、滴液漏斗及带有氯化氢气体吸收装置[1]的回流冷凝器。投入 30g（约 37.5mL）哌啶、60mL 乙醇。搅拌下滴入 30～40mL 浓盐酸，至反应液 pH 约为 1，然后拆除搅拌器、滴液漏斗及回流冷凝器，改成蒸馏装置，用水泵减压蒸去乙醇和水，当反应物成糊状[2]时停止蒸馏。冷却到室温，抽滤，乙醇洗涤，干燥，得白色结晶（熔点 240℃以上）。

（2）β-哌啶基苯丙酮盐酸盐的制备（Mannich 反应）　在装有搅拌器、温度计和回流冷凝器的 250mL 三口烧瓶中，依次加入 18.1g（0.15 mol）苯乙酮、36mL 95％乙醇、19.2g（0.15mol）哌啶盐酸盐、7.6g（0.25mol）多聚甲醛[3]和 0.5mL 浓盐酸，搅拌加热至 80～85℃，继续回流搅拌 3～4h。然后用冷水冷却，析出固体，抽滤，乙醇洗涤至中性，干燥后得白色鳞片状结晶，约 2.5g（熔点 190～194℃）。

2. 盐酸苯海索的制备

（1）Grignard 反应　在装有搅拌器、回流冷凝器（上端装有无水氯化钙干燥管）、滴液漏斗的 250mL 三口烧瓶中[4]，依次投入 4.1g 镁[5]、30mL 无水乙醚、少量碘及 40～60 滴氯代环己烷[6]。启动搅拌，缓慢升温[7]到微沸，当碘的颜色褪去并呈乳灰色浑浊，表示反应已经开始，随后慢慢滴入余下的氯代环己烷（两次总共 22.5g）及 20mL 无水乙醚的混合溶液，滴加速度以控制正常回流为准（如果反应剧烈，迅速用冷水冷却）。加完后继续回流，直到镁屑消失。然后用冷水冷却，搅拌下分次加入 20g β-哌啶基苯丙酮盐酸盐，约 15min 加完，再搅拌回流 2h。冷却到 15℃以下，在搅拌下慢慢将反应物加到由 22mL 浓盐酸和 66mL 水配成的稀盐酸溶液[8]中，搅拌片刻，继续冷却到 5℃以下，抽滤，用水洗涤到 pH5，抽干，得盐酸苯海索粗品。

（2）精制　粗品用 1～1.5 倍量乙醇加热溶解，活性炭脱色，趁热过滤，滤液冷却到 10℃以下，抽滤，再用 2 倍量乙醇重结晶，冷却到 5℃以下后抽滤。依次用少量乙醇、蒸馏水、乙醇、乙醚洗涤，干燥，得盐酸苯海索纯品，重约 7g（熔点 250℃）。

四、思考与讨论

1. 写出 Grignard 反应和 Mannich 反应的过程。

2. 制备 Grignard 试剂时，加入少量碘的作用是什么？

3. 本实验的 Mannich 反应中为什么要用哌啶盐酸盐？可以用游离碱吗？

4. 在药物合成中 Grignard 反应和 Mannich 反应的应用广泛，请各举两例。

注释

[1] 注意有害气体吸收装置的设计。

[2] 蒸馏至稀糊状为宜，太稀产物损失大，太稠冷却后结成硬块，不宜抽滤。

[3] 反应过程中多聚甲醛逐渐溶解。反应结束时，反应液中不应有多聚甲醛颗粒存在，否则需延长反应时间，使多聚甲醛颗粒消失。

[4] 所用的反应仪器及试剂必须充分干燥，仪器在烘箱中烘干后，取出稍冷，立即放入干燥器中冷却，或将仪器取出后，在开口处用塞子塞紧，以防止冷却过程中玻璃壁吸附空气中的水分。

[5] 镁条的外层常有灰黑色氧化镁覆盖，应先用砂纸擦到呈白色金属光泽，然后剪成小条。

[6] 氯代环己烷可以用环己醇、浓盐酸制备。

[7] 可以用温水或红外灯加热，严禁用电炉或其他明火加热。

[8] Grignard 试剂与酮的加成产物遇水即分解，放出大量的热且有 $Mg(OH)_2$ 沉淀，故应冷却后慢慢加到稀酸中，这样可避免乙醚逃逸太多，也可使在酸性溶液中的 $Mg(OH)_2$ 转变成可溶性的 $MgCl_2$，使产物易于纯化。

7

<<<

氧化反应技术

▶ **学习目的**

通过学习氧化反应的概念、类型、烃类、醇、醛、酮、芳烃的氧化反应、相应的氧化剂及在药物合成中的应用，为以后的学习和工作打下基础。

▶ **知识要求**

掌握氧化反应的概念，理解各类被氧化物官能团的氧化规律及选择性氧化的应用。

掌握伯、仲醇氧化成醛、酮的方法，熟悉醇氧化成羧酸及 1,2-二醇的氧化方法。

熟悉醛、酮的氧化方法，掌握 Darkin 反应在药物合成中的应用。

掌握烯键环氧化的方法，熟悉烯键氧化成 1,2-二醇及断裂氧化的方法。

▶ **能力要求**

熟练应用氧化反应理论解释反应条件的控制和副产物产生的原因，会选择合适的氧化剂；学会实验室制备烟酸的操作技术。

从广义上讲，凡使有机物分子中碳原子总的氧化态增高的反应均称为氧化反应；从狭义上讲，凡使反应物分子中的氧原子数增加、氢原子数减小的反应称为氧化反应。

氧化反应是药物合成中的一类基本反应。利用氧化反应可以制备各种含氧化合物，如醇、醛、酮、羧酸、酚、醌、环氧化合物等；也可以制备各种不饱和芳香化合物、不饱和烃类等。氧化反应通过各种氧化剂来实现，使用不同氧化剂可得到不同氧化程度、不同氧化位置或者不同立体异构的氧化产物。

氧化反应按操作方式分类：应用化学试剂的化学氧化，应用电解法的电解氧化，应用微生物的生化氧化，以及催化剂作用下的催化氧化。

化学氧化指在化学氧化剂的直接作用下完成的氧化反应。化学氧化剂可分为无机氧化剂（如 $K_2Cr_2O_7$、H_2O_2、$KMnO_4$ 等）、有机氧化剂（如异丙醇铝、四醋酸铅、过氧酸等）两大类。往往一种基团可被数种氧化剂氧化。

在催化剂存在下，使用空气或氧气实现的氧化反应称为催化氧化。

用微生物进行的氧化反应，不仅具有氧化部位的区域选择性，还表现有立体选择性特点。

7.1 案例引入：二苯乙二酮的合成

7.1.1 案例分析

二苯乙二酮，又名联苯甲酰、苯偶酰，是一种黄色晶体，有机合成中间体，也可用作杀虫剂；用作感光树脂版光引发剂和片基黏合曝光剂时，其作用较安息香慢，但感光彻底。其也是一种重要的药物合成中间体，如可用于抗癫痫药物二苯基乙内酰脲、贝那替秦、氯化甘脲等的合成。

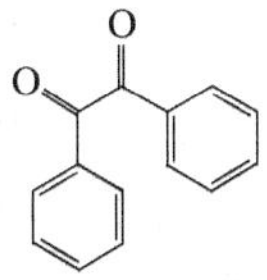

二苯乙二酮

目前，有关联苯甲酰合成主要讨论的就是氧化剂的改进问题，最初的安息香氧化以浓硝酸为氧化剂，后来很多研究者提出用氯化铁、硫酸铁铵、空气等氧化。

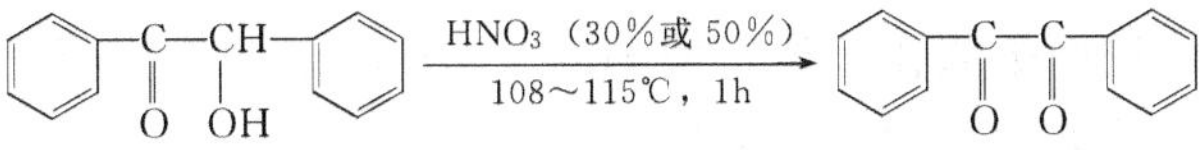

7.1.2 醇的氧化

醇类（包括伯、仲、叔醇）的氧化反应是有机合成中经常用到的反应。不同醇的氧化，或者同一种醇用不同氧化条件，可得不同的产物，可以是醛、酮，也可以是羧酸。几乎所有的氧化剂都可用于醇类的氧化，包括各种金属氧化物和盐类（如铬酸及其衍生物、高锰酸钾、二氧化锰）、硝酸、过碘酸、二甲亚砜等。

7.1.2.1 伯、仲醇被氧化成醛、酮

伯醇氧化首先得到醛，但醛很容易继续氧化而生成羧酸，且在药物分子中常常同时含有不饱和键、醚键等对氧化剂敏感的官能团，所以，在氧化伯、仲醇成醛、酮的过程中，要特别注意氧化试剂的选择和反应条件的控制。

（1）用铬化合物氧化　铬化合物是一类六价铬化合物，包括氧化铬［即铬酐（CrO_3）］、重铬酸盐、氧化铬-吡啶配合物（Collins 试剂）、氯铬酸吡啶盐（PCC）等，在酸性条件下进行反应。它们是使伯醇氧化成醛、仲醇氧化成酮的最普通的氧化方法。

① 铬酸（H_2CrO_4）作氧化剂。铬酸氧化伯醇生成醛的效率一般较低。这是由于生成醛宜进一步氧化成酸，也可与未反应的醇作用生成半缩醛，进一步氧化生成酯，后者为主要副反应。故伯醇用铬酸氧化成醛在合成上应用很少。

铬酸氧化仲醇生成酮的反应，收率较高，具体操作方法是：水溶性的仲醇可在水中进行氧化，为防止反应物进一步氧化等副反应，反应温度宜低，常为 $20\sim40℃$；不溶于水（或水溶性不好）的醇，常以乙酸作为溶剂，若所合成的酮在酸性条件下易发生差向异构等反应，则宜在水-有机溶剂（如乙醚、苯）两相中反应，使氧化生成的酮立即被萃取入有机相，

避免水相中的氧化剂和酸性的影响，从而防止异构化或进一步被氧化的发生。但如果醇的氧化速率很慢，则不宜用乙醚作有机相，因为它也能慢慢地被氧化而消耗铬酸。

② 琼斯（Jones）氧化法。琼斯氧化法是将化学计量的 CrO_3 的硫酸水溶液，在 $0\sim20℃$ 滴加到溶有醇的丙酮溶液中进行氧化，该法可选择性地氧化仲醇成酮，而不影响分子中的其他敏感基团，如醚键、氨基、不饱和键、能生成烯醇的酮基、烯丙位碳氢键等，也不会引起双键的重排，收率较好。该法特别适合于结构中存在上述敏感基团的醇的氧化。

③ Collins 氧化法。用 Collins 氧化法也可以将仲醇氧化成酮，但是存在一些较大的缺点：该试剂容易吸潮，很不稳定，不易保存，需要在无水条件下进行反应；为使氧化反应加快和反应完全，需用相当过量（约 6 倍于化学计量比）的试剂；配制时容易着火等。

④ 氯铬酸吡啶鎓盐（PCC）氧化法。PCC 法成为目前使用最广泛的伯醇和仲醇氧化成醛和酮的方法。这是由于 PCC 法基本上弥补了 Collins 法的所有缺点，如：PCC 吸湿性低，易于保存，有市售。用稍过量的氯铬酸吡啶鎓盐（将吡啶加到三氧化铬的盐酸溶液中制得），在二氯甲烷中氧化伯醇或仲醇，可得到高收率的醛或酮。

（2）用锰化合物氧化

① 高锰酸盐作氧化剂。高锰酸盐的强氧化性以及反应中生成的碱对醇氧化成醛酮的反应是不利的。伯醇常被直接氧化成酸，仲醇可被氧化成酮。但当所生成酮的羰基 α-碳原子上有氢时，可被烯醇化，进而被氧化断裂，使酮的收率降低。只有当氧化所生成酮的羰基 α-碳原子上没有氢时，用高锰酸盐氧化，可得较高收率的酮。

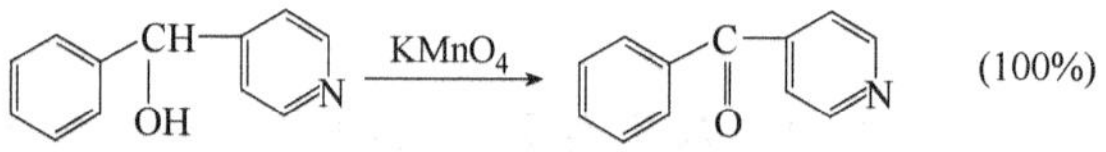

$$\text{(100\%)}$$

② 活性二氧化锰（MnO_2）作氧化剂。活性二氧化锰（MnO_2）为选择性高的氧化剂。已广泛用于烯丙位和苄位羟基的氧化。氧化时，不饱和键和双键构型均不受影响，且收率较高，反应条件温和。常在室温下进行；若反应缓慢，可加热回流，收率均较高。常用的溶剂有水、苯、石油醚、氯仿、二氯甲烷、乙醚、丙酮等。

反应时，将活性 MnO_2 悬浮于溶液中，加入要氧化的醇，室温下搅拌，过滤，浓缩即可，操作简单方便。MnO_2 的活性是反应的关键，其氧化性随制法不同而异。活性 MnO_2 常用硫酸锰和 $KMnO_4$ 反应，或者用 $MnCl_2$ 四水合物与 $KMnO_4$ 反应制得。活性不同的原因之一在于 MnO_2 的脱水程度不同，即使制法相同，一般粉碎程度好的和长时间高温（＞200℃）处理过的 MnO_2，其活性均会提高。

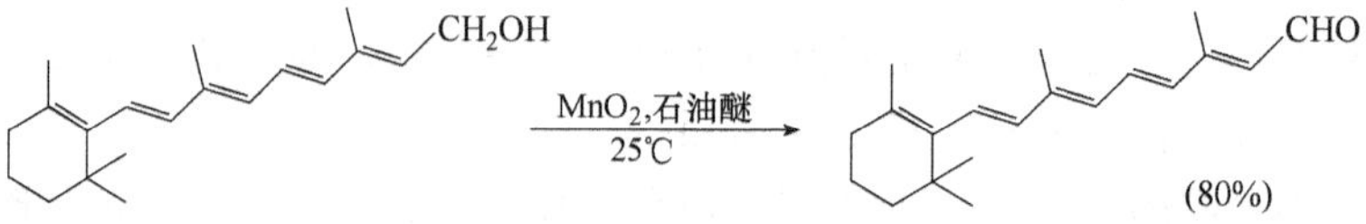

（3）用二甲基亚砜氧化　二甲基亚砜 $[(CH_3)_2SO$，即 DMSO$]$ 是实验室常用的一种极性非质子溶剂，它又是一种很有用的选择性氧化剂。它能氧化伯、仲醇及磺酸酯生成相应的

羰基化合物。

DMSO 可由各种较强的亲电试剂活化，生成活性锍盐，极易和醇反应形成烷氧基锍盐，接着发生消除反应，生成醛或酮和二甲硫醚。

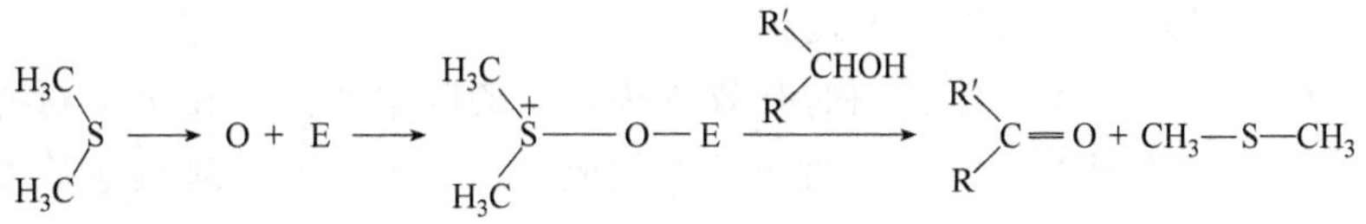

常用的强亲电试剂有：DCC，Ac_2O，$(CF_3CO)_2O$，$SOCl_2$，$(COCl)_2$ 等。DMSO 法氧化反应条件温和，收率较好，可广泛地用于糖类、核酸、甾体化合物、生物碱等天然化合物和药物的合成。

① DMSO-DCC 法。将二环己基碳二亚胺（DCC）溶于 DMSO 中，然后加入醇与质子供给体进行氧化反应，质子供给体可用磷酸、三氟乙酸、吡啶-磷酸、吡啶-三氟乙酸等。反应几乎是在中性条件下进行，广泛用于带有酸敏保护基的糖类氧化，而不影响双键、三键、酯、磺酸酯、酰胺、叠氮、苷键，且反应常在室温下进行。

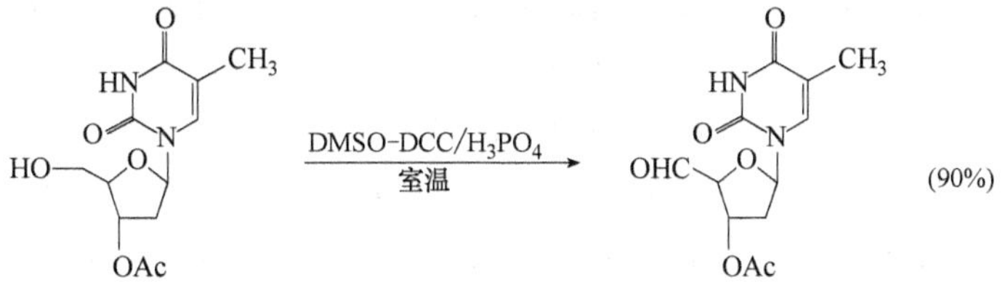

DMSO-DCC 法优先氧化立体位阻小的羟基。具有与 DCC 类似结构的化合物，如 $Ph_2C\!=\!C\!=\!NC_6H_4CH_3$ 和 $CH_3\!-\!C\!\equiv\!CN(C_2H_5)_2$ 等可代替 DCC 应用于以上氧化反应。反应中所用酸一般是弱酸，若酸性过强，则会发生 Pummerer 转位生成醇的甲硫基甲醚的副反应。

本法的缺点在于：所用的 DCC 毒性较大，反应中副产物尿素衍生物较难除去。

② DMSO-Ac_2O 法。用 Ac_2O 代替 DCC 作活化剂，可避免上法中所用试剂毒性大及副产物难处理这两大缺点。该氧化剂可将羟基氧化成羰基而不影响其他基团，但常有羟基乙酰化和形成甲硫基甲醚的副反应伴随发生，使本法收率低，且立体选择性不如 DMSO-DCC。但该反应可氧化位阻较大的羟基。

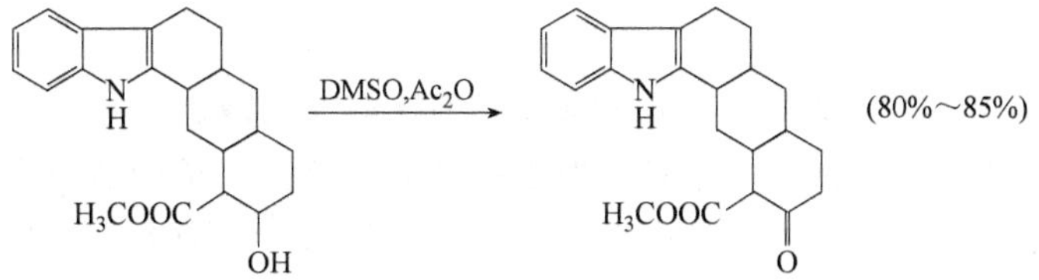

（4）Oppenauer 氧化法　仲（或伯）醇在异丙醇铝（或叔丁醇铝）催化下，用过量的酮（常用丙酮或环己酮）作为氢的接受体，可被氧化成相应的羰基化合物，该反应被称为 Oppenauer 氧化反应。

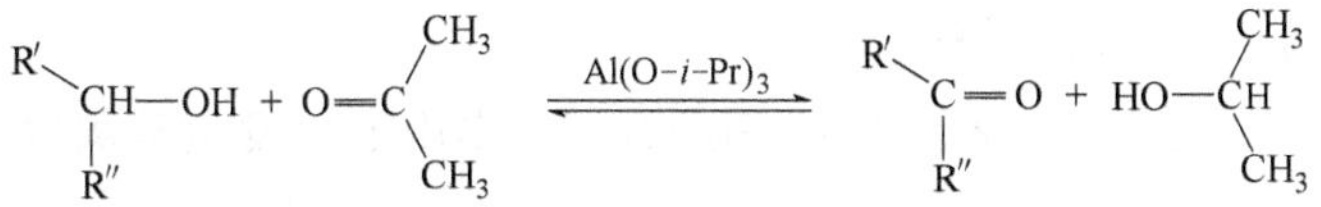

在操作时，通常将原料醇和负氢受体（即氧化剂）在烷氧基铝的存在下一起回流，常用甲苯和二甲苯等较高沸点溶剂，负氢受体以丙酮或环己酮最常用并过量。反应过程中将所生成的异丙醇或环己醇与高沸点溶剂一起连续地蒸出，以促进原料醇的氧化。为避免异丙醇铝等的水解，该反应必须在无水条件下进行。

本法是一种适宜于仲醇氧化成酮的有效方法，酮的收率较高。在甾体药物的合成中得到了广泛的应用。特别适用于将烯丙位的仲醇氧化成 α,β-不饱和酮，对其他基团无影响，反应选择性好。但在甾醇氧化反应中，常有双键的移位。

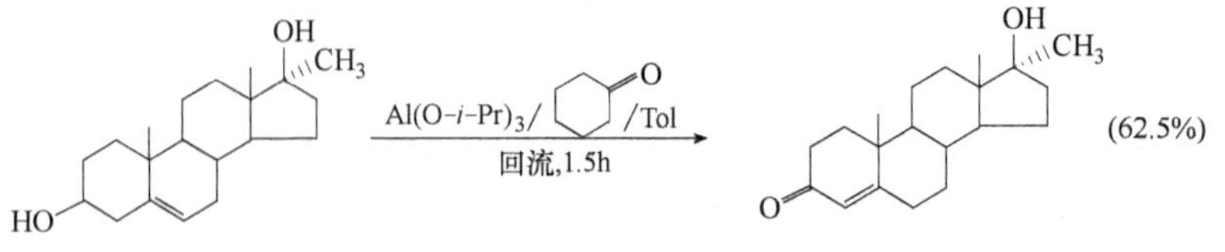

7.1.2.2　醇被氧化成羧酸

伯醇可直接氧化成相应的酸，最常用氧化试剂是六价铬化合物、高锰酸钾，亦有应用硝酸和在过渡金属催化下的空气或氧气氧化的方法。

铬酸氧化伯醇为羧酸在合成中应用的频率较高。

铬酸还可以直接地将苄位伯醇的酯氧化成相应的羧酸。例如在合成用于治疗关节炎的消炎镇痛药双醋瑞因过程中，可用芦荟大黄素为原料。芦荟大黄素分子中有一侧链羟甲基（伯醇）和两个酚羟基（可在氧化条件下醌化），双醋瑞因的分子结构需要这两个酚羟基乙酰化，故在芦荟大黄素酰化时三个羟基同时酯化，在接着的铬酸氧化时，伯醇酯会氧化成羧酸，而两个酚酯不受影响。

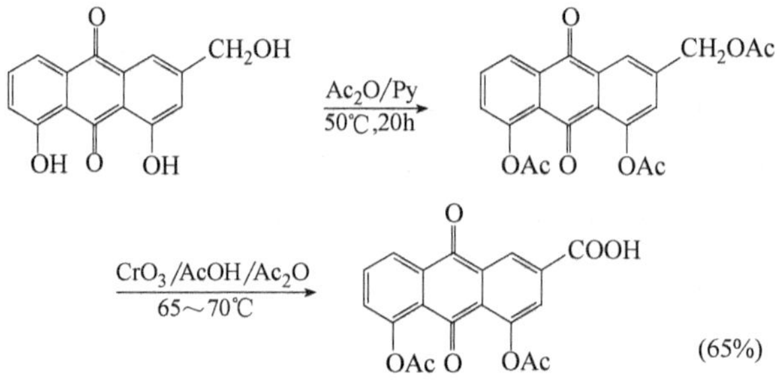

用高锰酸钾氧化伯醇为羧酸时，常用碱性的高锰酸钾溶液。

硝酸为强氧化剂，稀硝酸的氧化能力强于浓硝酸，故常用稀硝酸（质量分数≤70%）作氧化剂氧化伯醇为羧酸。用硝酸作氧化剂的优势在于价廉，反应液中无残渣；但缺点也十分明显，如氧化反应激烈，伴有红色氧化氮放出，可发生硝化和硝酸酯化的副反应，应用上受到限制。对于不易氧化的伯醇可以硝酸氧化。

7.1.2.3　1,2-二元醇的氧化

1,2-二醇的氧化常导致碳碳键的断裂，形成两分子相应的羰基化合物。最常用的氧化试剂是四醋酸铅[Pb(OAc)$_4$]和过碘酸。

（1）用 Pb(OAc)$_4$ 氧化　1,2-二醇在 Pb(OAc)$_4$ 作用下，发生碳碳键断裂，生成相应的小分子醛或酮。

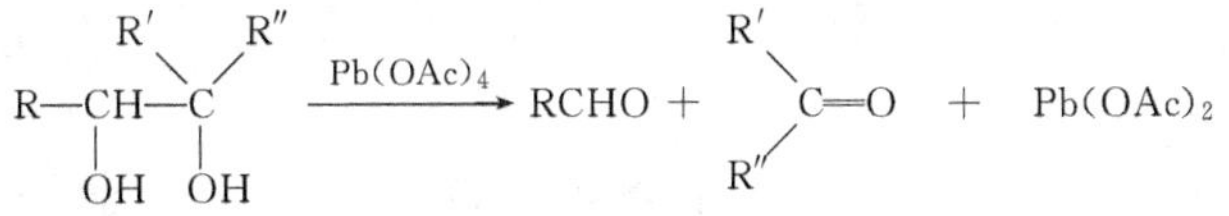

几乎所有的 1,2-二醇均能被 Pb(OAc)$_4$ 氧化。在五元或六元环状 1,2-二醇中，顺式异构体比反式异构体易被氧化。

Pb(OAc)$_4$ 的化学性质不稳定，遇水立即分解成二氧化铅和乙酸。所以，用四醋酸铅作氧化剂的氧化反应，多在无水有机溶剂如冰醋酸、氯仿、苯、二氯甲烷、硝基苯、乙腈等中进行。

（2）用过碘酸氧化 过碘酸常在缓冲溶液中应用，室温反应，对水溶性的 1,2-二醇，如糖类的氧化降解特别有用，是一较重要的氧化剂。由于反应能够定量地进行，可用于判定结构。

对于一些水溶性小的 1,2-二醇的氧化，可用某些醇类和二噁烷的混合溶剂作溶剂。

1,2-环己二醇的顺式异构体比反式异构体易被过碘酸氧化，速率约快 30 倍。一些刚性环状 1,2-二醇，其反式异构体和过碘酸不反应。

7.1.3 醛的氧化

醛易被氧化成羧酸，常用的氧化剂有铬酸、高锰酸钾和氧化银等。

铬酸一般指重铬酸钾的稀硫酸溶液。

高锰酸钾的酸性、中性或碱性溶液都氧化芳香醛和脂肪醛成羧酸，收率较高。

新鲜制备的氧化银氧化能力较弱，选择性较高，不影响双键、酚羟基等一些易氧化基团，特别适用于不饱和醛及一些易氧化芳香醛的氧化。

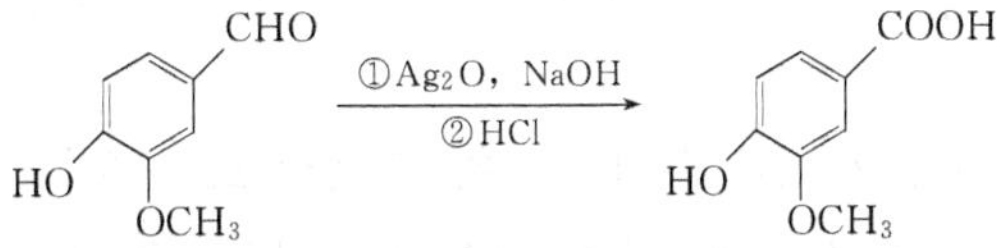

有机过氧酸氧化醛基邻位或对位有羟基等供电子基团的芳香醛，经甲酸酯中间体，得到羟基化合物，该反应称为 Darkin 反应。

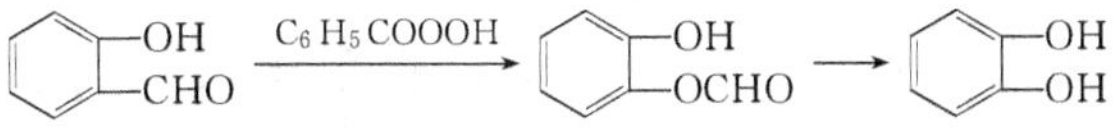

活性二氧化锰一般只氧化烯丙醇生成 α,β-不饱和醛。但当存在氰离子和醇时，可得到相应的 α,β-不饱和羧酸酯，且反应收率高，该反应实质上是 α,β-不饱和醛的氧化。此反应仅适用于 α,β-不饱和醛的氧化，且双键的构型保持不变。而使用氧化银时经常会有副反应。

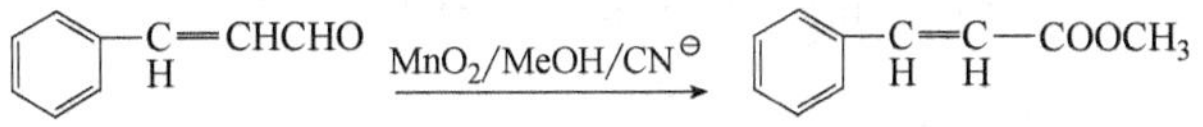

7.2 案例引入：16α,17α-环氧黄体酮的合成

7.2.1 案例分析

（1）反应原理 双烯醇酮乙酸酯经碱性过氧化氢氧化、Oppenauer 氧化反应，得到 16α,17α-环氧黄体酮。

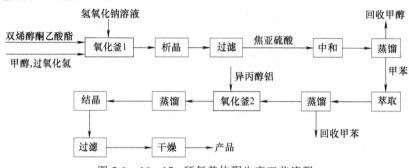

（2）工艺流程　见图 7-1。

双烯醇酮乙酸酯　→　氧化釜1　→　析晶　→　过滤　→　(焦亚硫酸)　→　中和　→　蒸馏　→　回收甲醇

甲醇,过氧化氢　氢氧化钠溶液

结晶　←　蒸馏　←　氧化釜2　←　蒸馏　←　萃取

异丙醇铝　　　　　　　　　　　　　甲苯

过滤　→　干燥　→　产品　　　　回收甲苯

图 7-1　16α,17α-环氧黄体酮生产工艺流程

（3）工艺过程　配料比：乙酸双烯醇酮：甲醇：氢氧化钠：双氧水：冰醋酸：甲苯：环己酮：异丙醇铝：氢氧化钠：乙醇 = 1：5.4：0.2：0.55：0.1：16：5.98：0.105：0.083：0.64。

将甲醇、乙酸双烯醇酮加入反应罐内，搅拌升温至 28～30℃，加入浓度为 20% 的氢氧化钠溶液，升温至 40℃，保温 20min，再冷却至 28～32℃通入氮气，缓慢滴加双氧水后保温 3h。停止搅拌，室温反应约 16h，测反应液残留过氧化物含量在 0.5% 以下，16α,17α-环氧孕烯醇酮熔点在 184℃左右，用冰醋酸调 pH 至 8～9，加热至 70℃并减压浓缩至糊状，加入甲苯，再加热至 87℃左右，搅拌回流约 40min，静置 10min，分去水层，再加热水洗涤甲苯层，直至水液 pH 为 7，分出甲苯液。再将甲苯液搅拌升温至 110～113℃，蒸馏带水至馏出液澄清为止，加入环己酮，蒸馏带水至馏出液澄清，加入异丙醇铝，在 115～120℃回流 1.5h，降温至 110℃加入氢氧化钠溶液，水蒸气蒸馏，回收甲醇，趁热过滤。滤饼用热水洗至中性，滤干，用乙醇洗，干燥，得环氧黄体酮，熔点 201℃。

7.2.2　含烯键化合物的氧化

7.2.2.1　烯键环氧化

烯键可被一些试剂氧化生成环氧化物，所用试剂随烯键邻近结构不同而异。

（1）与羰基共轭的烯键的环氧化　α,β-不饱和羰基化合物中，碳=碳双键与羰基相共轭，一般在碱性条件下用 H_2O_2 或叔丁基过氧化氢使之环氧化。烯烃的环氧化反应在甾体药物合成中应用较多。

在碱性条件下，过氧化氢以 HOO^- 离子形式存在而具有亲核性。α,β-不饱和羰基化合物，由于双键与这些吸电子基相共轭，故 HOO⁻ 发生亲核加成，然后形成环氧化合物。

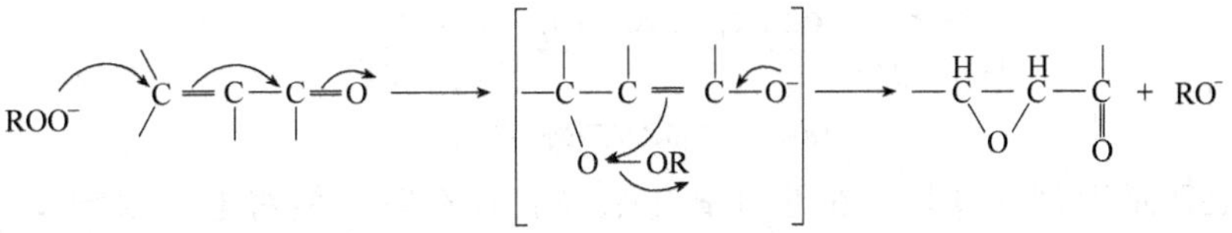

这是制备环氧化物的常用方法。如本例中氢化可的松中间体乙酸妊娠双烯醇酮氧化得到 $16\alpha,17\alpha$-环氧孕烯醇酮的反应。

此反应具有立体选择性，氧环常在位阻小的一面形成。

在 α,β-不饱和醛的环氧化反应中，控制反应介质中的 pH 是必要的，pH 不同可影响产物结构。如肉桂醛在碱性过氧化氢作用下，得到环氧化的酸，而调节 pH 为 10.5，则产物为环氧化的醛。

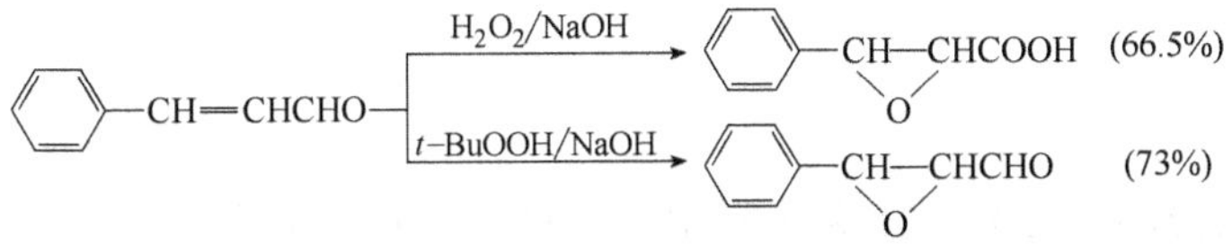

（2）不与羰基化合物共轭的烯键环氧化　这类烯键的电子云较丰富，这些双键的环氧化带有亲电性特征，用于这类反应的试剂很多。

① 过氧化氢或过氧化氢烷（或名为烷基过氧醇）作氧化剂。在过渡金属配合物的催化下，用过氧化氢或过氧化氢烷作氧化剂，对烯键进行环氧化反应是极其活跃的研究领域，发现了不少有效的过渡金属配合物催化剂，很多已得到广泛的应用，其中有一些具有催化不对称环氧化的作用。这些金属配合物包括由钒（V）、钼（Mo）、钨（W）、铬（Cr）、锰（Mn）和钛（Ti）所构成的配合物。

a. 烯键的环氧化。对这类烯烃的环氧化最有效的催化剂是 $Mo(CO)_6$ 和 Salen-锰配合物。以 $Mo(CO)_6$ 作催化剂时，常用过氧化氢烷作氧化剂。

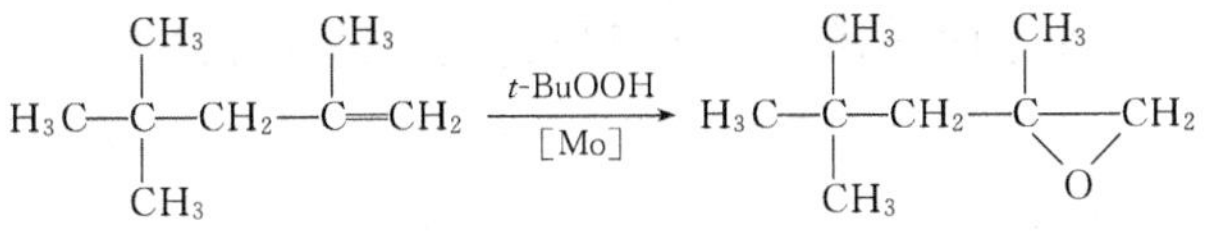

反应常在烃类溶剂中进行（或烯烃本身兼作溶剂），醇或酮作溶剂有抑制反应的倾向。

烯烃的结构对环氧化速率亦有影响。在简单烯烃结构中，若烯键碳上连有多个烃基（如甲基），可加快环氧化速率。在分子中存在一个以上双键时，常常是连有较多烃基的双键被优先环氧化。

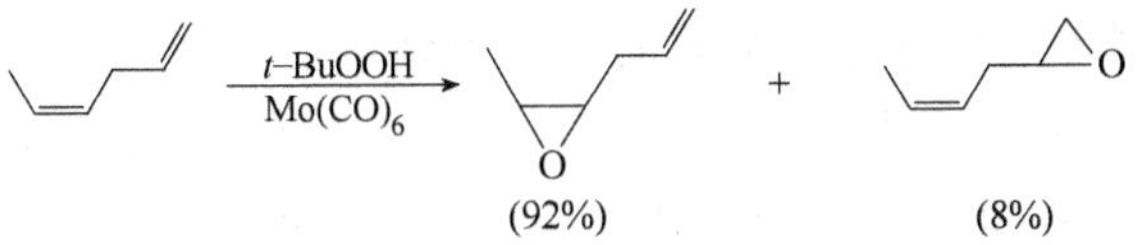

环烯烃的环氧化一般较易发生，当不含有复杂基团时，环氧化产物结构由立体因素决定。如 1-甲基-4-异丙基环己烯被环氧化时，氧环在位阻较小的侧面形成。

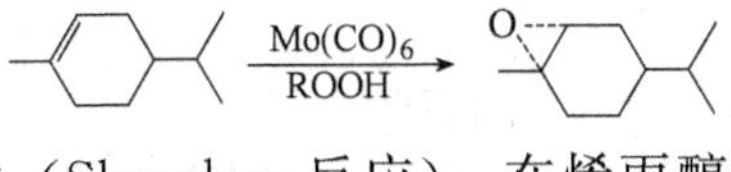

b. 对烯丙醇双键的环氧化（Sharpless 反应）。在烯丙醇中，伯醇对双键的环氧化有很大的影响，如下列两个烯烃中各含有两个双键，在过渡金属配合物催化下，用烷基过氧醇作

氧化剂，能选择性地对烯丙醇的双键环氧化：

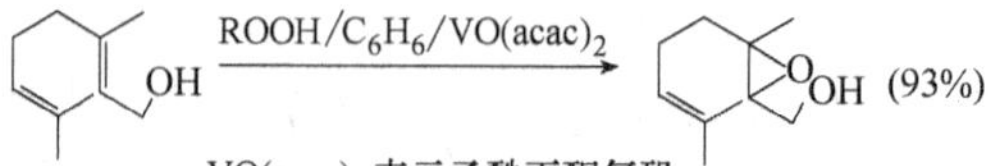

VO(acac)$_2$表示乙酰丙酮氧矾

c. 腈存在下的双键环氧化。碱性过氧化氢在腈存在时可使富电子双键发生环氧化。在此反应中，腈和碱性过氧化氢生成过氧亚氨酸，这是一个亲电性的环氧化剂。这种环氧化剂的特点：该试剂不和酮发生 Baeyer-Villiger 反应。常用这一特点来使一些非共轭不饱和酮中的双键环氧化。在非共轭不饱和酮中的双键是富电子的，不和碱性过氧化氢作用，而用过氧酸时，则会发生 Baeyer-Villiger 氧化，所以利用腈和碱性过氧化氢可方便地对这一结构的双键进行环氧化。

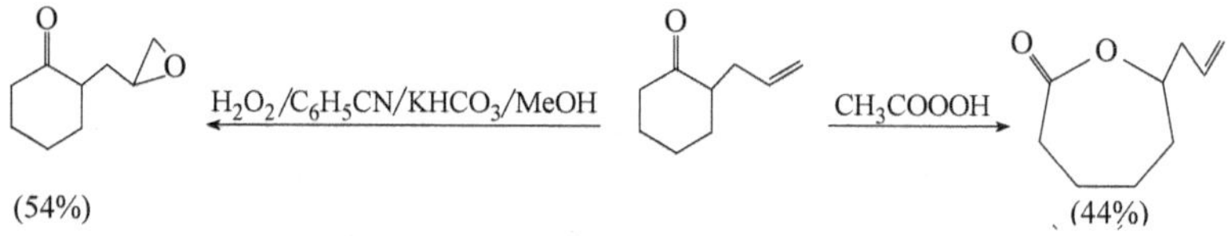

② 有机过氧酸为环氧化剂。在实验室中常用的过氧酸有过氧苯甲酸、单过氧邻苯二甲酸、过氧甲酸、过氧乙酸、三氟过氧乙酸和间氯过氧苯甲酸等。其中，间氯过氧苯甲酸比较稳定，是烯双键环氧化的较好试剂。而其余试剂不太稳定，常需在使用前新鲜制备。

过氧酸氧化烯键，首先生成环氧化合物，但若反应条件选择不当，会进一步反应生成邻二醇的酰基衍生物，再在碱的作用下，形成邻二醇。酸性弱的过氧酸（如过氧苯甲酸、单过氧邻苯二甲酸和间氯过氧苯甲酸这三个芳香过氧酸）较适合于合成环氧化合物。其他过氧酸（如过氧乙酸）需在缓冲剂（如 AcONa）存在下，才能得到环氧化合物。否则，酸性破坏氧环形成邻二醇的单酰基化合物或其他副产物。

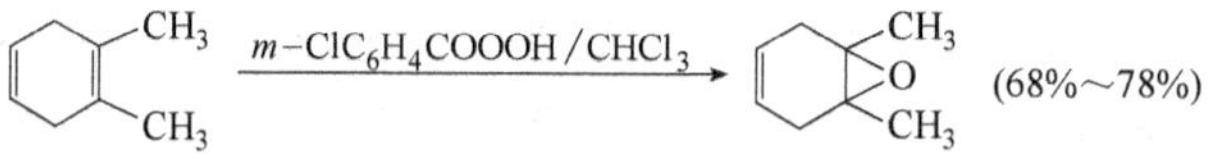

过氧酸的环氧化有高度立体选择性，在反应过程中原烯烃的构型不变，即顺式加成（因过氧酸只能从双键平面任一侧进行亲电进攻），与烯烃分子构型无关。

7.2.2.2　烯烃氧化成 1,2-二醇

烯烃氧化成 1,2-二醇，即烯键的全羟基化作用，在分子降解和合成方面都是十分有用的反应。在这方面可用的试剂较多，且具有不同的立体化学选择性。

（1）氧化成顺式 1,2-二醇　常用试剂是高锰酸钾、四氧化锇及碘-湿乙酸银。

① 高锰酸钾作氧化剂。在烯烃全羟基化中用高锰酸钾氧化烯键是应用较广泛的方法。在此氧化反应中，控制反应条件是非常重要的，否则常发生进一步氧化反应。常规的反应条件是：用水或含水有机溶剂（丙酮、乙醇或叔丁醇等）作溶剂，加计算量低浓度（1%～3%）的高锰酸钾，在碱性条件下（pH 为 12 以上），低温反应。在这样的反应条件下，常可得到满意的结果。由于不饱和酸在碱性溶液中溶解，所以本法对不饱和酸的全羟基化最为适合，收率也高，如油酸的全羟基化的收率达 80%。

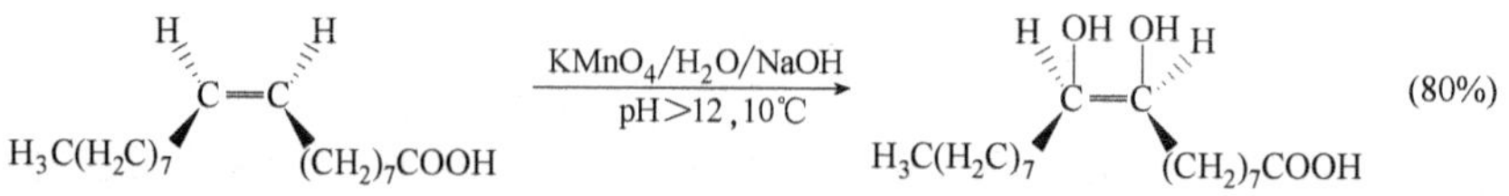

高锰酸钾过量或者其浓度过高都对进一步氧化有利。

对于不溶于水的烯烃，用高锰酸钾氧化时，加入相转移催化剂是有效的。

② 四氧化锇作催化剂。用四氧化锇（OsO_4）对烯烃双键进行全羟基化是一较好的顺式羟基化方法，收率较高。反应历程与高锰酸钾类似，形成环状的锇酸酯。在一些刚性分子中，如甾体，锇酸酯一般在位阻小的一面形成。由于锇酸酯不稳定，常加入叔胺（如吡啶）组成配合物，以稳定锇酸酯，加速反应。

锇酸酯的水解是可逆反应，加入一些还原剂，如 Na_2SO_3、$NaHSO_3$ 等使锇酸还原成金属锇而沉淀析出，以打破平衡，完成反应。

由于 OsO_4 价贵且有毒，实验中常用催化量的 OsO_4 和其他氧化剂，如氯酸盐、碘酸盐、过氧化氢等共用。反应中催化量的 OsO_4 先与烯烃生成锇酸酯，进而水解成锇酸，再被共用的氧化剂氧化生成 OsO_4 而参与反应，其效果相当于单独使用 OsO_4。用此法也可使三取代或四取代双键氧化成 1,2-二醇。此法可以减少 OsO_4 用量，但缺点是产生大量进一步氧化的产物，且和高锰酸钾法一样，产品的光学产率不高。

③ 碘和湿羧酸银为氧化剂（Woodward 法）。由碘和 2mol 乙酸银或苯甲酸银所组成的试剂，称 Prevost's 试剂。该试剂可氧化烯键成 1,2-二醇，产物结构随反应条件不同而异，当有水存在时得到顺式 1,2-二醇的单酯，水解得顺式的 1,2-二醇，即 Woodward 反应（Woodward reaction）；在无水条件下，则得到反式 1,2-二醇的双酯化合物，即 Prevost 反应（Prevost reaction）。

该试剂的价值在于它的专一性，具有温和的反应条件。游离碘在所用的条件下，不影响分子中的其他敏感基团。

反应机理是首先由碘正离子和双键形成环状化合物，乙酰氧负离子由碘桥三元环的背面进攻，形成一个五元环状正离子（成为 Woodward 反应和 Prevost 反应的共同中间体），遇水进而水解成顺式 1,2-二醇的单乙酰酯。

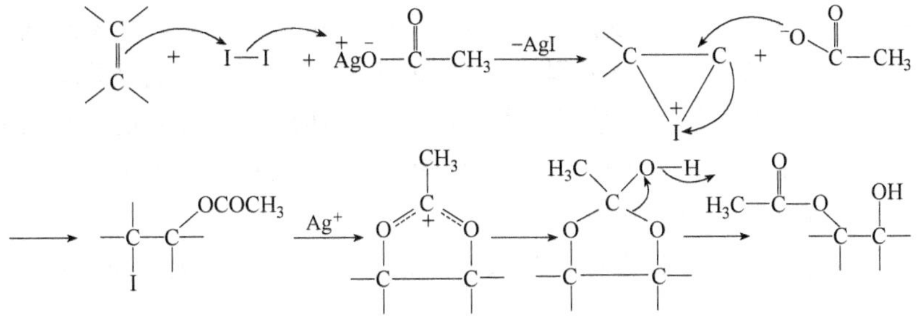

由于乙酰氧负离子从碘桥环的另一侧进攻，故羟基的引入不和碘桥在烯键平面的同侧，这个立体化学特点和前面的 OsO_4 羟基化的立体化学特点正好相反。对一些刚性分子中的烯键，可用这两种方法进行立体选择性的全羟基化反应。

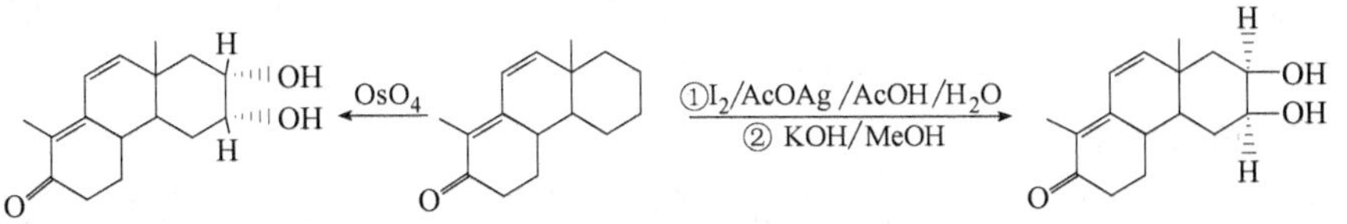

（2）氧化成反式 1,2-二醇　烯键氧化成反式 1,2-二醇最重要的方法是过氧酸法，另外，Prevost 反应也常用。

① 过氧酸为氧化剂。过氧酸氧化烯键可生成环氧化合物，亦可形成 1,2-二醇。这主要取决于反应条件。首先过氧酸与烯键反应形成环氧化合物，当反应中存在一些可使氧环开裂

的条件，如酸，则氧环即被开裂成反式 1,2-二醇。常用过氧乙酸和过氧甲酸来直接从烯烃制备反式 1,2-二醇。

反应分两步进行，先是过氧酸氧化烯键成环氧化合物，分离后加酸，酸从烯键平面的另一侧进攻，再水解形成反式 1,2-二醇。

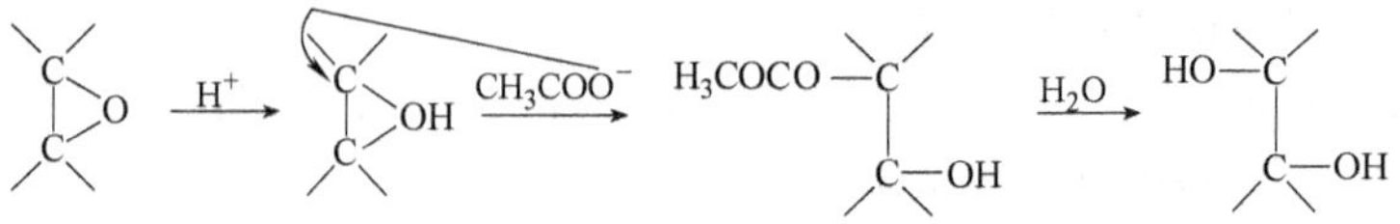

② Prevost 反应。以碘和羧酸银试剂，在无水条件下，和烯键作用可获得反式 1,2-二醇的双羧酸酯，此反应为 Prevost 反应。生成的二酯水解得反式 1,2-二醇。本反应条件温和，不会影响其他敏感基团。

此反应的机理和 Woodward 反应类似，中间体都是环状正离子。不同之处是：无水条件下，是有酰氧负离子从另一平面侧面进攻环状正离子，由此形成反式 1,2-二醇的双酰基衍生物。

7.2.2.3　烯键的断裂氧化

（1）用高锰酸钾氧化　最常用和最简单的将烯键断裂氧化成羰基化合物或羧酸的方法是高锰酸钾法。单独用高锰酸钾进行烯键断裂氧化存在不少缺点：首先选择性差，会使分子中其他易氧化基团同时被氧化；其次使反应产生大量 MnO_2，除增加后处理的困难外，还会吸附产物。

（2）用臭氧氧化分解　这是一个氧化断裂烯键的常用方法。臭氧是一亲电性试剂，与烯键反应形成过氧化物，由于该物质有爆炸的危险性而不予分离，可直接将其氧化或还原断裂成羧酸、酮或醛。

产物类别取决于所用方法和烯烃的结构。反应常以二氯甲烷或甲醇作溶剂，在低温下通入含有 2%～10% O_3 的氧气。生成的过氧化物可直接用过氧化氢、过氧酸或其他试剂氧化分解成羧酸或酮，四取代烯得 2 分子酮，三取代烯得 1 分子酸和 1 分子酮，对称二取代烯得 2 分子酸。生成的过氧化物若用还原剂还原分解可得醛和酮，通常用的还原方法包括催化氢化，利用锌粉和酸、亚磷酸三甲(乙)酯和二甲硫醚的化学还原。当反应在中性条件下进行时，不影响分子内存在的羰基和硝基。

芳环和芳杂环与臭氧反应较迟钝，故具有不饱和侧链的芳环化合物中，不饱和侧链被选择性地氧化。

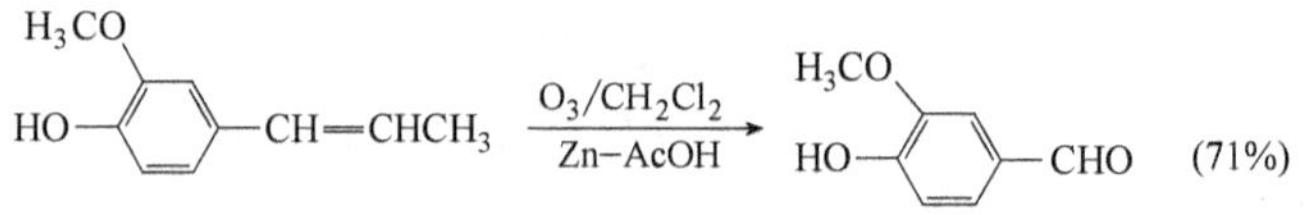

含有共轭双烯结构的化合物与 O_3 反应时，可以得到一个双键断裂或两个烯键都断裂的羰基化合物，产品的结果完全取决于的 O_3 用量。

7.2.2.4　苄位烃基的氧化

苄位烃基的氧化是常见的反应，氧化生成相应的芳香醇、醛、酮和羧酸，氧化反应的收率较高。首先，苄基位置对氧化是敏感的、活泼的，易形成自由基或碳正离子的氧化中间体，这与芳基的存在，通过共轭效应使中间体稳定有关。其次，芳环对 Mn 和 Cr 等氧化剂作用不敏感，仅侧链易被氧化。产物不复杂，效率高。

（1）氧化生成醇和酯　由于苄醇易继续氧化，苄基位上直接羟基化或者酯化，只有选择适当的氧化剂或者催化剂，并控制一定的反应条件才能实现，否则常会被进一步氧化，使产物不纯。

常用的氧化试剂有硝酸铈铵 〔$(NH_4)_2Ce(NO_3)_6$，即 CAN〕、四醋酸铅 〔$Pb(OAc)_4$，即 LTA〕和四氟醋酸铅 〔$Pb(OCOF_3)_4$〕。

$$C_6H_5CH_3 \xrightarrow{\text{CAN}} C_6H_5CH_2OCOCH_3 \quad (90\%)$$

$$\text{—CH}_2CH_3 \xrightarrow[80℃, 6h]{Pb_3O_4/AcOH} \text{—}\underset{\underset{OCOCH_3}{|}}{CH}CH_3 \quad (63\%)$$

注意：

① 以上所用的氧化剂都需要在无水 AcOH 介质中进行反应，使苄位首先酯化。正是酯的保护作用，才使苄位不被进一步氧化。

② 苄位碳上多余氢原子的存在，易使初级氧化物进一步被氧化，需特别控制反应条件。

③ 如果某些芳环化合物的结构中苄位碳原子上只有一个氢原子，则可以选择较强的氧化剂，且仅获得相应的单一的氧化物。

四醋酸铅是一种选择性很强的氧化剂，化学性质不稳定，遇水立即分解，所以，用四醋酸铅作氧化剂的反应，多数在无水有机溶剂如冰醋酸、氯仿、苯、二氯甲烷、硝基苯、己腈等中进行。

四醋酸铅除用于苄位烃基的氧化外，还可用于羰基 α 位烃基的氧化、邻二醇的氧化、一元醇和多元醇的选择性氧化等。

（2）氧化生成醛　苄位甲基被氧化成相应的醛，需要选择性氧化剂，较好的氧化剂有硝酸铈铵 (CAN)、三氧化铬-乙酸酐以及新近发展的钴醋酸盐、铈醋酸盐等。

① 硝酸铈铵 (CAN)。将 CAN 和 50%AcOH 共用便可将甲苯芳烃的苄位 C—H 键氧化成芳醛；CAN 还可与其他酸混合作为选择性的氧化剂，常用的酸有高氯酸、乙酸等。通常条件下，多甲基芳烃仅一个甲基被氧化，选择适宜的温度是最重要的。

芳环上有吸电子基团，如硝基、卤素，可使苄甲基的氧化收率降至 50%左右。

② CrO_3-Ac_2O 氧化剂。该氧化剂需要在 H_2SO_4 或 $H_2SO_4/AcOH$ 混合物中进行氧化反应，反应过程中苄甲基首先被转化成同碳二醇的二乙酸酯，然后经酸性水解得到醛。二乙酸酯的形成，对保护潜在的醛基不被进一步氧化有重要的作用。这一氧化剂有较好的氧化性能，多甲基苯中的甲基都可以氧化成相应的醛。芳环上有较强的吸电基团（如硝基）时，同样也可得到相应的苯甲醛，但吸电基团在芳环上的位置对氧化收率有较大的影响。对硝基甲苯的氧化收率均高于相应的邻位的氧化收率，这可能是由于位阻的影响。

用铬酰氯 CrO_2Cl_2 作催化剂（Etard 反应），也可使苄位甲基氧化成苯甲醛，收率较高。

（3）氧化形成酮、羧酸　苄位亚甲基被氧化成相应的酮，常用的氧化剂或催化剂有两类：铈的配合物；铬（Ⅵ）的氧化物或铬酸盐。

前者主要是硝酸铈铵 (CAN)，反应是在酸性介质中进行，一般用硝酸作反应介质，收率较高。

用铬的氧化物和铬酸盐作催化剂时，受到多种因素的影响，包括氧化剂的种类、铬酸盐的种类和苄位的结构等。

苄位亚甲基上有苯基时，不管用什么氧化剂，CrO_3 和铬酸酯作催化剂都会得到收率较高的酮。

很多强氧化剂可氧化苄位甲基成相应的芳烃甲酸，常用的氧化剂有：$KMnO_4$，

$Na_2Cr_2O_7$，Cr_2O_3 和稀硝酸等。

一般来说，当苯环上有吸电子基团、芳香氮杂环的侧链氧化时，或者有多个甲基需氧化时，可以使用强氧化剂 $KMnO_4$ 和 $Na_2Cr_2O_7$。

7.2.2.5 羰基 α 位活性烃基的氧化

（1）形成 α-羟酮　羰基 α 位的活性烃基可被氧化成α-羟酮，常用四醋酸铅（LTA）或醋酸汞作为氧化剂。反应先在 α 位上引入乙酰氧基（即形成酯），再经水解生成 α-羟酮。

$$R-\overset{O}{\overset{\|}{C}}-CH_3 \xrightarrow{Pb(OAc)_4} R-\overset{O}{\overset{\|}{C}}-CH_2-O-\overset{O}{\overset{\|}{C}}CH_3 \xrightarrow{水解} R-\overset{O}{\overset{\|}{C}}-CH_2OH$$

羰基 α 位活性甲基、亚甲基和次甲基均会发生上述类似的反应。所以当原料分子中同时含有这些活性基时，产物是多种 α-羟酮的混合物，应用价值不大。但是，在反应中加入三氟化硼时，对活性甲基的乙酰氧基化有利。

$$\xrightarrow[25℃]{Pb(OAc)_4/BF_3,Et_2O/C_6H_6} \qquad (86\%)$$

$Pb(OAc)_4$ 作氧化剂的反应，首先是酮转变成烯醇，然后烯醇被氧化。决定反应速率的步骤是酮的烯醇化，烯醇化的位置决定了产物的结构。BF_3 可催化甲基酮的烯醇化而加速反应，并对动力学控制的烯醇化作用有利，所以，有利于活性甲基的乙酰氧基化。

在叔丁醇溶液中，酮和氧分子可生成 α-氢过氧化物，生成物经还原成 α-羟酮，还原方法：先将 α-氢过氧化物分离出来，用 Zn/AcOH 还原。如果反应液中加入亚磷酸三乙酯，氧化反应生成的氢过氧化物可在亚磷酸三乙酯作用下，被直接还原成 α-羟酮。

以上反应生成 α-羟酮，并且有高度立体选择性。烃基和被置换的氢具有相同的立体构型。

（2）形成 1,2-二羰基化合物　将羰基 α 位活性羟基氧化成相应的羰基化合物，形成1,2-二羰基化合物，二氧化硒（或亚硒酸 H_2SeO_3）为一重要的氧化剂。由于 SeO_2 对羰基两个 α 位的甲基、亚甲基的氧化缺乏选择性，故只有当羰基邻位仅有一个可氧化的羟基，或者两个亚甲基处于相似（或对称）的位置时，这类氧化才有合成意义。

$$\xrightarrow{SeO_2/\text{〇}} \qquad (69\%\sim72\%)$$

如果 SeO_2 用量不足，会将羰基位 α-活性羟基氧化成醇，这时若用乙酸酐作溶剂，则生成相应的酯，使进一步氧化困难，所以一般 SeO_2 用量稍过量。

SeO_2 是缓和的氧化剂，主要用于将羰基 α 位活性羟基氧化成相应的羰基化合物；也用于氧化烯丙位烃基成相应的醇类或使羰基化合物脱氢变成相应的烯醇化合物。用二氧化硒氧化时，常用二氧六环、乙酸、乙酸酐、乙腈、苯、水等作溶剂，反应通常在沸水浴中进行。用有机溶剂时，微量水的存在往往能加速反应的进行，因此真正的氧化剂可能是亚硒酸。

但需注意，SeO_2 及亚硒酸有毒，其毒性比 As_2O_3 更大，并且腐蚀皮肤，它的应用受到限制。如果使用，需做好防毒。

7.2.2.6 烯丙位烃基的氧化

烯丙位的甲基、亚甲基或次甲基在一些氧化剂作用下可被氧化成相应的醇（酯）、醛或酮，而双键不被氧化或破坏，但可能发生双键位置的迁移。

（1）用二氧化硒氧化　SeO_2 是常用的烯丙基氧化剂，可将烯丙位的烃基氧化成相应的醇，最初的氧化产物易被 SeO_2 进一步氧化成羰基化合物，通常氧化产物是醛或酮。如要得到醇，氧化反应可在乙酸中进行，生成乙酸酯，抑制进一步氧化，再水解成所需要的醇。

当化合物中有多个烯丙位存在时，SeO_2 氧化的选择规则如下：

① 氧化双键碳上取代基较多一边的烯丙位烃基，并且产物总是以 E-烯丙基醇或醛为主。

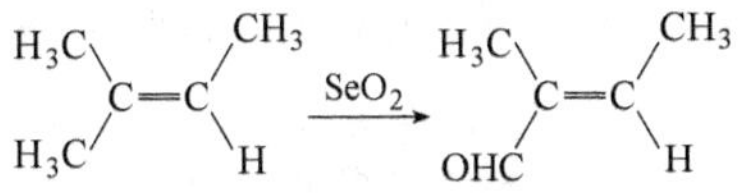

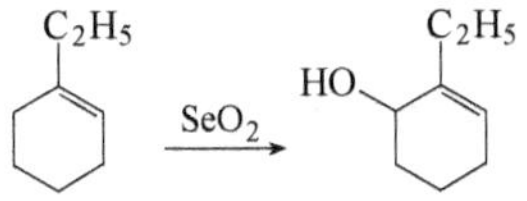

② 在不违背上述规则的条件下，氧化顺序是—CH_2—>—CH_3>—CHR_2。当烯烃中有两个亚甲基时，则两个 CH_2 都被氧化，得两氧化产物的混合物。

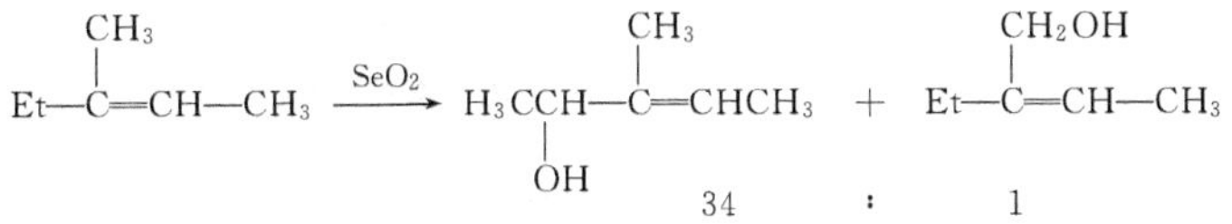

③ 当上述两规则有矛盾时，常遵循规则①。

④ 末端双键在氧化时，常会发生烯丙位重排，羟基引入末端。如抗肿瘤药喜树碱的合成，就是利用 SeO_2 的这种氧化作用。

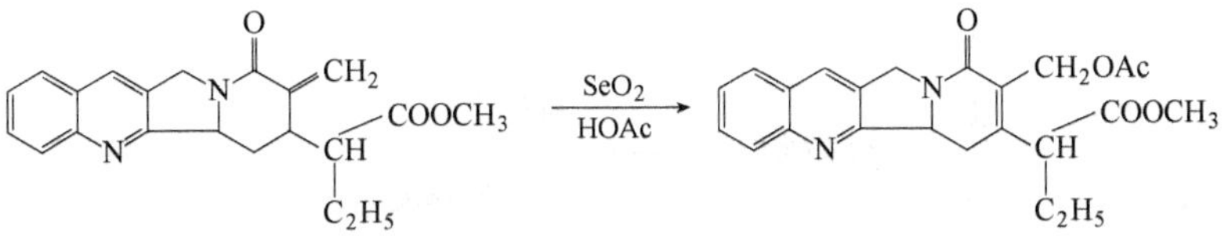

（2）用 CrO_3-吡啶配合物（Collins 试剂）和铬的其他配合物氧化　Collins 试剂是将 CrO_3 吡啶配合物从吡啶中分离出来，干燥后再溶于二氯甲烷中组成的溶液，它于无水条件下氧化醇，可得收率较高的醛、酮。

$$CH_3(CH_2)_5CH_2OH \xrightarrow[CH_2Cl_2]{CrO_3，Py} CH_3(CH_2)_5CHO \qquad (80\%)$$

（3）用过（氧）酸酯氧化　过酸酯在亚酮盐催化下，可在烯丙位基烃基上引入酰氧基，经水解可得到烯丙醇类，这是烯丙位烃基氧化的间接方法，常用试剂有过乙酸叔丁酯和过苯甲酸叔丁酯。

如环己烯在溴化亚酮存在下和过氧苯甲酸叔丁酯反应，生成相应的 3-苯酰氧基环己烯：

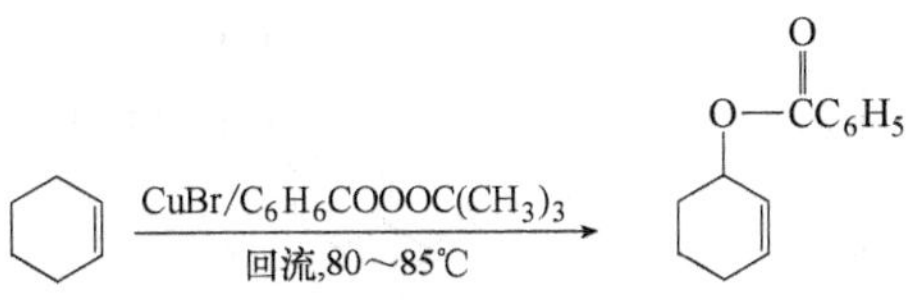

本章小结

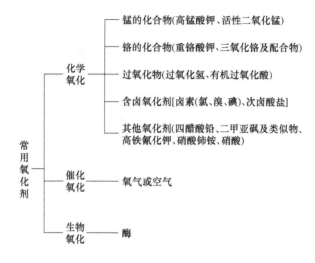

- 常用氧化剂
  - 化学氧化
    - 锰的化合物(高锰酸钾、活性二氧化锰)
    - 铬的化合物(重铬酸钾、三氧化铬及配合物)
    - 过氧化物(过氧化氢、有机过氧化酸)
    - 含卤氧化剂[卤素(氯、溴、碘)、次卤酸盐]
    - 其他氧化剂(四醋酸铅、二甲亚砜及类似物、高铁氰化钾、硝酸铈铵、硝酸)
  - 催化氧化
    - 氧气或空气
  - 生物氧化
    - 酶

- 各类物质的氧化反应
  - 烃类化合物的氧化反应
    - 含烯键化合物的氧化
    - 苄位烃基的氧化
    - 羰基α-活性烃基的氧化
    - 烯丙位烃基的氧化
    - 芳烃的氧化
  - 醇类的氧化
    - 伯醇、仲醇的氧化
    - 二元醇的氧化
  - 醛、酮的氧化
  - 催化氧化和生物氧化

思考与练习

一、为下列反应选择合适的氧化剂和条件

1.

2.

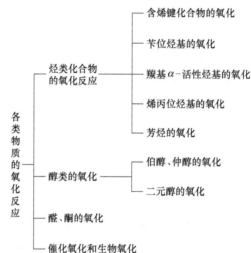

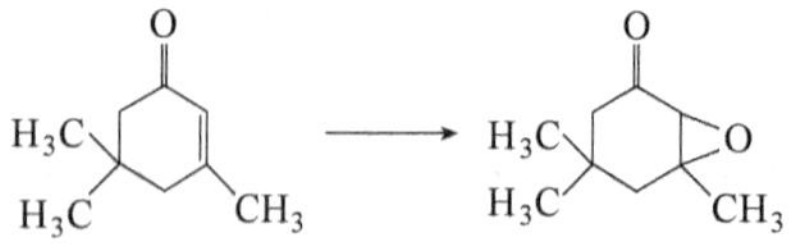

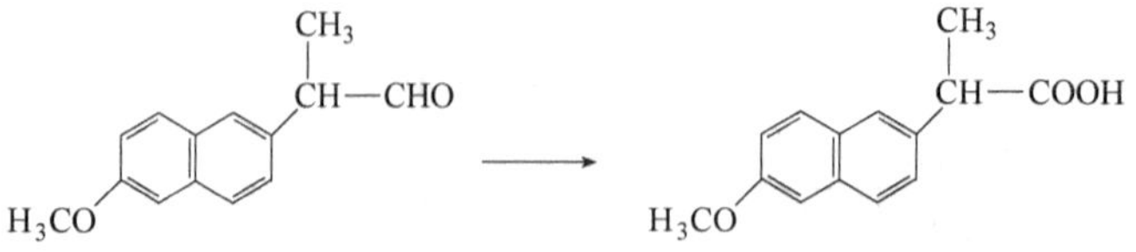

3. 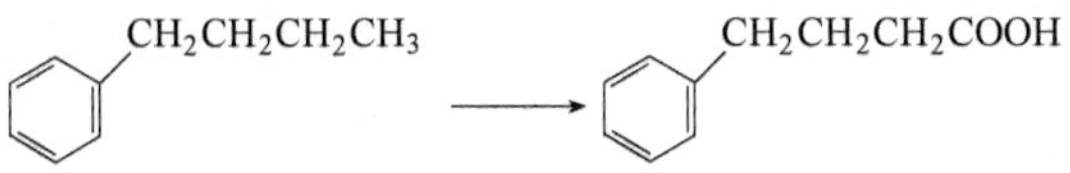
CH2CH2CH2CH3
CH2CH2CH2COOH

4. 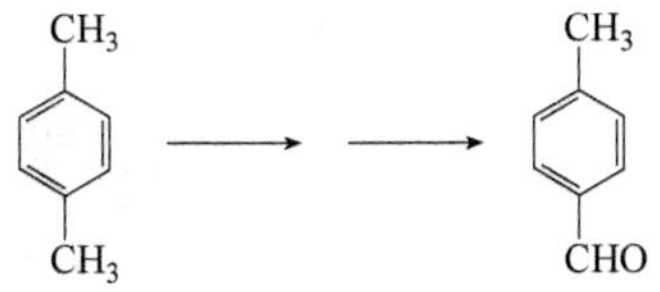
CH3
CH3
CH3
CHO

5. 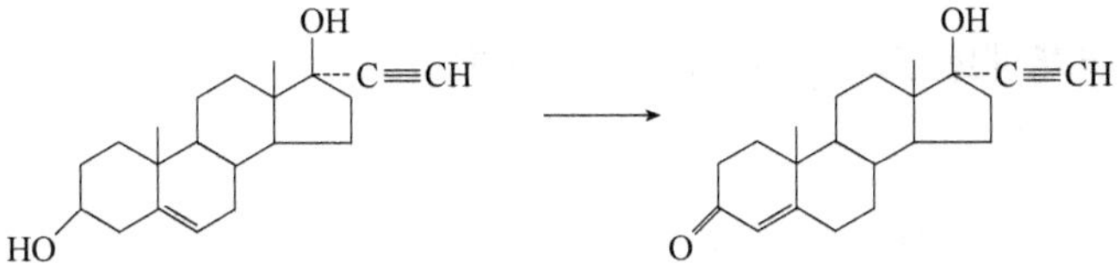
OH
C≡CH
HO
OH
C≡CH
O

6. 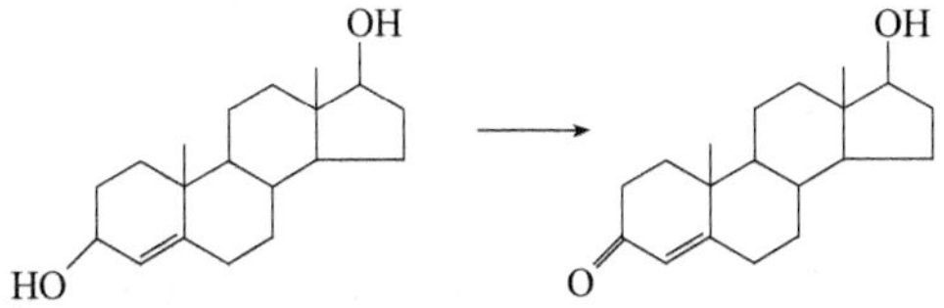
OH
HO
OH
O

7. 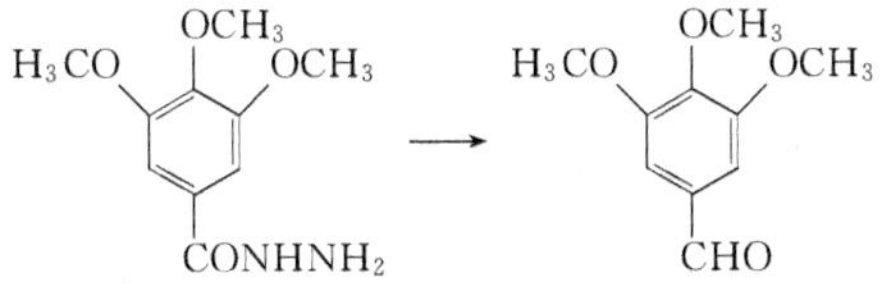
OCH3
H3CO
OCH3
CONHNH2
OCH3
H3CO
OCH3
CHO

8. 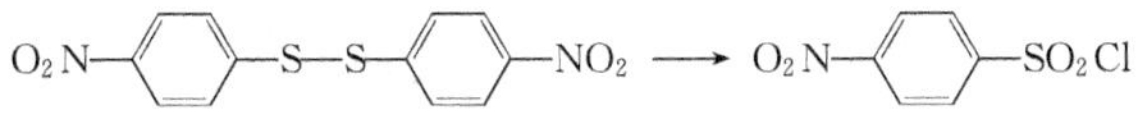
O2N
S
S
NO2
O2N
SO2Cl

二、写出下列反应的主要产物

1. 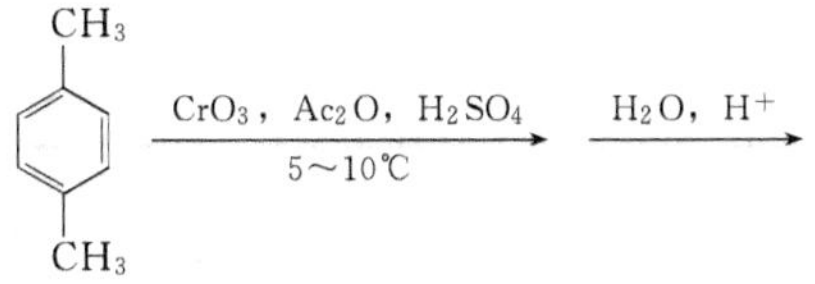
CH3
CrO3，Ac2O，H2SO4
5～10℃
H2O，H+
CH3

2. 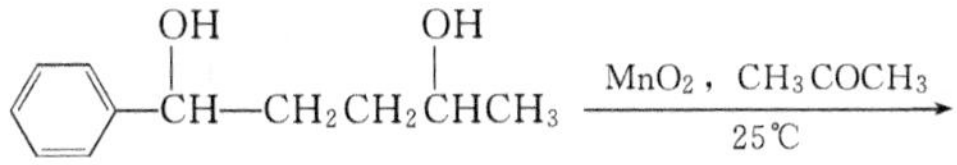
OH
OH
CH—CH2CH2CHCH3
MnO2，CH3COCH3
25℃

3. 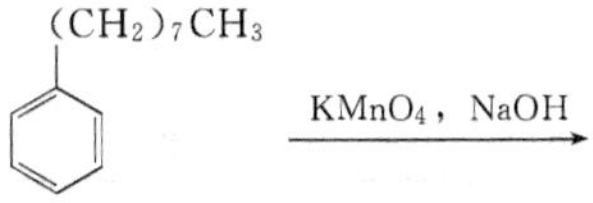
(CH2)7CH3
KMnO4，NaOH

4. 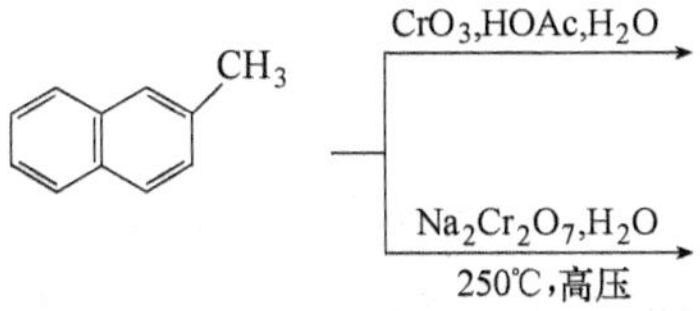
CH3
CrO3,HOAc,H2O
Na2Cr2O7,H2O
250℃,高压

5. 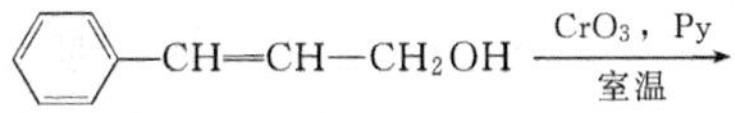
CH═CH—CH2OH
CrO3，Py
室温

6. 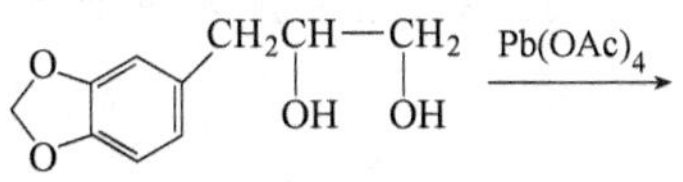
O
O
CH2CH—CH2
OH
OH
Pb(OAc)4

7.

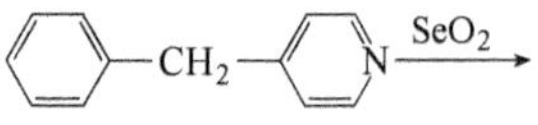

8.

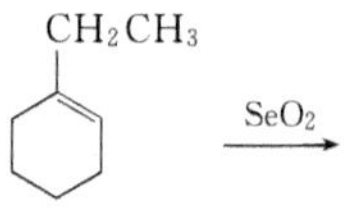

9. 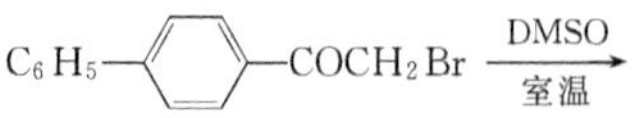 C_6H_5—⟨ ⟩—$COCH_2Br$ $\xrightarrow[\text{室温}]{\text{DMSO}}$

10.

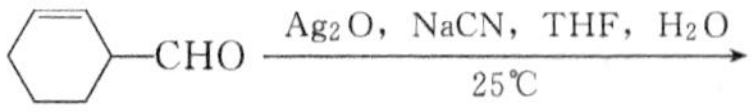

[技能训练 7-1]　维生素 K_3 的制备

一、实训目的与要求

1. 通过维生素 K_3 的制备,掌握有机氧化反应。

2. 掌握重结晶原理和操作技能。

二、实训原理

维生素 K_3,即亚硫酸氢钠甲萘醌,化学名称为 1,2,3,4-四氢-2-甲基-1,4-二氧-2-萘磺酸钠盐。

维生素 K_3 是根据天然维生素 K 的化学结构用人工方法合成的药物。临床上主要用于凝血酶原过低症、维生素 K 缺乏症和新生儿出血症的防治。

本品为白色或类白色结晶粉末,易溶于水和热乙醇,难溶于冷乙醇,不溶于苯和乙醚,水溶液 pH 为 4.7~7。熔点为 105~107℃。常温下稳定,遇光易分解。

其制备反应原理:

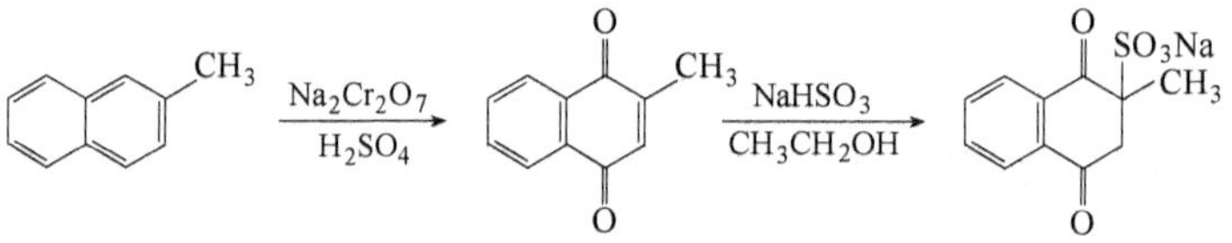

三、主要试剂

名　称	规　格	用　量
β-甲基萘	分析纯	14g
重铬酸钠	分析纯	70g
亚硫酸氢钠	分析纯	适量
活性炭		适量
丙酮	分析纯	28.1g
浓硫酸	分析纯	84g
乙醇	分析纯(95%)	适量

四、实训步骤及方法

1. 甲萘醌的制备

在附有搅拌机、恒温水浴锅、冷凝管、滴液漏斗的 250mL 三口烧瓶中,加入 β-甲基萘 14g、丙酮 28.1g,搅拌至溶解,将重铬酸钠 70g 溶于 105mL 水中,与浓硫酸 84g 混合后,于 34~40℃ 慢慢滴加至反应瓶中[1]。加毕,于 40℃ 反应半小时,然后将水浴温度升至 60℃ 反应 1h。趁热将反应物倒入大量水中,使甲萘醌完全析出,抽滤,结晶用水洗三次,压紧,抽干。

2. 维生素 K_3 的制备

安装完毕恒温水浴、搅拌装置、100mL 三口烧瓶、冷凝管后，向反应瓶中加入甲萘醌湿品、亚硫酸氢钠 8.7g（溶于 13mL 水中），于 38～40℃水浴搅拌均匀，再加入 95%乙醇 22mL[2]，搅拌 30min，冷却至 10℃以下，使结晶析出。过滤，结晶用少许冷乙醇洗涤，抽干，得维生素 K_3 粗品。

3. 精制

粗品放入锥形瓶中，加 4 倍量 95%乙醇及 0.5g 亚硫酸氢钠，在 70℃以下溶解，加入粗品量 1.5%的活性炭，水浴 68～70℃保温脱色 15min，趁热过滤，滤液冷至 10℃以下，析出结晶。过滤，结晶用少量冷乙醇洗涤，抽干，干燥，得维生素 K_3 精品。测熔点，计算收率。

五、思考题

1. 在本实训中，氧化反应温度高了对产品有何影响？

2. 药物合成中常用的氧化剂有哪些？

注释

[1] 氧化剂混合时，需将浓硫酸缓慢加入重铬酸钠水溶液中。

[2] 乙醇的加入，可增加甲萘醌的溶解度，利于反应进行。

[技能训练 7-2] 烟酸的制备

一、实训目的与要求

1. 熟悉烟酸的制备方法。

2. 掌握烟酸的氧化反应和产品的回流、结晶、精制、抽滤等操作方法。

二、实训原理

烟酸分子式为 $C_6H_5NO_2$，耐热，能升华，它是人体必需的 13 种维生素之一，是一种水溶性维生素，属于 B 族维生素。烟酸在人体内转化为烟酰胺，烟酰胺是辅酶Ⅰ和辅酶Ⅱ的组成部分，参与体内脂质代谢，组织呼吸的氧化过程和糖类无氧分解的过程。

烟酸又叫吡啶 3-甲酸是由 3-甲基吡啶经高锰酸钾氧化、酸化而得。

$$\text{(3-甲基吡啶)} + 2KMnO_4 \xrightarrow{70\sim100℃} \text{(吡啶-3-甲酸)} + 2MnO_2 + 2KOH$$

工业上还用 3-甲基吡啶为原料的另一种方法，是气相加氨氧化，采用流化床反应器，将 3-甲基吡啶、空气和氨按比例混合，在钒触媒作用下于 290～360℃反应，得到的烟腈用氢氧化钠在 160℃水解。如果用氨水进行水解，控制水解的程度，可分别获得烟酸或烟酰胺。由烟碱（烟草）也可以制取烟酸。采用流化床反应器，以柠檬酸铁铵作催化剂，用空气在 65～105℃气相氧化。工业上也可用喹啉为原料生产烟酸，常用臭氧氧化、脱羧的方法或用硝酸氧化、脱羧的方法。

三、实训操作步骤

1. 烟酸粗品的制备

在配有搅拌器、回流冷凝器和温度计的 500mL 三口烧瓶中加入 0.25mol 2-甲基吡啶和 250mL 水，加热到 70℃，在剧烈搅拌下，将 0.65mol 高锰酸钾粉碎分成 10 份加入。投料时，须在前一份高锰酸钾的颜色消失后，方可投入下一份[1]。在加入最初 5 份时，保持温度约为 70℃，随后在沸水浴上加热[2]。全部高锰酸钾消耗后趁热过滤，沉淀用热水洗涤四次，每次 50mL。合并滤液，真空蒸发至约为 300mL，加浓盐酸约（30mL）调节到 pH3.4

左右（酸化至刚果红酸性），置沸水浴上加热后慢慢冷却。滤集产品，用 25mL 冷水洗涤。收率约 73%。实验完毕后，及时洗涤有关仪器[3]。

2. 烟酸粗品的精制

将烟酸粗品移至 50mL 锥形瓶中，加无水乙醇 15mL，于水浴锅加热溶解，另取 40mL 蒸馏水于 100mL 锥形瓶中预热至 60℃。将乙醇溶液倒入热蒸馏水中，这时如有结晶析出则继续加热至结晶溶解，放置，冷却，慢慢析出针状结晶，过滤，用 1∶1 醇/水液 3～5mL 洗涤抽干，然后在 50℃下干燥 1h，得烟酸精制品。熔点为 236℃。

四、讨论

1. 试解释本实验中加入高锰酸钾的目的，为什么要分批地加入？

2. 为什么在结晶之前要进行酸化处理？

3. 烟酸重结晶为什么选用乙醇-水为溶剂？在精制过程中为什么滤液要自然冷却？快速冷却会出现什么现象？

注释

[1] 高锰酸钾粉碎分成 10 份加入，每份也必须等前一份高锰酸钾的颜色消失，方可投入下一份，主要是为了避免反应过于剧烈，产生冲料现象。

[2] 高锰酸钾加入最初一半时，温度不能太高，否则也会使反应过于剧烈。

[3] 实验完毕后，及时洗涤有关仪器，否则二氧化锰比较难以处理。

8

◀◀◀

重排反应技术

◉ 学习目的

　　通过学习重排反应的基本原理、反应类型、反应条件及影响因素等知识，使学生初步具备综合运用所学理论知识优化药物合成路线的能力，并能根据药物重排反应的机制选择适当的反应控制条件，防止副反应发生，提高产率，同时具备分析和解决生产实际问题的能力。

◉ 知识要求

　　掌握重排反应的类型和基本概念；掌握 Beckmann、Hofmann 和 Pinacol 重排反应；熟悉二苯基乙二酮-二苯乙醇酸型重排反应。

◉ 能力要求

　　熟练应用重排反应理论解释常见重排反应的机制、反应条件的控制及副反应产生的原因；学会实验室制备苯妥英钠、苯甲酰苯胺的操作技术。

　　在同一有机物分子内，由于试剂或介质的影响，某原子（或基团）从一个原子迁移到另一个原子上，碳架发生变化形成新分子，这种反应称为重排反应（rearrangement reaction）。

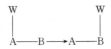

W 表示迁移基团（或原子），A、B 分别表示迁移的起点和终点原子

重排反应大概有以下三种分类方法：

　　① 根据 AB 之间的位置，可分为 1,2 迁移重排和非 1,2 迁移重排。非 1,2 迁移重排是指迁移起点和终点之间相隔一个或一个以上原子的重排，如 1,3；1,4；1,5……迁移等重排反应。大多数的重排为 1,2 重排。

　　② 根据反应机理中迁移基和迁移终点电荷的性质不同，重排反应可分为亲核重排、亲电重排及自由基重排。

177

a. 亲核重排。在重排中，迁移基带着一对成键电子向缺电子的原子进行如下迁移：

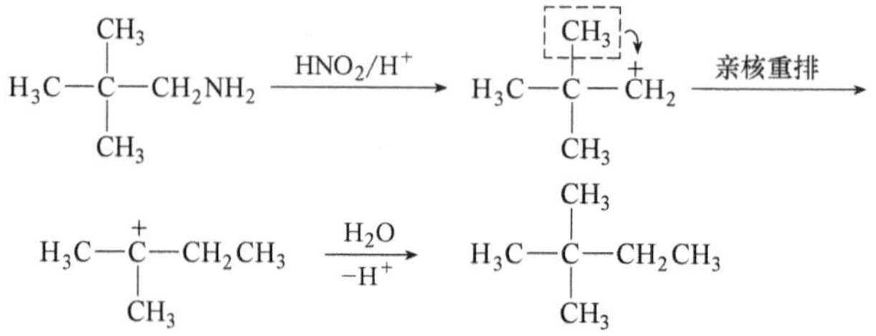

甲基带着一对成键电子向伯碳正离子迁移，生成新的仲碳正离子，在此过程中，可以将迁移甲基看作是亲核试剂。

b. 亲电重排。在亲电重排中，带正电荷的迁移基团向富电子的原子进行如下迁移：

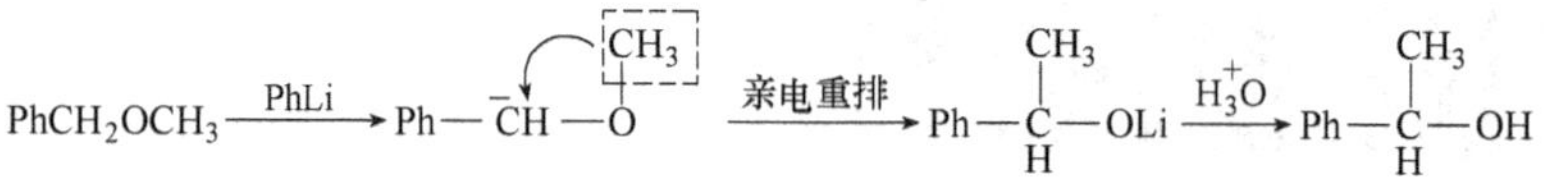

迁移甲基以 $^+CH_3$ 形式向碳负离子迁移，在此过程中，可以将迁移甲基看作是亲电试剂。

c. 自由基重排。在重排中，首先形成自由基，然后迁移基团带着一个电子进行迁移，生成新的自由基。自由基重排应用较少。

③ 根据迁移起点和终点的原子种类进行分类，即：从碳原子到碳原子的重排；碳原子到杂原子的重排；以及从杂原子到碳原子的重排。

8.1　案例引入：苯妥英钠的合成

苯妥英钠，化学名称为 5,5-二苯基-2,4-咪唑烷二酮钠盐，为抗癫痫药，用于癫痫大发作，精神运动挛发作、局限性发作。亦用于三叉神经痛和心律失常。适用于治疗全身强直-阵挛性发作、复杂部分性发作（精神运动性发作、颞叶癫痫）、单纯部分性发作（局限性发作）和癫痫持续状态。本品也适用于洋地黄中毒所致的室性及室上性心律失常，对其他各种原因引起的心律失常疗效较差。

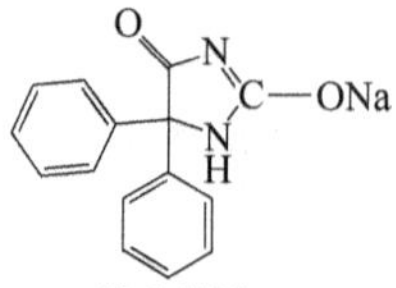

苯妥英钠

8.1.1　案例分析

目前，工业上合成苯妥英钠采用的方法是二苯乙二酮在碱性醇溶液中与脲缩合、重排制得。

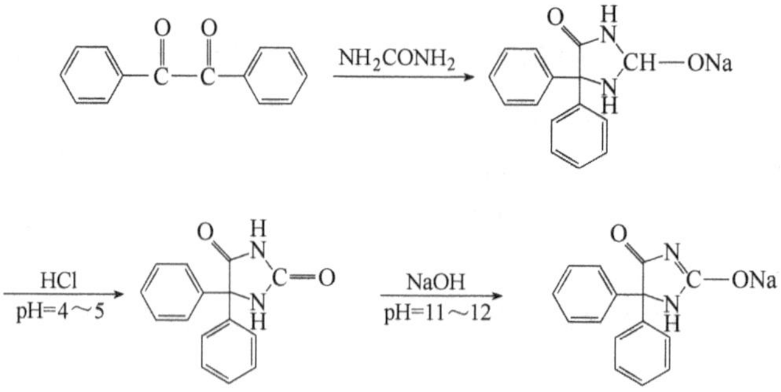

8.1.2 二苯基乙二酮-二苯乙醇酸型重排

二苯基乙二酮（苯偶酰）类化合物用碱处理时，重排成二苯基-α-羟基酸（二苯乙醇酸）型化合物的反应称为二苯基乙二酮-二苯基乙醇酸型重排。

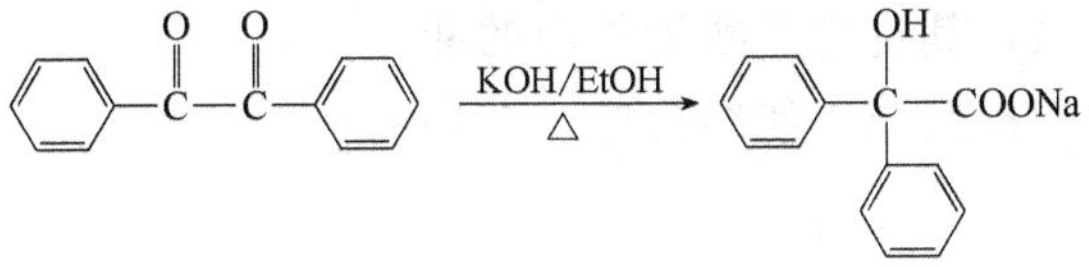

（1）反应机理　反应过程中，碱首先与羰基进行亲核加成，加成物不稳定，发生"推-拉"型迁移，迫使苯基带着一对电子迁移到另一个羰基碳原子上。与此同时，和碱加成的那个羰基变成稳定的羧基负离子，最后用酸中和即得重排产物。二苯基乙二酮-二苯基乙醇酸型重排反应的推动力是重排后生成稳定的羧酸盐，反应速率与α-二酮及碱浓度成正比。

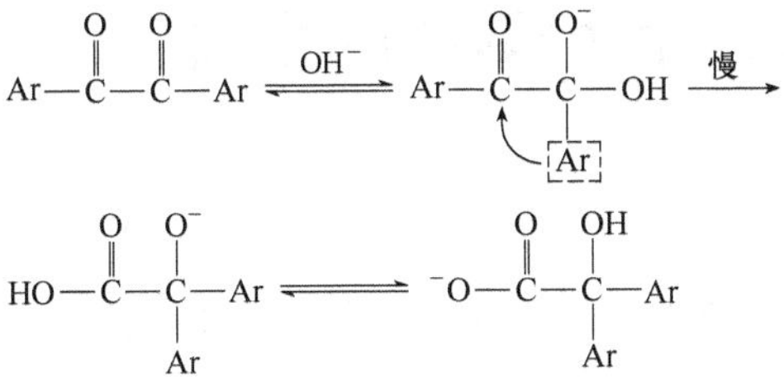

（2）影响因素

① 碱。该反应所用的碱主要是苛性碱。将α-二酮类化合物与 KOH 共熔，或与浓 KOH 醇溶液共热，或与质量分数为 70% 的 NaOH 水溶液共热，均可引起该重排反应。用醇盐（如 CH_3ONa、C_2H_5ONa、$t\text{-BuOK}$）等碱性物质代替苛性碱，重排得到其相应的酯。

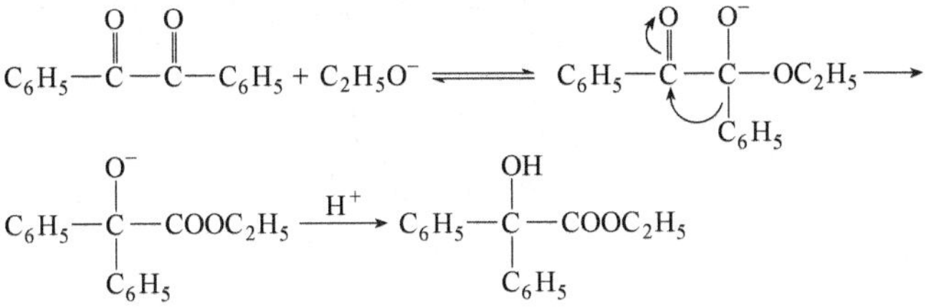

② α-二酮的结构。α-二酮可以是不同的结构类型。芳香族、脂肪族（链状或环状）、杂环的α-二酮或α-醛酮都能发生该重排反应。对于芳香族α-二酮的重排，取代基的种类和在芳环上的位置对重排反应都有影响。对位或间位有吸电子基时，使羰基碳原子上的正电荷增加，有利于碱对该羰基进行亲核加成，从而使反应易于进行；对位和间位有给电子基时，使重排反应速率减慢，且对位取代比间位取代的化合物更慢。芳环的邻位取代基不论电性效应如何，因立体位阻较大，均使重排反应速率减慢。

α-二酮一般为对称的，所得重排产物单一；若不对称，得到的两种重排产物不易分离，缺少实用价值。

脂肪环的α-二酮类化合物通过该重排反应，可以发生缩环。

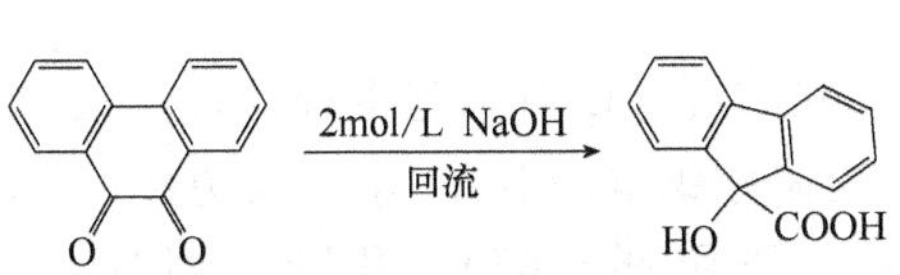

脂肪族的 α-二酮进行该重排反应的收率不高。

（3）应用特点　二苯基乙二酮-二苯乙醇酸型重排是制备二芳基乙醇酸的常用方法，所用原料 α-芳酮是由芳醛安息香缩合，并进一步氧化制备。如抗癫痫药苯妥英钠的合成即是用该方法。

若用醇盐取代苛性碱，其重排产物为相应的酯。

甾体化学中利用该重排反应，使结构中某个环缩小。

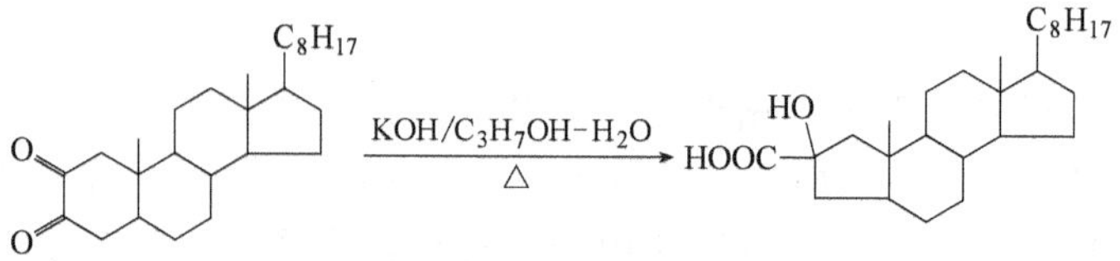

8.2　案例引入：庚内酰胺的合成

8.2.1　案例分析

（1）反应原理　以环己酮为原料，经 Pinacol 重排和 Beckmann 重排得到庚内酰胺。

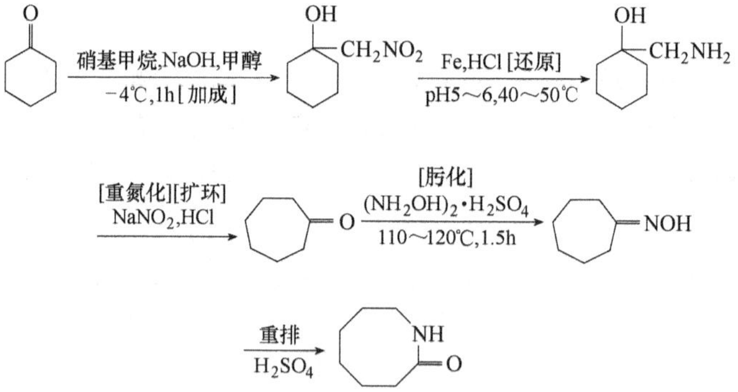

（2）工艺过程

① 加成。配料比：硝基甲烷∶环己酮（95％）∶氢氧化钠溶液（30％）∶甲醇（95％）∶乙酸（90％）=1∶1.61∶1.08∶7.78∶1.24。

在反应罐内加入甲醇、硝基甲烷、环己酮，搅拌，温度控制在5～10℃，滴加氢氧化钠溶液，加毕，冷至－4℃，搅拌1h，离心过滤。滤液回收甲醇，滤饼加水溶解，在10℃以下用乙酸酸化至pH4～5，加热至30℃使完全溶解，静置，分取油层得硝甲基环己醇。

② 还原。配料比：硝甲基环己醇∶盐酸（30％）∶铁粉∶水=1∶0.51∶1.4∶2.5。

在罐内加入水、铁粉及2/3量盐酸，控制pH5～6，温度40～50℃，滴加硝甲基环己醇粗油，加完，保温搅拌，每隔1h加入1/6量盐酸，分2次加完，维持pH5～6，继续搅拌2h，然后趁热过滤。滤液为胺甲环己醇（还原液）。铁泥用40～50℃热水搅拌洗涤，洗液并入下批。

③ 重氮化、扩环。产率44.2％（以对硝基甲烷计）。

配料比：胺甲环己醇∶亚硝酸钠（93％）∶水∶氯仿=1∶0.87∶1.5∶1.7。

在反应罐内放入还原液（胺甲环己醇），用盐酸调节至pH4，温度控制在0～8℃，缓缓加入亚硝酸钠溶液，加完，保温搅拌 30min，升温至 $20\sim25$℃ 搅拌 1.5h，再升温至 85℃，停止搅拌，以蒸汽蒸馏至无油状物馏出为止。静置分出油层，水层用氯仿萃取 8 次。氯仿层与油层合并，先常压蒸馏回收氯仿，再减压蒸馏，取 60℃$/14$mmHg 馏分，得环庚酮。

④ 肟化、重排。收率 63.5%。

配料比：环庚酮∶硫酸羟胺∶氯仿∶硫酸∶液碱＝$1∶0.7∶10∶1.25∶1.45$。

将硫酸、硫酸羟胺抽入干燥的反应罐中，加热搅拌溶解，在 $110\sim120$℃ 缓缓加入环庚酮，加完后保温搅拌 1.5h。降温至 $70\sim80$℃，趁热放料至碎冰中，加液碱至 pH14，用氯仿萃取 8 次，分出氯仿层，蒸馏回收氯仿，再减压蒸馏，收集 140℃$/15$mmHg 馏分，得庚内酰胺（含量 95% 左右）。

8.2.2 Pinacol 重排

在酸催化作用下，取代的连乙二醇失去 1 分子水，重排生成醛或酮的反应称 Pinacol 重排。取代的连乙二醇称为频哪醇（Pinacol），重排生成的酮称为频哪酮（Pinacolone）。

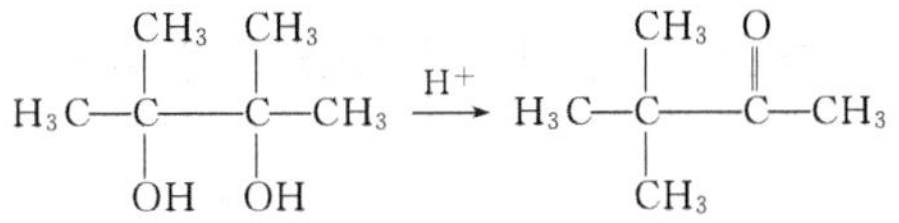

（1）反应机理 Pinacol 重排属于亲核重排，在酸催化作用下，连乙二醇先失去一个羟基，生成相应的碳正离子；接着碳正离子与邻位碳原子上的烃基进行 1,2-迁移；最后失去质子，得到醛或酮。

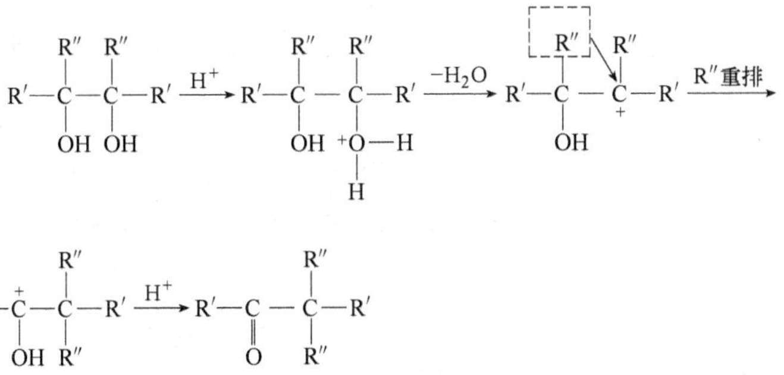

（2）重排反应的主要条件

① 催化剂。Pinacol 重排反应所用的催化剂主要是酸性催化剂，最常用的是硫酸。也可用盐酸、乙二酸、碘-乙酸、乙酸、乙酰氯、二氧化硅-磷酸、磺酸等代替硫酸，可以得到相同的结果。

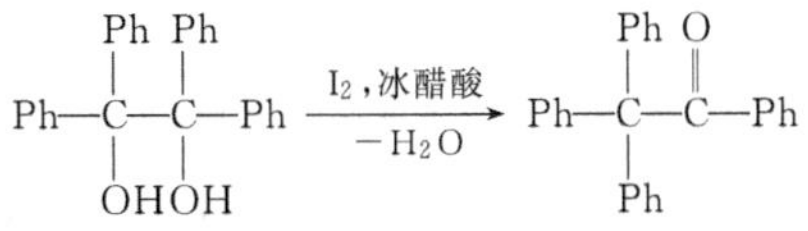

② 温度。邻二叔醇类化合物在较低的温度下用酸处理时，重排反应优先于单纯的脱水反应；在较高温度和强酸条件下，可以发生脱水反应，生成二烯烃。这是 Pinacol 重排反应的主要副反应。

（3）连乙二醇类化合物结构对重排产物的影响 连乙二醇类化合物中，如果四个烃基 R 都相同，反应产物比较单纯；若不相同，反应比较复杂，有的重排得到的混合物没有实用价值。

① 对称的邻二叔醇重排。对称的邻二叔醇化合物具有如下结构通式：

$$R'-\underset{OH}{\underset{|}{\overset{R''}{\overset{|}{C}}}}-\underset{OH}{\underset{|}{\overset{R''}{\overset{|}{C}}}}-R'$$

在催化下脱去任何一个羟基，得到相同的碳正离子，生成何种产物主要取决于 R′和 R″的迁移能力。在对称的邻二叔醇重排中，一般来讲，其迁移能力为：芳基＞烃基。当 R′和 R″均为芳基时，芳环上取代基的性质和位置可直接影响芳基的迁移能力；当芳环的对位或间位为给电子基时，增加了环上电子云密度，增强了芳基的迁移能力，有利于亲核重排的进行；在芳环的任何位置存在吸电子基，均使芳基的迁移能力下降。

$$Ph-\underset{OH}{\underset{|}{\overset{CH_3}{\overset{|}{C}}}}-\underset{OH}{\underset{|}{\overset{CH_3}{\overset{|}{C}}}}-Ph \xrightarrow[>80℃]{PPSE} \underset{O}{\overset{CH_3}{\overset{|}{C}}}-\underset{Ph}{\overset{CH_3}{\overset{|}{C}}}-Ph + Ph-\underset{O}{\overset{CH_3}{\overset{|}{C}}}-\underset{CH_3}{\overset{|}{C}}-Ph$$

（主）　　　　　（次）

② 羟基位于脂环上的邻二叔醇重排。羟基位于脂环上的邻二叔醇化合物在酸或 Lewis 酸的催化下发生重排，生成三类酮，即：扩环脂肪酮、螺环酮或与骨架结构相对应的酮。

$$\xrightarrow[室温, 3h]{H_2SO_4/Et_2O}$$

（4）Semipinacol 重排　从邻二叔醇重排反应机理看，生成酮的重排过程中先消除一个羟基，生成了 β 位碳正离子的中间体，再发生迁移重排。因此，凡能生成相同中间体的其他类型反应物，均可进行类似的 Pinacol 重排，得到酮类化合物。这类重排称 Semipinacol 重排。

$$R-\underset{OH}{\underset{|}{\overset{R}{\overset{|}{C}}}}-\underset{L}{\underset{|}{\overset{R}{\overset{|}{C}}}}-R \xrightarrow{-L^+} R-\underset{OH}{\underset{|}{\overset{R}{\overset{|}{C}}}}-\overset{R}{\underset{+}{\overset{|}{C}}}-R \longrightarrow R-\underset{O}{\overset{R}{\overset{||}{C}}}-\underset{R}{\overset{R}{\overset{|}{C}}}-R$$

式中，L 为卤素、氨基、酯基、环氧基等

如本案例中降压药胍乙定中间体环庚酮的合成：

$$\xrightarrow[②Raney\ Ni/H_2]{①CH_3NO_2/EtONa} \xrightarrow[-5℃]{NaNO_2/AcOH} \longrightarrow$$

8.2.3　Beckmann 重排

醛肟或酮肟在酸性催化剂作用下重排成取代酰胺的反应称为 Beckmann 重排。

$$\underset{R'}{\overset{R}{\overset{|}{C}}}=N-OH \xrightarrow{HA} \underset{R'HN}{\overset{R}{\overset{|}{C}}}=O$$

（1）反应机理　在酸催化下，肟羟基变成易离去的基团，然后羟基反位的基团进行迁移。与此同时，离去基团离去，生成碳正离子，并立即与反应介质中的亲核试剂作用，生成亚胺，最后经异构化而得到取代酰胺。

$$R'\underset{R}{\overset{R'}{C}}=N-OH \xrightarrow[\text{重排}]{HA} R-\overset{+}{C}=N-R' \xrightarrow[-H^+]{H_2O} R-\overset{OH}{\underset{}{C}}=N-R' \rightleftharpoons R-\overset{O}{\underset{}{C}}-NHR'$$

（2）影响因素及反应条件

① 酮肟的结构。酮肟可以是不同的结构类型，脂肪酮、芳脂酮、二芳酮、脂环酮和带有杂环基的酮等所生成的肟均可以发生 Beckmann 重排反应。由于醛肟在重排条件下易失水形成腈，所以很少用醛肟制备甲酰胺。

Beckmann 重排具有立体专一性，与离去基团处于反位的基团才发生迁移，迁移基若具有光学活性，在重排中不受影响，仍保留原有构型。

酮与羟胺作用成肟时，通常以位阻大的烃基与肟羟基处于反位的异构体占优势。

芳脂酮肟较为稳定，不易异构化，而且芳基比烷基优先迁移，重排后主要得到芳胺酰化的产物。

$$\underset{H_3C}{\overset{Ar}{C}}=O \xrightarrow{NH_2OH \cdot HCl} \underset{H_3C}{\overset{Ar}{C}}=N-OH \xrightarrow{\text{催化剂}} H_3C-\overset{O}{\underset{}{C}}-NH-Ar$$

脂环酮肟进行 Beckmann 重排反应，则发生扩环，生成内酰胺类化合物。

如本案例中降压药胍乙定中间体庚内酰胺的合成。

② 催化剂。酮肟重排常用的催化剂为酸性试剂，如矿物酸、有机酸、Lewis 酸、氯化剂或酰氯等。它们的作用是使肟羟基转变成活性离去基团，以利于氮氧键的断裂。

质子酸催化剂在极性溶剂中催化肟的重排时，往往得到酰胺的混合物。为了避免异构化，可用 Lewis 酸、氯化剂或酰氯催化。

若酮肟结构中含有酸敏感基团时，可选用酰氯/吡啶或 Lewis 酸催化剂进行重排。

用酰氯进行重排时，先生成酮肟酯，然后在酸或碱催化下进行重排。

③ 溶剂。重排反应中的溶剂，在反应过程中既起到反应介质的作用，也起催化剂的作用，其催化剂作用与溶剂的质子亲和力呈正相关。在极性质子性溶剂中，若用质子酸催化，常使不对称肟发生异构化，重排后得酰胺混合物。

为防止异构化的发生，可选用非极性或极性小的非质子溶剂，用 PCl_5 作催化剂。

当溶剂中含有亲核性化合物或溶剂本身为亲核性化合物时，重排生成的中间体与其结合得到相应化合物，而不能异构化成酰胺。

若迁移基-芳环的邻位上有羟基或氨基时，发生分子内亲核进攻，生成苯并噁唑。

$$\xrightarrow[\text{MW,140℃}]{ZnCl_2(1:1);20min}$$

8.2.4　Hofmann 重排

酰胺用卤素（溴或氯）及碱处理，失去酰胺中的羰基，生成伯胺的反应称为 Hofmann 重排。由于产物比反应物少一个碳原子，故此类反应又称 Hofmann 降解反应。

$$RCONH_2 + NaOBr \longrightarrow R-N=C=O \xrightarrow{H_2O} RNH_2$$

（1）反应机理　Hofmann 重排反应机理如下：

$$RCONH_2 \xrightarrow{Br_2} RCONHBr \xrightarrow{OH^-} R-\overset{\overset{\displaystyle O}{\|}}{C}-\overset{\displaystyle N}{|}-Br \longrightarrow$$

$$R-N=C-O \xrightarrow[CH_3OH]{OH^-,H_2O} \begin{array}{l} RNH_2 + CO_3^{2-} \\ RNHCOOCH_3 \xrightarrow{NaOH/H_2O} RNH_2 + Na_2CO_3 + CH_3OH \end{array}$$

（2）影响因素

① 酰胺的结构。参加 Hofmann 重排反应的酰胺可以是各种不同的结构类型。脂肪酰胺、脂环酰胺、芳香酰胺、杂环的单酰胺、双酰胺、酰亚胺都可以进行 Hofmann 重排。

苯甲酰胺衍生物类的重排速率与苯环上取代基的性质有关。当苯环的对位或间位有给电子基取代时，可促进卤负离子脱离而加速重排；反之，对位或间位的吸电子基则不利于卤负离子的脱离，使重排速率减慢。

芳酰胺的水解比重排反应快时，重排收率严重降低。环上吸电子基的存在使酰胺键特别敏感，更有利于水解。由于重排反应的温度系数较水解反应为高，故在 90～100℃反应时，可抑制水解，使水解收率很低。当环上有给电子基取代时，可促进重排反应，但易与次溴酸钠作用，产生环上溴代的副反应。若使用次氯酸钠，可以避免该副反应的发生。

② 溶剂。Hofmann 重排反应的溶剂有两大类：水和醇类。若酰胺形成的卤代酰胺盐可溶于水时，多采用氢氧化钠的水溶液进行反应。在冷却条件下，将卤素加入氢氧化钠水溶液中，制得次卤酸钠水溶液；再于冷却条件下将酰胺分次加入，搅拌至完全溶解；然后加热至反应温度，促使发生重排反应。若生成的胺有挥发性，可用水蒸气蒸馏等方法将生成的胺蒸出。

某些碳原子数大于 8 的脂肪酰胺，经 Hofmann 重排生成的异氰酸酯在氢氧化钠水溶液中的溶解度较小，难以水解，而与未重排的酰胺反应，生成酰脲，致使伯胺的收率降低。遇到这种情况时，改用醇作溶剂，以醇钠代替氢氧化钠。将酰胺溶于醇钠的醇溶液中，再滴加溴，可以使反应速率加快，反应温度降低，从而减少酰脲的生成，而生成的氨基甲酸酯易于水解，收率较高。

（3）应用特点

① 制备伯胺、氨基甲酸酯及脲。酰胺经 Hofmann 重排可转变成比酰胺少一个原子的伯胺。如磺胺甲噁唑中间体 3-氨基-5-甲基异噁唑，就是由 Hofmann 重排而制得。

若酰胺的碳原子具有手性，重排后构型保留，说明重排过程无羟基负离子生成。

$$Ph-CH_2-\overset{*}{\underset{\underset{\displaystyle (+)}{|}}{\underset{\displaystyle CH_3}{C}}}-CONH_2 \xrightarrow{Br_2/OH^-} Ph-CH_2-\overset{*}{\underset{\underset{\displaystyle (+)}{|}}{\underset{\displaystyle CH_3}{C}}}-NH_2$$

中间体 N-溴代酰胺和异腈酸酯均可从反应介质中分离出。重排的最终产物取决于介质中的亲核试剂的种类；若介质中分别含有水、醇或胺等亲核试剂时，可分别得到伯胺、氨基甲酸酯及脲。

$$CH_3OCH_2CH_2CONH_2 \xrightarrow[①5℃,1h；②20℃,1h]{Br_2/NaOH/MeOH} CH_3OCH_2CH_2NHCOOCH_3$$

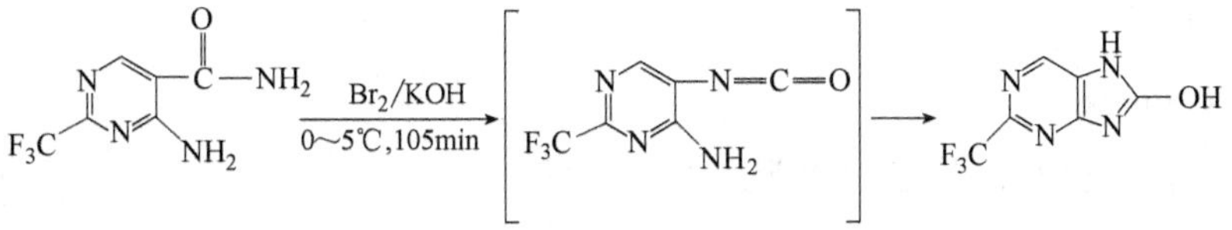

② 制备醛、酮、腈。当酰氨基的 α-碳原子上有羟基、卤素、烯键时，重排生成不稳定的胺或烯胺，进一步水解，则生成醛或酮。

$$RCH-CONH_2 \xrightarrow{Hofmann\ 重排} \left[RCH-NH_2 \atop X \right] \longrightarrow RCHO$$

$$RCH=CHCONH_2 \xrightarrow{Hofmann\ 重排} [RCH=CHNH_2] \longrightarrow RCH_2CHO$$

$$PhCH_2CONH_2 \xrightarrow[C_6H_6/H_2O/Na_3PO_4 \cdot 12H_2O]{NaOCl/NaBr/TBA/H_2SO_4} PhCH_2NH_2 \xrightarrow{OCl^-/Br^-/OH^-} PhCN$$

本 章 小 结

本章重要的重排反应：

（1）二苯基乙二酮-二苯基乙醇酸型重排　二苯基乙二酮（苯偶酰）类化合物用碱处理时，重排成二苯基-α-羟基酸（二苯乙醇酸）型化合物的反应。

（2）Pinacol 重排　在酸催化作用下，取代的连乙二醇失去一分子水，重排生成醛或酮的反应。

（3）Beckmann 重排　醛肟或酮肟在酸性催化剂作用下重排成取代酰胺的反应。

（4）Hofmann 重排　酰胺用卤素（溴或氯）及碱处理，失去酰胺中的羰基，生成伯胺的反应。由于产物比反应物少一个碳原子，故此类反应又称 Hofmann 降解反应。

思考与练习

完成反应方程式

1. 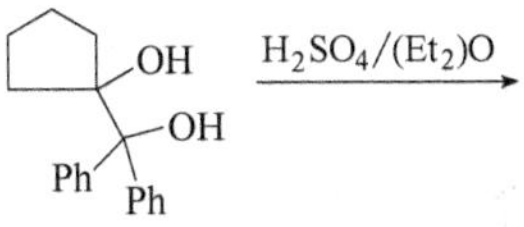 $\xrightarrow{H_2SO_4/(Et_2)O}$

2. $\xrightarrow{Br_2,KOH}$

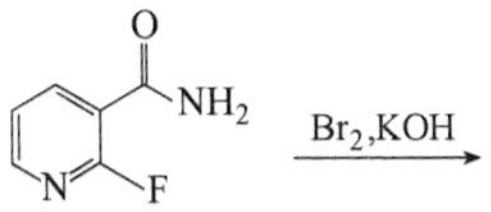

3. 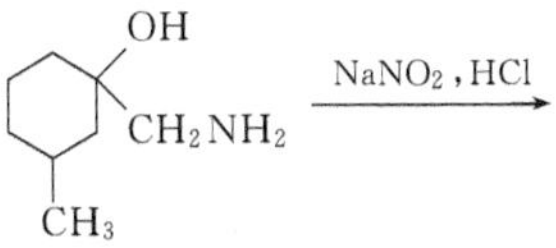 $\xrightarrow{NaNO_2,HCl}$

4.

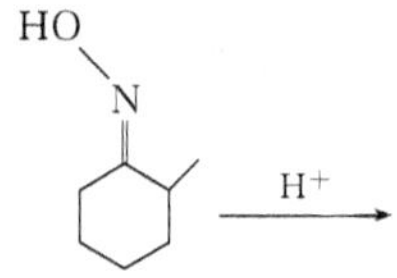

$\xrightarrow{H^+}$

5.

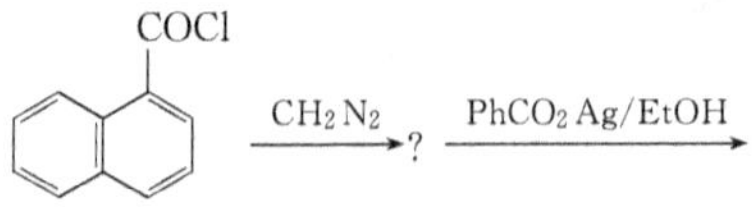

$\xrightarrow{CH_2N_2} ? \xrightarrow{PhCO_2Ag/EtOH}$

6.

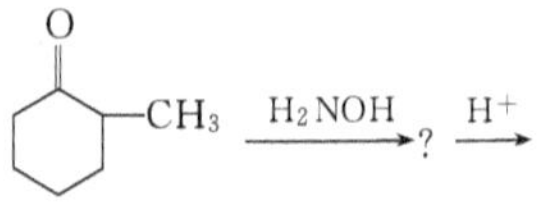

$\xrightarrow{H_2NOH} ? \xrightarrow{H^+}$

7.

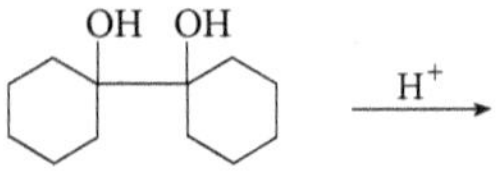

$\xrightarrow{H^+}$

8.

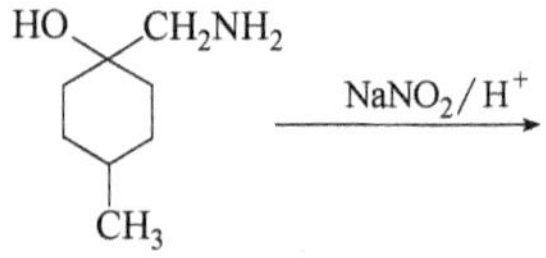

$\xrightarrow{NaNO_2/H^+}$

9.

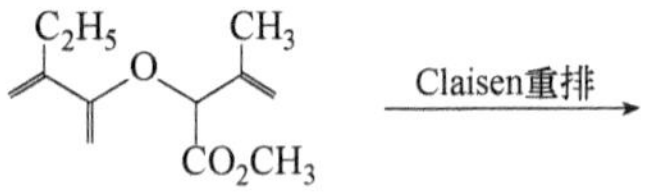

$\xrightarrow{Claisen重排}$

10.

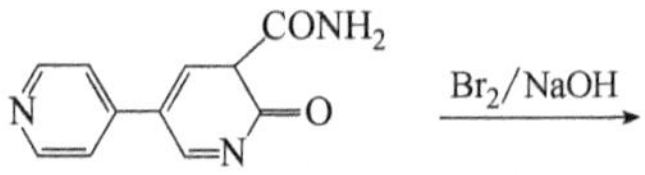

$\xrightarrow{Br_2/NaOH}$

11.

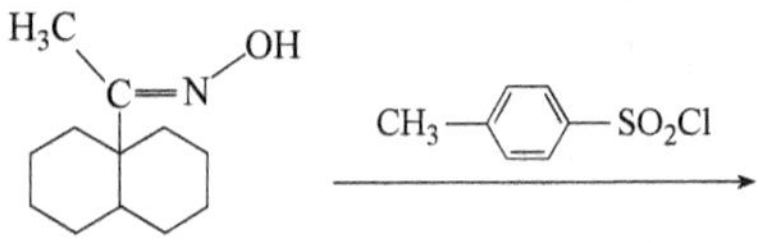

$\xrightarrow{CH_3--SO_2Cl}$

12. 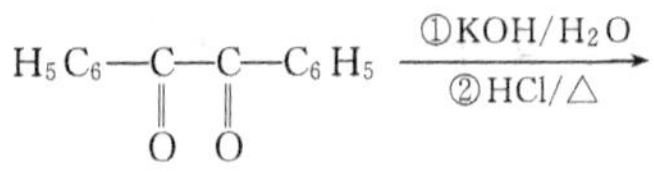 $H_5C_6-\overset{\underset{\parallel}{O}}{C}-\overset{\underset{\parallel}{O}}{C}-C_6H_5 \xrightarrow[\text{②HCl}/\triangle]{\text{①KOH/H}_2\text{O}}$

13.

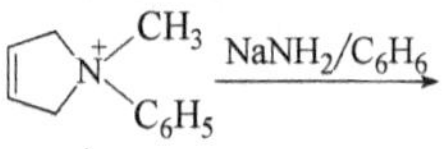

$\xrightarrow{NaNH_2/C_6H_6}$

14.

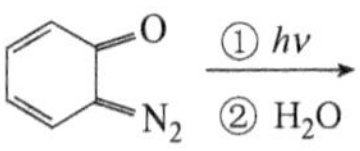

$\xrightarrow[\text{② H}_2\text{O}]{\text{① } h\nu}$

15. 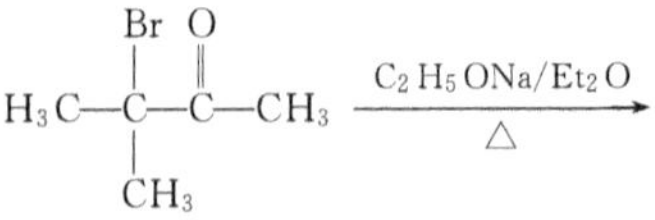 $H_3C-\overset{\underset{\mid}{CH_3}}{\underset{\mid}{\overset{\mid}{C}}}-\overset{\underset{\parallel}{O}}{C}-CH_3 \xrightarrow[\triangle]{C_2H_5ONa/Et_2O}$

【阅读材料】　苯妥英钠的合成

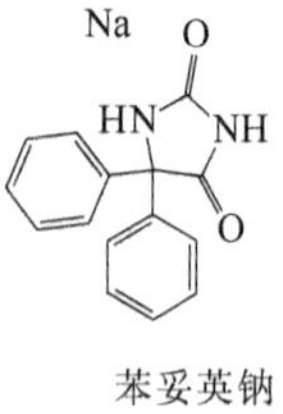

苯妥英钠

苯妥英钠的合成一般是以苯甲醛为原料经安息香缩合、氧化和环化三步反应制得。经典的安息香缩合以氰化钠或氰化钾为催化剂,产率很高,但毒性很大,既破坏环境,又影响操作者健康。1958 年 Breslow 提出了安息香缩合的机理后,人们发现噻唑盐具有和维生素 B₁ 相似的活性基团,同样可以用作安息香缩合反应的催化剂。维生素 B₁(VB_1) 在碱性条件下可生成噻唑盐,因此容易获得的 VB_1 可作为催化剂用来进行安息香缩合反应。但在实际操作中发现,VB_1 催化反应产率低且不稳定,重复性差,没有实现工业化生产。

安息香的氧化最初使用浓硝酸氧化,存在腐蚀设备和污染环境等问题,所以后来出现了很多氧化剂用于二苯乙二酮的制备。

传统合成路线如下:

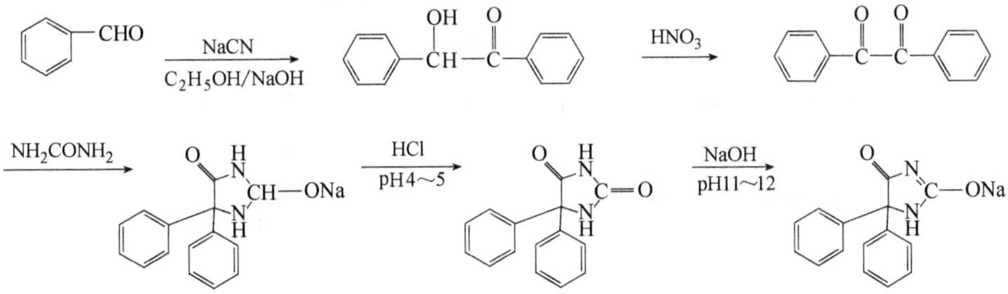

也有一些学者提出了其他合成路线:

路线一:

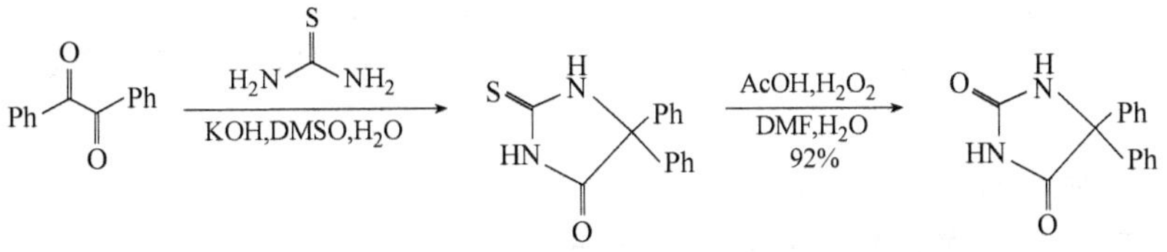

路线二:

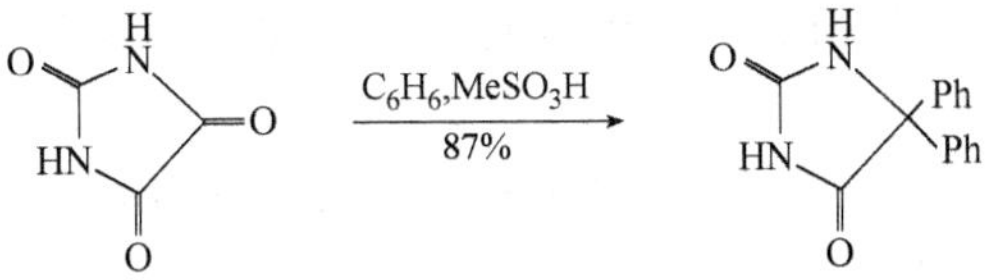

路线三:

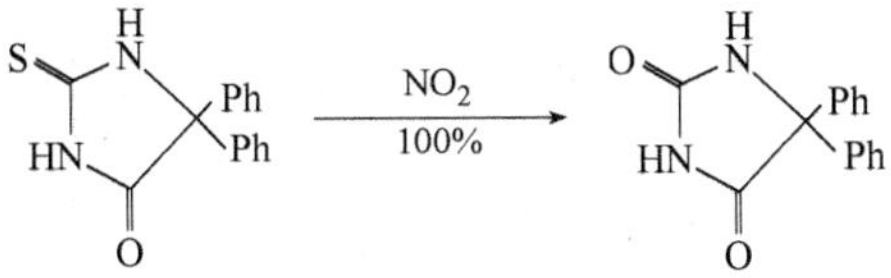

路线四:

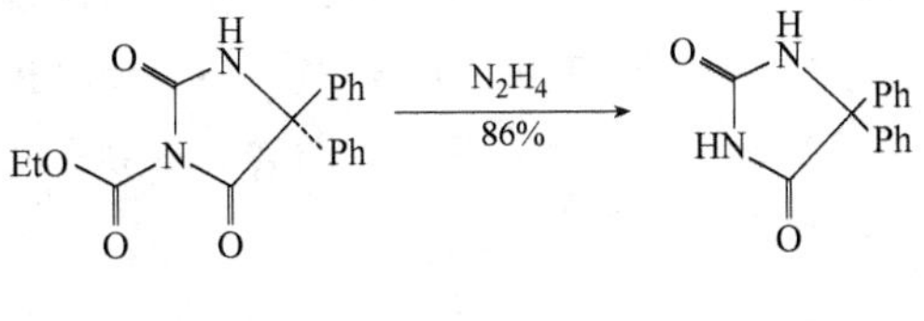

路线五：

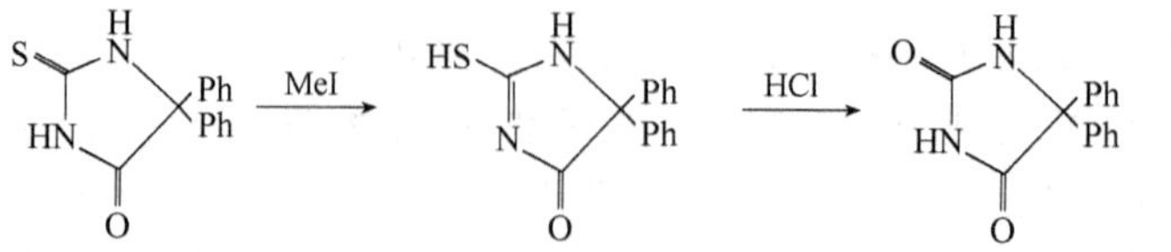

1. 苯妥英钠的工业合成技术路线

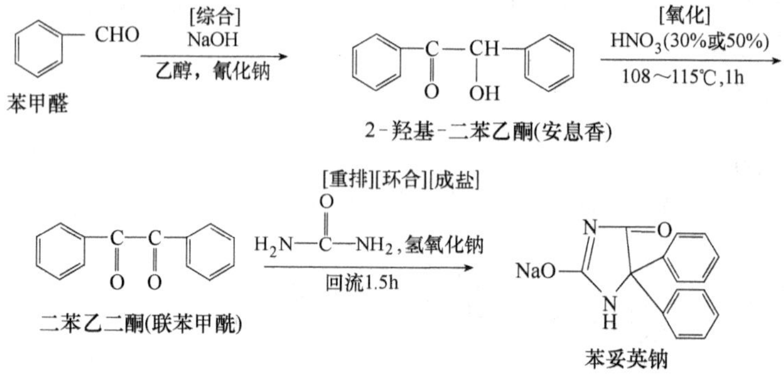

2. 苯妥英钠的工艺过程

（1）缩合　收率91%～95.4%。

配料比：苯甲醛∶氰化钠∶乙醇＝1∶0.019∶1.05。

将苯甲醛、乙醇混合，用氢氧化钠溶液调节至pH7～8，加入3%氰化钠溶液，升温回流1.5h，降温至25℃以下，析出结晶，过滤，用乙醇洗涤，滤干，得2-羟基-二苯乙酮，熔点129℃以上。

（2）氧化　收率97%～98%。

配料比：2-羟基-二苯乙酮∶硝酸＝1∶0.5。

将2-羟基-二苯乙酮及硝酸（30%或50%）加入反应罐，约4h内升温至108℃，于108～115℃反应1h，加入95～100℃热水，搅拌析出结晶，冷至70℃以下，过滤，用水洗2次，得二苯乙二酮粗品。

将上述粗品加入5～6倍水，用30%氢氧化钠调节至pH12，加热至97～100℃，溶解5min，冷至70℃以下，过滤，水洗涤，得二苯乙二酮。熔点93℃以上。

（3）重排、环合　收率80%。

配料比：二苯乙二酮∶尿素∶氢氧化钠∶水＝1∶0.407∶0.286∶适量。

将水、尿素及二苯乙二酮依次加入反应罐，搅拌加热至98℃，加入30%氢氧化钠溶液，回流1.5h，加水及适量活性炭脱色，冷至26～28℃，过滤。滤液用5%左右的盐酸化至pH5～6，温度45～55℃，过滤，用水洗涤，得苯妥英。

（4）成盐　收率90%。

配料比：苯妥英∶氢氧化钠∶水∶活性炭＝1∶0.16∶3.5∶0.05。

将水、适量碱液、活性炭及苯妥英依次投入反应罐，搅拌加热使溶解。用氢氧化钠溶液调节pH至11～11.5，于75～80℃脱色半小时。压滤，冷至37～38℃加入适量晶种，放置，结晶后期搅拌冷至25℃，过滤，结晶用蒸馏水洗涤2次，甩干，粉碎，于80℃左右干燥，得苯妥英钠。

总收率61%～63.6%（以对苯甲醛计）。

［技能训练 8-1］　苯甲酰苯胺的制备

一、实训目的与要求

通过苯甲酰苯胺的制备，了解 Beckmann 重排反应的机理。

二、实训原理

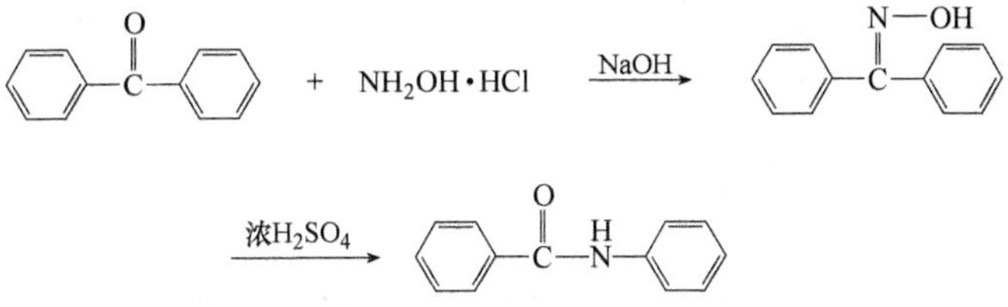

三、主要试剂

名　　称	规　　格	用　　量
二苯甲酮	分析纯	0.8g
盐酸羟胺	分析纯	0.6g
氢氧化钠	分析纯	1g
活性炭		适量
浓硫酸	分析纯	适量
无水乙醇	分析纯	适量

四、实训步骤及方法

1. 二苯甲酮肟的制备

0.8g 二苯甲酮溶于 5mL 的无水乙醇中，依次加入 0.6g 盐酸羟胺（溶于 1.2mL 水）以及 1g 氢氧化钠（溶于 2mL 水）的溶液，水浴加热回流 15min 后，将反应物倒入 10g 水中，此时得到透明溶液（pH 为 13～14）。

加入 10% 硫酸溶液约 4mL 至不再有沉淀析出（pH≈1），抽滤。用少量冷水洗涤。

2. 苯甲酰苯胺的制备

将装有 0.8g 的二苯甲酮肟的烧瓶置于冷水浴中，缓慢地加入 1～1.5mL 浓硫酸。在固体溶解后，水浴加热，逐渐将水加热到沸腾，在沸水浴中继续反应 10～15min，然后放到冰水浴中。

慢慢地加入 10g 碎冰，此时有沉淀析出，冰水浴中放置，至沉淀完全，抽滤，用冰水洗至中性。粗产品可用乙醇-水重结晶，必要时用适性炭脱色，收率 75%～87%。

五、思考题

Beckmann 重排反应还可以用哪些化合物作催化剂？

［技能训练 8-2］　邻氨基苯甲酸的制备

一、实训目的与要求

通过邻氨基苯甲酸的制备，了解 Hofmann 重排反应的机理。

二、实训原理

用邻苯二甲酰亚胺进行 Hofmann 重排反应是工业上制备染料中间体邻氨基苯甲酸的好方法。由于邻氨基苯甲酸具有偶极离子的结构，因此，自碱溶液中酸化析出邻氨基本甲酸时，要掌握好酸的加入量，使酸的加入量接近邻氨基苯甲酸的等电点。

三、主要试剂

名　称	规　格	用　量
邻苯二甲酰亚胺	分析纯	6g
溴	分析纯	7.2g
氢氧化钠	分析纯	适量
饱和亚硫酸氢钠溶液	自制	适量
浓盐酸	分析纯	适量
冰醋酸	分析纯	适量

四、实训步骤及方法

在 150mL 锥形瓶中，加入 7.5g 氢氧化钠和 30mL 水，混合溶解后，置于冰盐浴中冷至 0℃以下。加入 2.3mL 溴，摇荡锥形瓶，使溴全部作用制成次溴酸钠溶液，置于冰盐浴中冷却备用。

在另一锥形瓶中配制 5.5g 氢氧化钠溶于 20mL 水的溶液，亦置于冰盐浴中冷却备用。在 0℃以下，向制好的次溴酸钠溶液中慢慢加入 6g 粉状邻苯二甲酰亚胺，剧烈振摇后迅速加入预先配制好并冷至 0℃的氢氧化钠溶液。

将反应瓶从冰浴中取出后在室温下旋摇，液温自动上升，在 15～20min 内逐渐升温达 20～25℃（必要时加以冷却，尤其在 18℃左右往往有温度的突变，需加以注意）。在该温度下保持 10min，再使其在 20～30℃反应 0.5h，在整个反应过程中要不断摇荡，使反应物充分混合。此时反应液呈澄清的淡黄色溶液。

然后在水浴上加热至 70℃，维持 2min。加入 2mL 饱和亚硫酸氢钠溶液，振荡后抽滤。将滤液转入烧杯，置于冰浴中冷却。在搅拌下慢慢加入浓盐酸使溶液恰呈中性（用试纸检验，约需 15mL），然后再慢慢加入 6～6.5mL 冰醋酸，使邻氨基苯甲酸完全析出。抽滤，用少量冷水洗涤。粗产物用热水重结晶，并加入少量活性炭脱色，干燥后可得白色片状晶体 3～3.5g，熔点 144～145℃。

纯邻氨基苯甲酸熔点 145℃。本实验需 5～6h。

五、思考题

1. 本实验中，溴和氢氧化钠的量不足或过量有什么不好？

2. 邻氨基苯甲酸的碱性溶液，加盐酸使之恰呈中性后，为什么不再加盐酸而是加适量乙酸使邻氨基苯甲酸完全析出？

9

<<<

现代药物合成新方法

▶ 学习目的

　　通过学习微波催化、超声波催化、相转移催化、生物催化、离子液体催化、超临界流体催化、分子筛催化和离子交换树脂催化等药物合成新方法及其在药物和药物中间体合成中的应用实例，初步达到综合运用所学理论知识优化药物合成路线的能力，同时具备应用新技术分析和解决生产实际问题的能力。

▶ 知识要求

　　掌握微波催化、超声波催化、相转移催化、生物催化、离子液体催化、超临界流体催化、分子筛催化和离子交换树脂催化等药物合成新方法的机理。

▶ 能力要求

　　学会实验室拆分 DL-扁桃酸的操作技术。

◀ 9.1 微波催化在药物合成中的应用

　　尽管早在 20 世纪 60 年代，N. H. Williams 就报道了微波可加速某些化学反应，但直到 1986 年微波催化技术才在有机合成中广泛应用。R. Gedye 等在微波炉中进行酯化、水解和亲核取代等反应，发现微波可不同程度地加快反应速率，甚至可以使反应速率加快几百倍。从此，微波催化反应的发展进入了崭新的发展阶段。目前，微波催化已在成环、重排、缩合、酯化、水解、氧化、催化、取代等反应中广泛应用。由于微波催化反应具有反应速率快、操作简便、副产物少、易纯化及三废少等特点，正在形成一个备受瞩目的新领域——MORE 化学（microwave-induced organic reaction enhancement chemistry），即微波促进有机化学。

　　微波有机合成反应装置也由 20 世纪 80 年代的密封反应器发展到 20 世纪 90 年代的常压

反应器和连续反应器，并具有了控温、自动报警等功能。现已有敞开式、密闭式、回流式、管道流动式四种不同类型的微波催化反应装置进入实验室，并逐步进入工业化。

9.1.1 微波催化概述

9.1.1.1 微波反应的原理和特点

微波（MW）又称超高频电磁波，是指波长 1m～1mm、频率 300MHz～300GHz 的电磁波。由调速管、磁控管和行波振荡器等组成的微波发生器中产生，输出功率可达几微瓦至数千千瓦，其中 2450MHz（相当于波长为 1212cm 的微波）是最为广泛使用的频率。

与传统加热相比，微波加热可使反应速率大大加快，可以提高几倍、几十倍甚至上千倍。微波反应迅速进行主要有 3 个原因：其一，微波辐射具有很强的穿透作用，可以在反应物内外同时均匀、迅速地加热，故效率大大提高；其二，在微波辐射场作用下，导致反应物的活化能减小，反应速率加快；其三，在密闭容器中压力增大、温度升高，也促使反应速率加快。

微波辐射的加热原理有两个：其一，是通过"介电损耗"，故有的理论称之为"介电加热"，具有永久偶极的分子在 2450MHz 电磁场中产生共振频率高达 $419×10^9$ 次/s，超高速旋转使分子平均动能迅速增加（温度升高）；其二，是离子传导，离子化的物质在超高频电磁场中超高速运动（传导），因摩擦而产生热效应，这取决于离子的大小、电荷的多少、传导性能如何及溶剂的相互作用等。一般来讲，具有较大介电常数的化合物如水、乙醇、乙腈等，在微波辐射作用下会被迅速加热；而极性小的化合物（如芳香烃类和脂肪烃类）或没有净偶极的化合物（如二氧化碳、二氧六环和四氯化碳）以及高度结晶的物质，对微波辐射能量的吸收很差，不易被加热。

由于微波为强电磁波，产生的微波等离子体中常可存在热力学方法得不到的高能态原子、分子和离子，因而可使一些热力学上不可能发生的反应得以发生。微波催化机制在于微波的能级恰好与极性分子的转动能级相匹配，这就使得微波能可以被极性分子迅速吸收，从而与分子平动能量发生自由交换，通过改变分子排列等焓或熵效应使反应活化能降低，进而使反应活性大为提高。同时微波场的存在会对分子运动造成取向效应，使反应物分子在连心线上分运动相对加强，造成有效碰撞频率增加，从而促进反应进程。

目前报道微波有机合成反应可分为两大类：湿式反应和干式反应。前者是指有溶剂参与的反应，后者是无溶剂参与的反应。其中干法合成技术不需要溶剂，而是直接将反应底物负载在作为载体的无机固体上。随着微波反应技术的应用，又产生了微波连续合成技术，该技术使反应液以一定的速度不断地通过反应室，这样使连续合成得以实现。

9.1.1.2 微波反应的实验技术和常用装置

（1）微波常压合成技术　为了使微波技术应用于常压有机合成反应，A. K. Bose 等对微波常压技术进行了尝试，在一个长颈锥形瓶内放置反应的化合物及溶剂，在锥形瓶的上端盖一个表面皿，将反应体系放入微波炉内，开启微波，控制微波辐射能量的大小，使反应体系的温度缓慢上升。利用这一反应装置成功地进行了阿司匹林中间产物的合成。P. Mingos 等对家用微波炉进行改造，在炉壁上开一个小孔，通过小孔使微波炉内反应器与炉外的冷凝回流系统相接，微波快速加热时，溶液在这种反应装置中能够安全回流。利用该装置成功地合成了 $RuCl_2(PPh)_3$ 等一系列金属有机化合物。

刘福安等对 P. Mingos 的常压系统进行了改进，改造后的反应装置既有回流系统，又有搅拌和滴加系统，能够满足一般有机合成的要求，是微波有机合成较为完备的反应装置。常压反应技术所采用的装置并不复杂，而且满足了大多数反应的条件，它的操作也较简单，所以得到了较为广泛的应用。

（2）微波密闭合成技术　R. Gedye 等首次将微波引入有机合成反应的研究就是采用了微波密闭反应器，它是将装有反应物的密闭反应器置于微波源中，经微波辐射，反应器冷却后再对产物进行后处理。在密闭系统中进行微波有机合成反应可以使反应体系在瞬间获得高温高压，使反应速率加快，但在高压条件下反应器容易变形甚至爆炸，这促使化学家们不断对其进行改进。K. D. Raner 等发展了密闭体系下的微波间歇反应器（microwave batch reactor，MBR），该装置容量可达 200mL，作用温度可达到 260℃，压力可达到 10MPa，微波输出功率为 1.2kW，具有快速加热能力。该装置实现了对微波功率的无极调控、吸收和反射微波能的测量，负载匹配设计达到了最大的热效率，可直接测量反应体系的温度和压力。

（3）商用微波合成反应装置　微波反应的主要设备是微波合成仪，其容量范围从 1mL 到 2L。既有基于 CMR 和 MBR 原理制造的反应器，也有"聚焦式"微波反应器。这些反应器往往用电脑自动控制反应进程，能根据反应进程的变化调整微波能量的合理输入；而温度则通过红外线装置精确测量；具有同时加热和冷却的功能；可通过电脑来控制加热的速率和维持恒定的温度；具有紧急关闭系统的安全装置；反应具有良好的重现性。目前生产微波合成仪的国外企业主要有：意大利 Milestone、美国 CEM、瑞典 Biotage、奥地利安东帕。国内主要生产企业有：上海新仪、上海屹尧、北京祥鹄等。

总体来说，国内生产的微波合成仪目前还无法与国外的相比，以意大利 Milestone 的微波合成仪为例，与国内微波合成仪在主要技术特点上的区别：意大利 Milestone 最大可耐 100atm（1atm＝101325Pa）压力，而国产仪器做得最好的还不到 50atm；意大利 Milestone 最大可耐 300℃高温，国产仪器最高大致在 250～300℃。国外仪器一般反应体积较灵活，由几毫升到几升均可，国内的灵活性相对差一些，不同的仪器型号反应体积不同。例如美国 CEM 公司的 Discover 系列微波合成仪经过增加附加选件可以满足放大反应的需要，可用于有重要价值的中间产物和起始物质的放大反应，合成量可以达到千克级。

国外的微波合成仪除了广泛性的广谱型微波合成仪之外，还有专业用于组合化学的微波合成仪、固相合成的微波合成仪、平行合成的微波合成仪、多肽合成的微波合成仪等；国内目前只有广谱型微波合成仪。

9.1.2　微波催化应用实例

一些传统的药物合成方法有的反应复杂、难度大、费时费力，还有的反应进行得很慢甚至难以发生，选用微波催化方法则可大大优化反应条件，加快反应速率，提高反应选择性和反应收率，使过去难以发生或速率很慢的反应得以高速完成，同时还能大大简化后处理过程。

9.1.2.1　微波促进的酰基化反应

醇羟基的酰基化反应是药物合成的重要反应，也是微波催化研究得最多、最成熟的反应类型之一。二苯羟乙酸酯是合成药物的重要中间体，传统方法需要对二苯羟乙酸与低碳脂肪醇回流 4h，方可得到一定产率的酯。用微波照射技术，仅用 10min 就完成了反应。

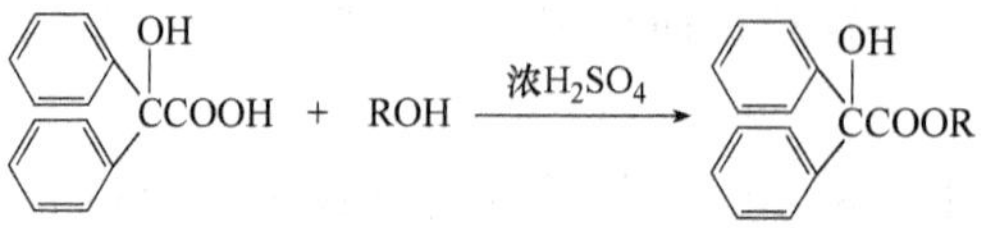

尼泊金酯类防腐剂由于毒性低、无刺激性及适用于较宽 pH 范围等特点，广泛应用于食品、化妆品、医药工业。但其传统生产工艺需反应 3h，且后处理过程较麻烦，而微波照射则可避免这些问题。

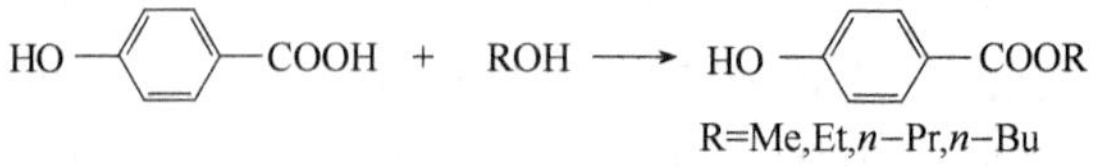

$$R=Me,Et,n\text{-}Pr,n\text{-}Bu$$

9.1.2.2 微波促进的烃化反应

芳胺亚甲基丙二酸二乙酯是一类重要的合成中间体，它通过关环反应可以制备具有抗菌生理活性的喹诺酮衍生物。通常它的制备需长时间加热回流，采用微波技术仅用 9min 就高产率地完成了反应，产物的收率在 81%～90%。

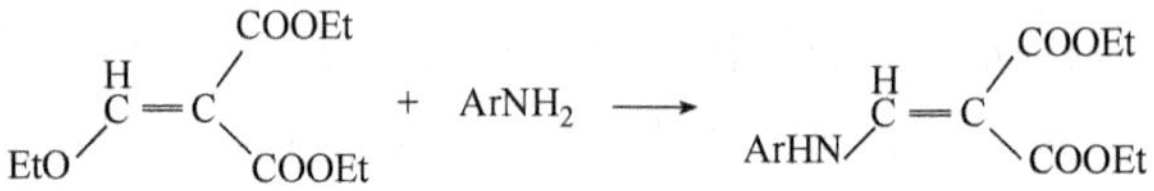

对氰基苯酚的钠盐和氯苄的成醚反应，传统的方法是在甲醇中回流 12h，产率为 65%。用微波炉（MW-oven）加热，560W 时仅 35s，便可达到相同收率，反应速率是传统方法的 1240 倍；同样条件下加热 4min，产率可达 93%。

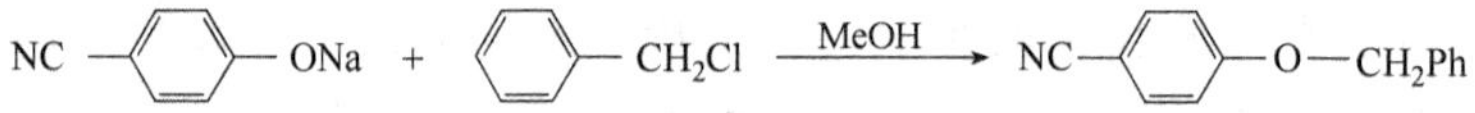

9.1.2.3 微波促进的缩合反应

微波可以加速 KF/Al_2O_3 催化醛酮的 Aldol 缩合反应，例如对位取代的苯甲醛和苯乙酮在 KF/Al_2O_3 催化下缩合成 α,β-不饱和酮，结果表明，微波的作用可使反应速率加快 360～860 倍。

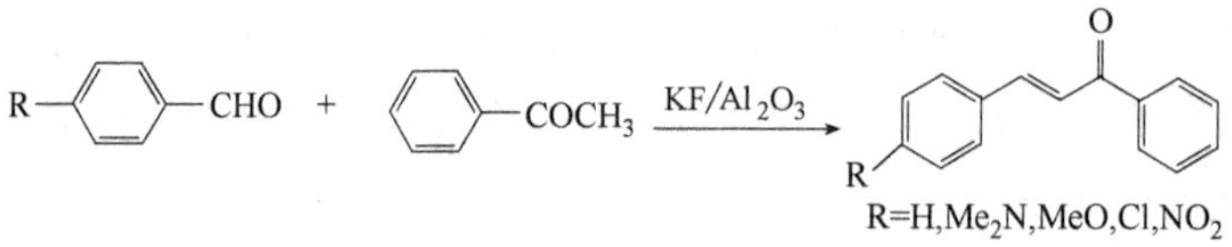

芳酮和含 α-H 化合物的 Knoevenagel 反应，该反应在无溶剂下进行，于微波炉中 850W 下反应 6min，产率 93%，反应速率可提高 25 倍。

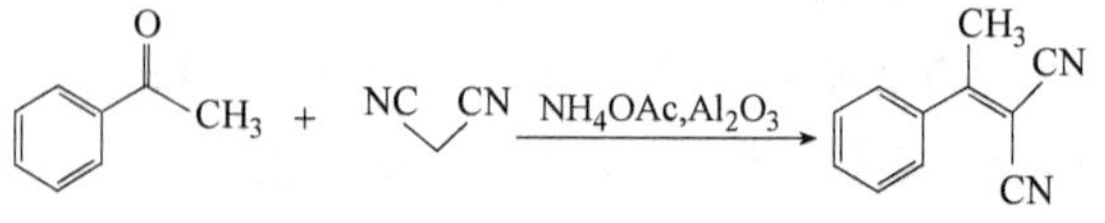

茉莉醛是一种具有浓烈香味的人工香精，通常由苯甲醛和正庚醛反应制备。在该反应中，存在严重的副反应——醛的自身缩合和苯甲醛的 Cannizzaro 反应。采用微波协助的干法反应制备，不仅可以提高产率，而且反应更具选择性，产率可达 83%，反应时间由 72h 缩短为 110min。

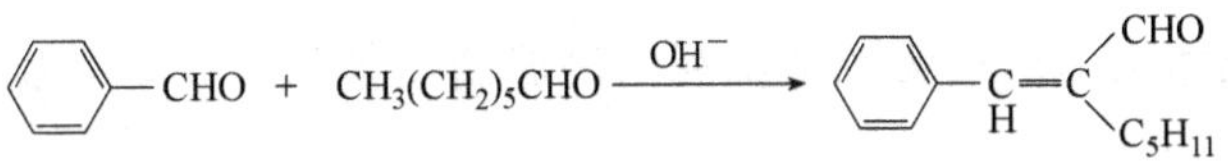

9.1.2.4 微波促进的环合反应

三氮唑化合物与 4-二甲氨基苯甲醛在微波照射下 3min，即可制得产率为 90％的取代噻二唑化合物；而传统方法则需 9h，收率为 77％。

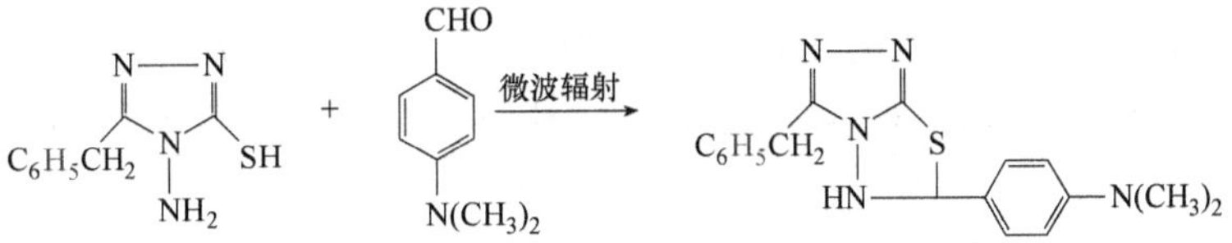

Fischer 反应是合成吲哚的有效方法，但是通常加热条件下，用强酸（H_2SO_4、HCl、H_3PO_4）作催化剂，收率也不高（58％～60％）；而采用微波干法反应，收率可达 86％。

利用微波技术还可以进行消除反应、水解反应、重排反应、氧化反应和金属有机反应等，还可以进行微波组合化学、微波氚标记及催化方法组合学方面的研究。

微波辅助的有机合成为有机化学工业带来了新的机遇，清洁、高效、低能耗、收率高及优异的选择性，加上水作为假性有机溶剂参与反应等特点，将会对今后的有机化学工业产生重大影响，同时也将对医药工业产生重大影响。努力研究、开发适用于工业化生产的微波反应器，用高新技术改造传统的医药工业，有着广阔的发展前景。

9.2 超声波辐射在药物合成中的应用

20 世纪 20 年代，美国的 Richard 和 Loomis 首先研究发现超声波可以加速化学反应。50 年代以后，超声波在有机合成中的应用得到了各国化学家的高度重视，并形成了一个专门的学科——超声波化学，又称声化学。近年来研究表明，超声波在加快反应速率、提高反应收率和改善反应条件等方面有重要作用。

9.2.1 超声波辐射催化概述

超声波的振动频率大于 20kHz，超出了人耳听觉的上限（20kHz），人们将这种听不见的声波叫做超声波（ultrasonic，U. S.）。超声波现广泛地应用于催化反应。超声波在液体中传播时会引起超声空化效应，即存在于液体中的微小气泡在超声场的作用下会产生泡核形成、振荡、生长、收缩以及破裂等过程。气泡在极短时间内突然破裂相当于一个微小的爆炸过程，产生极短暂的高能环境，引起局部的高温、高压，并且这种局部高温、高压存在的时间非常短，所以温度和压力的变化率非常大。高温条件有利于反应物裂解生成自由基等活泼中间体，可以提高化学反应速率。由高压产生的冲击波和微射流可较好地分散有固体参加的非均相体系，使反应物和催化剂的分散性提高，从而导致分子间强烈的相互碰撞和聚集；另外，高压还可促使溶剂深入固体内部，产生夹杂反应，因此空化作用可以看作聚集声能的一种形式，能够在宏观体系中形成无数个微观的高温高压体系，使很多反应在微观的高温高压条件下顺利进行。

9.2.2 超声催化应用实例

超声辐射在有机合成应用中的发展非常迅速。与传统的有机合成方法相比较，超声合成操作简单，反应条件温和，时间缩短，收率提高，甚至能引发某些在传统条件下不能进行的反应。超声合成涉及氧化反应、还原反应、加成反应、烃化反应、酰化反应、缩合反应、水解反应等，几乎遍及有机化学合成的各个领域，下面仅列举其中几个方面的应用：

9.2.2.1 超声促进的烃化反应

2-甲磺酰基-4,6-二甲氧基嘧啶是一种重要的中间体，用于设计和合成内皮素受体拮抗剂。郭峰等利用 2-硫代巴比妥酸，经甲基化、氧化两步合成了该中间体。其中，甲基化过程在超声波和相转移催化剂作用下，反应时间仅为 1h，收率达到 70%；而其他合成方法的反应时间较长，且收率只有 30%。

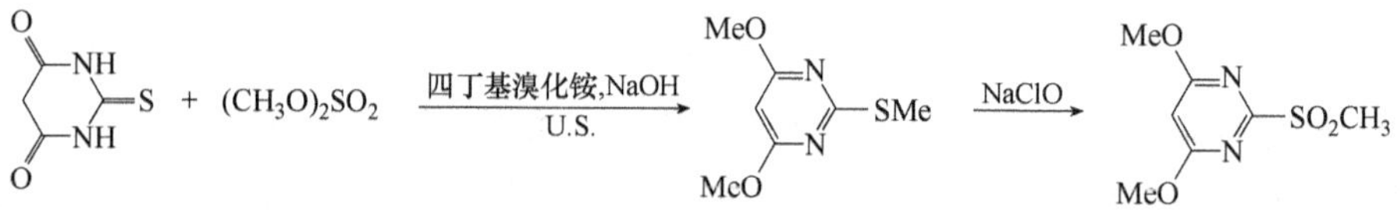

9.2.2.2 超声催化促进的缩合反应

查尔酮是重要的有机中间体，传统的合成方法收率低，反应时间长。黄丹等利用超声波（250W）催化合成了查尔酮母体，仅 30min 收率就达到了 96%。

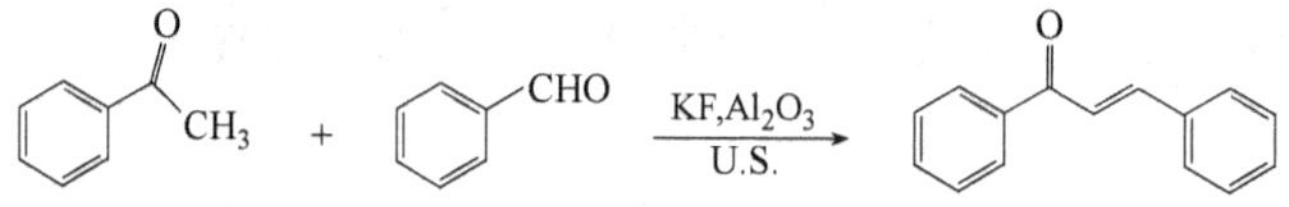

9.2.2.3 超声催化促进的还原反应

用 Raney Ni 还原香豆素，在相同的反应条件下超声催化 50min，3,4-二氢香豆素的收率接近 100%，而在无超声时反应 2h，收率只有 57%。

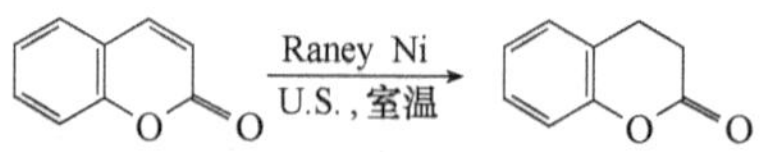

9.3 相转移催化剂在药物合成中的应用

相转移催化剂（phase transfer catalysis，PTC）是在 20 世纪 60 年代提出的，在 70 年代发展起来的有机合成新技术。由于相转移催化剂具有能使非均相反应在温和条件下进行、加快反应速率、明显提高收率的特点，使这一反应技术在药物合成反应中得到了广泛的应用。

9.3.1 相转移催化概述

9.3.1.1 相转移催化原理

药物合成中，经常遇到非均相反应，由于反应物之间接触面积小，所以反应速率慢，甚至不反应。此种情况的传统解决方法是加入另外一种溶剂，使整个体系混溶，从而加快反应速率；但这种方法增加成本，也可能引入新的杂质，不是一种很理想的方法。而对于以上情况，相转移催化是非常好的一个解决办法。相转移催化是指加入一种催化剂，这种催化剂能把一种反应试剂从一相转移到另一相中，使它与底物发生反应，从而加快了反应速率。这种催化剂起着"相转移"的作用，因而被称为相转移催化剂。相转移催化反应，多数应用于液-液反应体系，在固-液体系中应用相对较少，下面以季铵盐（一类最常用的相转移催化剂）催化卤代烷和氰化钠反应为例，说明相转移催化剂的催化原理。

$$\underset{\text{有机相}}{RX} + \underset{\text{水相}}{NaCN} \xrightarrow{Q^{\oplus}X^{\ominus}(\text{季铵盐})} \underset{\text{有机相}}{R-CN} + \underset{\text{水相}}{NaX}$$

$$Na^{\oplus}CN^{\ominus} + Q^{\oplus}X^{\ominus} \rightleftharpoons [Q^{\oplus}CN^{\ominus}] + Na^{\oplus}X^{\ominus} \quad \text{水相}$$

---------- 界面

$$R-CN + [Q^{\oplus}X^{\ominus}] \longleftarrow [Q^{\oplus}CN^{\ominus}] + RX \quad \text{有机相}$$

季铵盐在有机相和水相中均能溶解，其在水中与氰化钠交换负离子后，季铵盐阳离子和氰根负离子组成的离子对转移到有机相中，即催化剂的正离子 Q^+ 把负离子 CN^- 带入有机相中，此负离子在有机相中溶剂化程度大为增加，因而反应活性很高，易与卤代烷（RX）发生反应。随后，催化剂正离子带着反应产生的卤负离子 X^- 返回水相，这样相转移催化剂连续不断地往返于两相之间传送负离子。

9.3.1.2 相转移催化剂的分类

根据结构的不同，相转移催化剂可分为以下几类：

（1）季铵盐类　这是最常用的一类相转移催化剂，主要用于转移阴离子，如氯化三乙基苄基铵（TEBAC）、溴化三乙基苄基铵（TEBAB）、溴化己基三乙基铵（HTEAB）、溴化辛基三乙基铵（OTEAB）、溴化癸基三乙基铵（DTEAB）、溴化十二烷基三乙基铵（LTEAB）、溴化十六烷基三甲基铵（CTEAB）、氯化四丁基铵（TBAC）、溴化四丁基铵（TBAB）、碘化四丁基铵（TBAI）、四丁基硫酸氢铵（TBAHS）等。

（2）季鏻盐类　主要用于转移阴离子，如苄基三苯基氯化鏻（BTPPC）。

（3）多醚类　如冠醚（单环醚配体）、穴醚（双环和多环多齿醚配体）、聚乙二醇（链状多醚）。

（4）烷基磺酸盐　如十二烷基磺酸钠。

9.3.2 相转移催化剂的应用实例

相转移催化剂已广泛地应用于各种合成反应，如烷基化反应、缩合反应、氧化反应、还原反应、水解反应和重排反应等。

9.3.2.1 相转移催化促进的烷基化反应

抗真菌药硝酸芬替康唑的合成，在没有相转移催化剂时需要无氧、无水操作；陈宝泉等以四丁基氯化铵为催化剂，以甲苯、水为溶剂，使其反应操作简便，适合工业化生产。

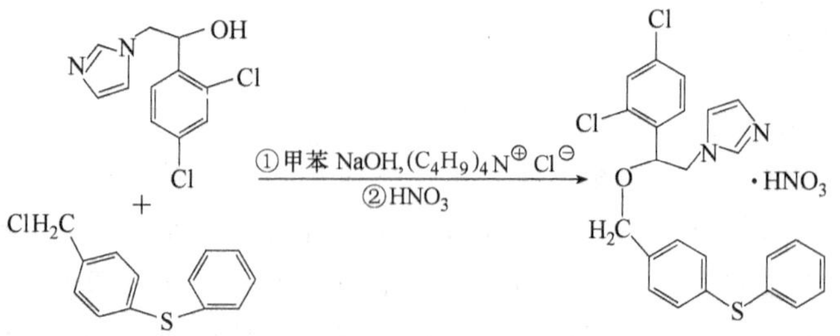

9.3.2.2 相转移催化促进的缩合反应

以氯化苄基三乙基铵（BTEAC）为相转移催化剂，3,4,5-三甲氧基苯甲醛与对硝基甲苯发生缩合反应生成反式二苯乙烯类化合物，收率为 89％。此法反应条件温和，操作简便，选择性好，且不发生对硝基甲苯的自缩合反应。

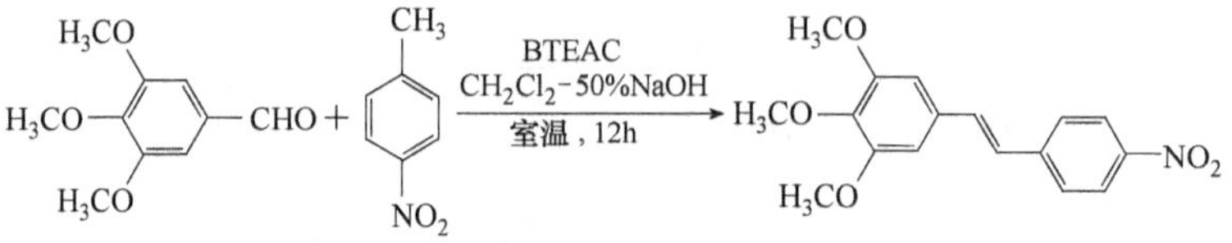

9.4 生物催化在药物合成中的应用

生物催化（biocatalysis）是指以酶或有机体（细胞、细胞器）为催化剂来完成化学反应的过程，又称为生物转化（biotransformation）。生物催化剂具有高效性和高选择性，易于催化得到相对较纯的产品，反应条件温和，且可以完成很多传统化学过程所不能达到的立体专一性催化。

9.4.1 生物催化概述

9.4.1.1 生物催化原理

生物催化的本质是酶催化，酶是一种具有高度专一性和高催化效率的蛋白质。酶催化机理与一般化学催化剂基本相同，也是先与反应物（酶的底物）结合成配合物，通过降低反应的活化能来提高化学反应的速率。

9.4.1.2 生物催化剂的分类

生物催化剂包括酶类和生物体（微生物），两者在实际应用中各有千秋。酶具有反应步骤少、催化效率高、副产物少和产物易分离纯化等优点；而整体细胞具有不需要辅酶的再生和制备简单等特点。按催化反应类型，酶可分成以下六大类：

（1）氧化还原酶（oxido-reductase） 催化底物的氧化-还原反应，包括脱氢酶、氧化酶、加氧酶和过氧化物酶。

（2）水解酶（hydrolase） 催化底物的水解，需要水分子的参与，包括脂肪酶、酯酶和蛋白酶等。

（3）转移酶（transferase） 催化官能团从一个底物（供体）转移到另一个底物（受体），包括转氨酶、糖基转移酶等。

（4）裂合酶（lyase） 催化底物分子裂解成两个部分，并使其中一个部分带有不饱和键，包括醛缩酶、水合酶、脱氨酶等。

（5）异构酶（isomerase） 催化各种异构化反应，如葡萄糖异构酶。

（6）连接酶（ligase） 又称合成酶，催化两个底物连接成 1 个分子，同时需要消耗 ATP 等高能化合物，如谷氨酰胺合成酶、脂酰 CoA 合成酶。

9.4.2 生物催化的应用实例

酶催化反应涉及的范围很广，但目前在有机合成中应用的只有少数几种反应，主要有氧化反应、还原反应、酰化反应、水解反应以及碳-碳键形成反应等。

9.4.2.1 酶催化促进的水解反应

Santis 等研究了系列腈水解酶水解羟基腈，其中 Nitrilase I 水解 α-羟基腈得到 R 构型的苯基羟基乙酸（扁桃酸），ee 值为 98%。

9.4.2.2 酶催化促进的还原反应

Yadav 等研究新鲜的胡萝卜根对各种芳香酮和脂肪酮的还原反应，其中对 2-叠氮基苯乙酮的还原得到 R 构型的仲醇，ee 值为 100%，收率为 70%。

9.5 离子液体在药物合成中的应用

离子液体（ionic liquid）是指在室温或低温下为液体的盐，有时候离子液体也被称为"低温熔盐"，一般由体积较大的有机阳离子和体积相对较小的无机阴离子组成。离子液体作为一种新型有效的反应介质（或催化剂）在有机合成领域已有较广泛的应用。

9.5.1 离子液体催化概述

9.5.1.1 离子液体催化原理

离子液体作为反应介质，可以代替 Lewis 酸/碱催化剂，还可以充当配体，避免许多高毒、强腐蚀性试剂的使用。将催化剂溶于离子液体中一起循环利用，使这种催化剂具有均相催化效率高、多相催化易分离的优点。离子液体还可以改变反应机理，诱导出新的催化活性，提高反应的转化率和选择性。同时，离子液体具有可循环使用以及可设计的特点，且对环境友好，在医药合成工业具有非常好的应用前景。

9.5.1.2 离子液体的优点

① 400℃以下能以稳定的液体形式存在，呈液态的温度范围大，故可应用的范围广。

② 离子液体几乎没有蒸气压，不易燃，不易爆，使用过程中不易损失，克服了有机溶剂的缺点。

③ 离子液体可以溶解多种有机、无机化合物及金属配合物，而且溶解度较大，可节省溶剂。

④ 由于部分离子液体不能溶于水和某些有机溶剂，可以通过选择能溶解催化剂但不与有机溶剂或水互溶的离子液体，来实现催化剂和离子液体的反复使用。

9.5.1.3 离子液体的分类

离子液体种类繁多，改变阳离子和阴离子的组合，可以设计合成出不同的离子液体。常见的阳离子有四类：烷基季铵离子 $[NR_xH_{4-x}]^+$，烷基季磷离子 $[PR_xH_{4-x}]^+$，N-烷基取代吡啶离子 $[Rpy]^+$ 和 N,N'-二烷基咪唑离子 $[RR,IM]^+$。其中最常见的为 N,N'-二烷基咪唑离子。阴离子主要包括：对水极其敏感的氯铝酸根离子（$AlCl_4^-$），以及在水和空气中很稳定的 BF_4^-、PF_6^-、CF_3COO^-、$CF_3SO_3^-$ 和 SbF_6^- 等。

9.5.2 离子液体的应用实例

钯催化的乙烯基正丁醚和 2-碘萘的烷基化反应在离子液体 1-丁基-3-甲基咪唑四氟硼酸盐中完成，α-取代物和 β-取代物的区域选择性达到 99∶1。此步反应转化率为 100％，收率为 95％。用有机溶剂替代离子液体反应的区域选择性大为下降，最大只能达到 75∶25。

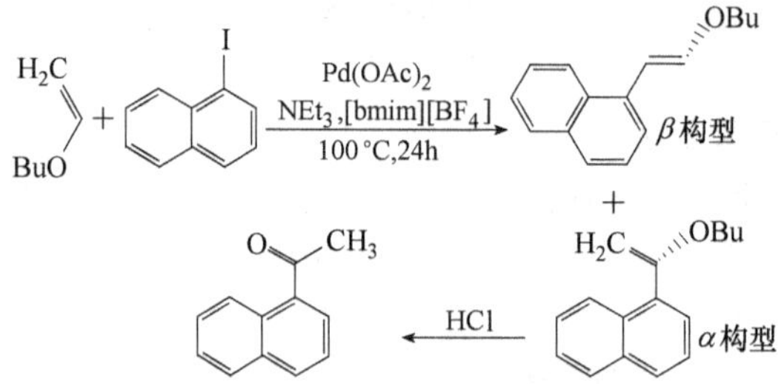

在室温下以离子液体 [bmim] [BF$_4$] 作为反应溶剂，利用 4-氨基安替比林和 6-氯-3-甲酰基色原酮合成色酮类 Schiff 碱，收率为 94％，离子液体可以重复使用。

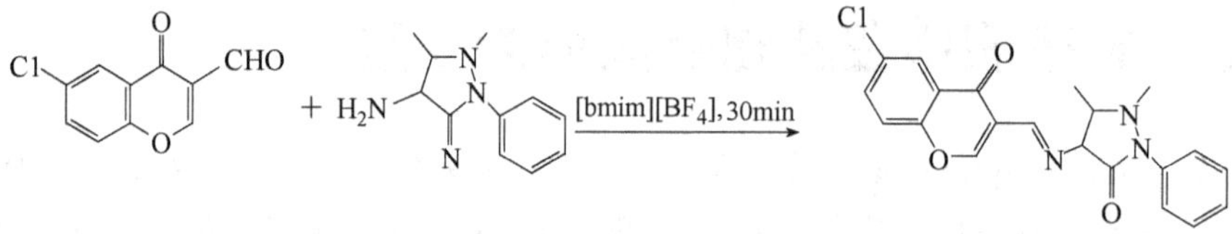

9.6 超临界流体在药物合成中的应用

超临界流体（supercritical fluid，SCF）是指处于临界温度和临界压力以上的流体，其黏度接近于气体，密度接近于液体，扩散系数介于气体和液体之间，兼有气体和液体的优点。

9.6.1 超临界流体催化概述

9.6.1.1 超临界流体催化原理

超临界流体作为反应介质，具有很多突出的优点，如扩散系数大、黏度小，所以在超临界流体中进行的化学反应速率快，而且越靠近临界点，反应速率越快。在临界状态下进行化学反应，可使传统的多相反应转化为均相反应，即将反应物、催化剂都溶解在 SCF 中，从而加强了反应物和催化剂之间的扩散接触，使受扩散速率控制的均相反应的速率加快。同时，可以提高反应的收率、转化率、化学选择性及立体选择性。在超临界条件下，化学反应速率常数对压力变化非常敏感，微小的压力变化会使化学反应速率常数发生几个数量级的变化。另外，利用 SCF 对温度和压力非常敏感的特点，通过温度和压力调控，易于完成产物、反应物以及催化剂之间的分离。

9.6.1.2 超临界流体催化剂的分类

常用的超临界流体有 CO_2、H_2O、NH_3、CH_3OH、C_2H_4、C_2H_6、C_3H_8 等。其中，超临界 CO_2 应用最广，其特点为：临界温度较低（$T_c=31.06℃$），临界压力适中（$p_c=7.4MPa$），反应条件易于达到，适合于热不稳定物质；无毒，有化学惰性，不可燃，价格便宜，来源丰富，容易大规模生产高纯度的二氧化碳，尤其适用于制药工业和食品工业；产品容易分离，且无残留溶剂。

9.6.2 超临界流体催化的应用实例

超临界流体在催化氢化、偶联反应、羰基化反应、自由基反应、氧化反应、Friedel-Crafts 烷基化反应以及酶催化反应等方面取得了令人瞩目的进展。

频哪醇重排和贝克曼重排反应在常规条件下都需要强酸作催化剂，尽管可以通过加大酸浓度来提高反应速率，但反应速率仍然较低。Ikushima 等报道了在超临界水中，不加任何催化剂的频哪醇重排和贝克曼重排反应，反应速率都显著提高。如超临界水（450℃、25MPa）中的频哪醇重排反应速率比蒸馏条件（46.7MPa、0.871mol/L 盐酸溶液）中的反应速率快 28200 倍。

9.7 分子筛催化剂在药物合成中的应用

分子筛是一类具有规整微孔结构的晶体，具有较高的化学稳定性。从狭义上讲，分子筛是结晶态的硅酸盐或硅铝酸盐，由硅氧四面体或铝氧四面体通过氧桥键相连，形成一定大小的孔道和空隙，从而具有筛分分子的特性。分子筛骨架中的硅或铝也可由 B、Ca、Fe、Cr、Ti、V、Mn、Co、Zn、Be、Cu 等原子取代。近几年，分子筛发展快速，结构性质多样化，出现了许多改性新品种，使其在催化领域有广阔的应用前景。

9.7.1 分子筛催化概述

9.7.1.1 分子筛催化原理

分子筛（molecular sieve）具有较大的比表面积和规则有序的孔道结构，可以选择适当的分子进入其骨架内部进行反应。但一般单纯的分子筛催化剂难以满足需要，在有机合成反应中多以负载型分子筛为催化剂，它以分子筛为载体，将杂多酸、胺类、金属氧化物和过渡金属配合物等催化剂负载到孔道中。分子筛作为催化剂有如下优点：比表面积大，孔分布均匀，孔径可调，对反应物和产物有良好的形状选择；结构稳定，机械强度高，可耐高温，热稳定性好，活化再生后可重复使用；对设备无腐蚀，且容易与反应产物分离；生产过程基本不产生"三废"，废催化剂处理简单，不污染环境。

9.7.1.2 分子筛催化剂的分类

按骨架元素组成，分子筛可分为磷酸铝分子筛、杂原子磷铝分子筛、磷酸硅铝分子筛、18 分子筛四类；按孔道大小，可分为微孔（<2nm）、介孔（2～50nm）和大孔分子筛（>50nm）。另外，在有机合成反应中多采用负载型分子筛催化剂。如：将杂多酸负载到分子筛上可作为酸性催化剂；将不同金属或一些活性物质引入分子筛骨架中，可使分子筛获得酸催化、碱催化、氧化还原催化等能力。

9.7.2 分子筛催化的应用实例

由于分子筛催化剂具有操作简便、后处理简单、选择性高等优点，因此在有机合成中的应用日益受到人们的重视。分子筛在催化领域中的应用包括催化缩合、氧化、还原、聚合、烷基化、异构化、裂化及光催化等方面。

梁学正等研究了 HY 分子筛对邻苯二酚与环己酮等十余种醛（酮）缩合反应的催化作用，发现 HY 分子筛对此类反应有较好的催化性能。其中邻苯二酚与环己酮反应的转化率为 80.7%，选择性为 99.7%。

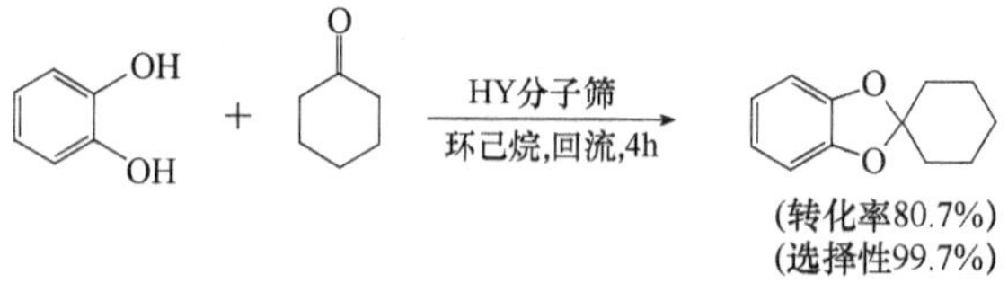

（转化率80.7%）
（选择性99.7%）

杨文智等研究发现分子筛固载氟化钾可有效地催化芳醛与环己酮的缩合反应。用过的载体用二氯甲烷洗涤，除去有机成分，120℃烘 2～3h，回收得到催化剂，可重复使用。

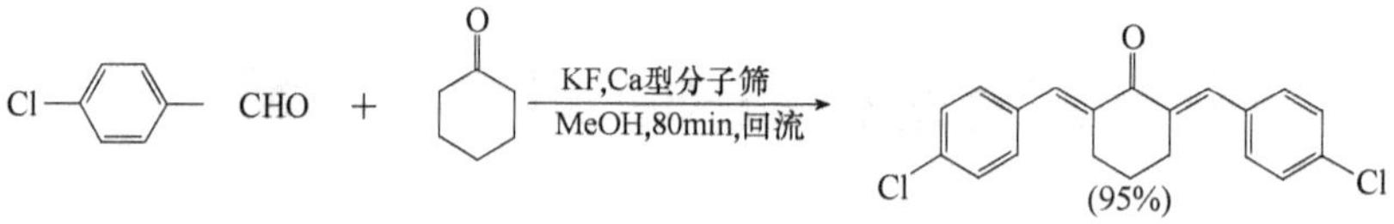

（95%）

杨建明等研究了在苯基磺酸官能化介孔分子筛催化剂的作用下，取代苯酚和乙酰乙酸乙酯经缩合反应合成取代香豆素类化合物。该催化合成反应具有条件温和、产物容易分离、收率高等优点。

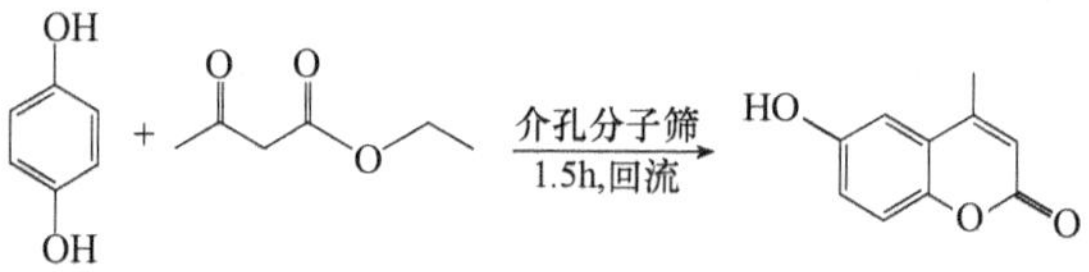

9.8 离子交换树脂在药物合成中的应用

离子交换树脂是一类带有功能基的网状结构的高分子化合物，它由不溶性的三维空间网状骨架、连接在骨架上的功能基团和功能基团上带有相反电荷的可交换离子三部分构成。以离子交换树脂作为固体催化剂具有明显的优势，在工艺上容易实现连续生产，产物与催化剂分离简便，并且固体催化剂活性高，可在高温下反应，能大大提高生产效率。同时，催化剂可重复使用，节约能源和资源，是绿色化学发展的必然趋势。

9.8.1 离子交换树脂催化概述

9.8.1.1 离子交换树脂催化原理

用不同种类的离子交换树脂催化同一反应以及用同一种树脂催化不同反应的机理可能不同。现以磺酸型阳离子交换树脂为例说明离子交换树脂催化反应的原理。大孔聚乙烯型磺酸树脂可催化高活性芳环的 Friedel-Crafts 酰基化反应，它的催化原理和 $AlCl_3$ 等 Lewis 酸的催化原理相同；在催化酯化、水解及醚化等反应中，碘酸中的氢离子可以解离出来，其催化原理和无机酸硫的类似；如果磺酸中的氢离子被其他金属离子交换掉，其催化反应的原理和金属催化剂的催化原理就可能相同。

9.8.1.2 离子交换树脂的分类

按骨架结构不同，离子交换树脂可分为凝胶型和大孔型两大类。按所带的交换功能基的特性，离子交换树脂可分为阳离子交换树脂（强酸性、弱酸性）、阴离子交换树脂（强碱性、弱碱性）和其他树脂。

（1）强酸性阳离子交换树脂　强酸性阳离子交换树脂含有大量的强酸性基团，如磺酸基（—SO_3H），容易在溶液中解离出 H^+，故呈强酸性。

（2）弱酸性阳离子交换树脂　弱酸性阳离子交换树脂含有弱酸性基团，如羧基（—COOH），能在水中离解出 H^+ 而呈酸性。

（3）强碱性阴离子交换树脂　强碱性阴离子交换树脂含有强碱性基团，如季铵类（—$NR_3^+OH^-$），能在水中离解出 OH^- 而呈强碱性。这种树脂的正电基团能与溶液中的阴离子吸附结合，从而产生阴离子交换作用。

（4）弱碱性阴离子交换树脂　弱碱性阴离子交换树脂含有弱碱性基团，如伯氨基（—NH_2）、仲氨基（—NHR）或叔氨基（—NR_2），它们在水中能离解出 OH^- 而呈弱碱性。

（5）离子树脂的交换转型　以上是树脂的四种基本类型。在实际使用中，也可将这些树脂转变为其他离子型使用。例如将强酸性阳离子交换树脂与 NaCl 作用，转变为钠型树脂再利用。又如阴离子交换树脂可转变为氯型再利用，工作时释放出 Cl^- 而吸附交换其他阴离子。

9.8.2 离子交换树脂的应用实例

离子交换树脂，作为有机合成反应催化剂，在缩合、酯化、烃化、异构化和低聚、环氧化和开环等反应中得到广泛应用。

陶贤平以 $AlCl_3$ 和 D_{001} 树脂为催化剂合成了苹果酯，收率为 82.3%，此树脂可反复利用。

李治研究了丙酸与异戊醇的酯化反应，以 HF-101 型强酸性离子交换膜为催化剂，收率高达 98%。此离子交换树脂可反应使用。

[技能训练 9-1] 扁桃酸的合成

一、实训目的与要求

1. 通过本实验，掌握相转移催化剂制备扁桃酸的原理和操作方法。

2. 掌握苯甲醛与氯仿的反应原理。

二、实训原理

扁桃酸（mandelic acid），又名苦杏仁酸、苯乙醇酸，化学名称为 α-羟基苯乙酸，是一种较为典型的羟基羧酸。其合成路线很多，其中之一是采用相转移催化合成法来制备，即由苯甲醛与氯仿在碱及相转移催化条件下合成。在此反应中，由于苯甲醛不可能自己缩合，故重点应避免苯甲醛的歧化反应。该反应操作简便，条件温和，产率较高，可合成得到 dl-扁桃酸。反应方程式如下：

$$PhCHO + CHCl_3 \xrightarrow[\text{TEBA}]{\text{NaOH}} \xrightarrow{\text{H}^+} dl\text{-}PhCH(OH)COOH$$

三、仪器与试剂

（1）仪器 四口烧瓶（250mL），搅拌器，温度计（100℃），球形回流冷凝管，抽滤装置，滴液漏斗，分液漏斗，量筒，加热套。

（2）试剂 苯甲醛（C.P.），氯仿（C.P.），氢氧化钠溶液（19g 水＋19g 氢氧化钠），TEBA（自制），麻黄碱盐酸盐（工业品左旋），乙醚（C.P.），甲苯（C.P.），无水硫酸钠（C.P.），硫酸（50%）。

四、实训步骤

在装有搅拌器、温度计、回流冷凝管及滴液漏斗的 250mL 四口烧瓶中，加入 10mL（0.1mol）苯甲醛、1g TEBA 和 16mL（0.2mol）氯仿，在搅拌下，慢慢加热反应液。当温度达到 56℃ 以后，开始滴加氢氧化钠水溶液，并将温度维持在 60～65℃（不得超过 70℃），滴加约需 1h（3min/mL）。加完后控制温度在 65～70℃ 继续反应 1h，当反应液 pH 近中性时，方可停止反应（否则须延长时间至反应液 pH 为中性）。加碱量要准确。将反应液用 200mL 水稀释，乙醚提取（20mL×2），合并有机相。水相用 50% 硫酸酸化至 pH 为 2～3，乙醚提取（40mL×3），合并有机相。以无水硫酸钠干燥，蒸出乙醚（最后在减压下尽可能地抽干乙醚），得到橙黄色稠状液。放置过夜，有结晶析出，重约 11.5g，收率 76%。

以每克粗品用 1.5mL 甲苯的比例进行重结晶，趁热过滤，滤除残渣。母液于室温条件下慢慢结晶，产品呈白色结晶，熔点 118～119℃。

五、思考题

1. 扁桃酸合成结束时，为何反应液的 pH 必须达到中性？

2. 重结晶的原理是什么？

[技能训练 9-2] dl-扁桃酸的拆分

一、实训目的与要求

1. 了解非对映异构体结晶拆分法的原理和操作步骤。

2. 学习化合物旋光度的测定方法。

二、实训原理

dl-扁桃酸含有羧基，可与光学纯的氨基化合物作用，形成两种非对映体的盐，根据这两种盐的溶解度的差异，用结晶方法可将扁桃酸的两种对映体分离。本实验用 l-麻黄碱通过非对映异构体结晶来拆分，得到光学活性的扁桃酸。

$$dl\text{-PhCH(OH)COOH}+2l\text{-麻黄碱} \longrightarrow \begin{bmatrix} d\text{-扁桃酸-}l\text{-麻黄碱（溶液中）} \\ l\text{-扁桃酸-}l\text{-麻黄碱（结晶）} \end{bmatrix}$$

$$dl\text{-扁桃酸}$$

$$d\text{-扁桃酸-}l\text{-麻黄碱（溶液中）} \xrightarrow{\text{盐酸}} d\text{-扁桃酸} + l\text{-麻黄碱盐酸盐}$$

$$l\text{-扁桃酸-}l\text{-麻黄碱（结晶）} \xrightarrow{\text{盐酸}} l\text{-扁桃酸} + l\text{-麻黄碱盐酸盐}$$

三、仪器与试剂

(1) 仪器 滴液漏斗，分液漏斗，量筒，加热套，旋光仪，熔点测定仪。

(2) 试剂 麻黄素盐酸盐（A.R.），无水乙醇（A.R.），氢氧化钠（A.R.），乙醚（A.R.），浓盐酸（A.R.），苯（A.R.），无水硫酸钠（A.R.）。

四、实训步骤

1. 拆分剂 l-麻黄碱的制备

取 4g 麻黄素盐酸盐，用 20mL 水溶解，溶液若浑浊，应滤去不溶物，加 1g 氢氧化钠，使溶液呈碱性。用乙醚提取 3 次，每次 20mL，醚层用无水硫酸钠干燥，蒸去乙醚，得 l-麻黄碱。

2. 非对映异构体的制备及分离

将制得的 l-麻黄碱用 20mL 无水乙醇溶解后，慢慢加入到 dl-扁桃酸的溶液中（3g dl-扁桃酸溶于 5mL 无水乙醇），在 70～75℃ 水浴上加热回流 1h，让溶液慢慢冷却，再用冰浴冷却，析出白色晶体，过滤（保留母液，下一步将用它来分离 d-扁桃酸-l-麻黄碱）。析出的晶体用无水乙醇重结晶，干燥，测熔点（文献值 170℃）。

3. 拆分得 l-扁桃酸

l-扁桃酸-l-麻黄碱晶体溶于 20mL 水，再滴加约 1mL 浓盐酸，使其溶解（溶液呈酸性）。用乙醚提取 l-扁桃酸，每次用 20mL，提取三次，醚层经无水硫酸钠干燥后，蒸去乙醚，得 l-扁桃酸，干燥（也可用苯重结晶），测其熔点及比旋光度。

4. 拆分得 d-扁桃酸

将上述含有 d-扁桃酸-l-麻黄碱的母液蒸去乙醇后，加入 20mL 水，再滴入约 1.5mL 浓盐酸，使溶液澄清，则盐分解，游离出扁桃酸。用乙醚提取三次，每次用 20mL，醚层经无水硫酸钠干燥后，蒸去乙醚。将残留的黄色黏状物静置，待其结晶后用苯重结晶，可得 d-扁桃酸，测其熔点及比旋光度。

5. 旋光度的测定

称取 0.5g 样品（准确至 0.1mg）于 50mL 小烧杯中，用 10mL 蒸馏水使样品完全溶解，转入 25mL 容量瓶中，再用少量蒸馏水多次洗涤烧杯，最后加水至刻度。

$$[\alpha]_D^t = \frac{\alpha}{Lc}$$

式中，$[\alpha]$ 为比旋光度；D 为钠光谱 D 线；t 为测定时的温度；L 为测定管长度，dm；α 为测得的旋光度读数；c 为每毫升溶剂中含有被测物质的质量，g/mL。

五、思考题

1. 拆分得光学活性扁桃酸后，其光学活性的麻黄碱应如何回收？

2. 扁桃酸拆分的原理是什么？

10

≪≪≪

合成产物分离纯化与鉴定

▶ **学习目的**

通过学习常用的分离纯化和鉴定方法，为以后的学习和工作打下基础。

▶ **知识要求**

掌握重结晶、萃取、蒸馏、色谱法等分离提纯技术的基本原理及选择。

掌握熔点、沸点、折射率、旋光率、红外光谱、气相色谱、高效液相色谱、核磁共振和质谱等常用鉴定方法的原理及选择。

▶ **能力要求**

熟练应用常见的设备对合成产物进行分离纯化和鉴定。

◀ 10.1 合成产物分离纯化方法选择

有机合成反应到达终点后就应该将目标产物从反应后的物料中尽快地分离出来。反应后的物料通常是由目标产物、多余的原料、溶剂、催化剂及副产物组成。一般来说，只要合成反应控制得好，反应的转化率往往是很高的，因此，产物中除了多余的原料、溶剂外，目标化合物往往是主要成分。分离时，首先应考虑回收未反应原料，这样不仅可以降低生产的成本，而且可以初步提纯产物；其次要避免非目标组分（如溶剂、催化剂等）对分离过程带来的可能影响。如果某种组分没有回收的价值，但在分离时可能对目标产物产生影响，则可以考虑将它消除掉，最后还要考虑从多种分离方法中选择一种简单有效的分离方法进行分离。对于某一反应体系的分离，分离方法的选择首先应从体系各组分的物理性质上进行考虑，一方面可以很方便地回收原料、溶剂以及得到副产物，另一方面也可以避免其他化学物质的消耗，降低生产成本。如果不能利用物理性质进行分离，则需要利用化学性质，有针对性地设计化学反应路线，将各组分转化为易于分离的物质再进行分离。分离后往往还需要进一步转化。

常用的分离和纯化方法有萃取、蒸馏、分馏、结晶、升华和色谱法。蒸馏和分馏主要用于液体有机化合物的分离和提纯，而结晶和升华主要用于固体有机化合物的分离和提纯。这些方法的共同特征是均为物理精制法，它们都利用物质的相变化原理，使产品与杂质的物理性质形成明显差别，从而通过简单的机械方法使之分离。所不同的是，蒸馏法是利用汽液间的平衡关系进行精制的，而结晶和升华则分别依据固液和气相间的平衡关系，因而这些方法均属于传质分离。对于特定体系的分离而言，根据体系特点和对产品的不同要求，可选用不同的分离纯化方法。必须指出的是：分离方法的选择必须充分考虑到待分离组分的物理化学性质，如：挥发性，极性，对酸碱的稳定性，以及对光、热、氧的稳定性等。

10.1.1 萃取

依据溶解度的不同，利用加入的溶剂从固体或液体混合物中分离所需要的物质的操作，称为萃取。液-液萃取是利用混合液中不同组分在两种相互不溶（或微溶）的溶剂中溶解度的不同实现液体与液体的分离的；固-液萃取是利用固体混合物中不同组分在同一溶剂中溶解度不同实现其分离的。合成产物如果是固液混合物，可以直接过滤，所以这里只介绍液-液萃取。

10.1.1.1 萃取原理

一种物质在两种互不相溶的液相中的溶解分配符合能斯特分配定律：

$$K = c_A / c_B$$

式中　　K——分配系数；

c_A——溶质在萃取相中的物质的量浓度，mol/m^3；

c_B——溶质在萃余相中的物质的量浓度，mol/m^3。

此式表明，溶质在两相中的浓度之比为常数。通常，K 值近似等于该物质单独在两相中的溶解度之比，它取决于温度以及溶剂和被萃取物的性质，而与物质的最初浓度、物质与溶剂的质量无关。

从上式可以看出，只有一种物质在两种溶剂中的溶解度之差很大时，萃取操作才是有效的。当 $K \geq 100$ 时，如果所用萃取剂的体积与原溶液体积大致相等，则一次简单萃取可将99%以上的该物质萃取至萃取相中；而当 K 较小时，必须用新鲜溶剂多次萃取才能达到要求。

多次用少量溶剂萃取比用总量相同的溶剂一次萃取的效果好，尤其是当分配系数较小时效果更好。由能斯特分配定律推导可得：

$$W_n = W_0 \left(\frac{KV}{KV+S} \right)^n$$

式中　　W_n——n 次萃取后原溶液中所剩被萃取物的质量；

W_0——被萃取物的总质量；

V——原溶液的体积；

S——加入萃取剂的总体积；

K——分配系数。

通常萃取次数 n 取 3～5 为宜，当 $n \geq 5$ 时，再增加萃取次数，W_n 值变化很小。

10.1.1.2 萃取剂的选择

为了达到理想的萃取效果，萃取剂必须具有溶解度大和选择性高的特点，而为了容易分离，萃取剂与原溶液中的溶剂必须互不相溶，且密度相差较大。此外，萃取剂还应该价格低廉，来源广泛，无毒无害，化学稳定。常用的萃取剂有水、石油醚、二氯甲烷、氯仿、四氯化碳以及乙醚等。混合溶剂的萃取效果常比单一溶剂好得多，乙醚-苯、氯仿-乙酸乙酯（或四氢呋喃）都是良好的混合溶剂。当从水相萃取有机物时，向水溶液中加入无机盐能显著提高萃取效率，这是因为无机盐的加入，提高了分配系数。对于酸性萃取物应向水溶液中加入硫酸铵；对于中性和碱性萃取物宜用氯化钠。

实际应用中常采用一些可以与被萃取物反应的酸、碱作为萃取剂。例如，用10％碳酸钠水溶液可以将有机羧酸从有机相萃取至水相，而不会使酚类物质转化为溶于水的酚钠，所以酚类物质仍留在有机相。但用5％～10％氢氧化钠水溶液却可以将羧酸和酚类物质一起萃取到水相。另外，用5％～10％稀盐酸可以萃取有机胺类化合物，而且加碱中和后又析出有机胺类化合物，这种方法也常称作洗涤。应当注意的是，有机酸的碱性水溶液或有机碱的酸性水溶液对于中性有机化合物具有一定的溶解度，必要时必须用有机溶剂反提（至少两次），以保证萃取产品的纯度。此外，还可以加入螯合剂、离子对试剂等进行螯合萃取和离子缔合萃取，这种方法具有很高的选择性。

10.1.1.3 萃取步骤

实验室的萃取操作通常在分液漏斗中进行。将待萃取的溶液倒入分液漏斗中，加入萃取剂，塞紧塞子。轻轻旋摇后，右手握住漏斗颈，食指压紧漏斗塞，左手握在放液的活塞处，拇指压紧。将漏斗放平或大头向下倾斜，轻轻振荡，然后开动活塞放气。反复振荡、放气后静置分层，将下层液体放出，上层液体由上口倾出。静置分层时，应小心辨认水层和有机层，因为有机层既可能在上层，也可能在下层。当溶液中含有不利于萃取的组分时，必须对萃取体系进行适当的预处理。例如，以高锰酸钾在吡啶-水介质中氧化芳烃时，生成的酸以钾盐形式存在，为了用水把它从大量的二氧化锰悬浮液中萃取出来，应先彻底蒸除吡啶。否则，吡啶将进入萃取液，酸析时造成产品的溶解损失。同样地，当以有机溶剂对反应产物进行萃取时，必须从反应系统中蒸除水溶性溶剂，如低级醇及四氢呋喃等。当两相密度相差较小或形成稳定的乳浊液而难以分层时，可将分液漏斗在水平方向上缓慢旋摇以消除界面上的泡沫；也可通过过滤除去引起乳化的树脂状或黏液状悬浮物；或在有机层中加入乙醚（使有机层密度减小）；或在水层加入氯化钠、硫酸铵和氯化钙等无机盐（使水层密度增大）也可促使分层；有时还可以通过改变pH值、离心分离和加热等方法破坏乳化。

当溶解热、反应热及溶剂化热等热效应较大，而使萃取过程温度上升时，如果溶剂易于受热挥发，则可能导致事故发生。因此，对于乙醚、二氯甲烷等低沸点溶剂，必须先将被萃取液冷却至适当低温度后方可进行萃取。萃取时不能立即振荡，应慢慢翻转漏斗，随即开启旋塞泄压，泄压后振荡的强度才能逐渐加强。

当用碳酸盐或碳酸氢盐萃取强酸时，应注意经常释放产生的二氧化碳气体。如果预计气体生成量较大，最好先将有机相和水相在烧杯中混合，再转入分液漏斗。

此外，萃取分离只是辅助分离手段，通常得不到很高的纯度，为了获得高纯度物质及再利用溶剂，必须对萃取液进行分离。分离方法可采用蒸馏、蒸发溶剂及酸碱中和等多种方法。从有机相中分离出溶质后，往往需加入硫酸镁、氯化钙及硫酸钠等干燥剂进行干燥。

10.1.2 升华

固体物质在其熔点以下受热，不熔化而直接转化为蒸气，然后蒸气又直接冷凝为固体的过程称为升华。当目标组分与杂质组分的蒸气压（挥发能力）不同时，利用升华是可以实现固-固物系的分离的。升华也是纯化固体物质的一种手段，既可以升华除去不挥发杂质，也可以升华分离不同挥发度的固体混合物。在实际操作中，有时因杂质含量较多，固体加热后可能会熔化为液体，但只要其蒸气能直接冷凝成固体，仍把其视作是升华过程。实验室升华操作常在减压条件下进行，这样可以保持操作温度在熔点以下进行。

在减压条件下，把待分离物质加热，使其气化，然后再冷凝成固体，见图 10-1。少数升华操作也可在常压下进行，如图 10-2 所示。在常压下，具有适宜升华蒸气压的有机物不多。在升华时，通入少量空气或惰性气体，可以加速蒸发，同时使物质蒸气离开加热面易于冷却。但通入过多的空气或其他气体，会造成升华产品的带出损失。升华过程有点像蒸馏，但只有对在熔点以下具有足够高蒸气压的固体物质，才可以用升华来提纯。升华能得到较高纯度的产物。与结晶相比，升华操作最大的优点在于不使用任何溶剂，因此不会因转移物料而引起损失，纯化后的产品也不会包含溶剂。因为固体物质的蒸气压一般都很小，所以能用升华法提纯的物质不多，升华法应用范围受到限制。另外，升华操作一般时间长，损失较大。

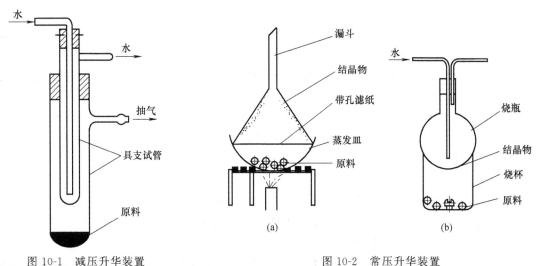

图 10-1　减压升华装置　　　　　　　　　图 10-2　常压升华装置

10.1.3　结晶和重结晶

结晶与重结晶是纯化固体物质的最重要方法。它们均是利用固体物质在溶剂中溶解度的变化实现目标物质的分离的。结晶主要用于产品的初步分离，而重结晶主要用于固体物质的纯化。固体物质在溶剂中的溶解度与温度有密切关系。一般是温度升高，溶解度增大。因此，如果将热溶液冷却，那么便产生结晶。

10.1.3.1　结晶

结晶是固体物质以晶体状态从溶液中析出的过程。晶体的特殊结构，使晶体保持了良好的纯度，因此，可以通过结晶分离混合物。实验中，反应混合物常常是溶液，为了分离出溶质，常采用结晶的方法或蒸发与结晶联合操作的方法。结晶分两个步骤，包括晶核形成和晶核成长。两者均需要在过饱和条件下进行。因此，结晶的关键就是造成和控制溶液的过饱和状态。

（1）结晶方法　根据造成溶液过饱和的方法不同，结晶方法可主要分为以下三种：

① 冷却法。此法是通过降温造成溶液的过饱和的。适应于溶解度随温度降低而显著减

小的溶液结晶，如硝酸钾等无机盐。

② 蒸发冷却法。此法通过蒸发除去部分溶剂，再冷却达到过饱和。适应于溶解度随温度降低而变化不大的溶液结晶，如氯化钠等无机盐，有时可能只有用蒸发的方法。

③ 加入第三物质法。此法是向原溶液中加入第三种物质，该物质加入后能够造成溶液的过饱和。比如，卡那霉素易溶于水而难溶于乙醇，当向卡那霉素水溶液中加入95％乙醇适量时，溶液就会变得微浑，此时，加入晶种并保温，卡那霉素就会结晶析出。

（2）影响结晶的因素　晶体的大小及多少，取决于晶核形成速度与晶体成长速度的相对大小。通常，晶核形成的速度大大高于晶体成长的速度时，有利于得到多而小的晶体；反之，得到少而大的晶体。因此，所有影响晶核形成和晶体成长的因素都会影响到结晶的速度与结晶效果。归纳起来，影响结晶的因素主要有过饱和度、温度变化的速度、搅拌速度、晶种及杂质等。

① 过饱和度。过饱和度大有利于形成多而小的晶体；反之，形成少而大的晶体。

② 冷却速度。快速冷却，能够形成较大的过饱和度，因此，冷却速度越快，越有利于形成多而小的晶体；反之，形成粗大的晶体。

③ 搅拌速度。搅拌速度增加，既有利于晶核的形成，也有利于晶体的成长，因此，保持适当的搅拌速度才能达到理想的结晶效果。通常由实验确定适宜的搅拌速度。

④ 晶种。在溶液中加入与结晶体相同的小晶体颗粒，称之为晶种。晶种的加入，有利于晶核的形成，也有利于控制晶体的形成、晶体的数量和大小。

⑤ 杂质。溶液中杂质的存在，会对结晶产生不利影响，杂质含量越高，影响越大，当高到一定程度时，可能会造成结晶无法进行。因此，在结晶时必须预测杂质可能的影响，及时消除，确保结晶操作的正常进行。

10.1.3.2　重结晶

利用被提纯物质在特定溶剂中的溶解度不同，使被提纯物质溶解再从过饱和溶液中析出而分离的方法，称为重结晶。其操作是把固体溶解在热的溶剂中达到饱和，再通过冷却使溶解度降低，让溶液过饱和而析出。

必须指出的是，重结晶只适宜杂质含量在5％以下的固体有机混合物的提纯。从反应粗产物直接重结晶是不适宜的，必须先采取其他方法初步提纯，然后再重结晶提纯。

重结晶纯化一般过程：

选择溶剂→升温，固体的溶解→除去不溶性杂质→降温，晶体析出→晶体的收集洗涤→晶体的干燥

① 溶剂选择。选择适当的溶剂对于重结晶操作的成功具有重大意义，一个良好的溶剂必须符合下面几个条件：

a. 不与被提纯物质发生化学反应。

b. 在较高温度时能溶解多量的被提纯物质，而在室温或更低温度时只能溶解很少量。

c. 对杂质的溶解度非常大或非常小，前一种情况杂质留于母液内，后一种情况趁热过滤时杂质被滤除。

d. 溶剂的沸点不宜太低，也不宜过高。溶剂沸点过低时制成溶液和冷却结晶两步操作温差小，固体物溶解度改变不大，影响收率，而且低沸点溶剂操作也不方便。溶剂沸点过高，附着于晶体表面的溶剂不易除去。对于高熔点物质，最好选高沸点溶剂。

e. 能给出较好的结晶。

f. 无毒或毒性很小，便于操作。

g. 价格低廉。

溶剂的选择遵循"相似相溶"原理。一般来说，极性物质易溶于极性溶剂，而难溶于非极性溶剂中；相反，非极性物质易溶于非极性溶剂，而难溶于极性溶剂中。这个溶解度的规律对实验工作有一定的指导作用。如：欲纯化的化学试剂是个非极性化合物，实验中已知其在异丙醇中的溶解度太小，异丙醇不宜作其结晶和重结晶的溶剂，这时一般不必再实验极性更强的溶剂，如甲醇、水等，应实验极性较小的溶剂，如丙酮、二氧六环、苯、石油醚等。从一些手册中可查到某化合物在各种溶剂中不同温度下的溶解度。

用于结晶和重结晶的常用溶剂有：水、甲醇、乙醇、异丙醇、丙酮、乙酸乙酯、氯仿、冰醋酸、二氧六环、四氯化碳、苯、石油醚等。此外，甲苯、硝基甲烷、乙醚、二甲基甲酰胺、二甲亚砜等也常使用，参见表 10-1。

表 10-1 不同类型物质常用的重结晶溶剂

物质的类别	溶解度大的溶剂	物质的类别	溶解度大的溶剂
烃（疏水性）	烃、醚、卤代烃	酰胺	醇、水
卤代烷	醚、醇、烃	低级醇	水
酯	酯	高级醇	有机溶剂
酮	醇、二氧六环、冰醋酸	盐（亲水性）	水
酚	乙醇、乙醚等有机溶剂		

二甲基甲酰胺和二甲基亚砜的溶解能力大，当找不到其他适合的溶剂时，可以试用；但往往不易从溶剂中析出结晶，且沸点较高，晶体上吸附的溶剂不易除去。乙醚虽是常用的溶剂，但是若有其他适合的溶剂时，最好不用乙醚，因为一方面由于乙醚易燃、易爆，使用时危险性特别大，应特别小心；另一方面由于乙醚易沿壁爬行挥发而使欲纯化的化学试剂在瓶壁上析出，以致影响结晶的纯度。适用溶剂的最终选择，只能用试验的方法来确定。在实际工作中往往通过试验来选择溶剂，溶解度试验方法如下：

取 0.1g 待重结晶的固体置于一小试管中，用滴管逐滴加入溶剂，并不断振荡。待加入的溶剂约为 1mL 后，若晶体全部溶解或大部分溶解，则此溶剂的溶解度太大，不适宜作重结晶溶剂。若晶体不溶或大部分不溶，但加热至沸腾（沸点低于 100℃的，则应水浴加热）时完全溶解，冷却，析出大量结晶，这种溶剂一般可认为适合用。若样品不全溶于 1mL 沸腾的溶剂中时，则可逐次添加溶剂，每次约加 0.5mL，并加热至沸腾，若加入的溶剂总量达 3～4mL 时，样品在沸腾的溶剂中仍不溶解，表示这种溶剂不适用；反之，若样品能溶解在 3～4mL 沸腾的溶剂中，则将其冷却，观察有没有结晶析出，还可用玻棒摩擦试管壁或用冰水冷却，以促使结晶析出，若仍没有析出结晶，则这种溶剂也不适用，若有结晶析出，则以结晶析出的多少来选择溶剂。

按照上述方法逐一试验不同的溶剂，对试验结果加以比较，从中选择最佳的作为重结晶的溶剂。

若不能选择出一种单一的溶剂对欲纯化的化学试剂进行结晶和重结晶，则可应用混合溶剂。混合溶剂一般是由两种可以以任何比例互溶的溶剂组成，其中一种溶剂较易溶解欲纯化的化学试剂，另一种溶剂较难溶解欲纯化的化学试剂。一般常用的混合溶剂有：乙醇和水、乙醇和乙醚、乙醇和丙酮、乙醇和氯仿、二氧六环和水、乙醚和石油醚、氯仿和石油醚等，最佳混合溶剂的选择必须通过预试验来确定。

② 粗产物溶解。通过试验结果或查阅溶解度数据计算被提取物所需溶剂的量，再将被提取物晶体置于锥形瓶中，加入较需要量稍少的适宜溶剂。加热到微微沸腾一段时间后，若未完全溶解，可再添加溶剂，每次加溶剂后需再加热使溶液沸腾，直至被提取物晶体完全溶解。但应注意，在补加溶剂后，发现未溶解固体不减少，应考虑是不溶性杂质，此时就不要再补加溶剂，以免溶剂过量。

③ 脱色和热过滤。如果重结晶溶液带有颜色，可加入适量活性炭（根据颜色深浅决定用量，一般为固体化合物的 1%～5%）进行脱色。加活性炭必须等溶液稍冷后再加，不能加到沸腾的溶剂中，以免溶剂暴沸。煮沸需 5～10min，然后趁热过滤。有两种热过滤方法：

a. 减压热过滤。一般用水作溶剂的重结晶，热过滤使用布氏漏斗和吸滤瓶。剪两张比漏斗内径稍小的圆形滤纸，用水湿润并贴在预热好的漏斗内，放在吸滤瓶上，减压吸紧，然后一次倒出已经用活性炭脱色的热溶液（注意：此操作活性炭不能穿过，故一般用两张滤纸）。开始不要减压太多，以免将滤纸抽破（在热溶剂中，滤纸强度大大下降）。滤完，用少量热溶剂洗活性炭一次，将滤液倒入干净的锥形瓶中，自然冷却，使其结晶。

b. 常压热过滤。一般用于有机溶剂重结晶的热过滤。选用一个短颈玻璃漏斗，一张半径大于漏斗壁长的圆形滤纸，折叠成扇形。过滤时，将已预热的漏斗放在锥形瓶上，放好折叠滤纸，将待滤的热溶液一次倾入，靠重力过滤。滤完，用少量热溶剂冲洗一遍，滤液自然冷却，待其结晶。此过程中还需注意，若为易燃溶剂，则应防止着火或防止溶剂挥发。

④ 结晶

a. 将滤液在室温或保温下静置使之缓缓冷却（如滤液已析出晶体，可加热使之溶解），析出晶体，再用冷水充分冷却。必要时，可进一步用冰水或冰盐水等冷却（视具体情况而定，若使用的溶剂在冰水或冰盐水中能析出结晶，就不能采用此步骤）。

b. 有时由于滤液中有焦油状物质或胶状物存在，使结晶不易析出，或有时因形成过饱和溶液也不析出晶体。在这种情况下，可用玻棒摩擦器壁以形成粗糙面，使溶质分子成定向排列而形成结晶的过程较在平滑面上迅速和容易；或者投入晶种（同一物质的晶体，若无此物质的晶体，可用玻棒蘸一些溶液稍干后即会析出晶体），供给定型晶核，使晶体迅速形成。

c. 有时被提纯化合物呈油状析出，虽然该油状物经长时间静置或足够冷却后也可固化，但这样的固体往往含有较多的杂质（杂质在油状物中常较在溶剂中的溶解度大；其次，析出的固体中还包含一部分母液），纯度不高。用大量溶剂稀释，虽可防止油状物生成，但将使产物大量损失。这时可将析出油状物的溶液重新加热溶解，然后慢慢冷却。一旦油状物析出时便剧烈搅拌混合物，使油状物在均匀分散的状况下固化，但最好是重新选择溶剂，使其得到晶形产物。

⑤ 抽气过滤（减压过滤）。减压过滤程序：剪裁符合规格的滤纸放入漏斗中→用少量溶剂润湿滤纸→开启水泵并关闭安全瓶上的活塞，将滤纸吸紧→打开安全瓶上的活塞，再关闭水泵→借助玻棒，将待分离物分批倒入漏斗中，并用少量滤液洗出黏附在容器上的晶体，一并倒入漏斗中→再次开启水泵并关闭安全瓶上的活塞进行减压过滤，直至漏斗颈口无液滴为止→打开安全瓶上的活塞，再关闭水泵→用少量溶剂润湿晶体→再次开启水泵并关闭安全瓶上的活塞进行减压过滤，直至漏斗颈口无液滴为止（必要时可用玻塞挤压晶体，此操作一般进行 1～2 次）。

用冷溶剂洗涤晶体两次。洗时，应停止抽气，用镍勺轻轻把晶体翻松，滴上冷溶剂把晶体湿润，抽干，再重复一次。最后用镍勺把晶体压紧，抽到无液滴滴出为止，把晶体放在培养皿或表面皿中。

如重结晶溶剂沸点较高，在用原溶剂至少洗涤一次后，可用低沸点的溶剂洗涤，使最后的结晶产物易于干燥（要注意该溶剂必须是能和第一种溶剂互溶而对晶体是不溶或微溶的）。

抽滤所得母液若有用，可移至其他容器内，再作回收溶剂及纯度较低的产物。

⑥ 结晶的干燥。在测定熔点前，晶体必须充分干燥，否则测定的熔点会偏低。固体干燥的方法很多，要根据重结晶所用溶剂及结晶的性质来选择。

a. 空气晾干（不吸潮的低熔点物质在空气中干燥是最简单的干燥方法），一般需 1 周左右时间。

b. 烘干（对空气和温度稳定的物质可在烘箱中干燥，烘箱温度应比被干燥物质的熔点低 20～50℃）。如果在红外灯下烘干，注意不要使温度过高，以免烤化。

c. 用滤纸吸干（此方法易将滤纸纤维污染到固体物上）。

d. 置于干燥器中干燥。也可用减压加热真空恒温干燥器干燥，这一般用于易吸水样品的干燥或制备标准样品。

10.1.4 蒸馏

将液体加热至沸腾变为蒸气，再使蒸气冷凝为液体并加以收集，这两个过程的联合操作称为蒸馏。蒸馏是分离和提纯液体有机化合物的常用方法之一。应用蒸馏不仅可以把挥发性物质与不挥发性的物质分离，而且可以把两种或两种以上沸点相差较大（至少相差 30℃ 以上）的液体混合物分离。

最简单的蒸馏是通过加热使液体沸腾，产生的蒸气在冷凝管中冷凝下来并被收集在另一容器中的操作过程。液体分子由于分子运动有从表面逸出的倾向，这种倾向随温度的升高而加大，这就造成了液体在一定的温度下具有一定的蒸气压，与体系存在的液体和蒸气的绝对量无关。当液体的蒸气压与外界压力相等时，液体沸腾，即达到沸点。每种纯液态化合物在一定压力下具有固定的沸点。根据不同的物理性质将蒸馏分为普通蒸馏、水蒸气蒸馏和减压蒸馏。

10.1.4.1 简单蒸馏

加热液体，液体的蒸气压随温度升高而增大，当蒸气压与外界压力（通常为大气压）相等时，有大量气泡从液体内部逸出，液体沸腾，这时的温度称为液体的沸点。当液体混合物沸腾时，其液体上方蒸气的组成与液相的组成不同，蒸气中易挥发的组分即低沸点组分相对含量要高一些，把蒸气冷凝，就可以收集到低沸点组分含量较高的液体，从而达到分离目的。液体的沸点与外界压力大小有关。纯粹液体的沸点，在一定外界压力下是个常数，因此可以用蒸馏来检测化合物的沸点和鉴定纯度。但是，具有固定沸点的物质不一定都是纯物质，这是由于某些有机化合物可以与其他组分形成二元或三元共沸混合物，共沸物也具有一定的沸点，其气相中各组分的含量与液相相同，故不能用蒸馏的方法将其分离。

（1）蒸馏装置　蒸馏装置主要由气化、冷凝和接受三部分组成，几种常用的蒸馏装置如图 10-3。

图 10-3（a）为最常用的普通蒸馏装置。在蒸馏低沸点、易挥发、易燃液体时（如乙醚），可以在接受管的支管处连接橡皮管，将气体导入水槽或室外。如果蒸馏时需要防潮，可以在接受管上连接一个干燥管［图 10-3（b）］，若同时有有害气体产生，则需加装气体吸收装置。当被蒸馏液体沸点在 130℃ 以上时，需换用空气冷凝管［图 10-3（c）］，否则蒸气温度过高，

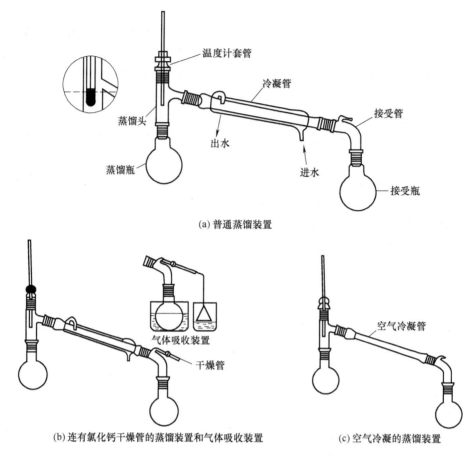

(a) 普通蒸馏装置

(b) 连有氯化钙干燥管的蒸馏装置和气体吸收装置　　　(c) 空气冷凝的蒸馏装置

图 10-3　几种常用蒸馏装置

水冷凝管接头处容易炸裂。

（2）操作要点　安装的顺序一般是先从热源处开始，然后由下而上、从左往右依次安装。

① 以热源高度为基准，用铁夹夹在烧瓶瓶颈上端并固定在铁架台上。

② 装上蒸馏头和冷凝管，使冷凝管的中心线和蒸馏头支管的中心线成一直线，然后移动冷凝管与蒸馏头支管紧密连接起来，在冷凝管中部用铁架台和铁夹夹紧，再依次装上接液管和接受器。整个装置要求准确端正，无论从正面或侧面观察，全套仪器中各个仪器的轴线都要在同一平面内。所有的铁架台和铁夹都应尽可能整齐地放在仪器的背部。

③ 在蒸馏头上装上配套专用温度计，如果没有专用温度计，可用搅拌套管或橡皮塞装上一温度计。调整温度计的位置，使温度计水银球上端与蒸馏头支管的下端在同一水平线上，以便在蒸馏时它的水银球能完全为蒸气所包围。若水银球偏高则引起所量温度偏低；反之，则偏高。

④ 如果蒸馏所得的产物易挥发、易燃或有毒，可在接液管的支管上接一根长橡皮管，通入水槽的下水管内或引出室外。若室温较高，馏出物沸点低甚至与室温接近，可将接受器放在冷水浴或冰水浴中冷却。

⑤ 假如蒸馏出的产品易受潮分解或是无水产品，可在接液管的支管上连接一氯化钙干燥管。如果在蒸馏时放出有害气体，则需装配气体吸收装置。

（3）操作方法

① 将样品沿瓶颈慢慢倾入蒸馏烧瓶，加入数粒沸石，以便在液体沸腾时，沸石内的小气泡成为液体气化中心，保证液体平稳沸腾，防止液体过热而产生爆沸，然后按由下而上、从左往右依次安装好蒸馏装置。

② 检查仪器的各部分连接是否紧密和妥善。

③ 接通冷凝水，开始加热。随加热进行，瓶内液体温度慢慢上升，瓶内液体逐渐沸腾，当蒸气的顶端到达温度计水银球部分时，温度计读数开始急剧上升。这时应适当控制加热程度，使蒸气顶端停留在原处加热瓶颈上部和温度计处，让水银球上液体和蒸气温度达到平衡，此时的温度正是馏出液的沸点。然后适当加大加热程度，进行蒸馏，控制蒸馏速度，以每秒 $1\sim2$ 滴为宜。蒸馏过程中，温度计水银球上应始终附有冷凝的液滴，以保持气液两相平衡，这样才能确保温度计读数的准确。

④ 记录第一滴馏出液落入接受器的温度（初馏点），此时的馏出液是物料中沸点较低的液体，称"前馏分"。前馏分蒸完，温度趋于稳定后蒸出的就是较纯的物质（此过程温度变化非常很小），当这种组分基本蒸完时，温度会出现非常微小的回落（加热过快会出现温度不降反而快速上升），说明这种组分蒸完。记下这部分液体开始馏出时和最后一滴时的温度读数，即是该馏分的"沸程"。纯液体沸程差一般不超过 $1\sim2$℃。

⑤ 当所需的馏分蒸出后，应停止蒸馏，不要将液体蒸干，以免造成事故。

⑥ 蒸馏结束后，称量馏分和残液并记录。

⑦ 蒸馏结束后，先移去热源，冷却后停止通水，按装配时的逆向顺序逐件拆除装置。

（4）注意事项

① 不要忘记加沸石。若忘记加沸石，必须在液体温度低于其沸腾温度时方可补加，切忌在液体沸腾或接近沸腾时加入沸石。

② 始终保证蒸馏体系与大气相通。

③ 蒸馏过程中欲向烧瓶中添加液体，必须停止加热，冷却后进行，不得中断冷凝水。

④ 对于乙醚等易生成过氧化物的化合物，蒸馏前必须检验过氧化物。若含过氧化物，务必除去后方可蒸馏且不得蒸干。蒸馏硝基化合物也切忌蒸干，以防爆炸。

⑤ 当蒸馏易挥发和易燃的物质时，不得使用明火加热，否则容易引起火灾事故。

⑥ 停止蒸馏时应先停止加热，冷却后再关冷凝水。

⑦ 严格遵守实验室的各项规定（如用电、用火等）。

10.1.4.2 减压蒸馏

某些沸点较高的有机化合物在常压下加热还未达到沸点时便会发生分解、氧化或聚合的现象，所以不能采用普通蒸馏，使用减压蒸馏即可避免这种现象的发生。因为当蒸馏系统内的压力降低后，其沸点便降低，使得液体在较低的温度下气化而逸出，继而冷凝成液体，然后收集在一容器中，这种在较低的压力下进行蒸馏的操作称减压蒸馏。减压蒸馏对于分离或提纯沸点较高或性质比较不稳定的液态有机化合物具有特别重要的意义。

人们通常把低于 $1\times10^{-5}Pa$ 的气态空间称为真空，欲使液体沸点下降得多就必须提高系统内的真空程度。实验室常用水喷射泵（水泵）或真空泵（油泵）来提高系统真空度。

在进行减压蒸馏前，应先从文献中查阅清楚欲蒸馏物质在选择压力下相应的沸点。一般来说，当系统内压力降低到 15mmHg（1mmHg＝133.3Pa）左右时，大多数高沸点有机物沸点随之下降 $100\sim125$℃；当系统内压力在 $10\sim15$mmHg 进行减压蒸馏时，大体上压力每相差 1mmHg，沸点相差约 1℃。

（1）减压蒸馏的装置　减压蒸馏的装置见图 10-4 所示，主要仪器设备：蒸馏烧瓶、冷凝管、接受器、测压计、吸收装置、安全瓶和减压泵。

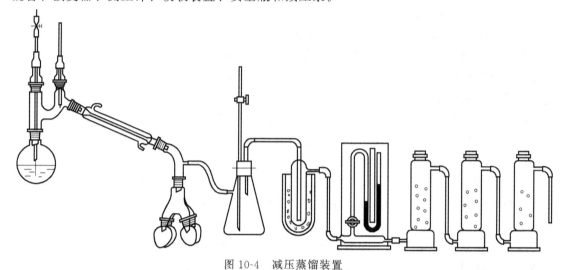

图 10-4　减压蒸馏装置

① 蒸馏部分。由蒸馏烧瓶、冷凝管、接受器三部分构成。

蒸馏烧瓶采用圆底烧瓶。冷凝管一般选用直形冷凝管，如果蒸馏液体较少且沸点高，或为低熔点固体，可不用冷凝管。接受器一般选用多个梨形（圆形）烧瓶接在多头接液管上，如图 10-5 所示。

② 测压计。测压计（压力计）有玻璃和金属的两种。常使用的是水银压力计（压差计），是将汞装入 U 形玻璃管中制成的，分为开口式和封闭式，如图 10-6 所示。开口式水银压力计的特点是管长必须超过 760mm，读数时必须配有大气压计，因为两管中汞柱高度的差值是大气压力与系统内压之差，所以蒸馏系统内的实际压力应为大气压力减去这一汞柱之差，其所量压力准确。封闭式水银压力计轻巧方便，两管中汞柱高度的差值即为系统内

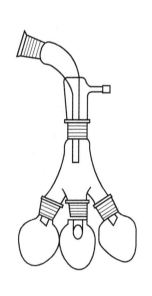

图 10-5　接受器

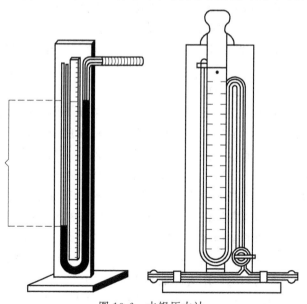

图 10-6　水银压力计

压，但不及开口式水银压力计所量压力准确，常用开口式水银压力计来校正。

金属制压力表，其所量压力的准确度完全由机械设备的精密度决定。一般的压力表所量压力不太准确，然而它轻巧，不易损坏，使用安全，对测量压力准确度要求不太高时非常方便。

③ 吸收装置。只有使用真空泵（油泵）时采用此装置，其作用是吸收对真空泵有害的各种气体，借以保护减压设备。一般由下述几部分组成：

捕集管：用来冷凝水蒸气和一些挥发性物质，捕集管外用冰-盐混合物冷却。

氢氧化钠吸收塔：用来吸收酸性蒸气。

硅胶（或用无水氯化钙）干燥塔：用来吸收经捕集管和氢氧化钠吸收塔后还未除净的残余水蒸气。

④ 安全瓶。一般用吸滤瓶，壁厚耐压，安全瓶与减压泵和测压计相连，并配有活塞用来调节系统压力及放气。

⑤ 减压泵。实验室常用的减压泵有水喷射泵（水泵）和真空泵（油泵）两种。若不需要很低的压力时，可用水喷射泵（水泵）；若要很低的压力时就要用真空泵（油泵）了。

"粗"真空（系统压力大于 10mmHg），一般可用水喷射泵（水泵）获得。"次高"真空（系统压力小于 10mmHg，大于 1×10^{-3} mmHg），可用油泵获得。"高"真空（系统压力小于 1×10^{-3} mmHg），可用扩散泵获得。

（2）操作要点　装配时要注意仪器应安排得十分紧凑，既要做到系统通畅，又要做到不漏气、气密性好，所有橡皮管最好用厚壁的真空用的橡皮管，磨口处均匀地涂上一层真空脂。

如能用水喷射泵（水泵）抽气的，则尽量使用水喷射泵。如蒸馏物中含有挥发性杂质，可先用水喷射泵减压抽除，然后改用真空泵（油泵）。

（3）操作方法

① 进行装配前，首先检查减压泵抽气时所能达到的最低压力（应低于蒸馏时的所需值），然后按图 10-5 进行装配。装配完成后，开始抽气，检查系统能否达到所要求的压力，如果不能满足要求，说明漏气，则分段检查出漏气的部位（通常是接口部分），在解除真空后进行处理，直到系统能达到所要求的压力为止。

② 解除真空，装入待蒸馏液体，其量不得超过烧瓶容积的 1/2，然后开动减压泵抽气，调节安全瓶上的活塞达到所需压力。

③ 开启冷凝水，开始加热，液体沸腾时，应调节热源，控制蒸馏速度每秒 1～2 滴为宜。整个蒸馏过程中密切注意温度计和压力的读数，并记录压力、相应的沸点等数据。当达到要求时，小心转动接液管，收集馏出液，直到蒸馏结束。

④ 蒸馏完毕，除去热源，待系统稍冷后，缓慢解除真空，关闭减压泵，最后关闭冷凝水，按从右往左、由上而下的顺序拆卸装置。

（4）注意事项

① 蒸馏液中含低沸点组分时，应先进行普通蒸馏再进行减压蒸馏。

② 减压系统中应选用耐压的玻璃仪器，切忌使用薄壁的甚至有裂纹的玻璃仪器，尤其不要使用平底瓶（如锥形瓶），否则易引起内向爆炸。

③ 蒸馏过程中若有堵塞或其他异常情况，必须先停止加热，稍冷后，缓慢解除真空后才能进行处理。

④ 抽气或解除真空时，一定要缓慢进行，否则汞柱急速变化，有冲破压力计的危险。

⑤ 解除真空时，一定要稍冷后进行，否则大量空气进入有可能引起残液的快速氧化或自燃，发生爆炸。

10.1.4.3 分馏

蒸馏可以分离两种或两种以上沸点相差较大（>30℃）的液体混合物，而对于沸点相差较小的或沸点接近的液体混合物仅用一次蒸馏不可能把它们完全分开。若要获得良好的分离效果，就必须采用分馏的方法。

分馏实际上就是使沸腾着的混合物蒸气通过分馏柱（工业上用分馏塔），进行一系列的热交换，由于柱外空气的冷却，蒸气中的高沸点组分被冷却为液体，回流入烧瓶中，上升的蒸气中含低沸点组分相对增加，当上升的蒸气遇到回流的冷凝液，两者之间又进行热交换，使上升的蒸气中高沸点的组分又被冷凝，低沸点的组分仍继续上升，低沸点组分的含量又增加了，如此在分馏柱内反复进行着气化、冷凝、回流等程序。当分馏柱的效率相当高且操作正确时，在分馏柱顶部出来的蒸气就接近于纯低沸点的组分。这样，最终便可将沸点不同的物质分离出来。

实质上分馏过程与蒸馏相类似，其不同在于多了一个分馏柱，使冷凝、蒸发的过程由一次变成多次，大大地提高了蒸馏的效率。因此，简单地说分馏就等于多次蒸馏。

在分馏过程中，有时可能得到与单纯化合物相似的混合物，它也具有固定的沸点和组成，这种混合物称为共沸混合物（或恒沸混合物），它的沸点（高于或低于其中的每一组分）称为共沸点，该混合物不能用分馏法进一步分离。

分馏的效率与回流比有关。回流比是指在同一时间内冷凝的蒸气及重新回入柱内的冷凝液数量与柱顶馏出的蒸馏液数量之间的比值。一般来说，回流比越高分馏效率就越高，但回流比太高，则蒸馏液被馏出的量少，分馏速度慢。

（1）分馏装置 通常情况下的分馏装置如图 10-7 所示，与蒸馏装置所不同的地方就在于多了一个分馏柱。由于分馏柱构造上的差异，使分馏装置有简单和精密之分。

实验室常用的分馏柱如图 10-8 所示，安装和操作都非常方便。图 10-8（a）是韦氏

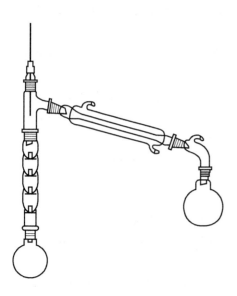

图 10-7 分馏装置

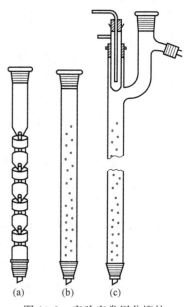

图 10-8 实验室常用分馏柱

（Vigreux）分馏柱，也称刺形分馏柱，分馏效率不高，仅相当于两次普通的蒸馏。图10-8（b）、图10-8（c）为填料分馏柱，内部可装入高效填料，提高分馏效率。

（2）操作要点

① 按图10-7正确安装，分馏柱用铁夹固定。

② 为尽量减少柱内热量的散失和由于外界温度影响造成的柱温波动，通常分馏柱外必须进行适当的保温，以便能始终维持温度平衡。对于比较长、绝热又差的分馏柱，则常常需要在柱外绕上电热丝，以提供外加的热量。

③ 使用高效率的分馏柱，控制回流比，才可以获得较高的分馏效率。

（3）操作方法

① 将待分馏的混合物放入圆底烧瓶中，加入沸石，按图10-7安装好装置。

② 选择合适的热源，开始加热。当液体一沸腾就及时调节热源，使蒸气慢慢升入分馏柱，10～15min后蒸气到达柱顶，这时可观察到温度计的水银球上出现了液滴。

③ 调小热源，让蒸气仅到柱顶而不进入支管就全部冷凝，回流到烧瓶中，维持5min左右，使填料完全湿润，开始正常工作。

④ 调大热源，控制液体的馏出速度为2～3s一滴，这样可得到较好的分馏效果。待温度计读数骤然下降，说明低沸点组分已蒸完，可继续升温，按沸点收集第二、第三种组分的馏出液，当欲收集的组分全部收集完后，停止加热。

（4）注意事项

① 参照普通蒸馏中的注意事项。

② 一定要缓慢进行，控制好恒定的分馏速度。

③ 要有足够量的液体回流，保证合适的回流比。

④ 尽量减少分馏柱的热量散失和波动。

10.1.4.4 水蒸气蒸馏

水蒸气蒸馏是用来分离和提纯液态或固态有机化合物的一种方法。其过程是在不溶或难溶于热水并有一定挥发性的有机化合物中，加入水后加热或通入水蒸气后在必要时加热，使其沸腾，然后冷却其蒸气，使有机物和水同时被蒸馏出来。

水蒸气蒸馏的优点在于所需要的有机物可在较低的温度下从混合物中蒸馏出来，通常用于下列几种情况：

① 某些高沸点的有机物，在常压下蒸馏虽可与副产品分离，但其会发生分解。

② 混合物中含有大量树脂状杂质或不挥发性杂质，采用蒸馏、萃取等方法都难以分离。

③ 从较多固体反应物中分离出被吸附的液体产物。

④ 要求除去易挥发的有机物。

当不溶或难溶有机物与水一起共热时，根据分压定律，整个系统的蒸气压应为各组分蒸气压之和，即：

$$p_{总} = p_{水} + p_{有机物}$$

当总蒸气压（$p_{总}$）与大气压力相等时混合物沸腾。显然，混合物的沸腾温度（混合物的沸点）低于任何一个组分单独存在时的沸点，即有机物可在比其沸点低得多的温度，而且在低于水的正常沸点下安全地被蒸馏出来。

使用水蒸气蒸馏时，被提纯有机物应具备下列条件：①不溶或难溶于水；②共沸腾下，与水不发生化学反应；③在水的正常沸点时必须具有一定的蒸气压（一般不小于

10mmHg)。

（1）仪器装置　图10-9是实验室常用的装置。包括水蒸气发生器、蒸馏部分、冷凝部分和接受器四个部分。

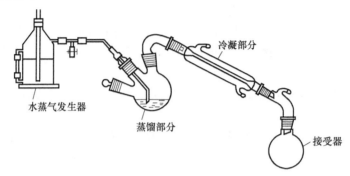

冷凝部分

水蒸气发生器

蒸馏部分

接受器

图10-9　水蒸气蒸馏装置

① 水蒸气发生器。一般使用专用的金属制的水蒸气发生器，也可用500mL的蒸馏烧瓶代替（配一根长1m、直径约为7mm的玻璃管作安全管）。水蒸气发生器导出管与一个T形管相连，T形管的支管套上一短橡皮管。橡皮管用螺旋夹夹住，以便及时除去冷凝下来的水滴，T形管的另一端与蒸馏部分的导管相连（这段水蒸气导管应尽可能短些，以减少水蒸气的冷凝）。

② 蒸馏部分。采用圆底烧瓶，配上克氏蒸馏头，这样可以避免由于蒸馏时液体的跳动引起液体从导出管冲出，以致沾污馏出液。为了减少由于反复换容器而造成产物损失，常直接利用原来的反应器进行水蒸气蒸馏。

③ 冷凝部分。一般选用直形冷凝管。

④ 接受部分。选择合适容量的圆底烧瓶或梨形瓶作接受器。

（2）操作要点

① 水蒸气发生器上必须装有安全管，安全管不宜太短，下端应插到接近底部，盛水量通常为发生器容量的一半，最多不超过2/3。

② 水蒸气发生器与水蒸气导入管之间必须连接T形管，蒸气导管尽量短，以减少蒸气的冷凝。

③ 被蒸馏的物质一般不超过其容积的1/3，水蒸气导入管不宜过细，一般选用内径大于或等于7mm的玻璃管。

（3）操作方法　将被蒸馏的物质加入烧瓶中，尽量不超过其容积的1/3，仔细检查各接口处是否漏气，并将T形管上螺旋夹打开。

开启冷凝水，然后水蒸气发生器开始加热，当T形管的支管有蒸气冲出时，再逐渐旋紧T形管上的螺旋夹，水蒸气开始通向烧瓶。

① 如果水蒸气在烧瓶中冷凝过多，烧瓶内混合物体积增加，以至超过烧瓶容积的2/3时，或者水蒸气蒸馏速度不快时，可对烧瓶进行加热。要注意烧瓶内崩跳现象，如果崩跳剧烈，则不应加热，以免发生意外。蒸馏速度每秒2～3滴。

② 欲中断或停止蒸馏，一定要先旋开T形管上的螺旋夹，然后停止加热，最后再关冷凝水。否则烧瓶内的混合物将倒吸到水蒸气发生器中。

③ 当馏出液澄清透明、不含有油珠状的有机物时，即可停止蒸馏。

（4）注意事项

① 蒸馏过程中，必须随时检查水蒸气发生器中的水位是否正常，安全管水位是否正常，有无倒吸现象。一旦发现不正常，应立即将 T 形管上螺旋夹打开，找出原因，排除故障，然后逐渐旋紧 T 形管上的螺旋夹，继续进行。

② 蒸馏过程中，必须随时观察烧瓶内混合物体积增加情况，混合物崩跳现象，蒸馏速度是否合适，是否有必要对烧瓶进行加热。

10.1.5 色谱法

色谱法是近代有机分析中应用最广泛的工具之一，它既可以用来分离复杂混合物中的各种成分，又可以用来纯化和鉴定物质，尤其适用于少量物质的分离、纯化和鉴定。其分离效果远比萃取、蒸馏、分馏、重结晶好。

色谱法是一种物理的分离方法，其分离原理是利用混合物中各个组分的物理化学性质的差别，即在某一物质中的吸附或溶解性能（分配）的不同，或其他亲和性的差异。当混合物各个组分流过某一支持剂或吸附剂时，各组分由于物理性质的不同，而被该支持剂或吸附剂反复进行吸附或分配，从而得到分离。流动的混合物溶液称为流动相，固定的物质（支持剂或吸附剂）称为固定相（可以是固体或液体）。按分离过程的原理，可分为吸附色谱、分配色谱、离子交换色谱等；按操作形式又可分为柱色谱、纸色谱、薄层色谱等。

10.1.5.1 柱色谱

对于分离相当大量的混合物，此法是最有用的一项技术。

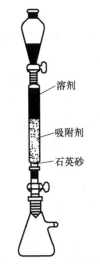

图 10-10　柱色谱装置

（1）仪器装置　装置如图 10-10 所示，它是由一根带活塞的玻璃管（称为柱）直立放置并在管中装填经活化的吸附剂。

（2）操作要点

① 吸附剂的选择与活化。常用的吸附剂有氧化铝、硅胶、氧化镁、碳酸钙和活性炭等。吸附剂一般要经过纯化和活化处理，颗粒大小应当均匀。对于吸附剂来说，颗粒越小，比表面积越大，吸附能力越强。但颗粒越小时，溶剂的流速就太慢，因此，应根据实际需要而定。

柱色谱使用的氧化铝有酸性、中性和碱性三种。酸性氧化铝是用 1% 盐酸浸泡后，用蒸馏水洗至氧化铝的悬浮液 pH 为 4，用于分离酸性物质；中性氧化铝的 pH 值约为 7.5，用于分离中性物质；碱性氧化铝的 pH 值为 10，用于胺或其他碱性化合物的分离。以上吸附剂通常采用灼烧的方法使其活化。

② 溶质的结构和吸附能力。化合物的吸附和它们的极性成正比，化合物分子中含有极性较大的基团时吸附性也较强。氧化铝对各种化合物的吸附性按以下次序递减：

酸和碱＞醇、胺、硫醇＞酯、醛、酮＞芳香族化合物＞卤代物＞醚＞烯＞饱和烃

③ 溶剂的选择。溶剂的选择是重要的一环，通常根据被分离物中各种成分的极性、溶解度和吸附剂活性等来考虑。要求：a. 溶剂较纯；b. 溶剂和氧化铝不能发生化学反应；c. 溶剂的极性应比样品小；d. 溶剂对样品的溶解度不能太大，也不能太小；e. 有时可以使用混合溶剂。

④ 洗脱剂的选择。样品吸附在氧化铝柱上后，用合适的溶剂进行洗脱，这种溶剂称为洗脱剂。如果原来用于溶解样品的溶剂冲洗柱不能达到分离的目的，可以改用其他溶剂，一般极性较强的溶剂影响样品和氧化铝之间的吸附，容易将样品洗脱下来，达不到分离的目的。因此，常用一系列极性渐次增强的溶剂，即先使用极性最弱的溶剂，然后加入不同比例的极性溶剂配成洗脱溶剂。常用的洗脱溶剂的极性按如下次序递增：

己烷和石油醚＜环己烷＜四氯化碳＜三氯乙烯＜二硫化碳＜甲苯＜二氯甲烷＜氯仿＜乙醚＜乙酸乙酯＜丙酮＜丙醇＜乙醇＜甲醇＜水＜吡啶＜乙酸

（3）操作步骤

① 装柱。柱色谱的分离效果不仅依赖于吸附剂和洗脱剂的选择，且与吸附柱的大小和吸附剂用量有关。根据经验，要求柱中吸附剂用量为被分离样品量的 $30\sim40$ 倍，若有必要可增至 100 倍，柱高与柱的直径之比一般为 8：1。表 10-2 列出了它们之间的相互关系。

表 10-2　色谱柱大小、吸附计量及样品量

样品量/g	吸附剂量/g	柱的直径/cm	柱高/cm
0.01	0.3	3.5	30
0.10	3.0	7.5	60
1.00	30.0	16.0	130
10.00	300.0	35.0	280

根据图 10-10 中的色谱柱，先用洗液洗净，用水清洗后再用蒸馏水清洗、干燥。在玻璃管底铺一层玻璃丝或脱脂棉，轻轻塞紧，再在脱脂棉上盖一层厚约 0.5cm 的石英砂（或用一张比柱直径略小的滤纸代替），最后将氧化铝装入管内。装入的方法有湿法和干法两种：湿法是将备用的溶剂装入管内，约为柱高的 3/4，然后将氧化铝和溶剂调成糊状，慢慢地倒入管中，此时应将管的下端活塞打开，控制流出速度为每秒 1 滴。用木棒或套有橡皮管的玻璃棒轻轻敲击柱身，使装填紧密，当装入量约为柱的 3/4 时，再在上面加一层 0.5cm 的石英砂或一小圆滤纸（或玻璃丝、脱脂棉），以保证氧化铝上端顶部平整，不受流入溶剂干扰；干法是在管的上端放一干燥漏斗，使氧化铝均匀地经干燥漏斗成一细流慢慢装入管中，中间不应间断，时时轻轻敲打柱身，使装填均匀。全部加入后，再加入溶剂，使氧化铝全部润湿。

② 加样。把分离的样品配制成适当浓度的溶液。将氧化铝上多余的溶剂放出，直到柱内液体表面到达氧化铝表面时，停止放出溶剂。沿管壁加入样品溶液，样品溶液加完后，开启下端活塞，使液体渐渐放出。当样品溶液的表面和氧化铝表面相齐时，即可用溶剂洗脱。

③ 洗脱和分离。继续不断加入洗脱剂，且保持一定高度的液面，洗脱后分别收集各个组分。如各组分有颜色，可在柱上直接观察到，较易收集；如各组分无颜色，则采用等分收集。每份洗脱剂的体积随所用氧化铝的量及样品的分离情况而定。一般用 50g 氧化铝，每份洗脱液为 50mL。

（4）注意事项

① 湿法装柱的整个过程中不能使氧化铝有裂缝和气泡，否则影响分离效果。

② 加样时一定要沿壁加入，注意不要使溶液把氧化铝冲松浮起，否则易产生不规则色带。

③ 在洗脱的整个操作中勿使氧化铝表面的溶液流干，一旦流干再加溶剂，易使氧化铝柱产生气泡和裂缝，影响分离效果。

④ 要控制洗脱液的流出速度，一般不宜太快，太快了柱中交换来不及达到平衡而影响分离效果。

⑤ 由于氧化铝表面活性较大，有时可能促使某些成分破坏，所以尽量在一定时间内完成一个柱色谱的分离，以免样品在柱上停留的时间过长，发生变化。

10.1.5.2　纸色谱

纸色谱与吸附色谱分离原理不同。纸色谱不是以滤纸的吸附作用为主，而是以滤纸作为载体，根据各成分在两相溶剂中分配系数不同而互相分离的。例如，亲脂性较强的流动相在含水的滤纸上移动时，样品中各组分在滤纸上受到两相溶剂的影响，产生分配现象。亲脂性较强的组分在流动相中分配较多，移动速度较快，有较高的 R_f 值；反之，亲水性较强的组分在固定相中分配较多，移动较慢，从而使样品得到分离。色谱用的滤纸要求厚薄均匀。

纸色谱和薄层色谱一样，主要用于分离和鉴定。纸色谱的优点是便于保存，对亲水性较强的成分分离较好，如酚和氨基酸；其缺点是所费时间较长，一般要几小时至几十小时。滤纸越长，色谱分离速度越慢，因为溶剂上升速度随高度的增加而减慢，但分离效果好。

（1）仪器装置　如图 10-11 所示。

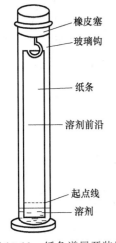

图 10-11　纸色谱展开装置

（2）操作要点

① 滤纸选择。滤纸应厚薄均匀，全纸平整无折痕，滤纸纤维松紧适宜。

② 展开剂的选择。根据被分离物质的不同，选用合适的展开剂。展开剂应对被分离物质有一定的溶解度。溶解度太大，被分离物质会随展开剂跑到前沿；溶解度太小，则会留在原点附近，使分离效果不好。选择展开剂应注意下列几点：

a. 能溶于水的化合物。以吸附在滤纸上的水作固定相，以与水能混合的有机溶剂作展开剂（如醇类）。

b. 难溶于水的极性化合物。以非水极性溶剂（如甲酰胺、N,N-二甲基甲酰胺等）作固定相，不能与固定相混合的非极性溶剂（如环己烷、苯、四氯化碳、氯仿等）作展开剂。

c. 不溶于水的非极性化合物。以非极性溶剂（如液体石蜡、α-溴萘等）作固定相，以极性溶剂（如水、含水乙醇、含水乙酸等）作展开剂。

（3）操作方法

① 将滤纸切成纸条，大小可自行选择，一般约为 3cm × 20cm、5cm × 30cm 或 8cm × 50cm。

② 取少量试样完全溶解在溶剂中，配制成约 1% 的溶液。用铅笔在离滤纸底一端 2～3cm 处画线，即为点样位置。

③ 用内径约为 0.5mm 管口平整的毛细管吸取少量试样溶液，在滤纸上按照已写好的编号分别点样，控制点样直径为 2～3mm。每点一次样可用电吹风吹干或在红外灯下烘干。如有多种样品，则各点间距离约为 2cm 左右。

④ 在展开槽中加入展开剂，将已点样的滤纸晾干后悬挂在展开槽上饱和，将点有试样的一端放入展开剂液面下约 1cm 处，但试样斑点的位置必须在展开剂液面之上至少 1cm 处，见图 10-11 所示。

⑤ 当溶剂上升 15～20cm 时，即取出色谱滤纸，用铅笔描出溶剂前沿，干燥。如果化合

物本身有颜色，就可直接观察到斑点。如本身无色，可在紫外灯下观察有无荧光斑点，用铅笔在滤纸上划出斑点位置、形状大小。通常可用显色剂喷雾显色，不同类型化合物可用不同的显色剂。

⑥ 在固定条件下，不同化合物在滤纸上按不同的速度移动，所以各个化合物的位置也各不相同。通常用 R_f 值表示移动的距离，其计算公式如下：

$$R_f = \frac{溶质最高浓度中心至原点中心的距离}{溶剂前沿至原点中心的距离}$$

当温度、滤纸质量和展开剂都相同时，化合物的 R_f 值是一个特定常数。由于影响因素较多，实验数据与文献记载不尽相同，因此，在测定 R_f 值时，常采用标准样品在同一张滤纸上点样对照。

10.1.5.3　薄层色谱

薄层色谱（薄层层析）是在洗涤干净的玻璃板上均匀地涂上一层吸附剂或支持剂，干燥活化后，进行点样、展开、显色等操作。

薄层色谱兼具了柱色谱和纸色谱的优点，是近年来发展起来的一种微量、快速而简单的色谱法。本法适用于小量样品（小到几十微克，甚至 $0.01\mu g$）的分离，另外，若在制作薄层板时把吸附层加厚，将样品点成一条线，则可分离多达 500mg 的样品，因此又可用来精制样品。此法特别适用于挥发性较小或在较高温度易发生变化而不能用气相色谱分析的物质。此外，本法既可用作反应的定性"追踪"，也可作为进行柱色谱分离前的一种"预试"。

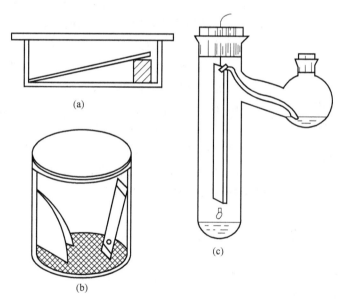

图 10-12　薄层色谱仪器装置

（1）仪器装置　如图 10-12 所示。薄层色谱所用仪器通常由下列部分组成：

① 展开室。通常选用密闭的容器，常用的有标本缸、广口瓶、大量筒及长方形玻璃缸。

② 薄层板。可根据需要选择大小合适的玻璃板。

③ 实验所用的色谱装置一般可自制一个直径为 3.5cm、高度为 8cm 的玻璃杯作展开室，用医用载玻片作薄层板，如图 10-12（b）所示。

（2）操作要点

① 吸附剂的选择。薄层色谱中常用的吸附剂（或载体）和柱色谱一样，常用的有氧化铝和硅胶，其颗粒大小一般以通过 200 目左右筛孔为宜。如果颗粒太大，展开时溶剂推进的速度太快，分离效果不好。如果颗粒太小，展开太慢，得到拖尾而不集中的斑点，分离效果也不好。

薄层色谱常用的硅胶可分为硅胶 G、硅胶 H（不含黏合剂），使用时必须加入适量的黏合剂，如羧甲基纤维素钠（简称 CMC）。硅胶 GF_{254} 与硅胶相似。氧化铝也可分"氧化铝 G"和"色谱用氧化铝"。

② 薄层板的制备。在洗净干燥且平整的玻璃板上，铺上一层均匀的薄层吸附剂以制成薄层板。薄层板制备的好坏是薄层色谱成败的关键。为此，薄层必须尽量均匀且厚度要固定（0.25～1mm）。否则，在展开时溶剂前沿不齐，色谱结果也不易重复。

③ 薄层板的活化。由于薄层板的活性与含水量有关，且其活性随含水量的增加而下降，因此，必须进行干燥。其中氧化铝薄层干燥后，在 200～220℃烘 4h，可得到约Ⅱ级活性薄层。150～160℃烘 4h，可得到Ⅲ-Ⅴ级活性薄层。

（3）操作步骤

① 薄层板的制备。称取 0.5～0.6g CMC，加蒸馏水 50mL，加热至微沸，慢慢搅拌使其溶解。冷却后，加入 25g 硅胶或氧化铝，慢慢搅动均匀，然后调成糊状物。采用下面的涂布方法制成薄层板。

a. 倾注法。将调好的糊状物倒在玻璃板上，用手左右摇晃，使表面均匀光滑（必要时可于平台处让一端触台面，另一端轻轻跌落数次并互换位置）。

b. 浸入法。选一个比玻璃板长度高的展开槽，置放糊状的吸附剂，然后取两块玻璃板叠放在一起，用拇指和食指捏住上端，垂直浸入糊状物中，再以均匀速度垂直向上拉出，多余的糊状物令其自动滴完，待溶剂挥发后把玻璃板分开、平放。此法特别适用于与硅胶 G 混合的溶剂为易挥发溶剂，如乙醇-氯仿（2:1），把铺好的薄层板放于已校正水平面的平板上晾干。

② 薄层板的活化。把制成的薄层板先放于室温晾干后，置烘箱内加热活化。活化一般在烘箱内慢慢升温至 105～110℃，约 30～50min，然后将活化的薄层板立即放置在干燥器中保存备用。

③ 点样。在铺好的薄层板一端约 2.5cm 处，划一条线，作为起点线，在离顶端 1～1.5cm 处划一条线作为溶剂到达的前沿。

用毛细管吸取样品溶液（一般以氯仿、丙酮、甲醇、乙醇、乙醚或四氯化碳等作溶剂，配成 1% 的溶液），垂直地轻轻接触到薄层的起点线上，如溶液太稀，一次点样不够，待第一次点样干后，再点第二次、第三次。点的次数依样品溶液浓度而定，一般为 2～5 次。若为多处点样，则各样品间的距离为 2cm 左右。

④ 展开。薄层的展开需在密闭的容器中进行。先将选择的展开剂放在展开室中，其高度为 0.5cm，并使展开室内空气饱和 5～10min，再将点好样的薄层板放入展开室中按图 10-12 中的装置展开。常用展开方式有三种：

a. 上升法。用于含黏合剂的色谱板，将色谱板竖直置于盛有展开剂的容器中，如图 10-12（b）所示。

b. 倾斜上行法。色谱板倾斜 15°，适用于无黏合剂的软板。含有黏合剂的色谱板可以倾斜 45°～60°，如图 10-12（a）所示。

c. 下行法。展开剂放在圆底烧瓶中，用滤纸或纱布等将展开剂吸到薄层的上端，使展开剂沿板下行。这种连续展开法适用于 R_f 值小的化合物，如图 10-12（c）所示。

点样处的位置必须在展开剂液面之上。当展开剂上升至薄层的前沿时，取出薄层板放平晾干。根据 R_f 值的不同，对各组分进行鉴定。

⑤ 显色。展开完毕，取出薄层板。如果化合物本身有颜色，就可直接观察它的斑点，用小针在薄层上划出观察到斑点的位置。也可在溶剂蒸发前用显色剂喷雾显色。不同类型的化合物需选用不同的显色剂。凡可用于纸色谱的显色剂都可用于薄层色谱，薄层色谱还可使用腐蚀性的显色剂，如浓硫酸、浓盐酸和浓磷酸等。

图 10-13 薄层板用碘显色

可将薄层板除去溶剂后，放在含有少量碘的密闭容器中显色来检查色点，见图 10-13。许多化合物都能和碘成棕色斑点。表 10-3 列出了一些常用的显色剂。

表 10-3 常用的显色剂

显色剂	配制方法	能被检出对象
浓硫酸	98% H_2SO_4	大多数有机化合物在加热后可显出黑色斑点
碘蒸气	将薄层板放入缸内被碘蒸气饱和数分钟	很多有机化合物显黄棕色
碘的氯仿溶液	0.5% 碘的氯仿溶液	很多有机化合物显黄棕色
磷钼酸乙醇溶液	5% 磷钼酸乙醇溶液，喷后于 120℃烘，还原性物质显蓝色，背景变为无色	还原性物质显蓝色
铁氰化钾-氯化铁药品	1% 铁氰化钾，2% 氯化铁使用前等量混合	还原性物质显蓝色，再喷 2mol/L 盐酸，蓝色加深，检验酚、胺、还原性物质
四氯邻苯二甲酸酐	2% 溶液，溶剂:丙酮-氯仿(10:1)	芳烃
硝酸铈铵	含 6% 硝酸铈铵的 2mol/L 硝酸溶液	薄层板在 105℃烘 5min 之后，喷显色剂，多元醇在黄色底色上有棕黄色斑点
香兰素-硫酸	3g 香兰素溶于 100mL 乙醇中，再加入 0.5mol 浓硫酸	高级醇及酮呈绿色
茚三酮	0.3g 茚三酮溶于 100mL 乙醇喷后，110℃热至斑点出现	氨基酸、胺、氨基糖

⑥ 计算各组分 R_f 值。参见 10.1.5.2 纸色谱。

（4）注意事项

① 在制糊状物时，搅拌一定要均匀，切勿剧烈搅拌，以免产生大量气泡，难以消失，致使薄层板出现小坑，使薄层板展开不均匀，影响实验效果。

② 点样时，所有样品不能太少也不能太多，一般以样品斑点直径不超过 0.5cm 为宜。因为若样品太少，有的成分不易显出；若量过多，易造成斑点过大，互相交叉或拖尾，不能得到很好的分离。

③ 用显色剂显色时，对于未知样品，判断显色剂是否合适，可先取样品溶液一滴，点在滤纸上，然后滴加显色剂，观察是否有色点产生。

④ 用碘熏法显色时，当碘蒸气挥发后，棕色斑点容易消失（自容器中取出后，呈现的斑点一般于 2～3s 内消失），所以显色后，应立即用铅笔或小针标出斑点的位置。

10.2 合成产物的鉴定

合成的有机物究竟是不是目标产物,需要对其进行鉴定。有机化合物的重要物理性质包括:熔点、沸点、折射率以及比旋光度等。它们是有机化合物纯度的标志,也是鉴定有机化合物的必要常数。另外,还可以结合光谱学进行进一步的定性和定量分析。

10.2.1 熔点测定

熔点是在 1atm (1atm=101325Pa) 下固体化合物固相与液相平衡时的温度。此时固相与液相的蒸气压相等。每种纯净的固体有机化合物一般都有一个固定的熔点,即在一定压力下,固、液两态之间的变化是非常敏锐的,从开始熔化(始熔)到完全熔化(全熔)的温度范围称为熔程,也称熔点距,一般不超过 0.5~1℃,但若含有杂质时,会使其熔程较长,熔点降低。因大多数有机化合物的熔点均在 300℃ 以下,较易测定,所以,熔点是鉴定固体有机化合物的重要物理常数,通过熔点测定所得的数据,初步推断被测物质为何种化合物,也可作为有机化合物的纯度判断标准。如果测得一未知物的熔点同已知某物质的熔点相同或接近时,可将该已知物与未知物按 1∶9、1∶1、9∶1 这三种比例混合,分别测定混合物的熔点。当它们是相同化合物时,熔点值不降低;若是不同化合物,则熔程加长,熔点值下降(少数情况下熔点值上升)。

测定熔点的方法有毛细管法和显微熔点测定法,毛细管法较为简便,应用也较广泛,一般是实验室中常用的方法。

10.2.1.1 毛细管法

(1) 熔点管的准备与样品的填装 取直径 1~1.5mm,长 15cm,一端封闭的毛细管作为熔点管。取少许干燥的待测样品(约 0.1g)置于干净的表面皿上,用玻璃钉将其充分研细、聚成一堆。将毛细管的开口端向下插入样品粉末中,装取少量粉末,然后把毛细管开口端朝上,投入到一支长约 60cm,直立在实验台上的玻璃管中,任其自然弹跳,反复多次,使样品紧密、结实、无空隙地落在毛细管底部,高度为 2~3mm 止。在样品的研磨和装填过程中,动作要迅速,以防样品吸潮。当测定易升华或易潮解的物质时,应将毛细管的开口端熔封。

(2) 仪器装置 毛细管法最常用的装置是提勒 (Thiele) 管,又称 b 形管。管口装一个缺口的软木塞,温度计插入其中,刻度应面向木塞开口,其水银球位于 b 形管上下两侧管口之间 1/2 处,装好样品的毛细管以少许浴液黏附于温度计下端(或用小橡皮圈固定),使样品部分置于水银球侧面中部。b 形管中装入加热液体(浴液),高度达上侧管口上方 1cm 处。加热部位如图 10-14 所示,受热的溶液沿上侧管做上升运动,从而促成了整个 b 形管内浴液呈对流循环,使得温度分布较均匀。安装时应注意:用橡皮圈固定毛细管时,勿使橡皮圈触及浴液,以免浴液被污染和橡皮圈被浴液溶胀而失去作用。

(3) 浴液的选择 样品熔点在 220℃ 以下的可采用液体石蜡或浓硫酸作为浴液。液体石蜡较安全,但易变黄,浓硫酸价廉,易传热,但腐蚀性强,有机物与它接触易变性,影响观察。此外,白矿油也是一种常用的浴液,它是碳原子数比液体石蜡多的烃,可加热到 280℃ 不变色。其他还可用植物油、磷酸、甘油、硅油及硫酸与硫酸钾的混合物等。

(4) 熔点测定 将提勒管垂直夹于铁架台上,按前述方法装配完毕,开始加热。用酒精

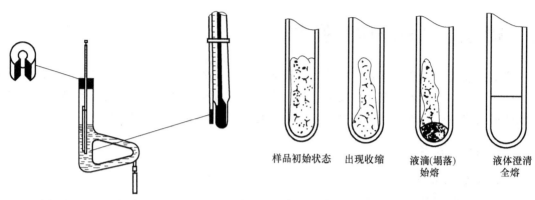

图 10-14　b 形管熔点测定装置　　　　　图 10-15　b 形管内样品熔化过程

灯在图示部位加热。若已知样品熔点时，可以先以较快速度加热，当距离熔点 10～15℃时，调整火焰使每分钟升温 1～2℃，越接近熔点，升温速度应越慢。同时仔细观察熔点管内样品的熔化情况，记录样品开始塌落并有小液滴出现时（初熔）和固体完全消失时（全熔）的温度计读数，即为该化合物的熔程。要注意观察样品初熔前是否有萎缩、变色、发泡、升华、炭化等现象，并如实记录。图 10-15 即为 b 形管内样品熔化过程。例如一样品在 120℃时萎缩，在 121℃有液滴出现，在 122℃全部液化，应记录为：熔点 121～122℃，120℃萎缩。决不可记录成初熔和全熔两个温度的平均值 121.5℃。

若是测定未知熔点的样品，可先较快地升温，粗测样品的熔点范围，再如上法精测，这样可以节省时间。熔点的测定至少要有两次重复数据，如果没有重复数据，可能是样品不均匀或尚未熟练掌握测定方法。在重复测定时，浴液温度需降低至低于样品熔点 20℃左右时方可再测。每次测定都必须用新的毛细管重新装填样品。

熔点测完以后，取出温度计，用废纸擦去浴液，待冷至接近室温后再用水冲洗干净。浴液冷却后倒入回收瓶中。

10.2.1.2　显微熔点测定法

显微熔点测定法是使用显微熔点测定仪来测定熔点的方法，该法的特点是样品用量少（<0.1mg），测温范围宽，能够测定高熔点（300℃）样品，在显微镜下可以观察到样品受热过程的变化情况，如升华、分解、脱水和多晶形物质的晶形转化等。显微熔点测定仪的型号种类比较多，但工作原理都相同，操作方法相似。

图 10-16 为 XT4A 型显微熔点测定仪，按安装示意图将显微镜、热台、传感器及调压测温仪连接安装好。在熔点加热台中心区域放上干净、干燥的载玻片，将待测样品放于载玻片上，并使样品分布薄而均匀，盖上另一片载玻片，轻轻压实，然后盖好隔热玻璃。选择好显微镜放大倍数，转动调焦手轮，使目镜中可以清晰地看到样品晶体。

打开电源开关，调压测温仪显示出热台的即时温度，设定温度上、下限（上、下限值应高于被测物质熔点值，否则温度到达上限时将不再升温），调节升温旋钮 1 和 2，开始加热升温。先快速升温，当温度升至距熔点 30～40℃时，应适当调慢升温速度，在升至距熔点 10～15℃时，控制温度上升速度为每分钟 1～2℃，仔细观察样品晶体的变化。当结晶棱角开始变圆时，表示熔化已经开始（初熔），结晶形状完全消失时，则熔化已完成（全熔）。

测试完毕，将升温旋钮逆时针旋转到底，停止加热，关闭电源。用镊子取下载玻片，将散热器放在热台上，快速降温。若需要重复测定，应待热台温度降至熔点以下 20℃左右时，

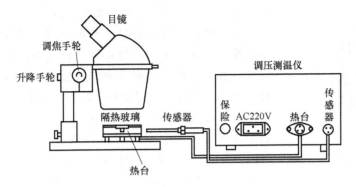

(a) XT4A 型显微熔点测定仪安装示意图

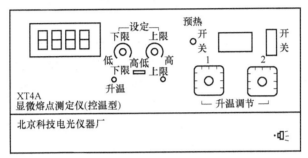

(b) 调压测温仪前面板

图 10-16　XT4A 型显微熔点测定仪

再重新测试。

每个样品要求重复测定 2～3 次。

10.2.2　沸点的测定

沸点是液体有机物的特征常数，在物质的分离、提纯和使用中具有重要意义。

纯净液体受热时，其蒸气压随温度升高而迅速增大，当蒸气压达到与外界大气压力 (101.325kPa) 相等时，液体开始沸腾，此时的温度就称为沸点。

在一定压力下，纯净液体的沸点固定，沸程小 (0.5～1℃)，如果含有杂质，沸点就会增大。所以一般可通过测定沸点检验液体有机物的纯度，但并非具有固定沸点的液体就一定是纯净物。有时某些共沸混合物也具有固定的沸点。

测定沸点的方法有两种：常量法 (即蒸馏法) 和微量法。

(1) 常量法　即用蒸馏法来测定液体的沸点。常量法采用的是蒸馏装置，其方法与常压蒸馏操作相同，蒸馏平衡时温度计指示的温度即为该液体的沸点。此法样品用量较多，需要 10mL 以上。

(2) 微量法　即利用沸点管来测定液体的沸点。

微量法所使用的装置与熔点测定装置相似，此法样品用量较少。

沸点管包括外管和内管。用内径约为 1cm、壁厚约为 1mm 的细管，截取长 70～80mm 的一段，封闭其一端，此管作为外管。用内径为 1mm、长 80～90mm 的毛细管，封闭其一端，作为内管 (图 10-17)。取 0.25～0.50mL 液体样品于外管中，将内管开口向下插入外管的样品中，然后将沸点管用橡皮圈固定于温度计的一侧，将温度计插入熔点测定管的热浴

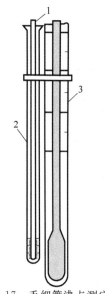

图 10-17　毛细管沸点测定器
1—端封闭的毛细管；
2—端封闭的粗玻璃管；
3—温度计

中，插入深度与熔点测定的要求相同。

缓缓加热，慢慢升温，不久会观察到内管中会有小气泡缓缓逸出，这是由于内管中的气体受热膨胀所致。切忌升温太快，否则会使液体样品全部挥发掉。当升温至液体的沸点时，内管中将有一连串的小气泡快速逸出，这时停止加热，让浴温自行下降。随着温度的下降，内管中气泡逸出的速度渐渐减慢，在气泡不再冒出而液体刚刚要进入内管的瞬间（即最后一个气泡刚欲缩回至毛细管中时），表示毛细管内的蒸气压与外界压力相等，记录此时的温度，即为该液体的沸点。待温度下降 15～20℃后，另取一根沸点管，重新放回到样品管中，重复操作。两次所得沸点温度数值相差不得大于 1℃。

微量法测定沸点应注意以下几点：

① 挥发性的有机液体易燃，加热时应十分小心。

② 加热不能太快，尤其是在接近样品的沸点时，升温更要慢一些，否则沸点管内的液体会迅速挥发而来不及测定。

③ 正式测定前，让毛细管里有大量气泡冒出，以此带出空气。

④ 如果在加热过程中没能观察到沸点管内管中有一连串小气泡快速逸出，可能是内管接口处没接好之故。此时，应停止加热，换一根内管，待浴温降低 20℃后重新测定。

⑤ 观察要仔细及时，重复几次测得沸点的误差应不超过 1℃。

10.2.3　折射率的测定

折射率是有机化合物的重要物理常数之一。通过折射率的测定，可以测定物料的纯度、杂质的含量以及溶液的浓度等，在中间产品的质量控制和成品分析中起着重要的作用。

折射率用 n 表示。由于光线的折射率随测量温度及入射光波长的不同而有所变化。通常在字母 n 的右上角标注数字表示测量时的温度，右下角的字母 λ 代表波长。标准规定，以 20℃为标准温度、以黄色钠光［钠光灯 D 线波长为（589.3nm）］为标准光源测定的折射率以 n_D^{20} 表示。

折射率的测定常用阿贝折射仪。这种仪器测量速度快，准确度高，因而得到广泛的应用。

阿贝折射仪的外形结构如图 10-18 所示。其设计原理是利用测定临界角以求得样品溶液的折射率。

（1）仪器主要组成　仪器的主要部件是由两块直角棱镜组成的棱镜组。上面一块是光滑的，下面一块是辅助棱镜，其斜面是磨砂的。两棱镜中间留有微小的缝隙，其中可以铺展一层待测的液体。入射光由下面的辅助棱镜射入，经液层而从各个方向进入主棱镜，都产生折射，其折射角都落在临界角以内。由于大于临界角的光被反射，不可能进入主棱镜，所以在主棱镜上面望远镜的目镜视野中出现明暗两个区域。转动棱镜组转动手轮，调节棱镜组的角度直至视野里明暗分界线与十字线的交叉点重合为止，此即与试样折射率相对应的临界角位置，由读数目镜中直接读出折射率。

阿贝折射仪是用白光作光源，由于色散现象，目镜的明暗分界线并不清晰。为此，在测量望远镜下面设有一套消色补偿器。实验时转动消色补偿器，即可消除色散而得到清晰的明暗分界线，此时所测得的液体折射率和应用钠光 D 线所得的液体折射率相同。

阿贝折射仪的两棱镜嵌在保温套中，并附有温度计（分度值为 0.1℃），测定时必须使用超级恒温槽通入恒温水，使温度变化幅度不超过±0.1℃，最好恒温在 20℃时进行测定。在阿贝折射仪的望远目镜的金属筒上，有一个供校准仪器用的示值调节螺钉。通常用 20℃的水校正仪器（其折射率 $n_D^{20} = 1.3330$），也可用已知折射率的标准玻璃校正。阿贝折射仪只能用来测定折射率在 1.3～1.7 的物质的折射率。

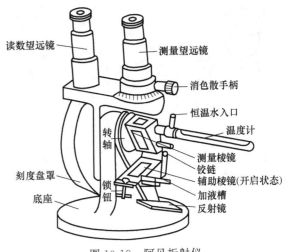

图 10-18　阿贝折射仪

（2）测定方法

① 准备。将阿贝折射仪放置光线充足的位置，将其与恒温槽相连，恒温水浴温度调节在（20.0±0.1）℃。然后，小心分开棱镜，用蘸有乙醚（或丙酮、乙醇）的擦镜纸（或脱脂棉）轻轻擦拭上棱镜表面（折射棱镜），晾干。

② 校正。将棱镜擦拭干净后，合上棱镜，将 20℃的二级水由加样孔小心滴入棱镜夹缝中，待棱镜温度恢复到（20.0±0.1）℃时，调节棱镜转动手轮，至读数盘的读数为 1.3330，使明暗分界线恰好移至十字交叉线的交点。如果不在，可调节棱镜转动手轮使明暗分界线恰好移至十字交叉线的交点为止。

③ 测定。将仪器校正好后，用 95%乙醇（或乙醚）清洗棱镜，用擦镜纸擦干或吹干。用滴管向棱镜表面滴加数滴 20℃左右的样品，立即闭合棱镜并旋紧，应使样品均匀、无气泡并充满视场。待棱镜温度计读数恢复到（20.0±0.1）℃。调节棱镜转动手轮，转动补偿器旋钮消除彩虹，使明暗分界，继续调节棱镜转动手轮，直到明暗分界线恰好移至十字交叉线的交点处，记录读数。读数应准确至小数点后第四位。读数应轮流从两边将分界线对准在十字线上，重复观察读数 3 次。读数间的差值不应大于±0.0002，所得读数的平均值即为样品的折射率。

测量完毕后，打开棱镜，用乙醚将样品擦去，再用擦镜纸轻轻擦干，合上棱镜。

（3）注意事项

① 折射率受温度影响，所以在测定折射率时，温度一定要恒定，并标明恒定的温度。

② 折射仪应放置于阴凉干燥处，防止受潮。因为受潮后，光学零件容易发霉。

③ 滴加液体样品时，滴管末端切不可触及棱镜，以免造成划痕。

④ 严禁用手触及光学零件。不能用阿贝折射仪测有腐蚀性的液态物质。

10.2.4　旋光度测定

比旋光度是有机化合物特征物理常数。通常是通过测定旋光性化合物的旋光度来计算化合物的比旋光度，从而可以对有机化合物进行定性鉴定或测定旋光性物质的纯度及溶液的

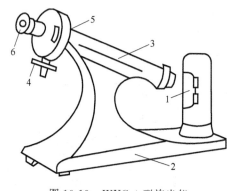

图 10-19　WXG-4 型旋光仪
1—钠光源；2—支座旋光管；
3—刻度旋转手轮；4,6—目镜；5—刻度盘

浓度。

当某些有机化合物分子中含有不对称碳原子时，就表现出旋光性，像蔗糖、葡萄糖等都具有旋光性，它们都是旋光性物质。WXG-4 型旋光仪构造如图 10-19。

当偏振光通过旋光性物质后，产生旋光现象。振动方向旋转的角度就称为旋光度，用 α 表示。能使偏振光的振动方向向右（顺时针）旋转的叫右旋，可用"＋"或 R 表示；能使偏振光的振动方向向左（逆时针）旋转的叫左旋，可用"－"或 L 表示。

一般规定，以钠光 D 线为光源。在 20℃ 时，偏振光透过 1mL 溶液（其中含有 1g 的溶质），在 1dm 长的盛液管中所测得的旋光度叫比旋光度，可表示为：

$$[\alpha]_D^t = \frac{100\alpha}{lc}$$

式中　$[\alpha]_D^t$——温度 t 时测得的比旋光度；

　　　α——在旋光仪上测得的旋光度；

　　　l——旋光管的长度，dm；

　　　c——旋光性物质的浓度，g/mL。

纯液体的比旋光度可表示为：

$$[\alpha]_D^t = \frac{\alpha}{dl}$$

式中　d——纯液体在温度 t 时的密度，g/mL。

（1）使用方法　配制试样溶液，准确称取（精确到 0.0001g）一定量的样品，加入蒸馏水溶解，稀释到一定体积混匀。

① 接通电源，打开电源开关，待钠光源稳定即可进行测定。

② 在旋光管中注满溶剂（蒸馏水），放入镜筒中，调节目镜，使视场明亮清晰，转动刻度盘手轮，至视场三分视界消失，此时刻度盘读数记作零位。

③ 将旋光管中装入试样，此时三分视场的明暗程度均匀一致，记录刻度盘读数，此读数即为试样的旋光度。

（2）注意事项　测定旋光度时应注意以下几点：

① 如果样品的旋光度值较小，在配制待测样品溶液时，宜将浓度配得高一些，并选用长一点的旋光管，以便观察。

② 当直接用纯液体测定其旋光度时，若旋光度太大，可用较短的旋光管。

③ 温度变化对旋光度具有一定的影响。若在钠光（λ＝589.3nm）下测试，温度每升高 1℃，多数光活性物质的旋光度会降低 0.3％左右。

④ 旋光管内注入液体时不能有气泡。

⑤ 测定时，旋光管所放置的位置应固定不变，以消除因距离变化产生的测试误差。

⑥ 读数应准确到小数点后两位。

10.2.5　气相色谱

气相色谱（gas chromatography，GC）是以惰性气体（载气）为流动相的色谱分析方法。由于其具有分离效能高、选择性好、灵敏度高、样品用量少、分析速度快和应用范围广等优点，发展非常迅速，已成为石油化工、环境科学、医学、农林科学等领域的生产与科学研究工作必不可少的手段。

气相色谱主要用于气体和挥发性较强液体混合物的分离鉴定，对高沸点或不易气化的液体、固体物质，需制备成衍生物增加其挥发性，才能用气相色谱仪进行分析。能够用气相色谱法直接分析的有机化合物约占全部有机物的 20%。

（1）实验原理　气相色谱分为气-液色谱和气-固色谱两种。气-液色谱的分离原理属于分配色谱，它的固定相是吸附在小颗粒固体（载体或担体）表面的高沸点液体，称为固定液。分离时被分析样品的气体或液体气化后的蒸气，在载气的带动下进入填充有固定相的色谱柱。在色谱柱中，样品各组分在固定液中的溶解度不同，易被溶解的组分，挥发性较低，随载气移动速度慢；而难溶解的组分，挥发性较高，随载气移动速度快。经过一段时间后，样品被分离成一个个单一组分，并以一定的先后顺序从色谱柱流出，得到分离。

气-固色谱的固定相是固体吸附剂，如硅胶、氧化铝和分子筛等，属于吸附色谱，主要利用不同组分在固定相表面吸附能力的差异而达到分离目的。

（2）气相色谱仪及色谱分析　常用的气相色谱仪由色谱柱、检测器、气流控制系统、温度控制系统、进样系统和信号记录系统等设备组成，流程如图 10-20 所示。载气由高压气瓶供给，依次经过减压阀、净化器、气流调节阀等（气路系统 Ⅰ）到达进样系统 Ⅱ。进样系统包括汽化室和进样装置。样品由注射器进样后，注入汽化室，液体样品在瞬间气化，被载气带入色谱柱 Ⅲ，经色谱柱分离后的各组分顺次流出柱体，进入检测系统 Ⅳ 检测。最为常用的检测器有热导检测器（TCD）和氢焰检测器（FID），检测器把各组分的浓度（或质量）信号转换成电信号，再经放大后由记录仪 Ⅴ 记录下来，便得到样品的气相色谱图，也可以由微处理机对数据进行处理。

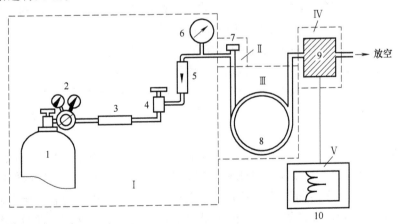

图 10-20　气相色谱流程图

1—高压钢瓶；2—减压阀；3—净化器；4—气流调节阀；5—转子流量计；
6—压力表；7—进样器；8—色谱柱；9—检测器；10—记录仪

色谱图的纵坐标表示信号强度，横坐标表示时间。在相同的分析条件下，同一组分从进样到出峰的时间（保留时间）保持不变，因此比较已知物和未知物的保留时间，可以进行定性分析。例如图 10-21 中，A 组分的保留时间 t_R 为 3.6min。

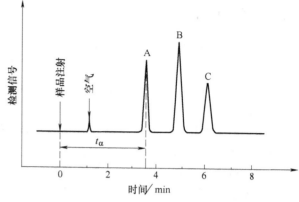

图 10-21　三组分混合物的气相色谱

气相色谱定量分析的依据是，在相同色谱条件下，被分析组分的质量 m_i 与检测器的响应信号峰面积 A_i 或峰高 h_i 成正比，即：

$$m_i = f_i A_i$$

式中，f_i——定量校正因子；

　　　A_i——峰面积。

$$A_i = 1.065h \times W_{1/2} \times K$$

式中　1.065——校正系数；

　　　K——仪器衰减倍数。

当样品中各组分均能被色谱分离，并被检测器检出，产生相应的色谱峰时，则可用归一化法求出各组分的百分含量。

$$C_i = \frac{m_i}{m} \times 100\% = \frac{A_i f_i}{A_1 f_1 + A_2 f_2 + \cdots + A_n f_n} \times 100\% = \frac{A_i f_i}{\sum A_i f_i} \times 100\%$$

10.2.6　高效液相色谱

高效液相色谱法（high performance liquid chromatography，HPLC）是在 20 世纪 60 年代末，以经典的液相色谱法为基础，引入了气相色谱理论而发展起来的一项高效、快速的分离分析方法。高效液相色谱法与气相色谱法的主要差别是流动相为液体；与经典的液相色谱法相比，它用高压泵输送流动相并采用了高效固定相，同时具有高灵敏度的在线检测器。因此，它具有分离效能高、分析速度快、应用范围广的特点。

高效液相色谱只需要样品能够配制成溶液，而无需气化，因而不受样品挥发性和稳定性的限制，对高沸点、热稳定性较差、相对分子质量较大的有机化合物原则上都可以进行分析，尤其适用于生物大分子、离子型化合物和天然有机化合物，如氨基酸、蛋白质、生物碱、核酸、甾体、类脂、维生素、抗生素等的分析，在应用上可以与气相色谱法互补。

高效液相色谱仪主要由高压输液泵、进样器、色谱柱、检测器等装置组成，其流程如图 10-22。贮液瓶中的溶剂（必须经过过滤和脱气处理）由高压泵输送，经进样器流入色谱柱；样品由进样器进样后，在溶剂的带动下进入色谱柱分离，被分离后的各种组分顺序流出色谱柱进入检测器检测，检测器的输出信号由记录仪记录（或由微机处理）即得到液相色谱图。

（1）高压泵　其作用是将流动相溶剂输送到色谱柱中。目前在高压液相色谱仪中广泛采用的是往复式柱塞泵。

（2）色谱柱　色谱柱柱管多为不锈钢管，固定相由装柱机用匀浆法高压装入柱内。色谱

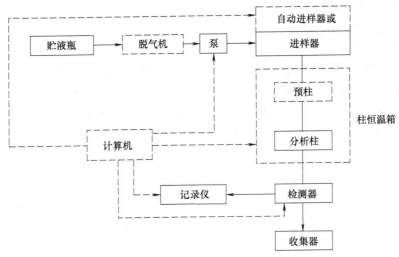

图 10-22　高效液相色谱仪结构示意图

虚线框表示不是所有仪器都有的装置

柱按规格不同分为两类：分析柱内径 2～5mm，柱长 10～25cm；制备柱内径 20～40mm，柱长 10～30cm。常用的固定相有全多孔型、薄壳型和化学改性型硅胶等。常用的流动相有正己烷、异辛烷、二氯甲烷、乙腈、甲醇、水等。

（3）检测器　高效液相色谱仪的检测器应具有灵敏度高、线性范围宽、重现性好、适用范围广等优点，常用的检测器有紫外检测器、荧光检测器、电化学检测器、二极管阵列检测器等。

10.2.7　紫外-可见光谱

（1）基本原理　紫外-可见光谱（ultraviolet and visible spectroscopy，UV）的波长范围为 200～800nm，其中 200～400nm 为紫外光区，400～800nm 为可见光区。这一区域的吸收光谱是分子外层价电子能级跃迁产生的，所以，紫外光谱主要对含有发色团，特别是含有共轭体系或芳香族化合物能够提供一定的结构信息，但并不是所有的有机化合物都能给出紫外吸收光谱。

用一束连续的紫外-可见光照射吸光化合物的溶液，以波长 λ（nm）为横坐标、吸光度 A 为纵坐标，就可以得到化合物的紫外吸收光谱。化合物分子结构不同，则光谱曲线的形状、最大吸收波长（λ_{max}）、吸光强度和相应的吸光系数也就不同，因此可以将未知物的吸收曲线与已知化合物的吸收光谱或标准图谱对照比较，进行结构分析和定性鉴定。紫外吸收光谱除受分子结构因素影响外，还与测定条件等多种因素有关。例如，溶剂极性的改变不仅会影响吸收带的峰位，还将影响峰强，甚至吸收曲线的形状。

紫外光谱被广泛应用于化合物的定量分析，定量分析的依据是 Lambert-Beer 定律：

$$A = -\lg T = \lg \frac{I}{I_0} = EcL$$

式中　A——吸光度；

　　　T——透光率；

　　　I_0——入射光强；

　　　I——透射光强；

c——样品浓度；

L——样品池厚度，cm；

E——吸光系数。

物质在一定波长下的吸光度与它的浓度成线性关系。一般，在紫外-可见光区有较强吸收的化合物都可以进行定量分析。

（2）紫外-可见分光光度计　紫外-可见分光光度计虽然仪器种类和型号较多，性能各异，但其基本原理相似，都由光源、单色器、吸收池、检测器、显示和记录装置等部分组成，如下所示：

光源 → 单色器 → 吸收池 → 检测器 → 显示和记录装置

光源有钨灯和氢灯（或氘灯）两种。钨灯在可见光区使用，波长范围 $350\sim1000nm$；紫外光区用氢灯或氘灯，波长范围为 $180\sim360nm$。从光源发出的光，聚焦后经入射狭缝进入单色器。单色器是把复合光按波长顺序分散成单色光的光学装置。单色器的色散元件有光栅和棱镜，现在的分光光度计多采用光栅。色散后的单色光从出射狭缝射入吸收池，样品吸收后的光信号被光度检测器接收，光度检测器根据光电效应把光信号转换成电信号，如硒光电池、光电管和光电倍增管。近年来光电二极管阵列检测器的应用，是分光光度计检测器的一项重要进展。检测器输出的电信号经放大后由显示器显示出来，有电表指示、图表记录及数字显示等方式。

紫外分光光度计的光路系统可分为单光束、双光束和光电二极管阵列等几种类型，图10-23是一种双光束分光光度计的光路图。双光束光路与单光束基本相似，不同之处是，经过单色器的光被斩光器分成交替的两束光，分别经过参比池和样品池，检测器测量到样品相对于参比的吸收信号，自动绘出吸收曲线。这类仪器可以减少或消除因光源强度变化引起的误差，具有较好的稳定性。

双光束紫外分光光度计的操作，一般有开机预热、选择测定波长范围、仪器调零、记录仪调零、扫描、关机等若干步骤，对于不同型号的仪器，具体使用时要严格按照仪器使用说明进行操作。

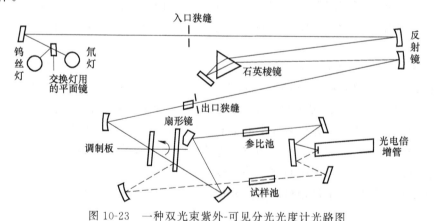

图 10-23　一种双光束紫外-可见分光光度计光路图

10.2.8　红外光谱

红外光谱（infrared spectroscopy，IR）是有机化合物吸收 $4000\sim400cm^{-1}$（$2.5\sim25\mu m$，中红外区）红外光，引起分子振动、转动能级跃迁产生的吸收光谱。红外光谱的应用范围比紫外光谱广泛，除对称分子外，几乎所有的有机化合物和许多无机化合物都有相应的红外吸收光谱，并具有很强的特征性。因此，红外光谱是分子结构研究的主要手段之一。

红外光谱的定性分析可以分为两个方面：一是官能团鉴定，能够鉴别化合物含有哪些官能团，是芳香族化合物还是脂肪族化合物，是饱和还是不饱和化合物等；二是有机结构分析，根据红外光谱提供的结构信息，再配合其他波谱技术和理化数据，可对未知化合物进行结构分析和确定。

10.2.8.1 红外光谱仪

红外光谱仪（或红外分光光度计）按结构和工作原理分为色散型和干涉型两类。虽然随着计算机技术的迅速发展，傅里叶变换红外光谱仪（FTIR）因具有快速、高分辨和高灵敏度的优点，已越来越多地进入实验室，但目前国内普遍使用的仍多为色散型红外分光光度计。

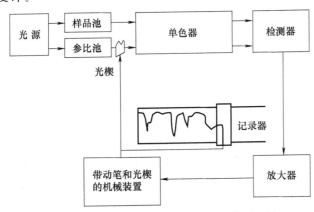

图 10-24　双光速红外分光光度计工作原理图

色散型红外分光光度计的结构与自动记录式紫外分光光度计类似，如图 10-24 所示，但因两者的工作波段范围不同，光源、光学材料、检测器等元件设备都不相同。

（1）光源　能够发射高强度连续红外辐射。常用的红外光源有能斯特灯（Nernst 灯）和硅碳棒两种。

（2）吸收池　有液体池和气体池两种，分别用于液体和气体样品。因玻璃和石英都要吸收红外辐射，所以吸收池窗片材料一般采用岩盐单晶，如 KBr 和 NaCl 单晶。岩盐窗片易吸湿潮解，使用时要注意防潮。KBr 窗片只能在相对湿度小于 60% 的环境中使用，NaCl 窗片可短时间在相对湿度 70% 左右使用。吸收池不用时需在干燥器内保存。

（3）单色器　色散元件多使用反射光栅。

（4）检测器　常用检测器有真空热电偶、高莱池（Golay 池）和电阻测辐射热计等。当红外辐射照射在检测器上时，检测器将产生的热效应转变成电信号，并进行测量。

10.2.8.2 制样

气体、液体和固体样品都可以在红外光谱仪上进行测定。

（1）固体样品　通常有三种制样方法：压片法、石蜡糊法和溶液法。最常用的是溴化钾压片法。

在玛瑙研钵内放入 200mg 干燥的 KBr 粉末和 1～2mg 样品，充分研磨均匀并使其粒度达到 200～300 目，装入模具。把模具放在压片机上，连接真空抽气系统，先抽掉模具里的空气，以免混在样品粉末中的空气和湿气影响压片的透明度，然后边抽气边加压，至 7000kgf 压力，静压 1min。去除真空，恢复常压，用取样器顶出压片，即得到一直径 13mm 的透明薄片，用镊子小心地装在样品架上待测。

为了消除制片过程中引入游离水的干扰，可在相同条件下研磨 200mg KBr 粉末，压制一空白片作为参比。

（2）液体样品　在可拆卸液体池岩盐窗片上滴 1～2 滴纯液体样品，再盖上另一块窗片，使形成一层液膜（在中间加垫适当厚度的垫片，可以调节液膜厚度）。液膜不能有气泡，拧紧池架螺丝，固定好窗片，放入光路中，即可以测定样品的红外光谱。对于易挥发、低沸点液体样品，可以直接灌注于固定密封池内测定。

此外，也可以将样品溶于适当的溶剂中，配成一定浓度的溶液，用液体密封池测定（溶液法）。红外光谱法对溶剂有较严格的要求，所选溶剂除对样品有足够的溶解度外，在所测光谱区域内不能有强烈吸收，不腐蚀岩盐窗片，对样品不产生强烈的溶剂化效应等。常用的溶剂有 CCl_4（4000～1350cm^{-1}）和 CS_2（1350～600cm^{-1}），CCl_4 在 1580cm^{-1} 附近稍有干扰。

所有用于测定红外光谱的样品，应该是无水和高纯度的，水（结晶水或游离水）的存在不仅产生吸收干扰，而且将侵蚀岩盐窗片。

实验完毕，所用制样工具研钵、模具等均需用水冲洗干净后，再用无水乙醇或丙酮擦洗干净，在红外灯下烘干。模具要放入干燥器中保存，以免锈蚀。液体池岩盐窗片，要用蘸有挥发性溶剂如 CCl_4、CS_2 和 $CHCl_3$ 等的脱脂棉轻轻擦拭干净，用干燥空气或氮气吹干，保存于干燥器中。

10.2.9　核磁共振和质谱

核磁共振和质谱都是近年来普遍使用的仪器分析技术，对有机化学工作者是很好的结构测定工具。特别是核磁共振，它具有操作方便、分析快速、能准确测定有机分子的骨架结构等优点。近年来傅里叶变换（Fourier transform）技术的应用提高了核磁共振仪的灵敏度，使它在微量分析、^{13}C 核磁共振等方面更有效地发挥作用。所以，目前核磁共振是有机化学中应用最普遍而且最好的结构分析技术。质谱只需要微量样品就能提供相对分子质量和分子结构信息，配合其他方法如 NMR、IR、UV 等，能准确推测结构。质谱和色谱联用、质谱和电子计算机联用更增加了质谱的测试能力，使它成为分析领域不可缺少的工具之一。在有机化学中已经详细学习过相关原理，这里就不再赘述。

附录

◀ 附录一　药物合成反应中常用的缩略语

△	heat	回流/加热
a	electron-pair acceptor site	电子对-接受体位置
Ac	acetyl(e. g. AcOH＝acetic acid)	乙酰基(如 AcOH 乙酸)
Acac	acetylacetonate	乙酰丙酮酸酯
Addn	addition	加入
AIBN	α,α'-azobisisobutyroniytile	α,α'-偶氮双异丁腈
Am	amyl＝pentyl	戊基
Anh	anhydrous	无水的
aq	aqueous	水性的/含水的
Ar	aryl,heteroaryl	芳基,杂芳基
az dist	azeotropic distilation	共沸精馏
9-BBN	9-borobicyclo[3. 3. 1]nonane	9-硼双环[3. 3. 1]壬烷
BINAP	(R)-(＋)-2,2'-bis(diphenylphosphino)-1,1'-binaphthyl	(R)-(＋)2,2'-二(二苯基膦)-1,1'-二萘
Boc	t-butoxycarbonyl	叔丁基羰基
BTEAC	benzyltriethylammonium chloride	苄基三乙基氯化铵
BTPPC	benzyltriphenylphosphonium chloride	苄基三苯基氯化鏻
Bu	butyl	丁基
t-Bu	t-butyl	叔丁基
t-BuOOH	$tert$-butyl hudroperoxide	叔丁基过氧醇
n-BuOTS	n-butyl tosylate	对甲苯磺酸正丁酯
Bz	benzoyl	苯甲酰基
Bzl	benzyl	苄基

Bz_2O_2	dibenzoyl peroxide	过氧化苯甲酰
CAN	cerium ammonirm nitrate	硝酸铈铵
Cat	catalyst	催化剂
Cb	Cbz benzoxycarbonyl	苄氧羰基
CC	column chromatography	柱色谱(法)
CDI	N,N'-carbonyldiimidazole	N,N'-碳酰(羰基)二咪唑
Cet	cetyl＝hexadecyl	十六烷基
Ch	cyclohexyl	环己烷基
CHPCA	cyclohexaneperoxycarboxylic acid	环己基过氧酸
conc	concentrated	浓的
Cp	cyclopentyl, cyclopentadienyl	环戊基,环戊二烯基
CTAB	cetyltrimethylammonium bromide	溴化十六烷基三甲基铵
CTEAB	cetyltriethylammonium bromide	溴化十六烷基三乙基铵
D	extrorotatory	右旋的
d	electron-pair donor site	电子对-供体位置
DABCO	1,4-diazabicyclo[2.2.2]octane	1,4-二氮杂二环[2.2.2]辛烷
DBN	1,5-diazabicyclo[4.3.0]non-5-ene	1,5-二氮杂二环[4.3.0]壬烯-5
DBPO	dibenzoyl peroxide	过氧化二苯甲酰
DBU	1,5-dizzabicyclo[5.4.0]undecen-5-ene	1,5-二氮杂二环[5.4.0]十一烯-5
o-DCB	ortho dichlorobenzene	邻二氯苯
DCC	dicyclohexyl carbodiimide	二环己基碳二亚胺
DCE	1,2-dichloroethane	1,2-二氯乙烷
DCU	1,3-dicyclohexylurea	1,3-二环己基脲
DDQ	2,3-dichloro-5,6-dicyano-1,4-benzoquinone	2,3-二氯-5,6-二氰基对苯醌
DEAD	diethyl azodicarboxylate	偶氮二羧酸乙酯
Dec	decyl	癸基,十碳烷基
DEG	diethylene glycol＝3-oxapentane-1,5-diol	二甘醇
DEPC	diethyl phosphoryl cyanide	氰代磷酸二乙酯
deriv	derivative	衍生物
DET	diethyl tartrate	酒石酸二乙酯
DHP	3,4-dihydro-2H-pyran	3,4-二氢-2H-吡喃
DHQ	dihydroquinine	二氢奎宁
DIBAH，DIBAL	diisobutylaluminum hydride＝hydrobis-(2-methylpropyl)aluminum	氢化二异丁基氯
diglyme	dithylene glycol dimethyl ether	二甘醇二甲醚
dil	dilute	稀释的
diln	dilution	稀释
Diox	dioxane	二噁烷/二氧六烷
DIPT	diisopropyl tartrate	酒石酸二异丙酯
DISIAB	disiamylborane＝di-sec＝isoamylborane	二仲异戊基硼烷
Dist	distillation	蒸馏

dl	racemic(rac.)mixture of dextro-and leborotatory form	外消旋混合物
DMA	*N*,*N*-dimethylacetamide	*N*,*N*-二甲基乙酰胺
DMAP	4-dimethylaminopyridine oxide	4-二甲氨基吡啶
DMAPO	4-dimethylaminopyridine oxide	4-二甲氨基吡啶氧化物
DME	1,2-dimethoxyethane＝Glyme	甘醇二甲醚
DMF	*N*,*N*-dimethylformamide	*N*,*N*-二甲基甲酰胺
DMSO	dimethyl sulfoxide	二甲亚砜
Dmso	anion of DMSO,"dimsyl" anion	二甲亚砜的碳负离子
Dod	dodecyl	十二烷基
DPPA	diphenylphosphoryl azide	叠氮化磷酸二苯酯
DTEAB	decyltriethylammonium bromide	溴化癸基三乙基铵
EDA	ethylene diamine	1,2-乙二胺
EDTA	ethylene diamine-*N*,*N*,*N*′,*N*′-tetraacetate	乙二胺四乙酸
e.e.(ee)	enantiomeric excess 0%ee＝ racemization 100%ee＝ stereospecific reaction	对映体过量
EG	ethylene glycol＝1,2-ethanediol	1,2-亚乙基乙醇
EI	electrochem induced	电化学诱导的
Et	ethyl(e.g. EtOH,EtOAc)	乙基
Fmoc	9-fluorenylmethoxycarbonyl	9-芴甲氧羰基
FGI	function group interconversion	官能团互换
Gas,g	gaseous	气体的,气相
GC	gas chromatography	气相色谱(法)
Gly	glycine	甘氨酸
Glyme	1,2-dimethoxyethane(＝DME)	甘醇二甲醚
h	hour	小时
Hal	halo,halide	卤素,卤化物
Hep	heptyl	庚基
Hex	hexyl	己基
HCA	hexachloroacetone	六氯丙酮
HMDS	hexamethyl disilazane＝bis(trimethylsilyl)amine	双(三甲基硅基)
HMPA, HMPTA	*N*,*N*,*N*′,*N*′,*N*″,*N*″-hexamethylphosphoramide ＝hezamethylphosphotriamide ＝tris(dimethylamino)phosphinoxide	六甲基磷酰胺
hν	irradation	照光(紫外光)
HOMO	highest occupied molecular orbital	最高已占分子轨道
HPLC	high-pressure liquid chromatography	高效液相色谱
HTEAB	hexyltriethylammonium bromide	溴化己基三乙基铵
Huning base	1-(dimethylamino)naphthalene	1-二甲氨基萘
i-	*iso*-(e.g. *i*-Bu＝isobutyl)	异-(如 *i*-Bu＝异丁基)

inh	inhibitor	抑制剂
IPC	isopinocamphenyl	异莰烯基
IR	infra-red(absorption)spectra	红外(吸收)光谱
L	ligand	配(位)体
L	leborotatory	左旋的
LAH	lithium aluminum hydride	氢化铝锂
LDA	lithium diisopropylamide	二异丙基酰胺锂
Leu	leucine	亮氨酸
LHMDS	Li hexamethyldisilazide	六甲基二硅烷重氮锂
Liq,l	liquid	液体,液相
Ln	lanthanide	稀土金属
LTA	lead tetraacetate	四醋酸铅
LTEAB	lautyltrethylammonium bromide (dodecyltriethylammonium bromide)	溴化十二烷基三乙基铵
LUMO	lowest unoccupied molecular orbital	最低空分子轨道
M	metal Transition metal complex	金属 过渡金属配位化合物
MBK	methyl isobutyl ketone	甲基异丁基酮
MCPBA	m-chloroperoxybenzoic acid	间氯过氧苯甲酸
Me	methyl (e. g. MeOH, MeCN)	甲基
MEM	methoxyethoxymethyl	甲氧乙氧甲基
Mes,Ms	mesyl＝methanesulfonyl	甲磺酰基
min	minute	分
mol	mole	摩尔
MOM	methoxymethyl	甲氧甲基
MS	mass spectra	质谱
MW	microwave	微波
MWI	microwave irradiation	微波辐射
n-	normal	正-
NBA	N-bromo-acetamide	N-溴乙酰胺
NBP	N-bromo-phthalimide	N-溴酞酰亚胺
NBS	N-bromo-succinimide	N-溴丁二酰亚胺
NCS	N-chloro-succinimide	N-氯丁二酰亚胺
NIS	N-iodo-succinimide	N-碘丁二酰亚胺
NMO	N-methylmorpholine N-oxide	N-甲基吗啉-N-氧化物
NMR	nuclear magnetic resonance spectra	核磁共振光谱
Non	nonyl	壬基
Nu	nucleophile	亲核试剂
Oct	octyl	辛基
o. p.	opticalpurity 0％o. p. ＝ racemata 100％o. p. ＝pure enantiomer	光学纯度

OTEAB	octyltriethylammonium bromide	溴化辛基三乙基铵
p	pressure	压力
PCC	pyridinium chlorochromate	氯铬酸吡啶鎓盐
PDC	pyridinium fluorochromate	重铬酸吡啶鎓盐
PE	petrol ther＝light petroleum	石油醚
PFC	pyridinium fluorochromate	氟铬酸吡啶鎓盐
Pen	pentyl	戊基
Ph	phenyl(e. g. PhH＝benzene,PhOH＝phenol)	苯基(PhH＝苯,PhOH＝苯酚)
Phth	phthaloyl＝1,2-phenylenedicarbonyl	邻苯二甲酰基
Pin	3-pinanyl	3-蒎烷基
polym	polymeric	聚合的
PPA	polyphosphoric acid	聚磷酸
PPE	polyphosphoric ester	多聚磷酸酯
PPSE	polyphosphoric acid trimethylsilyl ester	多聚磷酸三甲硅酯
PPTS	pyridinium p-toluenesulfonate	对甲苯磺酸吡啶盐
Pr	propyl	丙基
Prot	protecting group	保护基
Py	pyridine	吡啶
R	alkyl,etc	烷基等
rac	racemic	外消旋的
r. t.	room temperature(20～25℃)	室温(20～25℃)
s	second	秒
s-	sec-	仲
satd	saturated	饱和的
sens	sensitizer	敏化剂,增感剂
sepn	separation	分离
sia	sec-isoamyl＝1,2-dimethylpropyl	仲异戊基
sol	solid	固体
soln	solution	溶液
T	thymine	胸腺嘧啶
t-	$tert$-	叔-
TBA	tribenzylammonium	三苄基胺
TBAB	tetrabutylammonium bromide	溴化四丁基铵
TBAC	tetrabutylammonium chloride	氯化四丁基铵
TBAHS	tetrabutylammonium hydrogensulfate	四丁基硫酸氢铵
TBAI	tetrabutylammonium iodide	碘化四丁基铵
TBATFA	tetrabutylammonium trifluoroacetate	四丁胺三氟乙酸盐
TBDMS	$tert$-butyldimethylsilyl	叔丁基二甲基硅烷基
TCC	trichlorocyanuric acid	三氯氰尿酸
TCQ	tetrachlorobenzoquinone	四氯苯醌
TEA	triethylamine	三乙(基)胺
TEBA	triethylbenzylammonium salt	三乙基苄基铵盐
TEBAB	triethylbenzylammonium bromide	溴化三乙基苄基铵
TEBAC	trifloromethanesulfonyl chloride	氯化三乙基苄基铵

TEG	triethylene-glycol	三甘醇,二缩三(乙二醇)
Tf	trifloromethanesulfonyl = triflyl	三氟甲磺酰基
TFA	trifluoroacetic acid	三氟醋酸
TFMeS	trifloromethanesulfonyl = triflyl	三氟甲磺酰基
TFSA	trifloromethanesulfonic acid	三氟甲磺酸
THF	tetrahydrofuran	四氢呋喃
THP	tetrahydropyranyl	四氢吡喃基
TLC	thin-layer chromatography	薄层色谱
TMAB	tetramethylammonium bromide	溴化四甲基铵
TMS	trimethylsilyl	三甲硅烷基
Tol	toluene	甲苯
TOMAC	trioctadecylmethylamminium chloride	氯化三(十八烷基)甲基铵
Tr	trityl	三苯甲基
Ts	tosyl = 4-toluenesulfonyl	对甲苯磺酰基
TsOH	4-toluenesulfonic acid	对甲苯磺酸
Und	undecyl	十一烷基
U. S	ultrasonic	超声波
UV	ultraviolet spectra	紫外光谱
Xyl	xylene	二甲苯

附录二　原料与试剂质量分析

药物合成中所需要的原料和试剂种类多，等级不同，杂质含量也不相同，因此，必须对其进行全面了解，包括理化性质、危险性、操作的难易程度、市场来源、价格、质量规格、运输等。总的要求是原料和试剂应该质量稳定、可控，应该要求有检验报告，必要时需要根据制备工艺的要求建立内控标准。对由原料和试剂引入的杂质、异构体，要进行相关的质量研究和控制。

药品质量符合规定不仅是产品质量符合注册质量标准，还应使其全过程符合《药品生产质量管理规范》。

《药品生产质量管理规范》（Good Manufacture Practice，GMP）是药品生产和质量管理的基本准则，适用于药品制剂生产的全过程和原料药生产中影响成品质量的关键工序。大力推行药品 GMP，是为了最大限度地避免药品生产过程中的污染和交叉污染，降低各种差错的发生，是提高药品质量的重要措施。

一、质量标准的分类

1. 药品质量标准

为了保证药品的质量，保证用药的安全和有效，各个国家对药品都制定了强制执行的质量标准，即药品质量标准。

药品质量标准是国家对药品质量、规格及检验方法所作的技术规定，是药品生产、供应、使用、检验和药政管理部门共同遵循的法定依据。

国家药品标准，是指国家食品药品监督管理局颁布的《中华人民共和国药典》、药品注册标准和其他药品标准，其内容包括质量指标、检验方法以及生产工艺等技术要求。药品必须符合上述质量标准，否则不准出厂、不准销售、不准使用。

国家注册标准，是指国家食品药品监督管理局批准给申请人特定药品的标准、生产该药品的药品生产企业必须执行该注册标准，但也是属于国家药品标准范畴。

目前药品所有执行标准均为国家注册标准。

企业标准：由药品生产企业自己制定并用于控制相应药品质量的标准，称为企业标准或企业内部标准。企业标准通过增加检测项目和提高要求使其质量标准高于法定药品质量标准。企业标准通常是不对外公开的，属于非法定标准。

药品试行标准属于药品注册标准，也是国家标准，新药获准生产后，其药品标准一般为试行标准，试行期为 2 年，试行期满，原试行标准即市区法律效力，因此试行期满前，生产企业必须提出试行标准转为正式标准的申请，企业在办理药品试行标准转正申请期间，应当按照试行标准进行生产。

2. 一般化工产品质量标准

而对于一般的化工产品，我国的质量标准分为国家标准、部（专业）标准和企业标准三级。

化工产品的质量标准，其内容一般由以下几部分组成：

① 本标准适用范围，主要说明该标准的产品系用何种原料、何种生产方法制造的；

② 技术要求，包括外观、各项技术指标名称及其指标值；

③ 检验规则，其内容包括检验权限、批样量及取样的方法等；

④ 试验方法，详细规定有关技术指标的具体检验分析方法；

⑤ 包装标志、贮存及运输的扼要说明。

此外，新的产品标准还有附加说明，内容包括本标准提出的部门、归口部门、起草单位及主要起草负责人、首次发布该标准的时间等。

（1）国家标准　国家标准是根据全国的统一需要，由国家标准局批准、发布的标准。对国计民生影响重大的化工产品都制定有国家标准。如烧碱、纯碱、硫酸和硝酸等产品。国家标准的代号是用"国标"两字汉语拼音的第一个字母"GB"来表示。用下例说明其具体写法：GB 534—82《工业硫酸》。GB 为国家标准代号；534 为顺序号，即表示国家标准第 534 号；82 为年代号，即表示 1982 年批准发布的。

（2）部（专业）标准　部（专业）标准是根据部门（或专业）范围内统一的需要，由主管部门批准发布的标准。目前，我国许多化工产品都已制定有部标准。如执行化工部部标准的产品有芒硝、氰化钠、聚苯乙烯树脂、丁苯橡胶等，执行冶金部部标准的产品有焦化苯、甲苯等。部标准的代号是用部名（或专业名称）的两个汉语拼音字母来表示。如"HG"代表化工部，"YB"代表冶金部，"SY"代表石油等，其他部标准的代号依此类推。

部标准的写法为：YB 289—75《纯苯》，YB 为冶金部部标准代号，289 为顺序号，75 为年代号。应该指出，化工部制定的部标准与其他部标准在表示上有所不同。因为化工部所管的化工产品种类繁多，在部标准代号后面增加了类别号。类别号用阿拉伯数字表示，如：1 代表无机化学产品，2 代表有机化学产品，3 代表化学试剂，4 代表橡胶加工品，5 代表化工机械及设备，6 代表新材料，7 代表感光材料。例如，HG 1-712—70《赤磷》，HG 为化工部标准代号，1 为类别号，代表无机化学产品，712 为顺序号，70 为年代号。

（3）企业标准　企业标准是根据企业统一的需要，由企业或其上级专业主管机构批准发布的标准（目前我国企业标准这一级还包括省、市、自治区或其他地方机构批准和发布的标准）。企业标准代号，为了避免与国家标准和部标准相混淆，规定在代号前一律加"Q"字母（"企"字汉语拼音的第一个字母），中间以一条斜线隔开，在字母"Q"之前再加上各省、市、自治区简称的汉字。具体写法为：沪 Q/HG 2-067—81 异丙苯法生产苯酚，"沪 Q"为上海企业标准代号。

二、试剂

试剂（reagent），又称化学试剂或试药。主要是实现化学反应、分析化验、研究试验、教学实验、化学配方使用的纯净化学品。一般按用途分为通用试剂、高纯试剂、分析试剂、仪器分析试剂、临床诊断试剂、生化试剂、无机离子显色剂试剂等。

试剂的等级见表 1。

表 1　试剂等级

中　文	英　文	缩写或简称
优级纯试剂	guaranteed reagent	GR
分析纯试剂	analytical reagent	AR
化学纯试剂	chemical pure	CP
实验试剂	laboratory reagent	LR
高纯物质（特纯）	extra pure	EP
超纯	ultra pure	UP
光谱纯	spectrum pure	SP
生化试剂	biochemical	BC
生物试剂	biological reagent	BR
基准试剂	primary reagent	PT
光谱标准物质	spectrographic standard substance	SSS
原子吸收光谱	atomic adsorption spectrum	AAS
红外吸收光谱	infrared adsorption spectrum	IR
核磁共振光谱	nuclear magnetic resonance spectrum	NMR
气相色谱	gas chromatography	GC
液相色谱	liquid chromatography	LC
高效液相色谱	high performance liquid chromatography	HPLC
气液色谱	gas liquid chromatography	GLC
气固色谱	gas solid chromatography	GSC
薄层色谱	thin layer chromatography	TLC
色谱用	for chromatography purpose	FCP

定级的根据是试剂的纯度（即含量）、杂质含量、提纯的难易，以及各项物理性质。有时也根据用途来定级，例如光谱纯试剂、色谱纯试剂以及 pH 标准试剂等。IUPAC（International Union of Pure and Applied Chemistry，国际理论和应用化学联合会）对化学标准物质的分类为：

A 级：原子量标准。

B 级：和 A 级最接近的基准物质。

C 级：含量为 100±0.02％的标准试剂

D 级：含量为 100±0.05％的标准试剂

E 级：以 C 级或 D 级为标准对比测定得到的纯度的试剂

我国习惯将相当于 IUPAC 的 C 级、D 级的试剂称为标准试剂。

优级纯、分析纯、化学纯是一般试剂的中文名称。

优级纯（GR，Guaranteed reagent，绿标签）：主成分含量很高、纯度很高，适用于精确分析和研究工作，有的可作为基准物质。

分析纯（AR，Analytical reagent，红标签）：主成分含量很高、纯度较高，干扰杂质很少，适用于工业分析及化学实验。

化学纯（CP，Chemical pure，蓝标签）：主成分含量高、纯度较高，存在干扰杂质，适用于化学实验和合成制备。

基准试剂含量应该是 99.9％～100％。随着科学技术和新兴工业的发展，对化学试剂的纯度、净度以及精密度要求愈加严格和专门化，在分析化学中应用极为广泛。试剂的品级与规格应根据具体要求和使用情况加以选择。

国标试剂：该类试剂为我国国家标准所规定，适用于检验、鉴定、检测。

基准试剂（PT，绿标签）：作为基准物质，标定标准溶液。

高纯试剂（EP）：包括超纯、特纯、高纯、光谱纯，用于配制标准溶液。

色谱纯（GC）：气相色谱分析专用。质量指标注重干扰气相色谱峰的杂质。主成分含量高。

色谱纯（LC）：液相色谱分析标准物质。质量指标注重干扰液相色谱峰的杂质。主成分含量高。

指示剂（ID）：配制指示溶液用。质量指标为变色范围和变色敏感程度，可替代 CP，也适用于有机合成用。

生化试剂（BR）：配制生物化学检验试液和生化合成。质量指标注重生物活性杂质，可替代指示剂，可用于有机合成。

生物染色剂（BS）：配制微生物标本染色液。质量指标注重生物活性杂质，可替代指示剂，可用于有机合成。

光谱纯（SP）：用于光谱分析。分别适用于分光光度计标准品、原子吸收光谱标准品、原子发射光谱标准品。

三、化学品安全说明书

化学品安全说明书（MSDS，Material Safety Data Sheet），亦可译为化学品安全技术说明书或化学品安全数据说明书，是化学品生产商和进口商用来阐明化学品的理化特性（如 pH 值、闪点、易燃度、反应活性等）以及对使用者的健康（如致癌、致畸等）可能产生的危害的一份文件。

MSDS 是化学品生产或销售企业按法律要求向客户提供的有关化学品特征的一份综合性法律文件，它提供化学品的理化参数、燃爆性能、对健康的危害、安全使用贮存、泄漏处置、急救措施以及有关的法律法规等十六项内容。MSDS 可由生产厂家按照相关规则自行编写。但为了保证报告的准确规范性，可向专业机构申请编制。

MSDS 简要说明了一种化学品对人类健康和环境的危害性，并提供如何安全搬运、贮存和使用该化学品的信息。作为提供给用户的一项服务，生产企业应随化学商品向用户提供安全说明书，使用户明了化学品的有关危害，使用时能主动进行防护，起到减少职业危害和预防化学事故的作用。目前美国、日本、欧盟等发达国家和地区已经普遍建立并实行了 MSDS 制度，要求危险化学品的生产厂家在销售、运输或出口其产品时，同时提供一份该产品的安全说明书。

MSDS 的目标是迅速、广泛地将关键性的化学产品安全数据信息传递给用户，特别是面临紧急情况的人，避免他们受到化学产品的潜在危害。MSDS 化学产品安全数据信息包括：化学产品与公司标识符；化合物信息或组成成分；正确使用或误用该化学产品时可能出现的危害人体健康的症状及有危害物标识；紧急处理说明和医生处方；化学产品防火指导，包括产品燃点、爆炸极限值以及适用的灭火材料；为使偶然泄漏造成的危害降低到最小程度应采取的措施；安全装卸与储存的措施；减少工人接触产品以及自我保护的装置和措施；化学产品的物理和化学属性；改变化学产品稳定性以及与其他物质发生反应的条件；化学物质及其化合物的毒性信息；化学物质的生态信息，包括物质对动植物及环境可能造成的影响；对该物质的处理建议；基本的运输分类信息；与该物质相关的法规的附加说明；其他信息。

化学品安全说明书作为传递产品安全信息的最基础的技术文件，其主要作用体现在：
① 提供有关化学品的危害信息，保护化学产品使用者；
② 确保安全操作，为制定危险化学品安全操作规程提供技术信息；
③ 提供有助于紧急救助和事故应急处理的技术信息；
④ 指导化学品的安全生产、安全流通和安全使用；
⑤ 化学品登记管理的重要基础和信息来源。

附录三　热浴的选择

一般情况下升高温度则化学反应速率加快。当有机化合物发生反应时，反应温度每升高 10℃，则反应速率会增加一倍。许多有机合成反应是吸热反应，通常需要通过加热促进反应的进行或控制反应的进程。常用的热浴有以下几种：

1. 油浴

加热温度在 25～200℃ 时，可以用油浴。油浴的优点在于温度容易控制在一定范围内，容器内的反应物受热均匀。容器内反应物的温度一般要比油浴温度低 10～20℃。

油浴的热源多为电阻丝，一般将电阻丝穿过特制的玻璃盘管或金属盘管（一般为铜管）两端与变压器或温控仪相连，将玻璃盘管或金属盘管直接置于大小合适的油浴中，通过变压器调节加热速度和温度。有时为了安全起见，在变压器的前端接有控温仪，可更好地控制温度，并有"双保险"的功能。也可将油浴直接置于电炉上，通过变压器控制电炉的电压而达到控温目的，但这种方法的控温效果没有前者好。

常用的油类有甲基硅油（250℃）、硅油（200～220℃）、液体石蜡（200℃左右）、甘油（140～150℃）、豆油（200℃左右）等，硅油由于耐高温且性质稳定而广泛应用，耐高温硅油甚至可以加热到 300℃。应根据反应所需温度选择合适的油类，并考虑内外 20℃ 的温差。尽量不要将油类加热到上限温度使用，否则容易变质，导致黏稠或结块而影响使用寿命。

加热完毕后，把反应容器提离油浴液面，放置在油浴上面，待附着在容器外壁上的油流入油浴后，再用纸或干抹布把容器擦净。如果是重结晶操作，则应尽快将附着在容器底部的油刮入油浴并及时擦干净。

2. 水浴

反应需要的加热温度在 80℃ 以下时，可用水浴。将反应容器部分浸在水中（注意勿使反应容器接触水浴底部），调节变压器控制电炉加热速度和水浴温度，使热水浴保持所需反应温度。如果需加热到 100℃ 时，可用沸水浴或水蒸气浴。若反应时间较长，需要注意添加水。

水浴加热时需要注意以下几点：①如果反应体系要求严格无水，需要注意水汽进入；②如果水浴温度较高，需要不断补充水；③如果反应用到易燃易爆的试剂如乙醚等，需要避免明火，则宜改用油浴。

3. 电热包

依据容积大小，电热包可分为不同的型号，分别与各种体积的圆底烧瓶相配。电热包一般内置一个变压器，用以调节加热速度和温度；也可外接变压器控制温度。有时为了安全起见，在电热包的前端接有控温仪，可更好地控制温度，并有"双保险"的功能。电热包的加热速度快，温度较高，对于一些高温反应非常有用。

老式的电热包底很厚，难以附加电磁搅拌；新式的电热包底薄，置于磁力搅拌器上，可以方便有效地进行电磁搅拌。

电热包只要使用得当，可反复长期使用。但电热包的电阻丝是用玻璃布包裹着的，加热过度会引起玻璃布熔融变硬，容易破裂。另外，有机液体、固体或酸碱盐溶液流到电热包中，容易造成电阻丝短路或腐蚀，缩短电热包的使用寿命。

4. 沙浴

将清洁而又干燥的细沙粒置于坩埚中，用电炉加热，可提供高温热源（250～350℃）。但沙浴具有散热太快、温度上升较慢、受热不均匀、无法施加电磁搅拌等缺点，已很少使用。目前常用高温油浴或电热包替代。

5. 微波

近年来，在化学反应中，使用了微波技术，微波是一种新型的加热源，属于非明火型热源，其在实验室的应用范围正日益扩大。但微波反应的工业化目前还无法实现，从而使其应用受到限制。

热浴的选择除了与反应所需温度有关外，也与化学反应和反应溶剂的性质密切相关。例如，蒸馏或使用易燃易爆的乙醚时，不能使用明火，可以选择 250W 的红外灯加热。

参 考 文 献

［1］ 朱淬砺主编. 药物合成反应. 第2版. 北京：化学工业出版社，2003.

［2］ 何敬文主编. 药物合成反应. 北京：化学工业出版社，1995.

［3］ 朱淬砺主编. 药物合成反应. 北京：化学工业出版社，1982.

［4］ 李丽娟主编. 药物合成技术. 北京：化学工业出版社，2010.

［5］ 陈份儿主编. 有机药物合成法. 北京：中国医药科技出版社，1999.

［6］ 孙昌俊等主编. 药物合成反应——理论与实践. 北京：化学工业出版社，2007.

［7］ 朱宝泉等主编. 新编药物合成手册. 北京：化学工业出版社，2003.

［8］ 赵临襄主编. 化学制药工艺学. 北京：中国医药科技出版社，2003.

［9］ 沈发志等主编. 化工产品合成. 北京：化学工业出版社，2011.

［10］ 薛叙明主编. 精细有机合成技术. 北京：化学工业出版社，2005.

［11］ 陈立功等主编. 药物中间体合成工艺. 北京：化学工业出版社，2001.

［12］ 薛永强等编著. 现代有机合成方法与技术. 北京：化学工业出版社，2003.